"十二五"职业教育国家规划教材
经全国职业教育教材审定委员会审定
高等职业教育园林园艺类"十二五"规划教材

花卉生产与经营

主　编　宋　阳　邹存艳
副主编　吴　兵　王　冲　赵殿洲　柴志茹
参　编　冯　燕　陆大海　沙学平
　　　　刘　青　张　影　沈　楠
　　　　张秀丽　赵子飞
主　审　林　锋　赵　亮

机械工业出版社

全书根据园林、园艺类岗位人才培养目标的要求,从企业生产实际角度构建教学内容体系,以注重提高学生的职业能力编写而成。

全书共包括六个项目,分别是花卉栽培设施及环境调控、盆花生产、切花生产、草花生产、花卉生产经营管理、花卉产品营销。每个项目下又选择了典型工作任务加以阐述。项目的实施过程融入企业的要素,引进企业的运行和管理模式,严格按照生产实际完成课程项目。本书内容以"必须够用"为原则,图文并茂,使"教、学、做"一体化。

本书可作为高等职业院校园林技术专业、园艺技术专业教材,也可作为中等职业学校园林类专业师生参考用书以及职业技能培训用书。

本书配有电子课件,凡使用本书作为教材的教师可登录机械工业出版社教材服务网 www.cmpedu.com 下载。咨询邮箱:cmpgaozhi@sina.com。咨询电话:010-88379375。

图书在版编目(CIP)数据

花卉生产与经营/宋阳,邹存艳主编. —北京:机械工业出版社,2016.4

高等职业教育园林园艺类"十二五"规划教材
ISBN 978-7-111-53378-8

Ⅰ.①花… Ⅱ.①宋… ②邹… Ⅲ.①花卉-观赏园艺-高等职业教育-教材 Ⅳ.①S68

中国版本图书馆 CIP 数据核字(2016)第 064827 号

机械工业出版社(北京市百万庄大街22号 邮政编码100037)
策划编辑:王靖辉 责任编辑:王靖辉 覃密道
责任校对:孙丽萍 封面设计:马精明
责任印制:李 洋
保定市中画美凯印刷有限公司印刷
2017年1月第1版第1次印刷
184mm×260mm・24.25 印张・591 千字
0001—3000 册
标准书号:ISBN 978-7-111-53378-8
定价:49.80元

凡购本书,如有缺页、倒页、脱页,由本社发行部调换

电话服务	网络服务
服务咨询热线:010-88379833	机 工 官 网:www.cmpbook.com
读者购书热线:010-88379649	机 工 官 博:weibo.com/cmp1952
	教育服务网:www.cmpedu.com
封面无防伪标均为盗版	金 书 网:www.golden-book.com

前　言

花卉生产与经营是园林技术专业的骨干课程,是园艺技术专业的核心课程。其培养目标是使学生具备花卉生产管理与经营的基本职业能力。本书是根据花卉生产与经营对应岗位的任职要求及高职高专园林,花卉专业人才培养目标编写的。

"花卉生产与经营"课程对应的岗位主要是花卉生产技术员和花卉生产经营组织管理人员,其主要工作内容是编制花卉生产技术方案,组织花卉苗木育苗和养护管理、花卉生产效益分析及生产成本、利润的分析并有效组织花卉销售。本书内容涵盖花卉园艺师的全部工作任务。

本书以花卉园艺师职业技能操作标准为依据,以培养花卉高技能人才为目标,以项目实践为载体,参照花卉产业特点和企业实际需求,按照工学结合、"教、学、做"一体化的教学模式,以花卉生产技术员岗位工作任务和工作过程组织内容,坚持基本知识"必须够用"和理论密切联系生产实际,注重实用性、应用性的原则,以培养职业能力为中心。

本书具有如下特色:

1. 本书中内容源于花卉园艺师岗位工作任务分析和典型工作任务,针对性强。

2. 本书体例新颖,内容以项目的形式体现,有任务、有目标,并力求做到逻辑顺序和任务流程与企业生产实际相一致。使学生在真实的岗位工作情境中"做中学"、教师"做中教",更具真实性、实践性,进而使人才培养与企业需求实现无缝对接。

3. 为体现在项目完成中以学生为主体、教师为主导,书中还增设并行项目(课上项目、课下项目)和考核标准。实行双线并行,每个任务均增设与其对应的课下并行项目,即巩固训练任务由学生制定方案,独立操作完成。为检验教、学、做一体化的效果,分别对盆花、切花、草花三个生产项目的典型生产过程制定了相应考核标准。

4. 为增加信息量和增强教学效果,在编写本书的同时,又把教学资源库、课件、习题、部分花卉品种(年宵盆花、鲜切花、草花)周年生产的典型工作任务的全过程做成FLASH动画作为本书的数字化配套书。

5. 在每个典型项目中,根据完成任务的需要,都增加了必要的理论知识,以发挥生产与理论并行、理论知识为技术提供支撑、理论和实际操作相互促进的作用。

"花卉生产与经营"在教学时可根据专业性质、学时数、地区品种差异及就业要求,对本课程内需要范围和深度进行取舍。园林技术专业学时数为124学时,上课时可以从项目二、三、四中分别选择几个课上任务,并选择对应的课后任务,以便巩固训练;园艺技术专业学时数为150学时,上课时可以从项目二、三、四中分别选择几个课上任务,并选择对应的课后任务,以便巩固训练(详见课时分配建议)。

园林技术专业"花卉生产与经营"学时分配建议

项目序号	项目内容	学时	课上任务	课后任务
一	花卉栽培设施及环境调控	12	3	
二	盆花生产	42	3	3
三	切花生产	28	2	2
四	草花生产	12	1	1
五	花卉生产经营管理	18	5	
六	花卉产品营销	12	3	
合计		124		

园艺技术专业"花卉生产与经营"学时分配建议

项目序号	项目内容	学时	课上任务	课后任务
一	花卉栽培设施及环境调控	12	3	
二	盆花生产	42	3	3
三	切花生产	42	3	3
四	草花生产	24	2	1
五	花卉生产经营管理	18	5	
六	花卉产品营销	12	3	
合计		150		

本书是由从事高职教育、教学改革的花卉生产教学一线的骨干教师与国内花卉龙头企业富有多年行业经验、理论水平高的生产管理人员,以校企合作的方式共同编写的。本书由辽宁林业职业技术学院教授、园林高级工程师宋阳、辽宁省花卉协会邹存艳任主编,由辽宁林业职业技术学院吴兵、辽宁林业职业技术学院王冲、朝阳贾店乡林业站赵殿洲、辽宁林业职业技术学院柴志茹任副主编,由辽宁林业职业技术学院林锋、天津滨海国际花卉公司赵亮任主审。本书编写分工如下:宋阳编写项目一的任务三,项目二的理论知识一至五、任务一、任务二,项目三的任务二,项目五的任务五,项目六的任务一、任务三;邹存艳编写项目一的任务二,项目五的任务一、任务三、任务六;吴兵编写项目二的理论知识六、任务八、任务九、任务十;王冲编写课程导入,项目三的理论知识、任务一、任务四、任务五、任务六;赵殿洲编写项目二的任务十一、任务十二;柴志茹编写项目二的任务四、任务五,项目三的任务三;辽宁水利职业技术学院冯燕编写项目四;大连西郊生物园陆大海编写项目二的理论知识八,项目五的任务二,项目六的任务二;辽宁林业职业技术学院沙学平编写项目二的理论知识九、任务三;天津滨海国际花卉科技园区股份有限公司刘青编写项目一的任务一,项目二的理论知识七、任务七;辽宁林业职业技术学院张影编写项目四的理论知识;辽宁林业职业技术学院沈楠编写项目三的任务七、任务八;辽宁农业职业技术学院张秀丽编写项目五的任务四;辽宁林业职业技术学院赵子飞编写项目二的任务六。

在本书出版之际,感谢辽宁林业职业技术学院领导及园林学院魏岩院长的热情帮助

前　言

和指导，感谢机械工业出版社的大力支持；感谢天津滨海国际花卉科技园区股份有限公司杨铁顺董事长、赵亮总经理及大连西郊生物园领导的全力帮助；本书在编写过程中引用大量参考文献及相关图片资料，在此也一并致谢。

　　为方便学生更直观地了解各种花卉，书中插入了二维码，读者可通过扫码软件扫描二维码，即可在手机、IPAD等设备上读取相关彩色图片。

　　由于编者水平有限，书中难免存在不足，请读者谅解并指正。

编　者

目　　录

前言

课程导入 ………………………………… 1

项目一　花卉栽培设施及环境调控 ……………………………… 11
任务一　栽培设施、设备及机具的选择 …… 11
任务二　温室资材的应用 ……………… 28
任务三　设施内环境的调控 …………… 37

项目二　盆花生产 …………………… 42
【理论知识】 ……………………………… 43
【考核标准】 ……………………………… 86
【任务实操】 ……………………………… 89
任务一　仙客来盆花生产 ……………… 89
　【巩固训练任务一】　丽格海棠盆花生产 …………………… 97
任务二　一品红盆花生产 ……………… 99
　【巩固训练任务二】　叶子花盆花生产 … 107
任务三　蝴蝶兰盆花生产 ……………… 108
　【巩固训练任务三】　石斛兰盆花生产 … 115
任务四　红掌盆花生产 ………………… 116
　【巩固训练任务四】　火鹤盆花生产 …… 122
任务五　杜鹃花盆花生产 ……………… 124
　【巩固训练任务五】　栀子花盆花生产 … 132
任务六　火炬凤梨盆花生产 …………… 133
　【巩固训练任务六】　果子蔓凤梨盆花生产 …………………… 139
任务七　豹纹竹芋盆花生产 …………… 140
　【巩固训练任务七】　美丽竹芋盆花生产 …………………… 146
任务八　发财树盆花生产 ……………… 147
　【巩固训练任务八】　金钱树盆花生产 … 151
任务九　铁线蕨盆花生产 ……………… 152
　【巩固训练任务九】　波斯顿蕨盆花生产 …………………… 157
任务十　常春藤盆花生产 ……………… 158

　【巩固训练任务十】　花叶蔓长春盆花生产 …………………… 162
任务十一　仙人球盆花生产 …………… 163
　【巩固训练任务十一】　金虎仙人球生产 …………………… 167
任务十二　金橘盆花生产 ……………… 168
　【巩固训练任务十二】　无花果盆花生产 …………………… 171

项目三　切花生产 …………………… 174
【理论知识】 ……………………………… 175
【考核标准】 ……………………………… 189
【任务实操】 ……………………………… 191
任务一　百合切花生产 ………………… 191
　【巩固训练任务一】　郁金香切花生产 … 205
任务二　月季切花生产 ………………… 207
　【巩固训练任务二】　银柳切花生产 …… 215
任务三　独轮菊切花生产 ……………… 216
　【巩固训练任务三】　多头菊切花生产 … 226
任务四　唐菖蒲切花生产 ……………… 227
　【巩固训练任务四】　六出花切花生产 … 236
任务五　康乃馨切花生产 ……………… 237
　【巩固训练任务五】　勿忘我切花生产 … 248
任务六　非洲菊切花生产 ……………… 249
　【巩固训练任务六】　鹤望兰切花生产 … 256
任务七　洋桔梗切花生产 ……………… 258
　【巩固训练任务七】　紫罗兰切花生产 … 265
任务八　肾蕨切叶生产 ………………… 266
　【巩固训练任务八】　天门冬切叶生产 … 271

项目四　草花生产 …………………… 273
【理论知识】 ……………………………… 274
【考核标准】 ……………………………… 289
【任务实操】 ……………………………… 291
任务一　蓝花鼠尾草生产 ……………… 291
　【巩固训练任务一】　一串红生产 ……… 296
任务二　角堇生产 ……………………… 297

目录

【巩固训练任务二】 三色堇生产 ……… 301
任务三 孔雀草生产…………………… 302
【巩固训练任务三】 万寿菊生产 ……… 306
任务四 彩叶草生产…………………… 307
【巩固训练任务四】 银叶菊生产 ……… 311
任务五 薰衣草生产…………………… 311
【巩固训练任务五】 柳叶马鞭草生产 … 315
任务六 美女樱生产…………………… 316
【巩固训练任务六】 繁星花生产 ……… 320
任务七 金鱼草生产…………………… 321
【巩固训练任务七】 欧洲报春生产 …… 325
任务八 比格海棠生产………………… 326
【巩固训练任务八】 四季海棠生产 …… 330
任务九 垂吊矮牵牛生产……………… 331
【巩固训练任务九】 金叶薯生产 ……… 335

项目五 花卉生产经营管理………… 337
任务一 制订生产计划………………… 337
任务二 花卉生产经营的成本控制…… 340
任务三 生产计划实施………………… 346
任务四 生产效益分析………………… 347
任务五 生产经济核算………………… 348
任务六 企业生产管理实例学习……… 350

项目六 花卉产品营销………………… 368
任务一 花卉产品分类及商品特点…… 368
任务二 花卉交易市场………………… 370
任务三 花卉产品销售………………… 373

参考文献 ……………………………… 378

花卉产业是指以花卉及其相关产品为经营对象和经营范围，由利益相互联系的、具有不同分工的各个相关行业组成的业态总称，涉及科学研究、生产、加工、销售、贸易、消费等环节。我国花卉种质资源丰富，花卉资源开发利用潜力巨大，是很多名贵花卉的世界起源中心和野生花卉的资源宝库，拥有高等植物近3万种，居世界第3位，仅兰科植物就有170余属1200余种，其中特有种有500种左右；在两千多年的花卉栽培过程中，我国培育出了数千个花卉品种。合理开发利用这些资源，可以培育出具有特殊性状与竞争力的花卉新品种。

一、我国花卉产业发展现状和趋势

（一）我国花卉产业发展现状

改革开放以来，我国花卉产业得到迅猛发展。我国花卉产业从无到有，从小到大，正在由传统单一的花卉种植业向花卉加工业和花卉服务业延伸，形成了较为完整的现代花卉产业链。我国花卉产业栽培面积及贸易额稳步增长，在世界花卉产业格局中已占有举足轻重的地位。据农业部统计的数据显示，2012年全国花卉种植面积约112万hm^2，比2011年增长9.4%；全国花卉销售额约1207.7亿元，比2011年增长13.03%。据统计，2010年全国花卉种植面积91.76万hm^2，销售额近862.00亿元，分别是2000年的6.2倍和5.4倍，我国已成为世界花卉生产大国（表1）。2011年，国家林业局将花卉产业作为林业十大主导产业之一列入《林业发展"十二五"规划》。

表0-1 2010年全国花卉产业基本情况统计表

项目类型	种植面积/hm^2	销售量单位	销售量	销售额/万元	出口额/万美元
合计	917565.27	—	—	8619594.85	46307.6
一、鲜切花	50858.73	万支	1901721.87	1058801.25	24632.2
二、盆栽植物类	82908.90	万盆	435702.25	1996910.78	11152.6
三、观赏苗木	501914.62	万株	1184519.67	4347589.78	3172.3
四、食用与药用花卉	163823.54	kg	114074323.00	579111.69	369.6
五、工业及其他用途花卉	65259.70	t	736971.08	183521.54	3175.2
六、草坪	30586.34	万m^2	77805.52	166633.06	36.9
七、种子用花卉	5735.20	kg	776218.90	34695.60	371.9
八、种苗用花卉	11660.43	万株	182054.63	158685.65	1535.2
九、种球用花卉	4793.87	万粒	123770.30	82094.60	101.9
十、干燥花	23.20	万支	304.20	9422.20	5041.0

我国花卉出口类别主要是盆栽植物、鲜切花、鲜切叶和种苗，分别占出口总额的25%、24%、21%和17%，浙江、广东、云南、福建和上海花卉出口位居前列，约占我国花卉出口总额的80%。其中，福建省和广东省是我国盆栽植物出口的主要省份，约占全国出口额的80%。我国鲜切花消费和生产形成三大消费区和三大生产区。鲜切花三大消费区是以北京为主的华北地区、以上海为主的华东地区和以广州为主的华南地区，约占全国的80%；鲜切花三大生产区是云南、广东和上海，约占全国的80%。

我国花卉主要进口类别是种球和种苗，分别占进口总额的43%和34%；其次为鲜切花，占花卉进口总额的17%。2008年中国种球类产品进口全部为休眠种球，进口主要来源国和地区中，荷兰约占进口种球总额的90%；其次是智利、新西兰，品种主要是风信子、百合、郁金香和唐菖蒲；云南和北京是种球进口的主要省市，进口额约占全国种球进口额的79%。鲜切花主要来自泰国、荷兰和新西兰，泰国占98%，以兰花为主；从荷兰进口的鲜切花品种较多，但以月季鲜切花为主。北京和上海约占全国鲜切花进口额的39%和35%，其次是广东和云南。

（二）我国花卉产业发展趋势

从国内看，我国经济社会发展正处于稳步推进的时期，今后是全面建成小康社会的关键时期，深化改革开放、加快转变经济发展方式为全面开创现代花卉业发展新局面提供了重要战略机遇期。在我国花卉产业规模稳步发展、生产格局基本形成的条件下，未来花卉生产的科技创新将得到加强，花卉市场建设将扩大规模，花文化也将日益繁荣。

1. 我国花卉产业格局基本形成

我国花卉产业按照地域与市场的特点，逐步形成了以云南、辽宁、广东等省为主的鲜切花产区，以广东、福建、云南等省为主的盆栽植物产区，以江苏、浙江、河南、山东、四川、湖南、安徽等省为主的观赏苗木产区，以广东、福建、四川、浙江、江苏等省为主的盆景产区，以上海、云南、广东等省（市）为主的花卉种苗产区，以辽宁、云南、福建等省为主的花卉种球产区，以内蒙古、甘肃、山西等省（区）为主的花卉种子产区，以湖南、四川、河南、河北、山东、重庆、广西、安徽等省（区、市）为主的食用药用花卉产区，以黑龙江、云南、新疆等省（区）为主的工业及其他用途花卉产区，以北京、上海、广东等省（市）为主的设施花卉产区。产业格局的形成将进一步巩固和发展我国花卉产业发展。

2. 科技创新引领花卉产业发展

据统计，我国现有省级以上花卉科研机构100多个，设置观赏园艺和园林专业的高等院校100多所，花卉专业技术人员近20万人。成立了"全国花卉标准化技术委员会""国家花卉工程技术研究中心"等组织机构，并取得了一批科研成果。其中，"花卉新品种选育及商品化栽培关键技术研究与示范""名优花卉矮化分子、生理、细胞学调控机制与微型化生产技术"等项目获得国家科技进步二等奖；大批观赏植物新品种获得国家植物新品种权保护，其中就有我国自主培育的'中国红'月季、'风华绝代'菊花等著名品种。

3. 市场规模扩大，经营模式创新

据统计，2010年全国有花卉市场近3000个。根据资源、区位、交通、市场、信息等特点，在重要区域培育了一批国家级花卉市场，如昆明国际花卉拍卖交易中心、广东陈村花卉世界、江苏武进夏溪花木市场等。

由传统落后的经营模式逐步向现代化的流通方式转变。除传统经营模式稳定发展外，网

上交易、拍卖、鲜花速递等现代化的花卉交易方式已经开始逐步进入花卉流通领域。我国正在以大型城市和城市群为中心，支持发展各种形式的花卉零售经营服务网点和网络销售，全国现有花店近8万家，网络花店2000多家，还有一大批具有我国特色的批零兼营花店分布在各大批发市场。随着产业发展，花卉营销手段不断出新：以北京世纪奥桥花卉园艺中心、浙江虹越园艺等为代表的时尚花卉超市和花园中心不断涌现，以长沙都市花乡、成都春天花坊等为代表的连锁花店开始形成，网络花店、鲜花速递和花卉租摆等新型零售业态不断出现，具有中国特色的花卉营销服务体系正在逐步形成。随着我国花卉生产技术水平的提高、生产设施水平的提升和物流产业的发展，同时花卉生产者充分利用了我国地域辽阔、气候各异的地理优势，使我国的花卉产品实现了周年生产和周年供应。

4. 花文化日趋繁荣

党的十八大提出，大力推进生态文明建设，把生态文明建设融入我国经济建设、政治建设、文化建设、社会建设的各方面和全过程，努力建设美丽中国，实现中华民族永续发展。花卉产业作为美丽的公益事业和新兴的绿色朝阳产业，对于绿化美化环境、建设美好家园、提高人民生活质量、推进生态文明建设，都具有重要作用。

全国重点城市和重点花卉产区以举办国际性和全国性花卉主题活动为载体，不断挖掘花文化内涵，将花卉主题展览展示与花卉产业园区建设、休闲观光旅游相结合，使以赏花为主题的旅游市场逐年扩大，极大地促进了产业链的延伸。例如：沈阳、西安、锦州世界园艺博览会，北京、上海中国国际花卉园艺展览会，广州亚洲杯插花花艺大赛，重庆亚太兰花大会，广东顺德、四川成都、北京顺义和山东潍坊中国花卉博览会等。

5. 花卉生产方式的转变

花卉生产方式逐步向规模化、专业化方向转变，形成了国有、民营、个体、合资、独资企业齐头并进、竞相发展的势头，广东省花卉业已逐步形成相对集中连片的花卉生产基地和"公司+农户+市场"的产业结构，并构筑了广州芳村—番禺—顺德—中山—珠海近百公里长的花卉长廊，从而使全省的花卉生产形成了一定的规模。江苏已逐步形成设施盆花、苗木盆景、反季节切花、观赏乔木等几大专业花卉生产区，总面积达30多万亩（1亩＝666.6 m^2），并建立了一批新兴特色花卉基地，使该省花卉生产的专业化和规模化水平得到很大提高。

6. 对外合作不断扩大

2010年，全国花卉出口总额4.63亿美元，是2000年的18倍。云南、广东、福建已成为主要出口花卉生产基地，产品销往日本、荷兰、韩国、美国、新加坡及泰国等50多个国家和地区。目前，正在开拓澳大利亚、东欧、东盟、中东和中亚等花卉出口的新兴市场。中国花卉协会积极参与国际合作，先后成为国际园艺生产者协会（AIPH）、世界月季协会联盟（WFRS）、国际茶花协会（ICS）、亚洲花店业协会（AFA）会员单位，使国际地位不断提高。通过中国花卉协会的中介作用，吸引了一大批境外花卉企业落户国内，也促成了一批国内花卉企业到国外投资兴业。

（三）我国花卉产业存在的主要问题及原因分析

1. 科研滞后，创新能力不强

我国主要商品花卉品种、栽培技术和资材等基本依赖进口，花卉种质资源保护不力，开

发利用不足，科研、教学与生产脱节现象仍然存在。酶工程，生物工程，现代发酵工程以及新型高效分离、分级、杀菌、防腐、保鲜、干燥等花卉产品精细加工技术应用能力不强。最近几年来，虽然我国花卉育种水平有了一定提高，但拥有自主知识产权的花卉新品种和新技术仍旧较少，科技成果转化率较低。目前在市场上占主导地位的品种仍然是国外品种。

2. 产品质量和规模效益不高

我国花卉生产技术和经营管理相对落后，专业化、标准化、规模化程度较低；花卉产品质量不高，单位面积产值较低；产品出口量较小，国际市场竞争力较弱。2010年，我国花卉产业单位面积产值为19.7万元/hm^2，仅为荷兰的5.8%、以色列的9.2%、哥伦比亚的10.9%。这也是我国花卉生产面积全世界最大，但产值排在第10名以后的一个重要原因。造成这一问题的根本原因是我国花卉生产技术水平较低、缺乏优质花卉产品。

3. 产业结构不合理

花卉产业结构不健全、种植结构不合理、经营管理不规范和服务不到位等问题依然突出；花卉精深加工业起步晚，缺乏新的产业增长点。花卉标准化、信息化程度低，产业集群的形成与发展缓慢，物流装备技术落后，花卉物流企业发展滞后。

4. 市场不规范，产品销售渠道不健全

目前，我国花卉市场管理的水平仍处于低级水平，缺乏专业市场管理人才，市场各项服务功能不完善。花卉销售的方式仍处于比较原始的方式，花卉市场流通体系不完善。目前，花卉市场流通体系为：生产者将产品销售给一级批发商，一级批发商再转批给二级批发商，二级批发商再销售给零售商。其流通环节多，有的甚至更多，造成流通费用高，加之缺乏先进的采后储运、保鲜技术，造成消费者购买时质低价高现象，这些严重影响了花卉产品的国内外贸易。我国花卉贸易要与国际花卉贸易接轨，还需要不断地完善我国花卉市场流通体系。

二、国外花卉产业发展现状和趋势

（一）世界花卉产业发展现状

世界花卉产业的持续发展是与花卉消费的稳定和增长相一致的。欧洲经济发展历史长，欧共体各国对花卉消费处于相对均质的状态，其中挪威、芬兰、奥地利等国的花卉消费水平很高。此外，日本国民收入高，虽然国土狭小，但对花卉的需求很高。花卉产业已经成为最具活力的产业之一。根据国际园艺生产者协会（AIPH）和国际花卉贸易联盟（Union Fleurs）发布的《2011年国际花卉植物统计报告》，2010年全球盆花和切花生产总面积约为56万hm^2，总产值约为265亿欧元，并继续保持增长势头。

就花卉经济规模，特别是花卉出口实力，综合考虑市场位置、气候条件、土地资源、劳力资源、资金资源、运输条件、生物技术等方面，得出最具出口实力的10个国家和地区：荷兰、美国、日本、丹麦、以色列、中国台湾、西班牙、意大利、哥伦比亚和肯尼亚。

以荷兰为例，荷兰是世界花卉生产与销售举足轻重的国家。在荷兰，尽管花卉和观赏植物栽培仅占全国园艺种植面积的4%左右，但玻璃温室花卉种植的面积极大。每年花卉产业可创造30亿欧元的价值，占荷兰园艺总产值的50%。随着规模化经营的逐渐发展和由生产大众市场产品到生产名贵花卉和观赏植物的转变，花卉产值还会进一步增长。荷兰以多种高品质的花卉产品、公开透明的花卉交易制度及顺畅的欧洲交通为优势，在国际外销市场上遥遥领先。

另外，发展中国家也有一些是花卉生产的先进国家。哥伦比亚在月季外销上增长很快，香石竹出口无论单头还是多头也有显著的增加。以色列因其先进的温室设施及喷、滴灌技术，生产成本较低，另外由于空运费用较低，使得所有外销产品具有较高的竞争力。在新兴国家中处于最优势的国家为厄瓜多尔。厄瓜多尔的生产者大多集中在月季的栽培方面。墨西哥是开发许多优质切花出口的典范，国内市场也是很有活力的，许多优质的切花还未走出国门，在国内就已销售一空。其切叶主要出口美国，而椰子类切叶生产快速发展，主销日本、美国及欧洲市场，以盆栽及牡丹等产品销售最佳。南非花卉出口渐减，切叶仍维持为主力，切花量渐增，盆花出口减少。中国台湾自1995年出口持续增长，主要市场为日本。

健全的花卉销售和市场流通体系，也是世界花卉产业发展经久不衰的一个重要原因。以荷兰为例，健全的花卉销售和市场流通体系奠定了荷兰作为世界园艺交易、中转枢纽的地位，这种中心枢纽地位的确立，使荷兰花卉业在国际花卉市场起着举足轻重的作用。为了进一步巩固其花卉贸易中心的地位，2008年1月1日，荷兰阿斯米尔拍卖市场与荷兰花荷拍卖市场正式合并成荷兰花荷（Flora Holland）鲜花植物拍卖行，成为世界上最大的花卉拍卖市场。

（二）世界花卉产业发展趋势

世界花卉的商品性生产，是在第二次世界大战后迅猛发展起来的，从国际上看，花卉生产潜力巨大，消费需求旺盛，一直保持着长盛不衰的局面。花卉产业与经济领域的各行各业一样，面对信息共享和知识经济的时代特征，其发展趋势均呈现出经济全球化和贸易自由化等诸多特点。

一是花卉生产趋向机械化、标准化、规模化、专业化。荷兰花卉业现代化发展迅速，现代温室栽培占绝对优势，且普遍专业化，它以占园艺4%左右的面积，创造了30亿欧元的价值，取得了占园艺50%的高产值。日本切花和盆栽的设施栽培，从1970年的17%增长至1998年的92%，其控温、控光、控气、控水肥等栽培法，实现了高质、高产、出新。面对花卉市场的激烈竞争，各国的花卉生产纷纷朝着工厂化、专业化的现代化方向发展。

温室内部运输和切花加工在很大程度上已由计算机控制和由机械操作。全部采用自动化生产，可将其分为种苗分级、自动栽苗、自动灌溉、温室环境自动控制、半成品自动分级疏盆、成品自动分级六个过程。植物分级贯穿整个生产过程，通过多次分级，将不同生长状态植物分为不同级别，相同规格植物采用统一标准的灌溉量和环境条件。一般来说，种植者自己并不直接销售他们的产品，他们都参加这家或那家花卉拍卖市场，并成为成员。这就使种植者完全解脱出来，能够集中精力从事生产。这种专业化的生产，细化到专业种植某一种作物或是某一种作物的一个品种，达到品种单一、技术专一、业务专一，使生产达到最大优化，个性品种、技术也得到不断地发展，确保了产品质量一流。

二是花卉生产正在向发展中国家转移。随着发达国家土地、劳动力等生产成本的增加，以及全球金融危机的影响，花卉生产正在由欧美等发达国家向劳动力和土地等成本相对较低的发展中国家转移，而欧美等花卉产业发达国家不断向种子、种苗、种球和新品种研发等高附加值的产业前端集中。

三是发展中国家的花卉需求与出口优势明显。在发达国家依然保持旺盛的消费需求下，中国、印度、俄罗斯和巴西等新兴经济体国家的花卉消费潜力巨大。新的花卉生产与贸易中心正在形成之中，中南美洲、非洲、亚洲的中国和印度都将成为成长中的花卉生产中心，这

是花卉业发展的大好时机。

三、花卉产业特点

(一) 科研成果成绩突出

1. 资源保护范围广

我国是花卉资源大国，观赏植物种质资源丰富，达113科，当今世界上的许多名花，如梅花、牡丹、菊花、百合、山茶和杜鹃等都原产于我国，品种多达数百个，为产业科研、提高品质、丰富品种奠定了资源基础。

花卉种质资源的发掘主要集中在原产于我国的野生花卉的物种多样性和重要野生观赏植物的专类研究上，涉及的物种包括月季、菊花、百合、梅花、蜡梅、牡丹、芍药、报春、杜鹃、兰科花卉、紫薇、蕨类植物等。

一些有花卉育种研发实力的单位，根据自身的资源优势和育种目标建立了种质资源圃，如中国农业大学和昆明杨月季园艺有限责任公司共同建立了月季种质资源圃30亩，保存种质资源400余种，其中包括野生资源43种。

南京农业大学和中国农业大学联手，分别在南京和北京建立了菊花种质资源圃，总面积近60余亩，保存菊花种质资源1600余种。云南省农业科学院和中国农业科学院蔬菜花卉研究所联手分别在云南和北京建立了百合种质资源圃，保存百合资源近600种。

此外，在浙江杭州建立了茶花种质资源圃，在福建漳州建立了水仙种质资源圃，在山东菏泽、河南洛阳均建立了牡丹种质资源圃，广东建立了兰花种质资源圃等。这些种质资源圃的建立，不仅有效保护了品种，也为花卉科研提供了丰富的种质资源。

近年来，花卉科研在月季、菊花、梅花、牡丹、杜鹃等多种花卉资源的观赏和农艺性状等的资源挖掘上，取得了很大的进展。如中国农业大学与云南省农业科学院花卉研究所从46种野生资源中选出3个极端耐低温的材料（大花香水月季、毛叶川滇蔷薇和长尖叶蔷薇）。

2. 育种领域有突破

北京凭借花卉科研院校集中的优势，2010年成立了"北京花卉育种研发创新团队"，其目的是充分发挥首都科技优势，整合资源，联手攻关，为发展都市型现代农业注入科技含量，首批成立的花卉育种研发创新团队共有14支。

上海目前也已成为全国重要的花卉生产研发基地与种苗生产基地，一批高科技企业落户上海，如红掌种苗生产企业荷兰瑞恩公司、凤梨种苗企业比利时德鲁仕公司和爱索特公司、蝴蝶兰种苗生产企业鼎汉公司等。通过引进品种、技术和人才，加快了上海花卉产业的发展。

广东省农业科学院花卉研究所等单位培育出蝴蝶兰新品种16个，其中9个新品种通过英国皇家园艺协会（RHS）国际兰花新品种登录，分别是2个大花蕙兰、4个蝴蝶兰、3个春石斛兰品种。7个新品种通过广东省农作物新品种审定。

中国农业大学将杂交育种与分子育种相结合，培育出观赏性状优良且抗逆性强的菊花品种，获得子代436株。

南京农业大学将与侧枝发生相关的基因转入菊花，获得了少侧枝菊花材料。

3. 新品种权受重视

自 1999 年 6 月至今，农业部植物新品种保护名录已经陆续公布了 8 批，共有 20 种花卉进入保护名录。莲、蝴蝶兰属、秋海棠属、凤仙花、非洲凤仙花新几内亚凤仙花 6 类商品价值很高的花卉入选第八批保护名录。国家林业局所受理的新品种保护申请作物中大部分为观赏植物，截至 2008 年 12 月底，获得植物新品种权的草本花卉品种 32 个，木本观赏植物品种 153 个。已授权的部分观赏植物新品种数量为：蔷薇 56 个、牡丹 13 个、木兰 10 个、月季 10 个、杜鹃花 8 个、山茶 5 个、芍药 4 个。

截至 2010 年 3 月底，农业部受理的花卉新品种申请共 396 件，涉及 9 个属，其中我国花卉新品种申请共 211 件，已授权的花卉新品种数量为 65 个。截至 2008 年 12 月底，国家林业局受理的花卉新品种申请共 434 件，涉及 33 个植物的属或种，其中我国申请的 311 件。新品种、新技术的推广应用取得了明显的经济效益和社会效益。

（二）栽培技术进步大

盆花种苗标准化、规模化生产。目前，兰花、凤梨、红掌等重要盆花的种苗已经实现了规模化生产，生产技术基本成熟。如上海种业（集团）有限公司建有生产基地 8 个（360hm²），拥有世界一流的智能化温室（23hm²），形成了红掌、凤梨、一品红、百合、郁金香、香石竹种苗及菊花种苗等花卉优势产品，工厂化育苗和组培苗年生产能力分别达到 5000 万株和 1000 万株。

花期调控与促成栽培。花期调控技术和促成栽培技术是实现目标花期生产和供应的重要措施，在蝴蝶兰、牡丹、杜鹃等盆花品种上已经广泛应用。如广东省农业科学院花卉研究所建立了蝴蝶兰花期调控技术体系。他们通过高山越夏、常规栽培和低温栽培下的 GA_3 处理、低温条件下的 400lx 光照处理等措施，促进了蝴蝶兰的花芽形成，实现了提早开花的目标。其示范生产和销售优质蝴蝶兰 1300 多万株。

精准化栽培。优质花卉主要依赖于设施生产，各地根据地域差异采用了不同的设施，南方主要采用塑料大棚，北方多采用节能型日光温室。花卉的精准化栽培主要体现在对设施环境的精准化监测、控制以及对肥水的精准化控制上。一些高档盆花生产企业在火鹤、凤梨、蝴蝶兰等重要盆花上全面应用了温光调控技术和基质栽培全自动营养液滴灌技术。

各地对花卉生产基础设施建设投入力度不断加大，花卉设施水平和标准化程度不断提高。湖北省在武汉建设的现代花卉科技产业园，包括 20 万 m² 温控大棚和 2 万亩大田苗圃，集研发、科普、生产、销售、观光于一体，年产值超过 5 亿元。在广东，大型的花卉生产企业全部采用现代化温室，配备有遮阳系统、通风降温系统、微喷雾系统、喷淋系统或滴灌系统、滚动栽培床、自动加温等先进的生产设备。

产业科技水平的提升和生产设施的改善，极大地提高了花卉产品的质量。河北省 2009 年集中繁育仙客来苗 130 万株，全部使用优质 F1 代品种，良种使用率大大提高。黑龙江省通过技术措施打破仙客来夏季的休眠，实现批量生产，还可以在 6~8 月返销南方淡季市场。

（三）标准体系开始实施

为了提高盆栽花卉品种，促进花卉流通和出口，标准化生产已经成为趋势。全国花卉标准化技术委员会于 2005 年 9 月成立以来，在国家标准委和国家林业局科技司的重视和支持下，认真组织开展了全国花卉标准化工作调查，启动了《全国花卉标准化体系研究与建设

构想》课题，完成了《八仙花产品质量等级》《芍药鲜切花质量等级》《观赏用棕榈科植物生产技术规程及质量等级》《石斛兰盆花产品质量等级》《建兰生产技术规程与质量等级》和《仙客来盆花产品质量等级》6个林业行业标准的编制审查任务，承担了《盆栽牡丹质量分级》《杜鹃盆花质量标准》《大花蕙兰盆花质量标准》《一品红盆花质量标准》《花卉品质判定方法》《花卉原种种苗、种球质量标准》《蝴蝶兰盆花产品质量等级》《仙客来盆花产品等级》《牡丹栽培技术规程》和《花卉项目建设技术规程》10个国家标准委下达的国家标准的编制修定工作。我国花卉标准化工作进入了一个有组织、有计划、有目标发展的新阶段。

在未来10～15年中，我国还将陆续制定花卉标准226项。其中，近期待报批的有《花卉产品包装、贮存、运输技术规程》、《花卉抽样检查方法》2项国家标准和《八仙花产品等级标准》《观赏用棕榈植物产品质量等级》《仙客来盆栽植物生产技术规程》等6项林业行业标准。另外还有11项国家标准在编，包括《盆栽牡丹质量分级》《花卉原种种苗、种球质量标准》《大花蕙兰盆栽植物质量标准》《杜鹃盆栽植物质量标准》《蝴蝶兰盆栽植物产品质量等级》《芍药切花产品质量等级》及《花卉品质判定方法》等。

（四）花卉认证启动

MPS花卉认证体系是帮助花卉种植者尽可能地减少农药、化肥的施用，控制生产过程中的能源和水的消耗的一个环保认证体系，是一个很好的花卉生产管理工具。参与MPS花卉认证，有助于帮助花卉企业提高生产管理水平，节约成本，提升企业形象，促进出口。

目前，我国完成了中荷MPS花卉认证合作项目，为参加MPS-ABC花卉认证的中国试点花卉企业颁发证书。经过中荷双方两年来的通力合作，共有75家花卉企业分别获得了MPS-A、MPS-B、MPS-C不同级别的证书。其中浙江森禾种业股份有限公司、云南丽都花卉产业发展有限公司等55家花卉企业获得MPS-A级证书，占获证企业的73.3%。另有3家获得MPS-B级证书，13家获得MPS-C级证书。

（五）政策积极支持

为了引导花木产业发展，各地政府纷纷出台了土地优惠政策。有的采用降低土地租金来吸引投资企业，有的通过延长土地使用期促进花木产业持续发展。四川省成都市在土地优惠政策中还明确提出，投资3000万元以上的农业产业化项目用地可优先解决；新投资农业产业化项目缴纳的土地出让金，可按收支两条线原则，全额予以返还；另外，对连续3年以及土地营运面积达到1000亩以上的，政府还将给予一次性奖励。

设施补贴是各地政府为引导花农发展设施栽培，提高花卉品质的又一项惠农措施。对于温室、大棚的设施补贴，各地政府也是因地制宜。有的地区政府出资建好温室后，以低廉的价格租赁给种植户；有的地区采用政府与企业共建温室的模式。另外，在宁夏、贵州、山东、北京、上海等地区，当地政府还纷纷出台了企业、农户自建温室大棚，政府给予相应补贴的方式。一些地区还推出了种苗、种球补贴政策，及税收政策的优惠和减免，极大地激发了种植者的积极性。

降低植物新品种保护收费标准，是国家鼓励创新经营，加强花卉行业自主知识产权保护而出台的一项重要措施。2007年，农业部和国家林业局植物新品种保护办公室分别发布了《关于调整植物新品种保护收费标准》的公告，植物新品种保护权申请费、审查费、年费的收费标准全面下调，下调幅度达到了50%以上。

（六）花卉销售有创新

2009年全国花卉市场突破3000个，同比增加70多个，零售花店7万个，花卉交易基本上采用对手交易的方法。近年来，花卉流通也出现了一些新的形态，如2009年5月北京市首家花园中心——北京世纪奥桥花卉园艺中心正式营业，其借鉴和采纳了国际先进的经营模式和管理理念，是我国第一家集约化超级市场，其以景观和自助的形式展销各类花卉苗木、庭院和园艺用具、资材等，为花卉和园艺爱好者提供全方位、综合性的终端服务。

目前，我国有7万多家花店，遍布全国县级以上的城市，有批零兼营花店、零售花店、连锁花店、花卉卖场、大商场中的小花店、网络花店等。新的网上花店与国际化花卉快递销售形式的出现，摒弃了传统花店的地理位置概念，彻底打破了传统花店的地域约束与客户范围划分，使得传统花店的基础客户受到流失与瓦解。从2008年开始，互联网上鲜花销售出现了新力量——淘宝网鲜花销售。代表性的网络花店有中国连锁鲜花网（www.51880.com）、中国鲜花专递网（www.cnfse.com）、中国名品鲜花网（www.hua114.com.cn）、太阳雨鲜花礼品网（www.SunRainy.cn）等。一般均能在3~6h送到全国主要城市，并能保证24h服务。

四、花卉产业存在的问题

1. 缺乏自主知识产权的品种和技术

目前我国市场上销售的高档盆花如蝴蝶兰、大花蕙兰、红掌、凤梨等盆栽花卉，基本上都是从国外或我国台湾引进的，在新品种的培育研发方面依然是个薄弱环节，这严重制约了花卉产业的发展。另外，除了新品种匮乏外，新技术的研发和推广也存在滞后问题，影响了花卉品质的提升。

2. 花卉资源评价和利用体系不完善

我国是重要的花卉资源大国，但对于现有资源的遗传背景研究较少、评价体系不健全、育种效率低、育种应用基础研究薄弱，如我国原产花卉起源与分类研究，优异种质的评价、挖掘与保护等均缺乏系统研究。因此，这些原因造成了我国在种质资源创新，新品种培育的预见性、选择的准确性以及育种进程等方面受到了限制，导致品种的自主创新能力弱。

3. 区域特色产品及品牌不明显

像云南省的鲜切花、广东省的绿植和盆花、江浙地区的园林绿化苗木、上海市的切花种苗、海南省的热带切花、辽宁省的种球等，已经形成拳头产品和地域特色鲜明的产区，在我国并不多。很多省市依然存在专业化、规模化水平低，"小而全""大而全"的现象，各地产品结构类同，特色名牌产品少，"区位品牌"尚未确立。

4. 生产技术质量体系不够规范

目前，盆花出口总体质量不高，究其原因是缺乏完整、规范的花卉标准化生产技术体系。盆花生产由于受到生产技术和设施的制约，同一品种却没有统一标准，导致先进技术难以推广，出口市场难求突破。

5. 从业人员的素质有待提升

花卉产业是劳动密集型产业，我国花卉产业的科技积累少，专业技术人员匮乏，难以适应现代花卉生产的要求。加大花卉专业技术人员的培训和培养已经迫在眉睫。

6. 配套设施资材匮乏

随着生产规模和市场需求的增加，花卉产业对现代生产设施、专用肥料、各式容器、喷

灌设施等相关配套资材的需求也进一步加大，盆花产业普遍缺乏有针对性的专业配套资材产品。

7. 花卉产业的管理需加强

目前，各地对市场建立、产品质量、环保认证等花卉产业的管理还非常欠缺。花卉市场开办的政府审批手续不健全；流通领域缺乏质量监督、检验、认证管理手段，市场竞争无序。随着城市发展的资源供需矛盾加剧，粗放式生产经营方式已不适合现代花卉产业发展，亟须进一步加强产业管理，实现生产模式的转变。

8. 花卉消费市场急需挖掘和引导

我国有13亿人口，目前的人均年花卉消费不到50元人民币，按世界园艺生产者协会公布的统计数据，世界人均年花卉消费额最高的瑞士为每年122欧元，相当于1000多元人民币，一般消费水平都在50欧元，也就是500多元人民币。相比之下，我国的花卉消费水平非常低下，主要原因为：一方面与各地经济发展水平不均衡有关；另一方面是缺乏市场引导，以及对花文化的宣传和普及。引导消费是花卉产业形成和发展的重要前提。

9. 重视批发市场建设，忽视零售环节

近年来，花卉批发市场成为新的投资热点，而忽视了零售市场和零售网点的建设。没有为消费者提供便捷的接触花卉的机会，不能及时了解消费者的需求，影响购买欲望，减少了花卉消费支出。零售网点可以为生产者提供可靠、准确的需求信息，实现以销定产。

10、精准化、机械化栽培相对落后

尽管我国花卉生产和栽培技术取得了实质性的进步，但整体上与发达国家相比差距仍然很大，多仍采用传统的人工作业方式和经验管理模式，缺乏基于设施内花卉作物生长发育模型和设施环境监控的精准化、智能化管理方式，生产资源利用效率低。一些自动化、智能化环境调控技术等现代高新技术还是空白，设施内机械化程度低、劳动强度大、工作效率低。

花卉栽培设施及环境调控

【项目导言】

花卉栽培设施主要包括温室和塑料棚等增温保温设施以及防虫网、遮阳网、荫棚等防护设施。通过这些设施，可以人为地创造适宜花卉植物生长的小气候环境，来扩大花卉植物的栽培区域、调节生长时间，达到周年生产及提高产品质量的目的。花卉生产设施经历了由简单到复杂、由低级到高级的发展过程。花卉生产设施是花卉生产的基础，也是进行花卉生产所需的必要条件。

【知识目标】

1. 了解常见花卉栽培设施的类型、特点。
2. 掌握各种园艺资材的特点和用途。
3. 掌握栽培设施环境调节控制方法。

【能力目标】

1. 能正确使用各种园艺资材并对各种机具及设备进行规范操作。
2. 能根据天气状况、花卉要求调节各种栽培设施的各种环境因子，为花卉生产创造适宜的外部环境。

【素质目标】

1. 通过学习环境控制技术，培养学生分析总结和提升完善的能力。
2. 通过分组完成任务，提高竞争意识，培养学生交流、互助、合作和组织能力。
3. 通过生产方案的实施，锻炼学生独立发现、分析和解决突发问题的能力。

任务一 栽培设施、设备及机具的选择

【任务描述】

温室是由透光覆盖材料作为全部或部分围护结构，具有一定环境调控设备，用于抵御不良天气条件，保证花卉正常生长发育的设施。栽培设施与设备是与温室生产相配套的、不可缺少的组成部分，只有掌握各种栽培设备的性能和使用方法才能对温室环境进行调控。通过任务的学习，掌握栽培设施环境调节控制方法。

【任务目标】

1. 掌握温室的分类方法和类型特点。
2. 掌握栽培机具的用途、特点及简要原理，并能够正确操作。
3. 根据生产需要对温室环境进行调控。

一、温室

采用透光覆盖材料作为全部或部分围护结构，具有一定环境调控设备，用于抵御不良天气条件，保证作物能正常生长发育的设施，统称为温室（图1-1、图1-2）。

图1-1　简易薄膜拱形温室

图1-2　塑料温室

（一）根据温室的用途分类

1. 生产温室

以生产为目的的温室称为生产温室（图1-3）。根据生产的内容和功能不同，生产温室又分为育苗温室、蔬菜温室、花卉温室、果树温室等。

2. 试验温室

专门用于科学试验的温室称为试验温室，其中包括科研教育温室、人工气候室等。这类温室的设计专业性强，必须进行针对性的个性化设计。

3. 商业零售温室

商业零售温室为专门用于花卉等批发、零售的温室。花卉在温室内展览和销售能够具有适宜的生长环境，但同时室内要有大量的交通通道和展览销售台架，便于顾客选购。这类温室在形式上与普通生产温室一样，但在室内交通组织上要充分考虑人流疏散和消防。

4. 餐厅温室

餐厅温室为专门用于公众就餐的温室，又称为阳光温室或生态餐厅等，室内布置各种花卉、盆景、园林造景或立体种植形式，使就餐人员仿佛置身于大自然的环境中一样，给人以回归自然的感觉。这种温室借用了温室的形式，主要用于绿色植物的养护，但由于是公众大量出入的地方，设计上应该按照民用建筑的要求进行诸如防火、消防、安全疏散、环境舒适度等方面的安全设计。

5. 观赏温室

观赏温室为室内种植观赏作物、建筑外观独特的温室。植物园中的大量造型温室、热带雨林温室等均属于此类。由于室内种植高大树木，这类温室往往室内空间较高，也为温室的外形设计提出了要求。与餐厅温室一样，观赏温室也是公众大量出入的场所，设计中应遵从民用建筑设计的要求。

6. 病虫害检疫隔离温室

病虫害检疫隔离温室是用于暂养从境外引进作物专门进行病虫害检疫的温室。这种温室一般要求室内为负压，进出温室的人员、物资都要求消毒，室内外空气交换要求过滤、消毒（图1-4）。

图 1-3　生产温室

图 1-4　温室换气

（二）根据室内温度分类

1. 高温温室

室内温度冬季一般保持在 18~36℃ 之间，主要用于种植原产热带地区的植物，如北方地区的热带雨林温室（室内主要种植喜高温高湿的热带雨林植物）、高温沙漠温室（室内主要种植高温干旱地区的仙人掌类植物）等（图 1-5）。

2. 中温温室

室内温度冬季一般保持在 12~25℃ 之间，主要用于种植热带与亚热带连接地带和热带高原原产植物。

3. 低温温室

室内温度冬季一般保持在 5~20℃ 之间，主要用于种植亚热带和温带地区的原产植物。

4. 冷室

室内温度冬季一般保持在 0~15℃ 之间，主要用于种植和储藏温带以及原产本地区而作为盆景的植物。

（三）根据主体结构建筑材料分类

1. 竹木结构温室

以毛竹、竹片、圆木等竹木材料作温室屋面梁或室内柱等承力结构的温室。

2. 钢筋混凝土结构温室

用钢筋混凝土构件作温室屋面承力结构的温室。以钢筋混凝土构件为室内柱，竹木材料为屋面结构构件的温室仍划分为竹木结构温室。

3. 钢结构温室

以钢筋、钢管、钢板或型钢等钢结构材料作温室主体承力结构的温室（图 1-6）。

4. 铝合金温室

温室全部承力结构均由铝合金型材制成的温室。屋面承重构件为铝合金型材，但支撑屋面的梁、桁架、柱等采用钢结构的温室仍划分为钢结构温室。

5. 其他材料温室

由于新型建材的不断出现，采用这些材料作承力结构的温室也不断涌现，如玻璃纤维增强水泥（GRC）骨架日光温室、钢塑复合材料塑料大棚等。

图 1-5　高温温室

图 1-6　钢结构温室

（四）根据温室透光覆盖材料分类

1. 玻璃温室

以玻璃为主要透光覆盖材料的温室称为玻璃温室（图 1-7）。采用单层玻璃覆盖的温室称为单层玻璃温室；采用双层玻璃覆盖的温室称为双层中空玻璃温室。

2. 塑料温室

凡是以透光塑料材料为覆盖材料的温室统称为塑料温室（图 1-8）。根据塑料材料的性质，塑料温室进一步分为塑料薄膜温室和硬质板塑料温室。塑料薄膜温室根据温室体积大小又分为塑料中小拱棚、塑料大棚和大型塑料薄膜温室（通常将大型塑料薄膜温室直接称为塑料薄膜温室或塑料温室），为增强塑料薄膜温室的保温性，常采用双层塑料膜覆盖，两层塑料膜分别用骨架支撑的温室称为双层结构塑料温室，两层塑料膜依靠中间充气分离的温室称为双层充气温室。硬质板塑料温室根据板材不同又分为聚碳酸酯（PC）板温室（包括PC 中空板温室和 PC 浪板温室）、玻璃钢（包括玻璃纤维增强聚酯板 FRP 和玻璃纤维增强丙烯酸树脂板 FRA）温室等。

需要说明的是，如果一栋温室的透光覆盖材料不是单一材料，而是由两种或两种以上材料覆盖，温室按透光覆盖材料划分时应按屋面透光材料划分，并以屋面上用材面积最大的材料为最终划分依据。

图 1-7　玻璃温室

图 1-8　塑料温室

（五）根据温室是否连跨分类

1. 单栋温室

温室长度不受限制，但跨度仅有 1 跨的温室称为单栋温室，又称为单跨温室。塑料大棚、日光温室等都是单栋温室。

2. 连栋温室

2跨及2跨以上，通过天沟连接起来的温室称为连栋温室，又称为连跨温室。大量的现代化生产温室都是连栋温室。连栋温室的土地利用率高、室内作业机械化程度高、单位面积能源消耗少、室内温光环境均匀。

二、栽培设备

（一）通风降温设备

温度、湿度和气体是影响作物生长的重要因素。温室是一个半封闭系统，与外界相对隔离，通风换气得创造适合植物生长的环境，同时可以改善温室内产生的高温、高湿和低CO_2浓度等不利于植物生长的环境条件。其主要作用体现在以下几个方面：

1）排除多余热量，抑制高温。在太阳辐射强烈、温室封闭的条件下，温室内温度可高达40℃以上。此时可通过通风与外界空气进行流通，可以排除室内多余热量，防止温室内温度过高。

2）降低室内空气湿度。土壤中水分蒸发和植物蒸腾作用的水汽在室内聚集，会产生较高的湿度，夜间室内相对湿度可达95%以上。高湿度环境影响植物的蒸腾和水分与养分的吸收，不利于生长发育，并会引发病害。

3）补充CO_2，促使室内空气流动，促进气体交换。光合作用旺盛时，室内CO_2浓度有时能降低至100mg/m³以下，不能满足植物正常光合作用的需要。通风可从室外引入空气（CO_2浓度300mg/m³）获得CO_2补充。

1. 温室通风的特点

温室通风需随栽培植物的种类、生育阶段、栽培地区和栽培季节的不同，以及一天中不同时间、不同室外气候条件而异。温室内要求具有适宜的气流速度，一般应为0.3～0.5m/s，高湿度、高光强时气流速度可适当提高。通风设备的布局也要合理，能保证气流分布均匀，这样有利于植物叶片的蒸腾作用以及CO_2的扩散和吸收。特别是在北方地区，通风设备对温室内降温、降湿起着极其重要的作用。选择通风设备时，要选择耐用、运行效率高、操作简便及遮阳面积小的设备。

2. 温室通风的形式

按工作动力不同，可分为自然通风、机械通风和循环通风三种形式。

（1）自然通风（图1-9） 自然通风是指借助温室内外的温度差产生的"热压"或室外自然风力产生的"风压"促使空气流动。自然通风系统设备简单、管理维护方便，是比较经济的通风方式，日光温室和塑料大棚多采用这种通风方式。自然通风效果受温室所处地理位置、地势和室外气候条件（风向、风速）等因素的影响。自然通风系统由通风窗（屋面窗、侧窗等）及相应的开窗构件、电机及减速装置、控制器等组成。

（2）机械通风（图1-10） 机械通风又称为强制通风，是依靠风机产生的风压强制空气流动，其作用能力强，通风效果稳定。温室的机械通风系统多采用风机向室外排风，并设置具有一定风量的进风口。风机一般采用低压大流量轴流式风机，适当分组控制开停，以满足各种条件下不同通风量要求，通常在进风口处安装降温、湿帘等降温设备，达到通风降温的目的。北方温室及大型连栋温室通过自然通风不能满足温室降温需求，因此在设置顶开窗通风的同时也安装风机湿帘系统。

图 1-9 自然通风

图 1-10 机械通风

（3）循环通风 当温室顶开窗完全关闭，风机不运行时，温室处于一个完全密闭的环境，会导致室内温度、湿度等重要环境因子分布不均，对于室内某一区域，温度和湿度也将变得很不稳定，直接影响作物生长。这时需要采用室内循环通风，使温室内气候均匀一致，为作物维持一个稳定而适宜的气候环境。特别是阴天、雨天，空气凝滞温室内湿度会达96%以上，影响植物的蒸腾作用，也会导致各种病害的发生，室内循环通风可以有效缓解这些问题的发生。冬天加温时，温室内循环通风也会使热量均匀。

3. 温室通风的设置

（1）温室自然通风的设置 温室中自然通风系统主要通过顶开窗和侧开窗来实现。良好的自然通风系统要求顶开窗和侧开窗分布合理，并且有足够的通风量。常见的自然通风系统设置如图 1-11 所示。为了获得良好的通风效果，进风口和排风口要有一定的高度差，因此一般在侧墙下设置进风口，在温室顶部设置排风口。如图 1-11a、b、e 所示，天窗设在屋脊处时可获得最高的排风口位置。但在塑料薄膜温室中，从减少屋面覆盖薄膜的接缝和方便开窗机构布置等方面考虑，较多得将天窗设在谷间（图 1-11c、d）。为了避免风从顶开窗处倒灌，可以设置两个从相反方向开启的顶开窗，分别为迎风窗和背风窗。

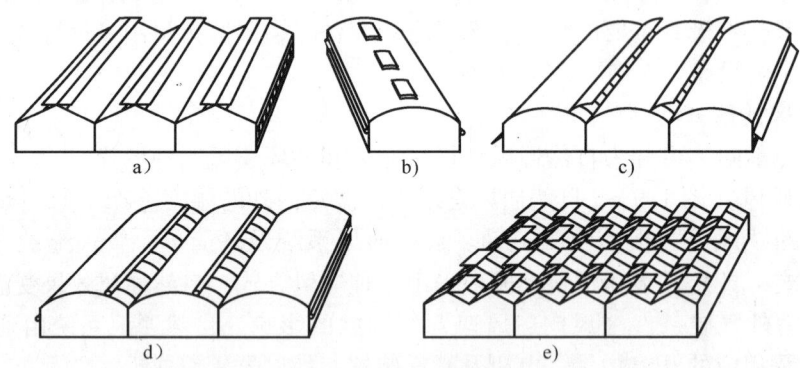

图 1-11 几种温室自然通风系统
a）连续式屋脊天窗、推拉式侧窗 b）上翻式天窗、卷帘侧窗 c）连续式谷间窗、上悬式侧窗
d）卷帘谷间窗、卷帘侧窗 e）Venlo 型温室的交错式脊窗

（2）温室机械通风的设置 当自然通风不能满足通风需求时，需要设置机械通风，同时与湿帘配合进行降温。温室机械通风系统通常是指风机—湿帘系统，主要用于通风及降温。

项目一　花卉栽培设施及环境调控

在塑料大棚、日光温室等单栋温室中，一般日光温室会设备风机—湿帘系统，风机设置在温室的一侧山墙上，湿帘设置在另一侧的山墙上（图1-12）。

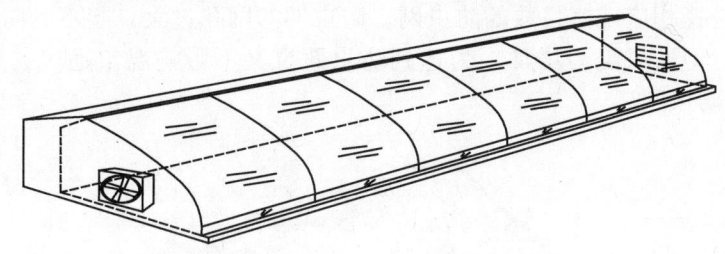

图1-12　日光温室风机通风示意图

连栋温室风机通风系统的布局方式有纵向布局和横向布局两种，通常以屋脊走向为纵向。

（3）温室内循环通风的设置　温室内循环通风是通过循环风扇来实现的。循环风扇悬挂在温室桁架上，可以避免直接吹至作物表面，也便于室内生产和操作。循环风扇以一定规则分布在温室内，当风扇开启时，室内的空气在其作用下形成有序的流动，保证室内气候的均匀和稳定。当温室窗户关闭时，需要全速运行，当窗户部分关闭或其他需要进行室内循环通风时段，可根据需要适当降低其运行速度。室内循环通风的布置形式有平行式（图1-13）和连续式（图1-14）两种，平行式是将循环风机排成一列或两列，均匀放置在温室的一侧或中间走道的两侧，循环通风效率较高。连续式中，循环风机同方向连续布置，布置原则为使气流在风机作用下形成同方向运动。连续式布置循环通风效率较低，但气流压力低，不易伤害作物。采用连续式还是平行式布置，应综合考虑种植作物种类、室内循环通风量等因素。如温室种植密度高，保温密闭要求高，应采用平行式。如室内种植的是对气流运动敏感的作物，则应采用连续式。

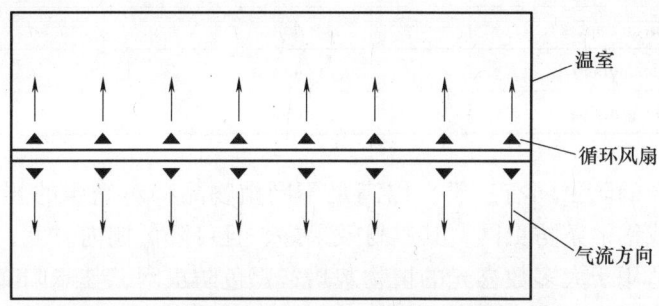

图1-13　循环风扇平行布置

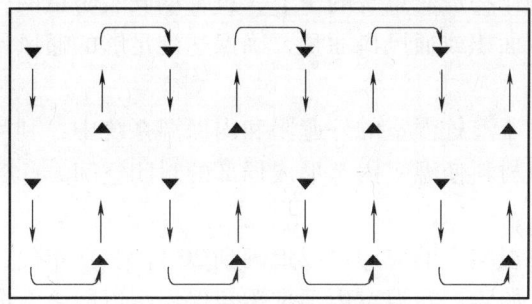

图1-14　循环风扇连续布置

4. 防虫网对温室通风的影响

为防止昆虫进入温室，温室顶开窗通常会安装防虫网（图 1-15）。根据温室内种植的作物、防范对象，选择相应规格目数的防虫网。防虫网的网孔过大，起不到防虫效果；网孔过小，防虫效果好，但通风阻力增加。为达到防虫效果又不影响温室通风，应根据昆虫尺寸（表 1-1）来选择防虫网。

图 1-15　温室顶开窗安装有防虫网

表 1-1　昆虫尺寸表

昆　虫　名	胸宽/μm	腹宽/μm
蓟马（western flower thrips）	215	265
银灰白粉虱（silverleaf whitefly）	239	565
温室白粉虱（greenhouse whitefly）	288	708
蚜虫（melon aphid）	355	2394
绿桃蚜虫（green peach aphid）	434	2295
柑潜蝇（citrus leafminer）	435	810
痕潜蝇（serpentine leafminer）	608	850

应用于农业生产的防虫网有三类，以满足不同植物品种对光照的要求和忌避害虫的需要。银灰色防虫网或铝箔条防虫网，其避蚜效果好，且可降低棚内温度；白色防虫网，透光率较银灰色的好，适用于大多数喜光的植物栽培；黑色防虫网，其遮阳降温效果好。

在温室的通风口处安装防虫网会明显增加通风阻力。为减少或防止防虫网的通风阻力，可以采取以下措施：明确作物遭受虫害的季节，虫害期安装防虫网，过后拆除防虫网；保持防虫网清洁；增加防虫网面积或通风口面积，确保达到足够的通风量。

（二）遮阳设备

温室遮阳系统主要用于连栋温室的外遮阳和内保温系统中，利用具有一定遮光率的幕布遮挡光照，或者利用保温材料使温室内部形成局部的封闭空间，起到调节光照、降温或保温的作用。

温室遮阳系统在连栋温室中的应用可以追溯到 20 世纪 70 年代，当时由于石油等燃料价格的上升，西方种植者开始尝试在温室内顶部覆盖保温帘以减少室内热量损失，降低加温费用。到了 20 世纪 80 年代，种植者不仅将保温帘幕用于温室夜间保温，而且用于白天的遮阳降温，帘幕的材料也由尼龙无纺布发展到目前的塑料编织幕和铝箔遮阳保温幕。温室遮阳系统在现代温室中，已成为不可或缺的设备。

1. 遮阳系统的分类

温室遮阳根据安装位置可分为室外遮阳和室内遮阳两种。对不同位置的遮阳系统，遮阳材料的选取、所要求的功能也不同。

（1）温室外遮阳　温室外遮阳安装在温室顶部（图1-16），当太阳辐射强度高于植物所需求的光照时，温室外遮阳系统将多余的太阳辐射阻隔在温室外，有效地控制温室内的光照和温度。从遮阳降温角度来说，室外遮阳的降温效果是最好的。由于遮阳网安装在室外，遮阳网对温室内的其他环境因子没有直接的影响。

室外遮阳系统安装在室外，需要在温室的天沟上立支撑骨架，以支撑遮阳系统。外遮阳系统的遮阳网、支撑骨架、拉幕线都暴露于温室外部，所以要求构建外遮阳的材料能承受风吹日晒。

（2）铝箔遮阳　室内遮阳是在温室内部安装遮阳网（图1-17），主要功能是在温室内阻隔多余的太阳辐射。内遮阳与湿帘风机降温系统进行配合，可以大大提高湿帘风机降温的效能，使得室内气流更加通畅。

图1-16　温室外遮阳

图1-17　铝箔内遮阳

（3）温室保温幕布　在现代温室内，内遮阳还包括保温幕布（图1-18），它的遮阳率为10%~15%，有很好的保温效果。同时该网是用可吸湿的聚酯线编织而成，对温室内的湿度具有保持作用。温室内遮阳网纱线对温室覆盖材料滴下的冷凝水本身具有吸收及承托能力，能大大减少温室流滴现象。

内遮阳具有遮阳、保温、保湿功能，在现代温室内，内遮阳的配置远比外遮阳广泛。具体到一栋温室，究竟是配置内遮阳还是外遮阳，或是两者都进行配置，应根据当地的气候、温室内种植的作物、温室的其他降温通风设备等诸多因素进行综合考虑。一般在气候寒冷的北方地区，配置内遮阳，如果需严格控制温度的温室，可同时配置内遮阳和外遮阳。

图1-18　保温幕布图

2. 遮阳网的功能

常用的遮阳网有纱网、铝箔网、镀铝网。纱网是以单丝聚酯纤维或单丝聚乙烯醇缩醛纤维等材料纺织而成，一般有黑色、白色、灰色、绿色等，用在室外。铝箔网是将铝箔条按一定间隔编织成遮阳网，主要用于温室内遮阳。

（1）遮阳功能　根据作物在各生长阶段光合作用的光补偿点和光饱和点，可以得出作物生长最适宜的光照度。根据温室类型、方位及温室覆盖材料对采光的影响等，我们可以得出有多少光照需进行遮挡，不同季节、不同生长阶段，使用不同类型的遮阳网可以使植物获取最有效的光。夏天、秋天光照强，一般外遮阳和内遮阳配合使用；春天、冬天太阳散射光多、强度小，一般使用遮阳率较小的内遮阳。

（2）降温功能　太阳辐射进入温室，一部分透过遮阳网，以满足作物的需要，这部分光照是有用的；另一部分被遮阳网反射到室外，还有一部分被遮阳网吸收。然而被遮阳网吸收的这一部分太阳辐射，会提高温室内温度。当遮阳网在保证作物生长光照要求的条件下，遮阳网反射的太阳辐射越多，其降温效果越好。

（3）保温节能性　夜间温室会以辐射的形式向外散热，而遮阳网可以阻止红外辐射的散失。当温室内红外辐射射向遮阳网时，一部分红外线透过遮阳网辐射出去，另一部分被遮阳网反射回温室内，反射回的越多，保温效果越好。遮阳网的红外辐射透过率越低，保温效果越好。

（4）湿度调节及防流滴性　遮阳网由纱线编织而成，由于纱线本身能吸收一定的水分，起到了保湿的作用。同时纱线可吸收一部分从温室屋面滴落的冷凝水，从而也减少了流滴现象。

（三）加湿设备

温室加湿主要采用风机—湿帘和迷雾系统。

1. 风机—湿帘

春天和秋天温度不是太高，空气湿度很低的时候，我们可以采用只开湿帘来增加温室的湿度。夏天时，一般会启用风机—湿帘系统降温，对流产生的水汽同时也能增加空气湿度。

2. 迷雾系统

利用高压泵将水加至40公斤以上，经高压管路至高压喷嘴（图1-19）雾化，形成雾滴，雾滴快速蒸发，从而达到增加空气湿度，并且可以降低环境温度和去除灰尘的作用。该设备与湿帘、风机等降温设备配合、交替使用效果更好。

图1-19　高压迷雾喷头

（四）加温设备

温室采暖就是选择适当的供热设备以满足温室采暖要求。采暖系统一般由热源、室内散热设备和热媒输送系统组成。目前用于温室的采暖方式主要有热水采暖、蒸汽采暖、热风采暖、电热采暖和辐射采暖等。

1. 热水采暖

以热水为热媒的采暖系统，温度调节可达到较高的稳定性和均匀性，与热风和蒸汽采暖相比，虽一次性投资较多，循环动力较大，但热损失较小，运行较为经济。我国北方地区大都采用热水采暖方式对温室面积较大的温室群供暖。

2. 蒸汽采暖

以蒸汽为热媒的采暖系统，由于热媒为蒸汽，温度一般为 100~110℃，要求输送热媒的管道和散热器必须耐高压、高温，耐腐蚀，密封性好。由于温度高、压力大，相比热水采暖系统，散热器面积就小。该采暖系统的一次性投资相对较低，但管理的要求比热水采暖更为严格。一般在有蒸汽资源的条件下或有大面积连片温室群供暖时，才选用蒸汽采暖系统。

3. 热风采暖

通过热交换器将加热空气直接送入温室提高室温的加热方式。这种加热方式由于是强制加热空气，一般加温的热效率较高。热风采暖系统由于热风干燥，温室内相对湿度较低，加温时室内温度上升速度快，但在停止加温后，室内温度下降也比较快，易使作物叶面结露积水，加温效果不及热水或蒸汽采暖系统稳定。热风采暖主要适用于冬季采暖时间短的地区，尤其适合于小面积单栋温室。

4. 电热采暖

利用电流通过电阻大的导体将电能转变为热能进行空气或土壤加温的加温方式。电热采暖主要采用电加热线。采用电热采暖不受季节、地区限制，可根据种植作物的要求和天气条件控制加温强度和加温时间，具有升温快，温度分布均匀、稳定，操作灵便等优点；缺点是耗电量大，运行费用高。电热采暖多用于育苗温室的基质加温。

5. 辐射采暖

温室辐射采暖是利用辐射加热器释放的红外线直接对温室内空气、土壤和植物加热的方法。辐射加温管可以是电加热，也可以是燃烧天然气加热。辐射源的温度可高达 420~870℃。其优点是升温快（直接加热到作物和地面的表面）、效率高（不用加热整个温室空间），设备运行费用低，温室内种植作物叶面不易结露，有利于病虫害防治，对直接调节植物体温、光合作用及呼吸、蒸腾作用有明显效果，但设备要求较高，设计中必须详细计算辐射的均匀性，对反射罩及其材料特性要慎重选择。对单栋温室由于侧墙辐射损失较大，使用不经济。

（五）补光设备

目前，作为温室补光用的光源主要有白炽灯、卤钨灯、高压水银荧光灯、高压钠灯、低压钠灯及金属卤化物灯等（图 1-20），表 1-2 给出了温室常用人工光源及其发光原理和主要性能参数。

表 1-2 常用温室人工光源性能

光源灯型	发光原理	功率/W	发光效率/(lm/W)	主要光谱	寿命/h
白炽灯	由电流通过灯丝的热能效应而产生光	15~1000	10~20	红橙光	1000
荧光灯	电流通过灯丝加热→氧化钍发射电子→冲击汞原子→刺激管壁荧光粉，发光	40	60~80	类似阳光	12000

（续）

光源灯型	发光原理	功率/W	发光效率/(lm/W)	主要光谱	寿命/h
高压水银灯（高压汞灯）	高强度放电管，管内装有主副电极，并充有2~4个大气压的水银蒸气和少量氩气，电子冲击引起激发和电离产生辐射	400~1000	40~60	蓝绿光紫外辐射	5000
金属卤化物灯	放电管内除放有高压汞蒸气外，还添加碘、溴、锡、钠、镝等金属卤化物	200~400	70~90	蓝绿光、红橙光	数千小时

高压钠灯（图1-21）是目前温室中最常用的人工补光光源，400W和1000W是温室补光中最常用的两种规格，且1000W比400W的性能价格比更好。高压钠灯在灯泡内填充了高压钠蒸气，由电流通过高温高压钠蒸气后放电发光，此外还添加少量水银和氙等金属卤化物用以帮助起辉。这种极高输出的光源主要产生黄橙色光，由于其效率极高，所需灯具很少。研制开发的新型陶瓷弧形灯管使灯管的使用寿命高达20000h。这种灯在熄灭后需1min后才能重新启动，启动后3~4min才能达到完全亮度。

图1-20　补光灯

图1-21　高压钠灯

可用于温室补光的光源种类较多，而且每一种类光源还有多种规格，其对应的发光光谱、发光量和发光效率等都各不相同。设计中应根据种植作物的特性和不同要求合理选择。

（六）二氧化碳补充设备

温室内常用的CO_2来源有5种：燃烧碳水化合物燃料、瓶装压缩CO_2、干冰施肥、发酵、化学反应生成法。温室内进行CO_2施肥时，通常要同时启动循环风机。循环风机使室内空气产生流动，否则植物叶面附近的CO_2很容易被消耗掉，而新鲜的含有CO_2的空气又不能到达植物叶面层，植物的光合作用不能进行，造成生长停止。

1. 燃烧碳水化合物燃料

国外很多专业种植者在他们的大型温室内都采用这种方法，通过CO_2发生器来产生CO_2。最常用的燃料为丙烷、丁烷、酒精和天然气。燃烧式CO_2发生器在产生CO_2的同时，都会产生副产物——热量。在冬季时，这些热量对温室加热还是有益的。

2. 瓶装压缩 CO_2

CO_2 保存在高压的金属容器内，容器压力 11～15MPa，在设定的时间间隔内，给生长空间释放一定数量的 CO_2。这种方法可以使施肥结果得到较为精确地控制。

3. 干冰施肥

这种办法适合于较小区域内的 CO_2 施肥，特别是当需要降温的效果时采用更好。由于 CO_2 比空气重，可以将干冰或装有干冰的容器放置于植物顶部。这样 CO_2 将向下流动，均匀分布到植物上。如果室内装有循环风扇，干冰应放置在循环风扇的正前方，以保证分布均匀。

4. 发酵

在酵母的作用下，糖发酵分解成为乙醇和 CO_2。发酵过程是产生 CO_2 的一种好方法，且费用较低。

5. 化学反应生成法

利用碳酸氢铵与硫酸在特制容器内反应，产生的 CO_2 通过排气管释放到大棚中，供给作物。反应化学方程式如下：

$$2NH_4HCO_3 + H_2SO_4 = (NH_4)_2SO_4 + 2H_2O + 2CO_2\uparrow$$

反应生成的副产物硫铵用水稀释 100 倍后可作氮肥。

大型生产温室中，一般都采用 CO_2 控制系统来准确控制室内 CO_2 浓度，常用的 CO_2 控制器主要由带有液晶显示屏的 CO_2 传感器（图1-22）和一个简单控制器组成。

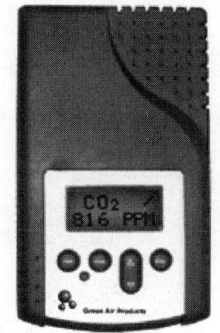

图 1-22　CO_2 传感器

（七）贮水设备

贮水设备的水温一般与室温相近。在一般的栽培温室中，大多设置水池或是水箱，事先将水注入池中，以提高温度，并且可以增加空气的湿度。水池的大小可以根据温室的需求而定，设置于温室的两端。现代化温室中多采用自动化浇灌，在计算机的控制下，定时定量地给植物供水。

（八）灌溉设备

温室内灌溉方式的选择，与作物的品种、栽培方式、温室结构形式、水源及动力供应情况等诸多因素相关，目前常用的有潮汐式灌溉、顶喷灌溉、滴灌、微喷灌等。水资源的紧缺已成为全球性关注的焦点，灌溉技术也发生了革命性的巨大变化，节水灌溉技术——微灌，已成为发展趋势。不同灌溉方式比较见表 1-3。

表 1-3　不同灌溉方式比较

项　　目	漫灌	微喷	微灌	滴灌	渗灌
灌溉作物部位	作物根部	作物叶面、根部	作物叶面、根部	作物根部	作物根部
湿润区域	土壤表面部分湿润	地表面湿润	地表面湿润	局部表面湿润	地下局部湿润
对土壤结构的影响	因渗透而使土壤更加密实	因雨滴撞击可能使土表板结	因雨滴撞击可能使土表板结	影响较小	影响较小
蒸发蒸腾	较大	大	大	较少	少

（续）

项　　目	漫灌	微喷	微灌	滴灌	渗灌
植物冠部湿润	不湿润	部分湿润	部分湿润（地膜覆盖时，不湿润叶面）	不湿润	不湿润
灌水效率	50%~65%	65%~85%	65%~85%	85%~95%	85%~95%
灌水均匀度	差	高	高	高	高
对田间小气候的影响	较大	大	大	较小	小
灌溉施肥控制精度	差	高	高	高	高
对水中含的杂质颗粒的敏感程度	要求低	有限（喷嘴直径大于2mm）	高度敏感	高度敏感	高度敏感
水源压力要求	低压	较高	低压、稳定	一般	一般
对耕作的影响	无	无（悬挂式）有（扦插式）	有	有	有
设备投资	低	较高	中等	较高	较高

1. 潮汐式灌溉

潮汐式灌溉是采用潮涨潮落的原理进行灌溉（图1-23）。灌溉后的回水经过消毒杀菌后可以重复利用，极大地节省了水资源和肥料（图1-24、图1-25）。

图1-23　潮汐式灌溉

图1-24　地面潮汐

图1-25　苗床潮汐

项目一　花卉栽培设施及环境调控

2. 顶喷灌溉

利用加压泵，产生类似于中雨的水滴，喷头采用可旋转喷头（图1-26），达到喷洒均匀的目的。顶喷灌溉主要用于育苗、刚定植的小苗及一些特殊花卉，如凤梨。

3. 滴灌

滴灌的主要优点是能按作物需求供水，较漫灌节水50%以上，节水效果显著，且操作简便，可随灌溉系统施肥施药，易被作物吸收，提高肥效（图1-27）。滴灌系统较复杂，一次性投资较高，对水质要求较高，作物的栽培方式受到一定限制。

图1-26　顶喷灌溉旋转喷头

图1-27　滴灌

4. 微喷灌

微喷灌是通过管道系统利用微喷头将压力水及可溶性化肥或化学药剂以微流量喷洒在作物枝叶上或地面上的一种微灌形式。微喷灌的湿润面积比滴灌大，这样有利于消除含水饱和区，使水分能被土壤随时吸收，改善了根区通气条件。微喷灌适用于育苗和片状种植的叶菜类作物。

随着技术的发展，利用计算机可以实现灌溉的全自动化控制，做到智能管理，只要输入一些数据后，便可进行无人化控制（图1-28）。

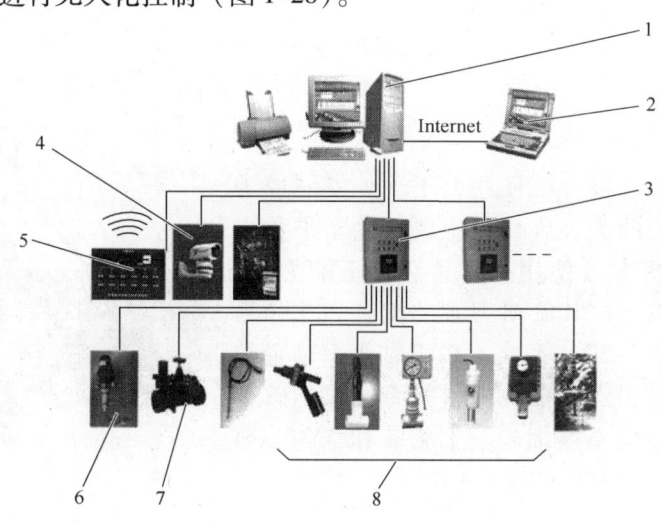

图1-28　全自动灌溉控制系统示意图
1—上位机　2—远程控制　3—下位控制机　4—监视系统　5—显示报警系统
6—施肥泵　7—电磁阀　8—其他各类传感器

三、栽培机具

（一）播种机

播种机是以作物种子为播种对象的种植机械，用于某类或某种作物的播种。第一台播种机于1636年出现在希腊。经历了畜力播种机后，20世纪后相继出现了牵引式和悬挂式谷物条播机，以及运用气力排种的播种机。中国于20世纪50年代引进了谷物条播机、棉花播种机等。60年代先后研制成悬挂式谷物播种机、离心式播种机、通用机架播种机和气吸式播种机等多种类型，并研制成磨纹式排种器。到70年代，已形成播种中耕通用机和谷物联合播种机两个系列，同时研制成功了精密播种机。精密播种机能精确控制播种量、穴（株）距和播深。70年代开始发展的气力排种精密播种机，其排种器（气吸式、气压式或气吹式）利用正压或负压气流按一定的间隔排出一列种子，实现单粒精密穴播，与传统的机械式排种器相比，具有播量精确、不伤种子等特点。在园艺上主要应用的是穴盘播种机。根据种子大小、播种量、穴距等要求选配具有不同孔数和孔径的排种盘，选用适当的传动速比。目前常用的穴盘有392、288、128、72穴，根据种子的大小选择不同规格的穴盘。使用自动播种机播种，省时、省人力，并且基质疏松、播种均匀、节省种子、成苗率高，是现代化温室不可缺少的自动化设备。自动播种机主要有滚筒式播种机、气动牵引针式播种机、手持式播种机三种，如图1-29所示。

  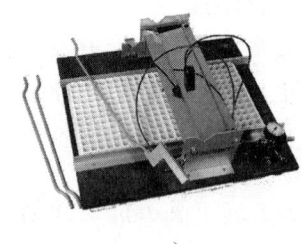

a) b) c)

图1-29 播种机

a）滚筒式播种机 b）气动牵引针式播种机 c）手持式播种机

（二）旋耕机

旋耕机在农业上已被广泛使用，正逐步发展成为农业机械的一个重要门类。旋耕机主要是用于平整土地，一般是与拖拉机配套使用，其具有碎土能力强、耕后地表平坦等特点。按其旋耕刀轴的配置方式分为横轴式和立轴式（图1-30）两类。以刀轴水平横置的横轴式旋耕机应用较多。横轴式旋耕机有较强的碎土能力，一次作业即能使土壤细碎、土肥掺和均匀、地面平整，一般用于规模较大的塑料大棚。

图1-30 立轴式旋耕机

（三）打药机

打药机是将液体分散开来的一种农机具，是农业施药机械的一种。农用烟雾机适用于森林、苗圃、果园、茶园的病虫害防治，棉花、小麦、水稻、玉米等大田作物及大面积草场的病虫害防治，城市、郊区的园林花木、蔬菜园地和塑料大棚中植物的病虫害防治。烟雾机产生的雾粒直径很小，因此具有很多优点：①农药雾粒小，烟雾穿透性强，能把茂密树冠乃至树皮缝隙内的害虫杀死；②烟雾粒径小，雾粒数也就多，单位面积上的雾粒数量越多，大量雾粒在空间弥漫，分布均匀，大大增加了与病菌和害虫接触的机会，有利于提高防治效果，在温室封闭空间这一优势更为明显；③烟雾颗粒小，具有多向沉积特性，有利于雾粒在枝叶的正反面和虫体的各个方向上沉积，在小的目标物上沉积率更高，如昆虫的触角和毛等；④烟雾在空间弥漫、扩散，呈悬浮状，对杀灭飞行昆虫特别有效；⑤烟雾颗粒是乳油小颗粒，抗雨水冲刷，药效持久，防治效果好，阴雨天气对喷施的烟雾影响不大。打药机从塑料的双肩背发展到现在的全自动，发展相当迅速。目前，在温室内用的自动打药机有两种，一种是可以在地面上来回移动的，一种是利用温室上空轨道可以自由活动的。

（四）施肥机

传统的施肥机主要由肥料桶、电机、浇水喷头、浇水管组成。当需要施肥时，将肥料母液稀释一定的倍数注入肥料桶中，启动电机开始施肥。这种施肥方式，费时、费力，并且还不能监测肥料的 EC 和 pH。为了施肥准确，也可以使用水动注肥器（图1-31、图1-32），基于在灌溉施肥系统方面多年的试验与经验，Priva 成功研发出了新一代的灌溉施肥系统 Priva NutriFit。它能有效地控制灌溉水和肥料的混合，是结合现代工业设计理念并富有创造力的混合施肥系统。NutriFit 能准确控制营养液的 EC 和 pH，并且当 EC 或 pH 过高或过低时会有报警提示。

图 1-31　Priva NutriFit 自动施肥配比机

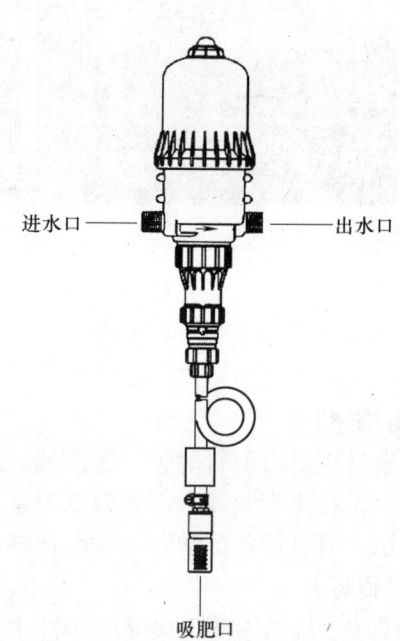

图 1-32　水动注肥器

（五）装盆机

装盆机顾名思义就是往盆里填土的机器（图1-33）。目前，大部分种植户都采用的是人工定植或浇水，速度慢、效率低。装盆机最早出现在荷兰，为增强盆花企业市场竞争力，解决温室花卉生产劳动力不足、劳动力成本高等问题，大力发展了自动化生产装备系统，实现了温室盆花高效自动化生产，其温室盆花自动化生产装备技术达到世界领先水平。荷兰温室盆花自动化生产装备系统的构成主要有种苗移植、盆花输送、疏盆、分级、包装等环节。这套系统在生产管理、生产作业上，实现自动化、信息化、智能化，温室周年高利用率生产，有效解决了中国温室生产所面临的劳动力短缺、劳动成本逐年提高等问题；在使用过程中，需要定期维护，保证设备的正常运行。我国应结合国情首先在温室花卉生产中发展自动化生产装备系统，待技术成熟后，将温室花卉自动化生产技术推广到温室蔬菜生产中，促进温室园艺生产模式的现代化转型。

图 1-33　装盆机

（六）走动喷水车

走动喷水车（图 1-34）是以温室加热管道为轨道，利用控制器在温室内自由运转，主要用于植物浇水、打药和增湿。其优点是方便快捷、节省人力。

图 1-34　走动喷水车

任务二　温室资材的应用

【任务描述】

温室资材主要由塑料薄膜、保温被、防虫网、遮阳网组成，由于其用途、性能不同又分为许多种类，在生产实践中需要根据温室结构、类型、用途结合各种资材的功能、特点进行选择和应用。通过任务的学习，学会选择和应用温室各种资材。

【任务目标】

1. 掌握相关温室资材的材料构成、性能及使用方法。
2. 能够将温室资材的知识运用到生产实践中。

一、塑料薄膜

塑料薄膜的选择要求无毒、无滴、透光率高、拉力强、使用寿命长、保温及增产性能好。塑料薄膜按树脂原料可分为 PVC 棚膜、PE 棚膜和 EVA 棚膜，其中 PE 棚膜应用最广、数量最大，其次是 PVC 棚膜，EVA 棚膜刚开始在少数地区试用；按性能特点又可分为普通膜、无滴膜、长寿膜、漫反射棚膜、复合多功能棚膜等，其中普通棚膜应用最早、分布最广，应用量也最大，其次是长寿膜和无滴膜，近年来长寿无滴膜也有了较快的发展。

（一）主要薄膜的性能

1. PVC 膜

PVC 膜保温性能好，较耐高温、强光，也较耐老化；可塑性强，拉伸后容易恢复；雾滴较轻；破碎后容易粘补。但其容易吸尘，透光率下降比较快；耐低温能力较差，在 -20℃ 以下容易脆化；成本比较高。PVC 膜种类不多，主要有普通 PVC 膜、PVC 无滴膜、PVC 多功能长寿膜等，目前使用较多的是 PVC 多功能长寿膜。PVC 多功能长寿膜是在普通 PVC 膜原料中加入多种辅助剂后加工而成的，具有无滴、耐老化、拒尘和保温等多项功能，是当前冬季温室的主要覆盖用膜。

PVC 膜具有耐紫外光老化、极性助剂易加入、功能助剂加入持效期长等优点，易于实现长寿和长效。目前，全世界 PVC 棚膜的使用量比较大，约占棚膜总量的 50% 左右，其中设施农业发达的日本，其 PVC 棚膜使用量最高，达 70% 以上。我国过去所用棚膜一直以 PVC 膜为主，近年来由于考虑 PE 膜成本低、生产方便，加之 PVC 膜配方工艺复杂、增塑剂毒性大及增塑剂迁移吸尘等问题，PVC 膜用量大幅减少，目前主要在北方地区使用。

2. PE 膜

PE 膜的透光性好，吸尘轻，透光率下降缓慢，耐酸、耐碱。但其保温性和可塑性均比较差；薄膜表面也容易附着水滴，雾滴较重；耐高温能力差，破碎后不容易粘补；寿命短，一般连续使用时间只有 4~6 个月。目前，设施栽培中使用的 PE 膜主要为改进型 PE 膜，薄膜的使用寿命和无滴性得到改进和提高，主要品种类型有 PE 长寿膜（可连续使用 1~2 年）、PE 无滴膜、PE 多功能复合膜等，以 PE 多功能复合膜应用最为普遍。

3. EVA 膜

EVA 膜集中了 PE 膜与 PVC 膜的优点，近年来发展很快。EVA 膜的发展重点是多功能三层复合棚膜，由共挤吹塑工艺制得。该种膜的外层添加防尘和耐老化剂，中层添加保温成分，内层添加防雾剂，具有无滴、消雾、透光性强、升温快、保温性好以及使用寿命长等优点。另外，该种膜较薄，厚度只有 0.07mm 左右，用膜量少，生产费用低。

与 PE 三层共挤复合膜相比较，EVA 多功能复合膜的无滴、消雾效果更好，持续时间也较长，可保持 4~6 个月以上，使用寿命长达 18 个月以上。

与 PVC 多功能复合膜相比较，EVA 多功能复合膜的抗破损能力比较差，初期透光性不如 PVC 膜好，低温期使用效果不如 PVC 膜好。

EVA 多功能复合膜也属于"半无滴膜"，覆盖时有正、反面的区别，一般正规厂家生产的 EVA 膜标有"正面"字样。

4. PET 膜

与上述棚膜相比，PET 膜（聚对苯二甲酸乙二醇酯膜）强度更高、透光性更好、寿命更长、流滴持效期也更长。如日本生产的 PET 多功能棚膜使用寿命长达 10 年，并且 10 年无雾滴。PET 棚膜在美国和日本发展较快，应用也较多，我国目前还未应用，但 PET 膜的优越性能已受到关注，今后几年会有一定发展。

5. 其他棚膜

PC 棚膜（聚碳酸酯膜）和 PTFE 棚膜（聚四氟乙烯膜）比 PET 膜寿命更长，性能也更好，但因制造成本比较高，目前国外用量也较少。

（二）薄膜加工

粘接

粘接方法主要有热粘法和粘合剂法两种。

1. 热粘法

用薄膜专用热粘机或电熨斗（调温型）粘接。PVC膜的适宜粘接温度为130℃左右，PE膜为110℃左右。用电熨斗粘膜时，应在膜下垫一层细铁网筛，在膜上铺盖一层报纸或牛皮纸后加热。上、下两层膜的粘缝宽为5cm左右，一般不少于3cm。电熨斗的温度高低与推移速度快慢对粘膜质量的影响很大，温度偏低或热量不足时，粘不住膜，温度过高或热量过大时，容易烫破或烫糊薄膜。塑料薄膜热合机（也叫粘膜机）是近年来国内新推出的适合温室、大棚薄膜粘膜用的机械，其粘膜速度快，每分钟2～15m，粘膜幅宽30mm，节省薄膜，并具有粘膜均匀、粘合牢固、不损坏薄膜等优点，应用发展比较快，一些大型塑料薄膜专卖店多配有塑料薄膜热合机。

2. 粘合剂法

用专用粘合剂进行粘膜。粘膜时，应先擦干净薄膜的粘接处，不要有水或灰尘，粘贴后将接缝处压紧压实。

（三）薄膜修补

大的孔洞多进行热粘补，小的孔洞主要用粘合剂修补。补洞用的薄膜类型要与覆盖的薄膜一致。

（四）棚膜的使用

塑料薄膜是设施栽培中最主要的保温材料之一。保持塑料薄膜的完好无损，有助于提高设施的保温性能和延长塑料薄膜的使用寿命。在园艺设施生产中，塑料薄膜却会经常发生破损，影响设施的保温效果，降低生产效率和经济效益。因此，防止和减轻塑料薄膜的破损是设施栽培管理中的重要环节，必须引起高度重视。棚膜的正确使用方法如下：

1. 改进相关设施

无滴膜须在一定角度且无障碍物阻挡的情况下，水才能沿膜面顺利流下，而不滴在作物上。因此，应合理加大棚室高跨比，适当缩小拱杆间距，并使拉杆或拉索与膜保持一定的距离，以保证流滴通畅。

2. 对骨架材料进行表面处理

好的棚膜连续覆盖使用寿命可达12～24个月，但若棚室骨架处理不当，如拱杆表面粗糙带刺，则易破坏薄膜，严重会影响使用寿命和保温效果，因此要对棚室骨架材料表面进行光滑处理。对于钢骨架要进行防锈处理，防锈处理最好采用热镀锌或涂刷银粉，不宜在骨架上涂刷油漆，以防止薄膜老化而撕裂。

3. 正确使用焊接技术

有些膜宽度不足，许多情况下需要采用熨斗热焊接。热焊接时重叠部分应控制在30mm以上，否则，可能会由于过窄而影响焊接的牢固程度。

4. 扣膜

三层多功能复合膜、聚氯乙烯流滴防尘耐候膜有内外之分，应注意按照厂家规定的内外方向扣膜。扣膜作业应选择晴天无风的中午进行。扣膜时，应拉平、绷紧、压牢，以免产生

项目一　花卉栽培设施及环境调控

皱褶影响流滴效果。纵向骨架材料不能与膜接触，否则易将薄膜夹在骨架与压线中间，时间长了很容易把薄膜磨出洞来。另外，使用耐老化长寿膜时，由于有效使用期长，不宜采用上下竹竿加铁丝穿透薄膜的方法绑扎固定，而应采用压膜线固定。

5. 精心使用

在低温、弱光季节最好覆盖地膜，并采取膜下暗灌或滴灌，杜绝大水漫灌，以减轻雾气，延长流滴持效期。由于耐老化长寿膜，尤其是PVC耐老化长寿膜，透光好、升温快，应注意及时通风，以免由于高温而影响使用寿命；施药要谨慎，使用含硫、铁元素的农药时，应注意不要喷洒在薄膜上，以免影响使用寿命；在薄膜使用过程中出现裂缝，应及时修补，以免遭遇风害时加剧破损。耐老化长寿膜在使用过程中，表面吸尘不但影响透光，还会加剧薄膜老化，因此应注意擦洗。下雨时，出现了雨水兜或下雪时有积雪，都要及时清除。

二、草苫

（一）草苫种类的选择

1. 稻草苫

稻草苫用稻草加工制成。稻草苫材料来源广，制作成本低，价格便宜；质地柔软，易于覆盖；覆盖严实，保温性好；防潮能力好，不易霉烂。其主要不足是厚度大、用料多，重量大，不方便搬运和储存；稻草秸秆短，一幅草苫需要用多个草把接长，接头处容易开裂，影响使用寿命。

在正常使用和保管情况下，稻草苫一般可连续使用2~3年。

2. 蒲草苫

蒲草苫用蒲草加工制成。蒲草的种植量少，材料有限，蒲草苫的使用量也少。与稻草苫相比较，蒲草苫质地硬，容易折断，覆盖也不严密，保温性差；蒲草秸秆的下端尖硬，容易刺破薄膜；密度小，重量轻；蒲草较长，适于加工制作超宽幅草苫。

（二）草苫的规格要求

1. 长度

适宜的草苫长度为"棚面宽+（1~2）m"。较棚面宽长出的1~2m，用来压到后坡和前地面上，增强保温效果。

2. 宽度

稻草秸秆短，不适合做宽幅草苫，适宜的宽度为1.2~2.0m。草苫过宽，草把接头增多，牢固性差。蒲草苫宽度一般为1.5~2.5m。

3. 厚度

普通温室要求草苫厚度不少于3cm，改良型日光温室的草苫厚度应不少于4cm。

草苫厚度的测量方法是将草苫按标准松紧度卷好，然后量取草苫卷的直径。用直径除以草苫层数所得数值，便为单层草苫的厚度。

（三）草苫的质量要求

1. 草把排列要紧密

编制草苫的草把排列要紧密。用手从两侧拉、拽草把，草把不容易被抽出。用力抖动草苫，不掉草。

2. 规格要均匀

要求草把大小、草苫厚度、草苫宽度等均匀一致。

3. 编草要新而干燥

编制草苫的草要求新而干燥，发霉的陈草质地柔软，容易断裂，不宜用来编制草苫。

4. 径绳的道数要适宜

编制草苫的径绳间距不超过15cm，1.2m宽草苫一般不少于8道径绳。

5. 径绳要结实耐用

编制草苫要使用尼龙绳，塑料绳容易老化，不能用来编制草苫。

（四）草苫的性能与应用

1. 性能

一般覆盖一层新草苫（厚度4cm以上），可提高温度5~7℃，但随着草苫层数的增多，单层草苫的保温性能下降。

2. 应用

草苫主要进行单层覆盖，较少进行双层覆盖。双层草苫的重量增大，温室的负荷也加大，容易导致温室变形，同时覆盖双层草苫后，草苫的总体积也增大，棚顶也没有足够地方存放草苫。另外，覆盖双层草苫后，草苫卷放需要的时间加长，也不利于环境管理。

（五）草苫的维护

1. 加固两端

新购置的草苫上苫前，要对草苫的两端进行固定，以增强两端的耐拉能力，避免将草把拉出。具体做法是：将每个草苫取两根长度同草苫宽度的细竹竿（直径3cm左右），两根竹竿分别用细铁丝固定到草苫的上、下两端。

2. 接长

购买回的草苫长度偏短时，需要接长。具体做法是：将两幅草苫的连接端上、下叠压齐，叠压部分宽20cm左右，然后用细尼龙绳或塑料绳按10cm间距，缝上、下两道横线，将草苫连接好。

3. 修补

草苫用过一段时间后，局部容易开裂或被鼠咬坏，需要修补。具体做法是：取一块长度较破损处稍大一些的完整草苫，覆盖到破损处，两边对齐后，将上、下两端用尼龙绳缝好。

（六）上苫

草苫的上苫形式主要有"品"字式、斜"川"字式和混合式三种。

1. "品"字式

草苫在温室顶部分前、后两排摆放，前后两排草苫间位置交错，相邻三个草苫呈"品"字形排列。该上苫形式的前、后排草苫间相互独立，易于卷放。人工卷放草苫时，可同时进行多人卷放，工效较高，也便于进行局部草苫的卷放，草苫管理比较灵活。但该上苫形式的草苫覆盖后，草苫间的相互防风能力比较差，容易被风掀起。

2. 斜"川"字式

草苫在温室的顶部呈"一"字斜放，相邻草苫顺序叠压，呈一边倒形。该上苫形式的草苫覆盖后，草苫间顺风向叠压，防风效果好，不易被风掀起，保温效果也比较好，较适合多风地区使用，也适合机械卷放草苫选用。但该上苫形式的草苫间相互牵扯，人工卷放草苫

时，只能从一端逐个卷起或放下，费工费事，工效低，草苫卷放前后，设施内东西两端的环境差异幅度也比较大。

3. 混合式

该上苫形式是将 5～10 个草苫分为一组，组内草苫按斜"川"字式排放，组间草苫按"品"字式排放。该上苫形式兼顾了前两种形式的优点，适用于多风地区人工卷放草苫。

三、保温被

新型复合保温被是由超强、高保温新型材料多层复合加工而成，具有保温隔热、质轻防水、防老化、反射远红外线、阻燃等功能，在保温被进行特殊防水涂层处理后其表面形成一层致密的彩色弹性薄膜，克服了一般保温被存在的防水时间短、效果差及针眼透水的问题，保温被的使用寿命长达 10 年以上。

（一）保温被的基本结构

典型保温被一般由防水层、隔热层、保温层和反射层四部分组成。

1. 防水层

防水层为保温被的最外层，主要采用耐老化、耐腐蚀、强度高、寿命长的镀膜防水苫布。其主要作用是隔水，防止雨水渗入保温被内。

2. 隔热层

隔热层主要由阻隔红外线的保温材料构成，主要作用是减少热量向外传递，增强保温效果。

3. 保温层

保温层是保温被的主要保温部分，多用膨松无纺布、腈纶棉、微孔泡沫等做保温材料。

4. 反射层

反射层一般选用反光镀铝膜。其主要功能为反射远红外线，减少辐射散热。

（二）保温被的种类

近几年来，我国各地研制开发的日光温室新型保温被已有成型规格，主要类型有以下几种：

1. 复合型保温被

保温被采用 2mm 厚蜂窝塑膜两层，加两层无纺布，外加化纤布缝合制成。该保温被重量轻、保温性好，适用于机械卷动。其主要缺点是经一个冬季使用后，里面的蜂窝塑膜和无纺布经机械传动辗压后容易破碎。

2. 针刺毡保温被

保温被用针刺毡作主要防寒保温原料，一面覆上化纤布，一面用镀铝薄膜与化纤布相间缝合作面料，采用缝合方法制成。"针刺毡"是用旧碎线、布等经一定处理后加工而成，具有造价低、保温性好等优点。该保温被的自身重量较复合型保温被重，防风性、保温性均较好。其最大缺点是防水性较差，水容易从针线孔渗入，保温被受湿后降低保温效果。另外，保温被的晾晒也很麻烦，需要大的场地晾晒。

3. 腈纶棉保温被

保温被采用腈纶棉、太空棉作主要防寒材料，用无纺布作面料，采用缝合方法制成。该保温被在保温性上能满足要求。但其结实耐用性差，无纺布几经机械传动辗压后，很快破损。另外，该保温被采用缝合方法制成，防水性也不佳，雨（雪）水能够从针眼渗到里面，浸湿腈纶棉。

4. 保温棉毡保温被

保温被以棉毡作主要防寒材料，两面覆上防水牛皮纸加工而成。该保温被与针刺毡保温被性能相似。不过因牛皮纸价格低廉，该种保温被的价格相对较低，但其使用寿命较短。

5. 泡沫保温被

保温被采用微孔泡沫作主要防寒材料，上、下两面采用化纤布作面料加工而成。该保温被的主要材料具有质轻、柔软、保温、防水、耐化学腐蚀和耐老化等特性，经加工处理后的保温被不仅保温性持久，且防水性极好，容易保存，具有较好的耐久性。其主要缺点是自身重量太轻，防风性差。

上述几种保温被都有较好的保温性，都适合机械卷动。虽然各自存在不同的缺点，但近年来仍得到一定程度的推广应用。

（三）保温被的主要性能

1. 保温性能

保温被的规格和结构是根据保温需要进行设计的，针对性强，并且保温被较草苫覆盖严实，紧贴薄膜，保温性能较好。一般单层保温被可提高温室温度 5～8℃，与加厚草苫相当。同草苫一样，保温被使用一段时间后，由于结构损坏，其保温能力也有所下降。

2. 使用寿命

按照规定标准制作出的保温被，在正常使用和保管情况下，根据所用材料不同，一般可连续使用 5～10 年。

（四）保温被的使用要点

1）要严格按照安装要求将保温被与卷帘机连接安装好。

2）卷帘电机在开启和关闭到极限位置时，应及时使电机停止，防止保温被撕裂。

3）雨天过后，应及时把保温被打开晾干，以防保温被发霉缩短使用寿命。

4）雪天过后，应及时清扫掉保温被上的积雪，防止保温被因结冰打滑而影响卷放。

5）保温被在下放和卷起过程中，如果出现温室两侧卷放不同步现象时，应松开保温被的卡子，重新调整保温被的位置，并重复以上操作直到温室两侧同步卷放为止。

6）入夏后，应将保温被晾干、卷好，放到通风干燥处保存。

四、防虫网

防虫网是夏季栽培用的园艺设施。防虫网主要是采用机械隔离的方法，来阻止或减轻害虫对园艺作物的侵害。目前防虫网被广泛地应用在夏季花卉生产上。防虫网是一种新型的覆盖材料，多以优质的聚乙烯为原料，并添加防老化、抗紫外线等化学助剂等，经拉丝织造而成，形似窗纱，具有耐拉强度大、抗紫外线、抗热性、耐水性、耐腐蚀、耐老化、无毒、无味等优点，使用年限为 3～5 年。良好的防虫网必须具备两个条件：一方面要有效防止害虫的进入；另一方面，对于设施通风不能造成妨碍。

（一）防虫网的种类

1. 不锈钢线或铜线织成的防虫网

其耐用性最久，但是成本高。

2. 乙烯材料的防虫网

这种防虫网又分为两种，一种是以单线编成的防虫网，单线的形态类似钓鱼线。另一种是利用乙烯制成的薄膜，然后打洞制成。这两种防虫网造价低，但是强度差，抗紫外线能力差，风阻较大。

3. 有机玻璃纤维材料的防虫网

以有机玻璃纤维为原料，由多线绞合和单线编织两种，优点是不易滑动，因此，即使是在洞口也容易保持完整。

4. 尼龙防虫网

以尼龙为材料织成，成本低、质量轻，但是耐久性差，而且阻碍空气流动。

另外，防虫网的规格种类较多，多为20~40目，目数越大，网孔越小，防虫效果越好，但防虫网内温度提高，通风透气性能减弱。尼龙防虫网的颜色有白色、银灰色和黑色等，白色防虫网较银灰色防虫网和黑色防虫网内温度高，银灰色防虫网具有驱避蚜虫的作用。生产上建议选用银灰色防虫网为好，既适宜花卉正常生长，又利于防止害虫侵入。

（二）防虫网的应用

1. 大、中棚覆盖

大、中棚覆盖适用于有大、中棚设施的地块，是利用夏季闲置的大棚或中棚骨架进行防虫网覆盖的栽培方式，可分为全网覆盖和网膜结合覆盖两种。全网覆盖是在棚架上全部覆盖上防虫网，即将防虫网如同使用塑料膜扣大棚一样，完全覆盖在大棚顶上。生产期间不揭开，实行全程封闭覆盖。棚门可以利用原有的棚门，也可以用防虫网做成简易棚门。做法是：用两块防虫网将棚门处封住，两块防虫网在中间重叠8~10cm，在相重叠的两个边开，平时将其粘上。网膜结合覆盖是在棚架顶上覆盖农膜，四周围防虫网。全网覆盖和网膜结合覆盖均有避虫、防病等作用，但对各种异常天气适应能力不同。在高温、少雨、多风或强台风频发的夏、秋天，应采用全网覆盖栽培；在梅雨季节或连续阴雨天气可采用网膜结合覆盖栽培，应根据实际灵活运用。

2. 平棚覆盖

用水泥柱或毛竹等搭建成平棚，面积根据实际情况，最好以666.7m²为一块。棚高2m，上面及四周完全用防虫网覆盖并压严，保留1~2个出口。这样，既能做到生产期间的全程覆盖，又能进入网内操作。

3. 小拱棚覆盖

采用钢筋或竹片弯成拱棚，将防虫网覆盖在拱架上，这种形式特别适合于没有钢管大棚的地区推广，同样能起到防虫的效果。覆盖前要施入足量的基肥，进行精细整地，播种或定植后进行防虫网覆盖。覆盖前最好进行化学除草，因为覆盖后除草就不方便了，容易造成草荒。

4. 通风口覆盖

防虫网只设置在设施的通风口处，即将所有的通风口都安装上防虫纱窗，设施的门也用防虫网封好，这样也能起到很好的防虫效果。这种方式特别适合于玻璃温室、大型连栋温室等。

（三）在应用过程中应注意的问题

1. 实行全程覆盖

防虫网遮光率小，夏、秋季节覆盖栽培一般不会对园艺作物造成光照不足的影响。为切断害虫危害途径，整个生育时期都要进行防虫网覆盖，尽可能先覆盖防虫网，然后再进行播种或定植。在一般风力情况下，不用压网线，但如果遇到5~6级以上大风时，要拉上压网线。

2. 土壤消毒

覆盖前一定要进行土壤消毒，杀死残留在土壤中的病菌和害虫，消灭病虫害的传播源，覆盖时四周要压实压严，防止害虫潜入。

3. 棚高适宜

小拱棚或小平棚覆盖时，棚高应高于作物株高，避免植株贴紧防虫网，被网外跳甲等害虫取食或产卵于菜叶。若在高温期间进行覆盖栽培则棚内空间越大越好，因而，以棚高2m的大平棚覆盖栽培为宜，既便于人工操作，又利于作物生长。

4. 肥水管理

夏、秋高温期间浇水应选择在清晨或傍晚为宜，小棚可以直接浇于网上，如果采用大棚进行平棚覆盖，就能避免因防虫网覆盖给肥水管理带来的不便，其使用效果会更佳。

5. 防止害虫由其他途径进入

人员进入设施时，不能使门维持于开启状态，防虫网有破损时要立刻补上。自外界运入的植物、基质等必须对其检查，看是否有昆虫附着。设施附近的杂草或是虫类喜欢的作物都必须清除，以减少寄主。

6. 要充分考虑通风

对于只在通风窗处设防虫网的温室，在未装设机械风扇而只有自然通风时，防虫网的装设对通风的风力将造成显著影响。

为了减少防虫网引起风阻使温室产生热累积，考虑的安装技术如下：

1）若虫害只发生在特定的季节，则只在此季节装设防虫网，其余时期拆除。
2）增大通风口、侧窗、天窗的面积，使自然通风的风力不受到太大限制。
3）只在向风的一面装设防虫网，另一面保持正常通风，用以阻挡因风力送来的害虫。
4）配合其他降温设备，降低因安装防虫网引起的热累积。

五、遮阳网

遮阳网是用塑料扁丝纺织成的一种轻质、高强度、耐老化的网状新型农用遮光覆盖材料，遮阳网质量轻、柔软，便于运输和操作，使用期达3年以上。

优质遮阳网在外观上要求色泽均匀，表面平整，排列整齐均匀，无断丝，无编印丝。遮光率和经纬拉伸强度主要与其纬的编丝根数呈正相关，编丝根数越多，遮光率越大，纬向拉伸强度也越强。遮阳网的宽度有90cm、150cm、200cm、220cm、400cm等多种。农用遮阳网颜色主要有黑色和银灰色，也有少量是绿色、蓝色和黄色等不同颜色的产品。不同遮光率的遮阳网的遮光效果不一样。一般黑色遮阳网的遮光率为50%~75%，白色遮阳网的遮光率为10%~20%，银灰色遮阳网的遮光率为40%~75%。遮阳网的遮光情况还会因天气变化而变化。一般使用寿命为3~5年。

（一）遮阳网的选择

选择遮阳网时，要根据作物种类、栽培季节和不同地区的天气情况，选择相应颜色、规格的遮阳网。黑色遮阳网遮光降温效果较好，适用于夏季或对光照强度要求较低的作物覆

盖。银灰色遮阳网透光性较好，一般适用于初夏、早秋对光照要求较高的作物覆盖。

（二）遮阳网的应用

覆盖遮阳网必须根据天气状况、光照强度、作物种类、生育阶段以及覆盖目的因地制宜地采用相应的覆盖方式，灵活地选择不同规格、适宜颜色的遮阳网，并坚持覆盖与通风相结合的原则。覆盖方式主要有外遮阳和内遮阳两种方式。

1. 内遮阳

在玻璃温室内，将遮阳网覆盖于植株上方，或将遮阳网直接覆盖于日光温室或冷棚的棚膜上。这种覆盖方式，可以达到遮光的目的，但其降温效果不好，多用于早春和晚秋季节。

2. 外遮阳

这种遮阳方式是在玻璃温室外，将遮阳网覆盖于玻璃温室屋顶上方，并留有50cm左右的距离或将遮阳网覆盖于日光温室或冷棚的棚膜上方并留有50cm左右的距离。这种覆盖方式，可以达到遮光的目的，同时降温效果非常好，多用于炎热的季节。

遮阳网用于遮强光、降高温、防暴雨覆盖，应做到日盖夜揭，雨前盖，雨后揭。用于防霜冻覆盖时，应做到日落后盖，日出后揭，霜冻前盖，融霜后揭。

夏季利用遮阳网育苗时，应在定植前5~7天揭开遮阳网，进行秧苗锻炼，以提高秧苗定植成活率。

利用遮阳网播种育苗，可以不设支架，进行浮面覆盖。在播种至出苗前，无须进行揭网管理，但在出苗后应及时于傍晚揭网。移苗、定植到缓苗成活前，也可以进行浮面覆盖，但应实行日盖夜揭的管理。

遮阳网栽培技术在生产中起到了增产、增值、增效的作用，应用面积逐年扩大，但还须在普及中继续完善。不同时期、不同品种、不同栽培目的的遮阳网的遮光率、覆盖形式也应不同。阴雨天、晴天、气温高低和日夜变化等，都与光照度密切相关，应根据需要遮光，否则植物会徒长失绿，诱发病害，降低品质，影响质量。

任务三　设施内环境的调控

【任务描述】

现代化温室是花卉设施中一种高级类型。多用热镀锌钢材或铝型材作结构材料，用混凝土作基础材料，采用桁架结构，一般南北向东西延长，见光面积大，冬季进光量较多。不同国家、地区的气候特征不同，在温室设计方面差异较大。现代化温室除主体结构规模较大外，内部还有各种环境调控设备，包括自然通风系统、加热系统、幕帘系统、降温系统、补光系统、补气系统、计算机自动控制系统、灌溉和施肥系统、排水积雨系统、防护系统（防虫网、除雪设备）、气象站、动力系统、控制系统等。由于设施环境实现了计算机自动控制，基本上不受自然气候条件下灾害性天气和不良环境条件的影响，能周年全天候进行园艺作物生产。

通过任务的学习，能完成现代化温室的环境调控。

【任务目标】

1. 能根据生产实际，设计温室环境调控方案。
2. 能根据设计方案，实际进行温室环境调控。
3. 能够完成总结报告。

一、光照条件

光照是作物生长的基本条件,并且对温室作物的生长发育会产生光效应、热效应和形态效应。因此,加强设施内光照条件的合理调控,尽量满足作物生长发育所需的光环境要求是必要和必需的。具体的调控措施有以下几个方面:

(一) 加强设施管理

经常打扫、清洗,保持屋面透明覆盖材料的高透光率;在保持室温的前提下,不透明内外覆盖物尽量早揭晚盖,以延长光照时间,增加透光率;在温室张挂聚酯镀铝镜面反光幕或玻璃温室屋面涂白,以增加光强和光分布的均匀度。

(二) 加强栽培管理

作物合理密植,注意行向(一般南北向为好),扩大行距,缩小株距,摘除秧苗基部的侧枝和老叶,增加群体光透过率。

(三) 适时补光

人工补光的目的是调节光周期,称为电照栽培,一般要求光强较低;或者促进光合作用,补充自然光照的不足,要求光强在光补偿点以上。电照栽培多用白炽灯,补光栽培的多用高压气体放电灯,而荧光灯则两种栽培方式都可利用。补光灯设置在内保温层下侧,温室四周常采用反光膜,以提高补光效果。补光强度因作物而异。因补光不仅设备费用大,耗电也多,运行成本高,只用于经济价值较高的花卉或季节性很强的育苗生产。荧光灯和碘钨灯是温室常用的补光光源。

(四) 根据需要遮光

园艺植物进行短日照处理、越夏栽培、软化栽培时,需要利用遮光或遮黑来调控。生产上一般根据光照情况选用25%~85%的遮阳网或铝箔复合材料,要求具有一定的透光性、较高的反射率和较低的吸收率,而且最好是活动式的,使用时要协调好温度与光照之间的矛盾,适时张开和合拢。玻璃温室也可采用在温室顶喷涂石灰等专用反光材料,减弱光强,夏季过后再清洗掉。保持设施黑暗,可选用黑色的PE膜、黑色编织物等。

二、温度条件

任何作物的生长发育和维持生命活动都要求一定的温度范围,即温度的"三基点";温度高低和昼夜温度变化会影响作物的生长发育、植株形态、产量和品质。因此,温度是作物设施栽培的首要环境条件,并且是作为控制温室作物生长的主要手段被生产者使用。人为创造稳定的温度环境是作物稳定生长、长季节生产的重要保证。设施内温度环境的调控一般通过保温、加温、降温等途径来进行。

(一) 保温

1. 可采用双层充气膜或双层聚乙烯板

利用静止空气导热率低的材料来进行透明屋面的保温。

2. 设置保温层

两层、三层保温幕的开发和应用在大型温室的保温中发挥了重要的作用。保温幕材料有薄膜、纤维、纺织材料和非纺织材料(无纺布)以及这些材料的复合体,近年来,北方还有一些地区采用保温被,据调查,这种保温效果极佳。在做内保温层时,一定要保证保温层相对密闭。

（二）加温

冬季生产设施温度低、作物生长缓慢时，可通过空气加温、基质加温、营养液加温等方式适当加温。

1. 空气加温

可通过暖气片、地热、热风炉等设备设施进行加温。暖气片和地热加温的方式稳定性好、分布均匀、波动小、生产安全可靠、供热负荷大，是北方地区常用的加温方式；热风炉加温效应快，但温度稳定性差。在实际生产中，选择加温方式要视具体的生产品种特性、当地气候条件、加温成本而定，既可采取单一的方式，也可采取多种方式结合使用（图1-35）。

2. 基质加温

提高基质温度的方法有电热加温和水加温两种，电热加温是使用专用的电热线加温，埋设和撤除都较方便，热能利用效率高，采用控温器容易实现高精度控制，但耗电多，电热线耐用年限短，一般多用于育苗床。水加温的方法是在每次浇水和喷药之前，用加热棒对灌溉水进行加温，达到提高水温的目的，进而提高作物生长的速度。

图1-35　空气加温器

（三）降温

夏季设施降温的途径有减少热量的进入和增加热量的散出两类，如遮光降温法、屋顶面流水降温法、蒸发冷却法、通风等。

1. 遮光降温法

夏季强光、高温是作物生长的限制性因素，可通过遮阳网或遮光幕遮光降温，有内遮光和外遮光两种。外遮光是在温室、大棚屋顶外部相距40cm左右的距离处张挂遮光幕，对温室降温很有效，当遮光20%~30%时，室温可相应降低4~6℃。内遮光是在温室内安装遮阳网来降温。

2. 屋顶面流水降温法

屋顶面形成的流水层可吸收投射到屋面的太阳辐射的8%左右，并可通过吸热来冷却屋面，室温一般可降低3~4℃。水质硬的地区需对水质做软化处理再用。

3. 蒸发冷却法

使空气先经过水的蒸发冷却降温后再送入室内，达到降温目的。大致有以下三种形式：

1）湿热排风法：在温室进风口内设10cm厚的纸垫窗或棕毛垫窗，不断用水将其淋湿，温室另一端用排风扇抽风，使进入室内的空气先通过湿垫窗被冷却再进入室内。试验证明，湿帘风机降温系统（图1-36）可降低室温5~6℃。湿帘降温系统的不利之处是在湿帘上会产生污物并滋生藻类，且在温室中会引起一定的温度差和湿度差；在湿度大的地区，其降温效果会显著降低。

2）细雾降温法：在室内高处喷直径小于0.05mm的浮游性细雾，用强制通风气流使细雾蒸发达到全室降温。喷雾适当时室内可均匀降温。此种降温法比湿热排风法的降温效果要

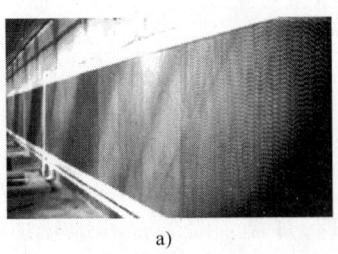 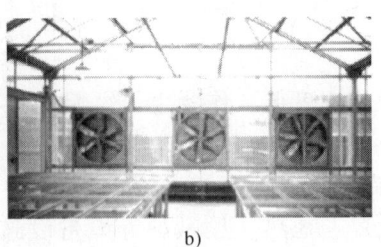

图1-36 大型温室的湿帘风机降温系统
a) 湿帘 b) 排风机

好,尤其是对一些观叶植物,因为许多观叶植物会在风扇产生的高温气流的环境里被"烧坏"。注意喷雾降温只适用于耐高湿的花卉或花卉作物。

3) 屋顶喷雾法:在整个屋顶外面不断喷雾湿润,使屋面降温接近室外湿球温度,在屋面下使冷却了的空气向下对流。

4. 通风

通风是降温的重要手段,自然通风的原则为由小渐大、先中、再顶、最后底部通风,关闭通风口的顺序则相反;强制通风的原则是空气应远离植株,以减少气流对植物的影响,并且许多小的通风口比少数几个大通风口要好,冬季以排气扇向外排气散热,可防止冷空气直吹植株,冻伤作物;夏季可用带孔管道将冷风均匀送到植株附近。在通风换气时也可直接向作物喷雾,通过叶面水分的蒸发来降低作物体表的温度。

三、空气湿度

空气湿度主要影响园艺作物的气孔开闭和叶片蒸腾作用;直接影响作物生长发育。湿度调节的途径主要有控制水分来源、温度、通风,使用吸湿剂等。设施栽培条件下,设施内经常发生的是空气湿度过高,因此除湿是湿度调控的主要内容。

(一) 除湿

除湿的目的主要是防止作物沾湿和降低空气湿度,从而调整植株生理状态和抑制病害发生。根据是否使用动力,分为主动除湿和被动除湿两类除湿方法。

1. 主动除湿

主要靠加热升温和通风换气(特别是强制通风)来降低室内湿度。热交换型除湿机就是一种通过强制通风换气来降低气温的方法。其工作原理是:通过热交换中的吸气和排气两台换气扇,从室外吸入低温低湿空气,进入温室后先变成高温低湿空气,进而吸湿形成高温高湿空气,然后排出温室外变成低温高湿空气,从而在早晨日出后消除夜晚在植物体上的结露。

2. 被动除湿

目前较多使用的方法有以下几种:

1) 自然通风:通过打开通风窗、揭薄膜、扒缝等方式来降低设施内湿度。

2) 地面硬化和覆盖地膜:将温室的地面做硬化处理或覆盖地膜,可以减少地表水分蒸发,使空气湿度由95%~100%降低到75%~80%,从而减少设施内部空气中水分含量。

3) 科学供液:采用滴灌、渗灌方式,特别是膜下滴灌,可有效减小空气湿度。也可通过减少供液次数、供液量等降低相对湿度。

4）采用吸湿材料：如设施的透明覆盖材料选用无滴长寿膜，两层幕用无纺布，地面铺放稻草、生石灰、氧化硅胶、氯化锂等，用以吸收空气中的湿气或者承接薄膜滴落的水滴，可有效防止空气湿度过高和作物沾湿。

5）喷施防蒸腾剂，减小绝对湿度。

6）植株调整：通过植株调整，有利于株行间通风透光，减少蒸腾量，降低湿度。

（二）加湿

在夏季高温强光下，空气湿度过分干燥，对作物生长不利，严重时会引起植物萎蔫或死亡，尤其是栽培一些要求湿度高的花卉时，一般相对湿度低于40%时就需要提高湿度。常用方法是喷雾或地面洒水，如103型三相电动喷雾加湿器、空气洗涤器、离心式喷雾器、超声波喷雾器等。湿帘降温系统也能提高空气湿度，此外，也可通过降低室温或减弱光强来提高相对湿度或降低蒸腾强度。通过增加浇水次数和浇灌量、减少通风等措施，也会增加空气湿度。

盆 花 生 产

【项目导言】

将花卉栽植于花盆的生产栽培方式，称盆栽花卉。在花卉业整体规模扩张的过程中，盆花产业也保持着较好的发展之势。盆栽花卉以其广泛的种植基础和便捷的流通渠道，深受广大消费者的喜爱，成为我国花卉产业结构中重要的组成部分。

盆栽花卉品种众多，已经形成规模化生产的品种基本以年宵花及常年出口的小盆栽和绿植品种为主。据农业部2009年全国花卉统计数据，截止到2009年底，全国盆栽植物种植面积8.1万hm^2；销售量54亿盆；销售额180亿元；出口额7490万美元。盆栽植物的销售额已经占我国整个花木销售总额的25%左右，2012年全国盆栽植物类种植面积近9.98万hm^2，比2011年增长9.96%。从业者从求规模、数量转向品质升级的行业态势已经显露。2009年盆栽种植面积排名如图2-1所示。

本项目重点介绍了盆花生产的内容，包括品种选择、育苗、基质准备、栽植、养护管理、花期调控、病虫害防治以及包装运输等步骤。本项目包括仙客来、一品红、蝴蝶兰、红掌、杜鹃花、火炬凤梨、豹纹竹芋、发财树、铁线蕨、常春藤、仙人球、金橘盆栽花卉生产的12个任务。

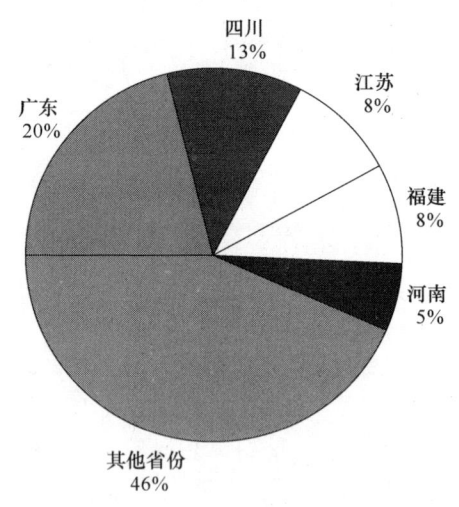

图2-1 2009年盆栽种植面积前5位省份

盆花项目参照园林园艺行业职业岗位对人才的需要和花卉园艺师国家职业标准，实行"项目引导+任务驱动"教学模式，将盆花生产应用的基本理论知识、品种相关情况介绍、环保效应及操作技能与花卉园艺师国家职业标准相对接，项目介绍了盆栽观花、观叶植物的特点、扦插方法、嫁接育苗、盆栽植物布置与养护知识、常见花卉病虫害的发病原理与防治方法等内容，帮助学生熟练掌握花卉园艺师所要求的核心技能，使理论与实践同步提高，满足园林园艺行业职业岗位对人才的需要，最后获取花卉园艺师职业资格证书。

【知识目标】

1. 了解仙客来、一品红、蝴蝶兰、红掌、杜鹃花、火炬凤梨、豹纹竹芋、发财树、铁线蕨、常春藤、仙人球、金橘的生长习性和生长发育规律。
2. 掌握制订盆花周年生产计划的相关知识与方法。
3. 掌握制定盆花周年生产管理方案的相关知识与方法。

项目二 盆花生产

4. 掌握仙客来、一品红、蝴蝶兰、红掌、杜鹃花、火炬凤梨、豹纹竹芋、发财树、铁线蕨、常春藤、仙人球、金橘的日常养护相关知识与技能。

5. 掌握盆花经济效益分析的相关知识与方法。

6. 熟练掌握花卉园艺师所要求的核心技能，如扦插繁殖、嫁接繁殖、盆栽植物布置与养护知识、常见盆花病虫害的发病原理与防治方法等，应对花卉园艺师理论知识考试。

【能力目标】

1. 能根据需要，组织、指导及实际参与仙客来、一品红、蝴蝶兰、红掌、杜鹃花、火炬凤梨、豹纹竹芋、发财树、铁线蕨、常春藤、仙人球、金橘盆花产品周年生产。

2. 能根据花卉生长习性、企业发展规划及市场供求状况主持制订花卉产品周年生产计划。

3. 能根据生产目标与计划和企业实际情况编制盆花生产管理方案。

4. 能根据实际生产成本和销售收入进行经济效益分析。

5. 能根据所掌握的盆花生产相关知识，应对花卉园艺师技能操作考核。

【素质目标】

1. 通过盆花生产计划和方案的编制培养学生独立获取知识、信息处理、组织管理及创新能力。

2. 通过盆花生产方案的实施，培养学生分析问题、解决问题的能力。

3. 通过盆花生产任务的实际操作，培养学生的实践动手能力和吃苦耐劳精神，锻炼学生适应工作的体能和耐力。

4. 通过分组合作、按组考核，培养学生的团队意识、合作能力、协调沟通能力、社会适应能力。

【理论知识】

一、选择品种

（一）市场需求调查

进行盆花生产必须经常关注花卉市场动态，了解掌握相关信息，并在深入调查及对消费市场特征分析的基础上，确定所要经营的花卉品种。

市场调查主要围绕产、销两大方面进行，并要做到"一了解，二探索，三掌握"。

"一了解"：主要是通过市场调查或产品参展等方式，了解行业发展趋势及市场需要什么样的花卉产品，哪种品种受欢迎、销售好，同时为增强产品的市场竞争力，降低生产和销售成本，还要注意吸收花卉种苗实现"本土化"及规模生产等方面的适用技术和先进管理经验，以便少走弯路，节约人力、物力、财力。

"二探索"：一是鉴于打通生产和销售之间的渠道是盆花产业发展中的关键一环，因此在市场调查中，不仅要了解市场需要的产品，还要注意探索各种销售模式，以便为产品搭建起产销之间的桥梁。二是探索盆花运输。物流也是市场产品销售不可忽视的重要环节。从扩大产品的辐射面出发，在市场调查中就需要有目的的探索，借鉴在盆花长途运输中保鲜、保温等确保花卉质量的好方法、好措施，以便为己所用。

"三掌握"：市场调查中应掌握以下信息，以便为安排生产计划提供决策依据。一是掌握消费市场中具有拓展趋势和发展前景的花卉品种。二是掌握消费层次上由团体向个人和家庭消费转变的花卉品种。三是掌握消费功能从"礼品花卉"向普通消费品延伸的花卉品种。

总之，花卉生产应该选择在市场有相当程度购买力或尚未满足消费需求、具有潜在购买力以及竞争对手尚未控制市场的花卉品种。

（二）实际分析

第一，因地制宜选择品种。选择盆花品种时，所选择的品种要适应当地的气候条件。

第二，选择盆花的品种要考虑栽培技术是否成熟。不同花卉品种对栽培管理技术要求各不相同，只有全面掌握该品种的生产技术，才能生产出高品质产品盆花，最后才能取得好的经济效益。

第三，选择盆花品种，要考虑投入的成本，要量力而行，注意规避风险。花卉生产要有一定的规模才能获得更好的经济效益，但它又是高投入高风险的产业，因此，对一些需投入较大且风险又较高的盆花品种，应慎重考虑其市场风险。

第四，选择盆花品种应考虑销售范围和市场需求量。因此，在品种选择时，要充分考虑本地区的市场需求量，防止供大于求，造成经济损失。

第五，现在盆花产品都是周年生产，应该考虑与生产设施的配套。近年来随着人们生活水平的提高，许多盆花品种作为年宵花卉越来越受到人们的青睐，不仅收益高，还有良好的发展前景，但是不容忽视的是必须要有现代化生产设施作保障，才能达到周年生产。

二、基质配制与消毒

（一）基质种类的选择

基质是花卉生长中最重要的物质基础，是盆花根系生长的媒介，其主要功能是固定植物。植物生长所需要的基本活动因子，绝大部分都是由植物的根系从基质中获得的。基质中包含植物生长必需的空气、水分、肥料、热量等。从基质性质来区分，基质的成分主要是矿物质，物理指标包含基质颗粒大小或者纤维长度、水分、空气、缓冲水分、基质本身；化学指标主要是酸碱度（pH）、EC 值（可溶性离子浓度）、盐分有机质的分解度等。栽培基质种类繁多，在选择时既要保证配制的培养土有良好的材料，也要从实际出发，就地取材，以降低费用。表 2-1 列出了常用的盆栽基质种类及其特点、用途。

表 2-1 常见盆栽基质种类及其特点、用途

基质种类	盆栽基质特点、用途	pH
腐叶土	由阔叶树的落叶堆积腐熟而成。可于林下自然形成，也可人工堆制。呈弱酸性，适合于栽培多数盆栽花卉。以杨、柳、榆、槐、法国梧桐等容易腐烂的落叶为好，具有以下优点：一是质轻疏松，透水通气性能好，且保水保肥能力强。二是多孔隙，长期使用不板结，易被植物吸收。与其他土壤混用，能改良土壤，提高土壤肥力。三是富含有机质、腐殖酸和少量维生素、生长素、微量元素等，能促进植物的生长发育。四是分解发酵中的高温能杀死其中的病菌、虫卵和杂草种子等，减少病虫、杂草危害	4.6~5.2

项目二 盆花生产

（续）

基质种类		盆栽基质特点、用途	pH
泥炭	国产泥炭（草炭土）	国产泥炭是沼泽地、芦苇等多年腐烂堆积形成的，有一定的缓冲能力，偏酸，不能直接用于种植植物，一般需要用生石灰或白云质石灰石等将pH提高，或与其他中性、弱碱性基质混配。草炭较轻、透气性好，但养分含量低，保水性差容易干，一些大的观叶盆栽常用泥炭作为主要基质，注意多追肥	偏酸性（低位泥炭、中高位泥炭pH不同）
	进口泥炭	进口泥炭多为欧洲产，是由泥炭藓堆积形成的，原产地一般是高寒的北欧，如丹麦、立陶宛等，进口泥炭加工工艺先进，不但按粗细分类，还添加了泥炭润湿剂（泥炭具有疏水作用）、调节pH至5.5或6.0，有的还添加了可溶性肥料。可直接单一使用或与珍珠岩等混配使用。进口泥炭本身养分很少，一般单一使用或添加同样少养分的珍珠岩使用，所以这种基质生产盆花，要多追肥，最好的搭配是多元缓释复合肥，并且注意不能干透才浇水，因为泥炭疏水，干透了很难再浇透	5.5~6.0
园土		园土是花圃、菜园等经多年耕作地的表土。园土重量适中、养分含量较多，是培养土的基本成分	中性
堆肥土		有较多的腐殖质和矿物质	偏酸性
针叶土		腐殖质含量多，不具石灰质成分，适于栽培杜鹃等酸性土植物。在山区森林里松树的落叶经多年的腐烂形成的腐殖质，即松针土。松针土呈灰褐色，较肥沃，透气性和排水性良好，呈强酸性反应，适于杜鹃花、栀子花、茶花等喜强酸性土壤的花卉	3.4~4.0
草皮土		矿物质较多，腐殖质含量较少，常用于水生花卉、玫瑰、石竹等	6.5~8
沼泽土		含多量腐殖质，呈黑色、强酸性，适于栽培杜鹃及针叶树等	3.5~4.0
河沙		排水好、透气性强，保水保肥差，与其他基质混合使用。河沙作为基质的主要优点在于其来源容易，价格低廉，作物生长良好，但由于沙的容重大，给搬运、消毒和更换等管理措施带来了很大的不便	中性或微碱性
珍珠岩		通常与其他基质混合使用，可改善盆土的物理性能，使土壤更加疏松、透气、保水	中性或微酸性
蛭石		蛭石是硅酸盐材料，在高温下膨胀而成。其吸水力强，通气良好，保温能力高。配在培养土中使用容易破碎变致密，使通气和排水性能变差，最好不用作长期盆栽的材料。可用作扦插基质，应选颗粒较大的，使用不能超过一年	中性
砻糠灰（炭化稻壳、炭化砻糠）		砻糠灰是将稻壳进行高温炭化之后形成的。炭化稻壳的营养含量丰富、价格低廉、通透性良好，但持水孔隙小、持水能力差，使用时需经常淋水。如果炭化稻壳使用前没有经过水洗，炭化形成的碳酸钾会使其pH升至9.0以上，因此使用前宜用水冲洗	中性或弱酸性
煤渣		煤渣为烧煤之后的残渣，其来源丰富，如未受污染，不带病菌，不易产生病害，含有较多的微量元素，通透性好，保水保肥能力较差。煤渣如与其他基质混合使用，种植时可以不加微量元素。煤渣容重适中，种植作物时不易倒伏，但使用时必须经过适当的粉碎、过筛后方能使用	偏碱性
陶粒（发泡炼石）		经特殊方法炼制烧结而成的石砾状产品，具良好的保水性和通气性，无菌、无臭，为优秀的介质。细粒炼石可用于调整土壤排水性，适用于盆栽植物的底部，可防止土壤流失，增加排水及透气。将其铺设在盆栽上层可增加美观。园艺用炼石可以吸收植物根部所散发的乙醛等有害物质	中性

45

（续）

基质种类	盆栽基质特点、用途	pH
树皮	通气好，持水量低，常用于附生兰科植物栽培。与其他基质混合使用时要破碎堆积、腐熟后方能使用（杉树皮、龙眼树皮、槐树皮等较好。）	偏酸性
蕨根	透气性好，耐腐朽。适于栽培热带附生兰、凤梨科植物及其他附生类观赏植物。可连续使用4～5年	偏酸性
水苔	水苔为高海拔之苔类植物，经采集晒干后的产品，富含纤维素，吸水力强，最适合兰花类及高级观叶植物栽培。好的水苔茎粗而长，不好的水苔茎细而短，碎屑很多。在使用前应先泡水浸透，然后再拧干，放入盆中使用	5.5～6.5
椰糠	椰子果实外皮加工过程中产生的粉状物。其含有较多的养分，特别是速效钾、有效磷，因此基质中混配椰糠通常能提升花的品质及抗性。其透气性、保水性均较好，有缓慢的自然分解率，有利于延长基质的使用期，含盐（养分）偏高，通常与泥炭、珍珠岩混配	偏酸性
锯末	木材在加工时留下的残留物。质地轻、通气排水性能较好，可与其他基质混合后作为盆栽基质	4.2～6.0

（二）基质的配制

最基础的基质是土壤，它由矿物质、有机质、水分、空气构成。土壤中矿物质丰富，但大部分的精品花卉都不直接采用土壤为基质，因为各地土壤的矿物质成分不好把握，不能在保护地形成标准化生产，所以大量使用其他可控制酸碱度与离子浓度的基质。花卉由于生长习性的不同，需要的基质各异。有的需要酸性基质，有的需要碱性基质，所以用来栽培花卉的基质必须经过专门配制。在盆栽花卉的应用中，一般要求基质的保水、保肥、保温、酸碱度、EC值适宜，当水分进入盆土以后，培养土具有较强的吸附能力，基质间的毛细管能把水分保持住，基质应该干湿适宜、质地疏松、空气充分、温度易于升高和保持，在基质中施肥，可增加基质的N、P、K、Fe、Mg、Ca等元素。

植物生长最理想的介质应该含50%的固型物、25%的水和25%的自由孔隙。pH为5.8～6.2，弱酸性。配制基质的用料有很多种，一般情况下，配制花卉的栽培基质遵循以下原则：

1）各项物理性能与化学指标稳定，可以控制。
2）配制基质的材料来源稳定，各项指标标准化程度高。
3）配制基质时需要保证基质的消毒无菌化处理。

掌握以上三条原则，根据植物的习性与根系的特点，经过不断摸索就可以配制适合工厂化花卉生产的专业花卉基质。

花卉种类繁多，对基质的要求各异，配制基质时，需根据花卉的生态习性、基质材料的性质和当地的土质条件等因素灵活掌握。配制的基质只要有较好的持水、排水、保肥能力和良好的通气性以及适宜的酸碱度，就能为花卉的生长、发育提供一个良好的物质基础。

1. 普通培养土配制

其常用于多种花卉栽培。一般盆栽花卉的常规培养土配制比例见表2-2。

项目二 盆花生产

表2-2 常规培养土配制比例

土壤理化性质	腐叶土	园土	河沙	适宜植物
疏松培养土	3	1	1	多浆类、一二年生花卉播种用土，幼苗移植
中性培养土	2	2	1	宿根、球根花卉，定植用土
黏性培养土	1	3	1	木本花卉

2. 各类花卉培养土配制

1）扦插成活苗（原来扦插在沙中者）上盆用土：河沙2份、壤土1份、腐叶土1份（喜酸植物可用泥炭）。

2）移植小苗和已上盆扦插苗用土：河沙1份、壤土1份、腐叶土1份。

3）一般盆花用土：河沙1份、壤土2份、腐叶土1份、干燥厩肥0.5份，每4kg上述混合土加入适量骨粉。

4）较喜肥的盆花用土：河沙2份、壤土2份、腐叶土2份、干燥肥0.5份、适量骨粉。

5）一般木本花卉上盆用土：河沙2份、壤土2份、泥炭2份、腐叶土1份、干燥肥0.5份。

6）一般仙人掌科和多肉植物用土：河沙2份、壤土2份、细碎陶粒1份、腐叶土0.5份、适量骨粉和石灰石。

（三）基质的消毒

1. 日光消毒

将配制好的培养土摊在清洁的水泥地面上，经过十余天的高温和烈日直射，利用紫外线杀菌、高温杀虫，从而达到杀菌灭虫的目的。这种消毒方法虽然不太严格，但可使有益的微生物和共生菌仍保留在土壤中。

2. 高温消毒

盆土只要加热至80℃，连续30min，就能杀死虫卵和杂草种子。如加热温度过高或时间过长，容易杀灭有益微生物，影响它的分解能力。在少量种植时可以用铁锅、铁板等将培养土干炒的方法消毒，要不断地翻动，温度保持在80℃以上，处理20～30min即可。

一般情况下温度与消毒的要求见表2-3。

表2-3 温度与土壤消毒

温　度	消毒内容	备　注
45℃	水真菌	
46℃	线虫类	
54.4℃	葡萄灰菌病	
60℃	唐菖蒲枯叶病。蠕虫类、鼻涕虫类、蜈蚣	
60～71.1℃	大多数植物病原性细菌、真菌和植物病毒。土壤害虫	
71.1～80℃	大多数杂草种子	
72.3～99℃	少数有抗性的杂草种子、植物病毒	

3. 药物消毒

药物消毒主要用40%的甲醛溶液、0.5%的高锰酸钾溶液。在每立方米栽培用土中，均匀喷洒40%的甲醛400~500mL，然后把土堆积，上盖塑料薄膜。经过48h后，甲醛化为气体，除去薄膜，等气体挥发后再装土上盆。

也可用二硫化碳消毒法。先将培养土堆积起来，在土堆的上方穿几个孔，每$100m^3$土壤注入350g二硫化碳，注入后在孔穴开口处用草秆等盖严。经过48~72h，除去草秆，摊开土堆使二硫化碳全部散失即可。

4. 蒸汽消毒

将已配制好的基质用耐高温薄膜密封，并用蒸汽锅炉加热，通过导管把蒸汽输送到基质中心进行消毒，蒸汽温度为100~120℃，消毒时间为40~60min，在密封的薄膜上打一些小孔，蒸汽由小孔喷发出来，几乎可以杀灭土壤中所有的有害生物。此法要求设备比较复杂，成本较高。

5. 冻结法消毒

利用冬季的低温在室外冻结，也可以起到消毒作用。

（四）储藏培养土

培养土制备一次后剩余的需要储藏以备需要时应用。储藏宜在室内设土壤仓库，不宜露天堆放，否则会因养分淋失和结构破坏，而失去优良性质。储藏前可稍干燥，防止变质，若露天堆放应注意防雨淋、日晒。

三、花盆选择

花盆种类很多，在了解每种花盆的用途、特点后，选择花盆时要综合考虑它的适用性、实用性、美观性、经济性等特点，使之既适合花卉生长发育，又能给企业降低成本，带来更大的经济效益。花盆类型及特点见表2-4。

表2-4 常用花盆类型及特点

花盆种类	特点	适宜花卉种类
环保盆	以农业废弃物为原料制成，工艺简单，透气性、硬度要比塑料花盆好	适宜各类花卉生长
吊挂盆	材质为塑料，一般配有底托和挂钩	吊挂植物专用
素烧盆（瓦盆）	排水、透气性良好，质地粗糙、不美观、价格低廉	适宜各类花卉生长
玻璃钢花盆（FRP花盆）	纹理由泥雕塑或开模而成，款式多样，坚固耐用，不变形，耐腐蚀，规格齐全	一般用于盆花装饰，逐渐代替木制盆
塑料盆	轻便、耐用、保水性好、透气性差、节水、美观	适宜各类花卉生长
陶瓷盆	美观但排水、透气性差	适宜作为套盆使用
木盆	由红松、杉木、柏木等制作，不易腐烂，透气性好	适宜较大型花木盆栽
紫砂盆	美观、透气性好，适宜植物生长，价格较贵	各类花卉
兰盆	有各种形状孔洞，空气流通好	兰花专用
水养盆	盆底无孔、美观	水生植物
盆景用盆	盆底无孔、美观	适宜作为盆景植物栽盆
营养钵	适于植物生长	播种、扦插等生根后小苗上盆（培养幼苗）

四、盆花育苗方法

（一）播种育苗

1. 花卉种子的类型

（1）专业生产花卉种子的产品类型

1）原型种子（RAW SEEDS）。种子采收后，除清洁外未经其他加工的种子。

2）整洁型种子（DETAILED SEEDS）。种子采收后，经加工处理，使种子清洁并有利于播种操作。常见的如除去冠毛的菊科花卉种子。

3）丸粒型种子（PELLETED SEEDS）。常在特别细小的花卉种子外面黏合一层泥土之类的物质，改变种子形状，种子颗粒增大便于播种操作。

4）包衣型种子（COATED SEEDS）。常在种子的表面涂上一层杀菌剂或普通的润滑剂，一般不改变种子的形状。种子更清洁同时又可使种皮软化，防止小苗生产过程中病菌的侵害，有助于播种机械的操作。

5）经催芽处理的种子（PRIMED SEEDS）。在一定的温度条件下，经化学物质或水的催芽处理呈胚根萌动状态的种子。催芽处理能大大提高种子的发芽率和出苗整齐度，但种子的保存时间短。

（2）专业生产花卉种子的计量单位及大小　花卉种子的常用计量单位是克（g）、千克（kg）、粒（sds）。花卉种子因种类不同而有大小之别，种子大小按每克粒数分成以下几类：

1）大粒种子。每克数十粒，在100粒以内的种子，如牵牛。

2）中粒种子。每克在800~1000粒的种子，如石竹类。

3）小粒种子。每克在2000~8000粒的种子，如一点红。

4）细小粒种子。每克在10000~250000粒的种子，如四季秋海棠。

2. 花卉种子的清洁与包装

种子采收后连株或连壳在通风处阴干，去杂、去壳、清除各种附着物，再经种子外形质量检验。常用风选、色选和粒选等方法。

（1）风选　利用各种花卉的正常种子的质量，通过风力将优质种子和劣质种子包括一些杂物分开。传统花卉栽培用竹编簸箕人工进行选种，现代花卉栽培有专门设计的选种子用的风车。

（2）色选　利用各种花卉的正常种子的色质，经过一个摄像探头和计算机内的正常种子的色质比较后选择。

（3）粒选　利用各种花卉的正常种子的大小、形状，经过专门设计的筛子将符合标准的种子选出。

3. 花卉种子的储藏

花卉种子是有生命的产品，其寿命一般为1~3年。花卉育苗必须采用新鲜的种子育苗。花卉种子的包装必须做到清洁、计量准确、真空密闭、防潮防湿，这些工作也是专业性的，直接影响到储藏种子的质量。花卉种子的储藏条件应该为干燥、密闭、低温、阴暗。少量的种子可放在家用冰箱内储藏。大量的种子应储藏在温度为14℃、湿度为40%的专门的仓库内，而且每半年需将库存种子进行发芽率试验，保证种子的质量。

4. 播种育苗的基质

1）播种育苗基质的要求。用于播种育苗的基质必须质轻、疏松、卫生、理化性状稳定。pH 为 5.5~6.5，EC 值为 0.65~0.75。

2）用于播种育苗的基质必须经过消毒。

5. 播种育苗的容器

花卉育苗必须采用容器育苗，并在主要环境条件便于控制的场所进行。播种育苗的容器必须轻便、不易变形、易于清洗、规格正确。重复使用的容器必须经过清洗、消毒。

6. 播种操作方法

播种育苗基质的制备，目前可根据实际情况采用下列两种方法进行。

（1）改良传统播种育苗土壤的制备　本方法适合种子价格较低的花卉育苗或较初级的苗圃使用。园土经阳光暴晒消毒后，先打碎并除去杂物。然后用孔径 0.8~1cm 的筛子过筛，分出粗粒和细粒备用。用以上细粒土和砻糠灰按 3∶1 的比例配成播种土。用硫酸亚铁或石灰将 pH 调节至 5.5~6.5。

（2）采用专业生产的基质制备　本方法虽然成本略高，但质轻、疏松、卫生且理化性状稳定，适合种子价格较高的花卉和规模较大的苗圃使用。用经过消毒的泥炭和粗粒珍珠岩按 8∶2 的比例配成播种基质。用硫酸亚铁或石灰将 pH 调节至 5.5~6.5。

7. 播种季节及温度

播种季节与环境温度密切相关，大多数种类的种子发芽温度为 18~22℃。南方的播种季节限制较少。江、浙一带，四季分明的地区以春季和秋季为宜。北方地区宜春季播种。温室等保护地，只要能将温度调节适宜便可全年播种。

8. 播种

（1）播种基质或播种土的装填　用于播种育苗的基质或播种土必须经测试符合播种基质（土壤）的要求。在洗干净的容器内，做好排水孔的垫塞材料，先装入粗粒土以便排水。粗粒土的厚度约为 1.5cm。在粗粒土上加入制备好的播种土或播种基质。对细小粒种子的花卉，最上面约 1cm 左右可用 0.3~0.8cm 孔径的筛子过筛填入。播种基质的厚度为 3.5cm。播种土或基质装完后，必须刮平，并确保基质表面至容器口有 2~3cm 的余地。

（2）播种前的种子处理　由种子公司专业生产的种子一般不需要处理便可直接播种。对有些种子可进行处理，提高发芽率。常用方法有以下几种：

1）浸种。播种前用冷水或温水浸种 2~24h，可使坚硬的种皮软化，有利于催芽、出苗整齐。

2）剥壳、锉伤。对种子或果壳坚硬不易发芽的花卉种子，需将其剥除或锉伤后再播种。

3）酸、碱处理。通过酸、碱处理种子，使皮软化并提高发芽率。冷处理或低温层积处理，是为了打破种子的休眠，不仅可以提高发芽率，而且有春化作用。

4）拌种。主要针对细小粒种子，用细土拌种后播种，有利播种均匀。

（3）播种操作　播种必须均匀，播种密度要适当，覆土厚度必须小于种子直径的 1~2 倍。细小粒种子一般不宜覆土。有些种类的种子发芽过程中需要光照，播种后不宜覆土或少覆盖，覆盖仅为了增加湿度。种子播完后必须压实，确保种子和基质紧密结合。

（4）播种后的管理　用于播种后浇的水必须清洁、无病菌，pH 为 7.0 左右。浇水方式通常采用盆底印水法,即将播种后的容器放置在水槽内,水位必须略低于容器内播种土或播种基质的表面。观察到土壤表面有1/3面积湿润时即刻将播种容器移出水槽。用清洁的玻璃将播种容器盖住,直至种子发芽。种子萌芽过程中的水湿管理很重要,一般浸水后可保持一周左右,夜间应略打开玻璃透气。对有些萌芽时间较长的种子,待基质表面干燥时可再次浇水。种子萌芽后应将玻璃移去。

喷雾法是适合大规模生产种苗的浇水方式,在育苗区可以安装喷雾的装置。可以定时喷雾,一般白天间歇喷雾。将播种后的容器放置到有喷雾装置的区域。无论何种浇水方式,水分管理都是为了保持基质湿润,防止过干过湿。尤其注意温度偏低、阴雨季节的排水性。

9. 种子萌芽后的管理

第1阶段:播种至主根形成。保持土壤温度为18～24℃,湿润,土壤pH为5.5～5.8,EC值小于0.75。

第2阶段:茎和叶子形成。保持土壤温度在18～21℃之间,幼根出现后可略降低供水量,有利根系生长。光照在5000～16000lx为宜。土壤pH为5.5～5.8,EC值小于0.75。浇水中可含50～75mg/kg氮。

第3阶段:真叶形成和生长。保持土壤温度在17～18℃之间。浇水的间隙土壤可以干燥,但要避免幼苗萎蔫,这将非常有利于根系生长。光照可增强至11000～27000lx。土壤pH 5.5～5.8,EC值小于1.0。施肥中氮气浓度为100～150mg/kg。这阶段可用低浓度的杀菌剂(敌克松300～500倍,浇灌)来防治病害。

第4阶段:植株到了可以移植阶段。保持土壤温度为16～17℃。浇水的间隙土壤可以干燥,但要避免幼苗萎蔫,土壤pH为5.5～5.8,EC值小于1.0。浇水、施肥宜在上午进行,这样到了晚上叶面干燥,可以有效减少病害的发生。

(二)扦插育苗

取植物茎、叶、根的一部分,插入沙或其他基质中,使其生根或发芽成为新的植株的繁殖方法称为扦插育苗。其特点有:培养的植株比播种苗生长快、开花时间早,繁殖容易,繁殖量大且能保持原品种的特性。对不易产生种子的花卉,多采用这种繁殖方法繁殖,但根系较弱、浅。

扦插繁殖种类如下:

1. 叶插(图2-2)

(1) 全叶插 用完整叶片作为插穗。

图2-2 叶插繁殖

1)平置法:如落地生根、秋海棠(图2-3、图2-4)。

2)直插法:又叫叶柄插法,如非洲紫罗兰、耐寒萱苔、球兰(图2-5)。

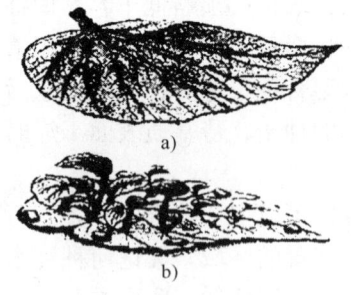
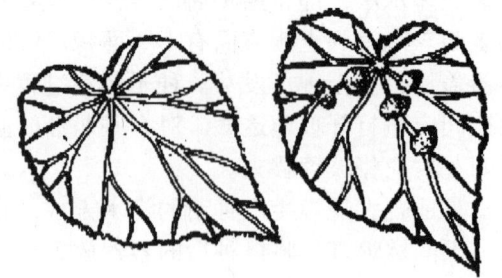

图2-3 全叶插（平置法）
　　a）刻伤叶脉　b）生出新株

图2-4 全叶插示意图

（2）片叶插　将一个叶片分切为数块，分别进行扦插，使每块叶片上形成不定芽，如虎尾兰（图2-6）。

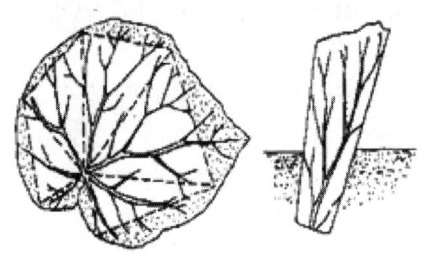
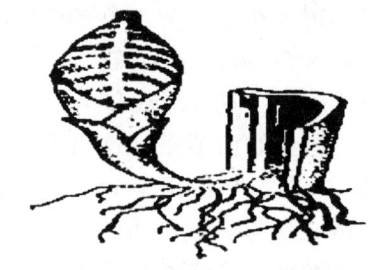

图2-5 花卉的叶插

图2-6 片叶插（虎尾兰）示意图

2. 茎插（图2-7、图2-8）

（1）露地扦插和室内扦插

1）露地扦插：露地床插大量繁殖，可覆盖塑料棚或荫棚。

2）室内扦插：扣瓶扦插、大盆密插、暗瓶水插。

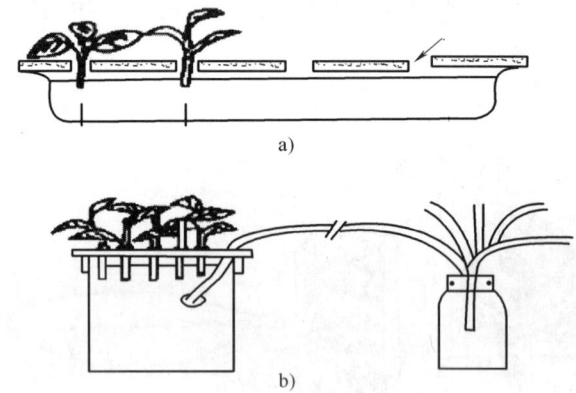

图2-7 水插床的示意图
　　a）水插装置横剖面示意图　b）瓶插装置示意图

（2）不同插穗的扦插方法

1）芽叶插：插穗仅有一芽一叶，如橡皮树（图2-9）。

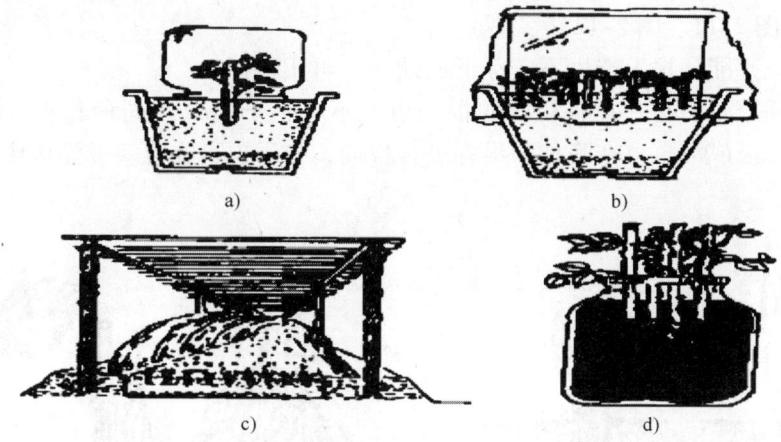

图 2-8 茎插繁殖
a）扣盆扦插　b）大盆密插　c）露地床插　d）暗瓶水插

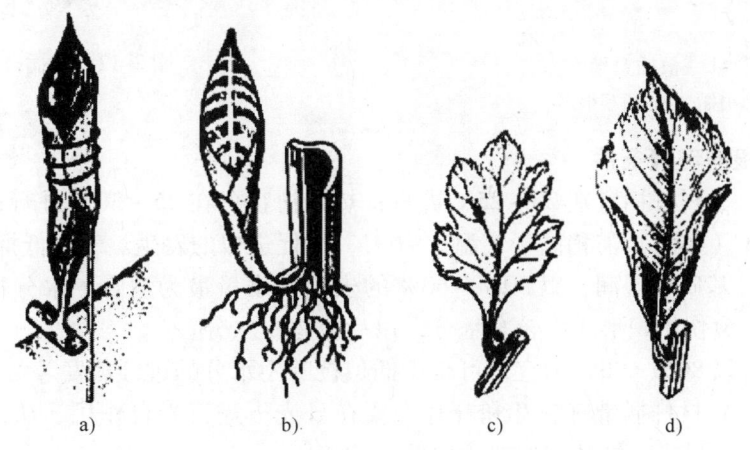

图 2-9 单芽插
a）橡皮树　b）虎尾兰　c）菊花　d）八仙花

2）软枝扦插：选取 5~10cm 枝梢为插穗。采生长健壮成龄中较年幼的母株的枝条作为插穗，插条必须保留一部分叶片（图 2-10a）。

3）半软枝扦插：木本花卉常采用。插穗应选取较充实的部分，可弃去枝梢部分，保留下段枝条备用，如月季。

4）硬枝扦插：又叫休眠期扦插，用于园林树木育苗（图 2-10b、c）。

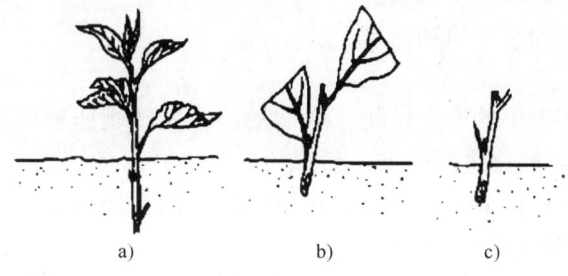

图 2-10 枝插繁殖
a）软枝扦插　b）、c）硬枝扦插

3. 根插（图2-11、图2-12）

有些宿根花卉能从根上产生不定芽形成幼株，可用根插。

一般用根插繁殖的花卉具有粗壮的根，粗度不应小于2mm。同种花卉，根较粗较长的含营养物质多，易成活。可在晚秋和早春进行根插，冬季也可在温室或温床中扦插，如秋牡丹、芍药等。

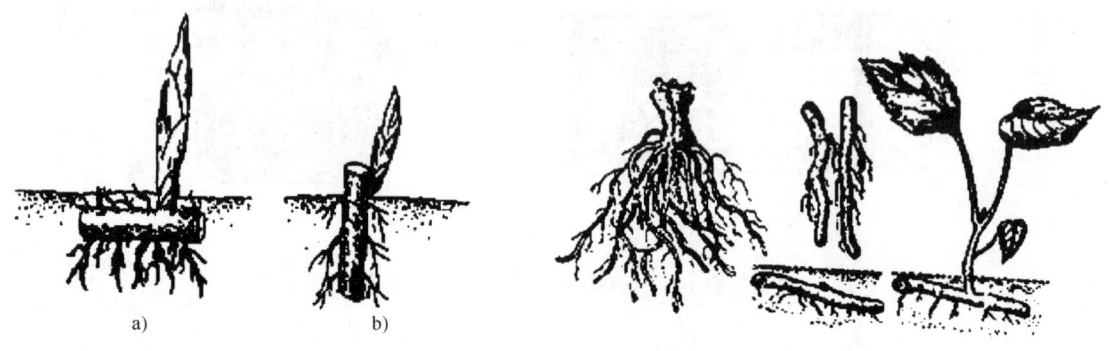

图2-11 根插繁殖
a）全埋根插 b）露顶根插

图2-12 根插

4. 扦插生根的环境条件

（1）温度 软材扦插宜在20～25℃进行；热带植物可在25～30℃进行；耐寒性花卉可稍低。基质温度（底温）需稍高于气温3～6℃，可促进根的发生。气温低抑制枝叶的生长。

（2）湿度 基质要湿润，以50%～60%的土壤含水量最为适宜。水分过多常使插穗腐烂。扦插初期，愈伤组织形成需较多水分，以后应减少水分。

空气湿度，以80%～90%为宜，可减少插穗枝叶中水分的过分蒸发。

（3）光照 软材扦插带有顶芽和叶片，要在日光下进行光合作用，从而产生生长素促进生根。但不能是强光。扦插初期要给以适度的遮阴。

（4）氧气 扦插基质要有足够的氧气。用河沙、泥炭和其他疏松土壤作为适宜的扦插基质。通常靠盆边的容易生根。

5. 促进扦插生根的方法

（1）药剂处理法

1）植物生长素处理：用于茎插，如吲哚乙酸、吲哚丁酸和萘乙酸等，可粉剂处理或液剂处理。

2）高锰酸钾：用于多数木本植物。

3）蔗糖：用于木本和草本植物。

（2）物理处理方法

1）环剥：用于较难生根的木本植物。取插穗前，先环剥插穗的枝条，使养分积累于插穗的上端，在环剥处剪切插穗进行扦插，易成活。

2）软化处理：用于一部分木本植物。在插穗剪切前，先剪取部分进行遮光处理，使之变白软化，再自遮光部分剪下扦插。

3）增加底温：底温高，促进生根。气温低抑制枝条的生长，利于成活。

4）喷雾处理：提高空气湿度，利于成活。

（三）分生繁殖

分生繁殖是人为地将植物体分生出来的幼植物体（如吸芽、珠芽等）或者植物营养器官的一部分（如走茎和变态茎等）与母株分离或分割，另行栽植而形成独立生活的新植株的方法。

1. 分株繁殖

将根际或地下茎发生的萌蘖切下栽植，形成独立的植株。促进萌蘖的方法：园艺上可砍伤根部促其分生根蘖以增加繁殖系数，如春兰、玉簪、芦荟等（图2-13、图2-14）。

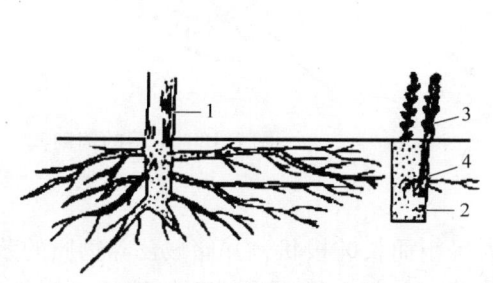
图2-13　根蘖示意图
1—母株　2—开沟断根后填入土
3—切端口发生根蘖　4—根蘖发根状况

图2-14　根蘖（芦荟）

2. 吸芽繁殖

吸芽是某些植物根际或地上茎叶腋间自然发生的短缩、肥厚呈莲座状的短枝。繁殖：吸芽的下部可自然生根，可自母株分离而另行栽植。如景天、玉树（图2-15）等在根际处常着生吸芽。凤梨的地上茎叶腋间也常着生吸芽（图2-16）。

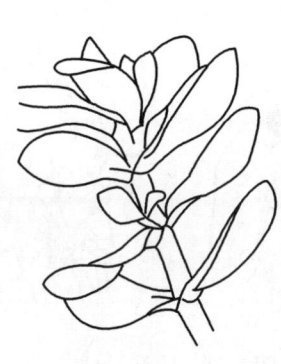
图2-15　吸芽（玉树）

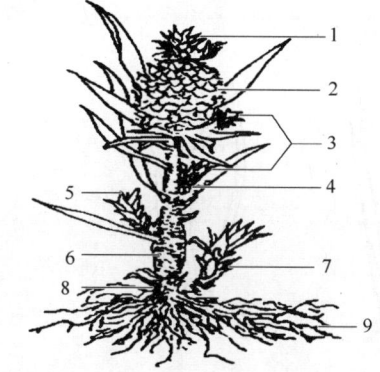
图2-16　吸芽（凤梨）示意图
1—冠芽　2—果实　3—裔芽　4—果柄　5—吸芽
6—地上茎　7—蘖芽　8—地下茎　9—根

3. 走茎繁殖

走茎是自叶丛抽生出来的节间较长的茎。节上着生叶、花和不定根，也能产生幼小植株。

繁殖：分离小植株另行栽植即可形成新株，如虎耳草、吊兰（图2-17）等。

区分：匍匐茎与走茎相似，但节间稍短，横走地面并在节处生不定根和芽，如草莓匍匐茎（图2-18）。

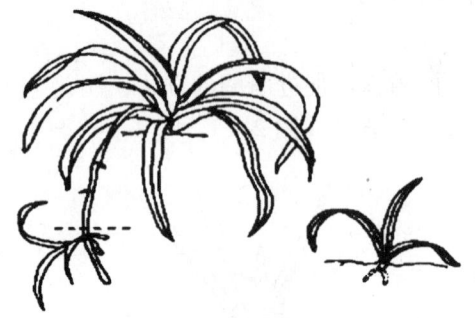

图2-17 走茎繁殖（吊兰）示意图

图2-18 草莓的匍匐茎

4. 根茎繁殖

根茎是一些多年生花卉的地下茎肥大呈粗而长的根状，并储藏营养物质的茎。

繁殖：节上常形成不定根，并发生侧芽而分枝，继而形成新的株丛。如美人蕉、香蒲、紫菀、虎尾兰（图2-19）等。

5. 球茎繁殖

球茎是地下变态茎，短缩肥厚近球状，储藏营养物质。老球茎萌发后在基部形成新球，新球旁常生仔球。

繁殖：球茎可供繁殖用，或分切数块，每块具芽，可另行栽植。生产中通常将母株产生的新球和小球分离另行栽植（图2-20）。如唐菖蒲（图2-21）、慈姑。对于自然分球率低或不能收到良好效果的，需要人工繁殖，对于球茎类可以采用挖孔法，如风信子（图2-22）。

图2-19 根茎繁殖（虎尾兰）示意图

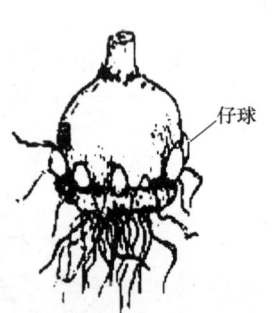

图2-20 自然分球

6. 块茎繁殖

块茎是多年生花卉的地下茎，外形不一，多近于块状，储藏营养。根系自块茎底部发生，块茎顶端通常具有几个发芽点，表面有芽眼可生侧芽（图2-23）。

7. 鳞茎繁殖

鳞茎是变态的地下茎，有鳞茎盘，可储藏丰富的营养。

项目二 盆花生产

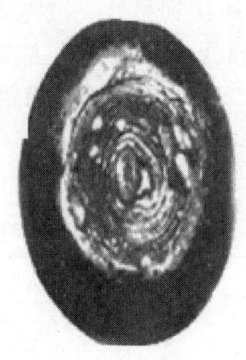
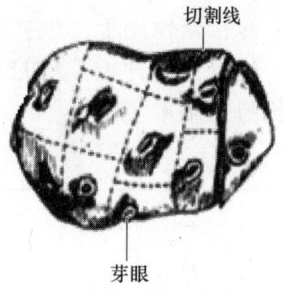

图 2-21 球茎繁殖（唐菖蒲）示意图　　图 2-22 人工分球——　　图 2-23 人工分球——
1—老球　2—新球　3—仔球　　　　　　风信子挖孔法　　　　　　分割块茎

鳞茎顶芽常抽生真叶和花序；鳞叶间可发生腋芽，每年可从腋芽中形成一个至数个鳞茎并从老鳞茎旁分离开。繁殖：生产中可栽植子鳞茎繁殖。如水仙、郁金香（图 2-24、图 2-25）。

图 2-24 鳞茎繁殖（水仙）示意图

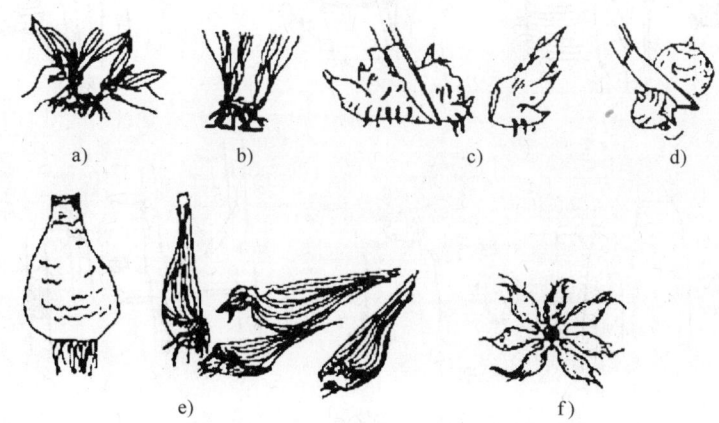

图 2-25 分株繁殖
a）萌蘖枝分株　b）匍匐茎分株　c）根状茎分株
d）球茎分切　e）鳞茎分割　f）块根分割

（四）嫁接繁殖

把植物体的一部分（接穗）嫁接到另外一植物体上（砧木），其组织相互愈合后，培养成独立个体的繁殖方法。生产中常见的嫁接方法主要有芽接、枝接、根接等（表2-5）。

嫁接繁殖用于：难扦插和难获得种子的花木类繁殖。

优点：比种子繁殖的实生苗提早开花，能保持接穗的优良品质。选择抗性强的和不同的生长势的砧木。

表2-5　植物常见嫁接方法

嫁接方法 （图2-26）	芽接	"T"形芽接（图2-27）
		嵌芽接（图2-28）
		套芽接（图2-29）
	枝接	切接（图2-30）
		劈接（图2-31）
		插皮接（图2-32）
		靠接（图2-33）
		腹接（图2-34）
		舌接（图2-35）
	根接（图2-36）	
	仙人掌类嫁接方法（图2-37）	

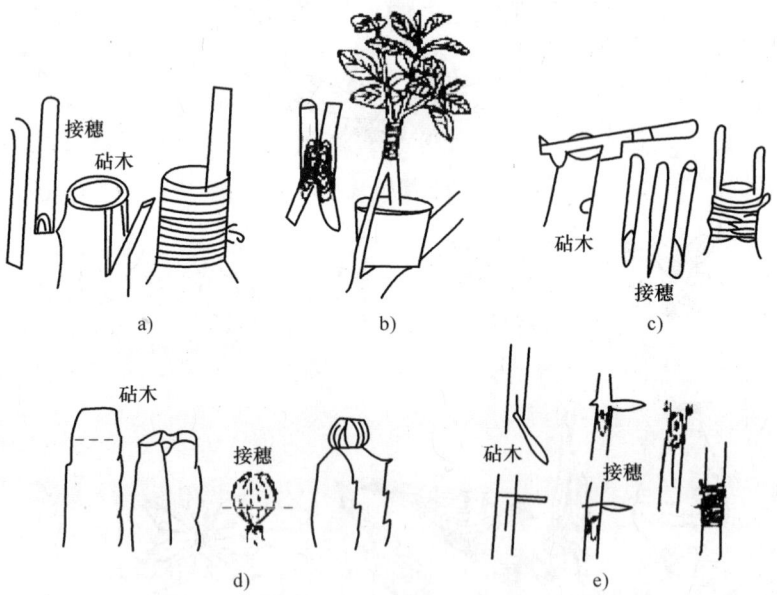

图2-26　常见嫁接方法
a）切接　b）靠接　c）劈接　d）平接　e)"T"形芽接

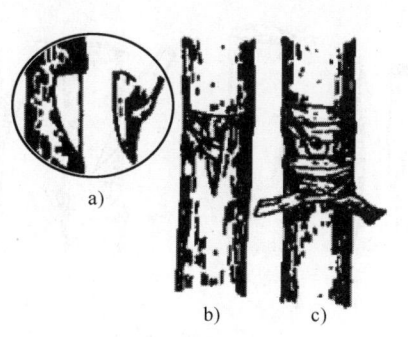
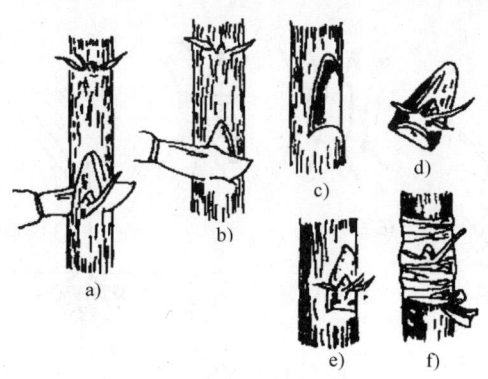

图 2-27 "T"形芽接
a）取芽片　b）贴芽片　c）绑缚

图 2-28 嵌芽接
a）、b）削接穗　c）、d）取芽片　e）贴芽片　f）绑缚

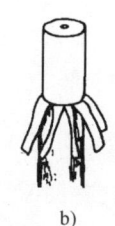

a）　　　b）　　　c）　　　d）

图 2-29 套芽接
a）取套状芽片　b）削砧木树皮　c）接合　d）绑扎

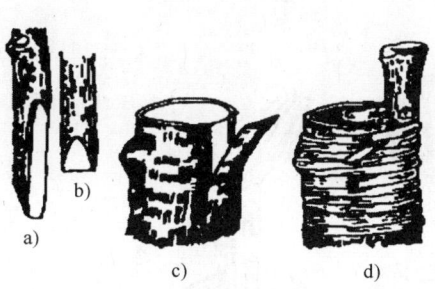
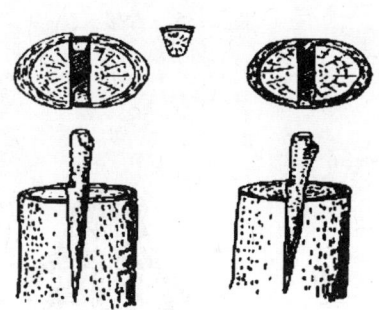

图 2-30 切接
a）、b）削接穗　c）切砧木　d）插接穗绑缚

图 2-31 劈接

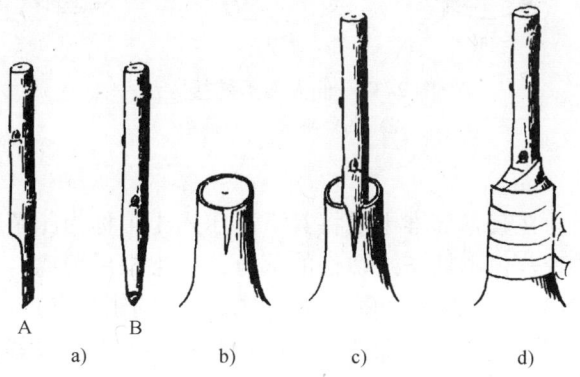

图 2-32 插皮接
a）削接穗（A为侧面、B为背面）　b）削砧木　c）插接穗　d）绑缚

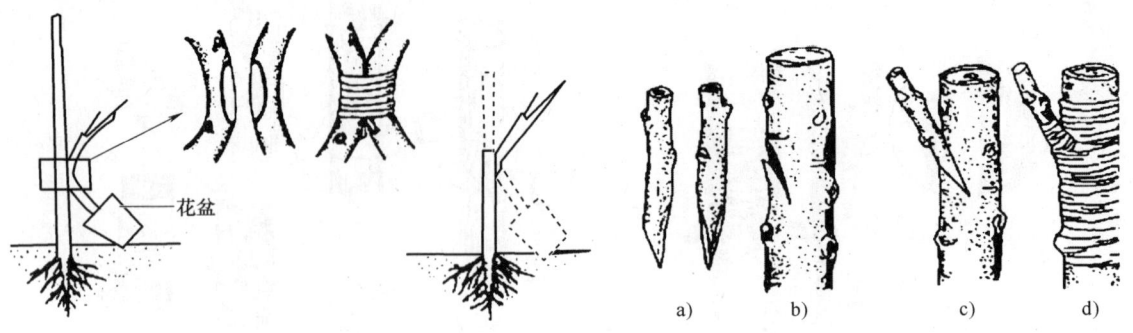

图 2-33　靠接

图 2-34　腹接
a）削接穗　b）切砧木　c）插入接穗　d）绑缚

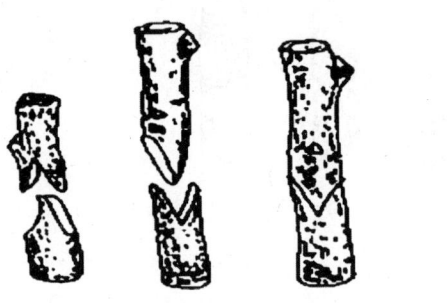

图 2-35　舌接

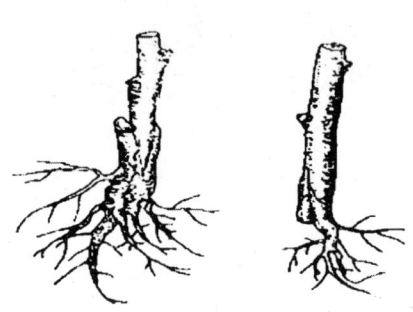

图 2-36　根接

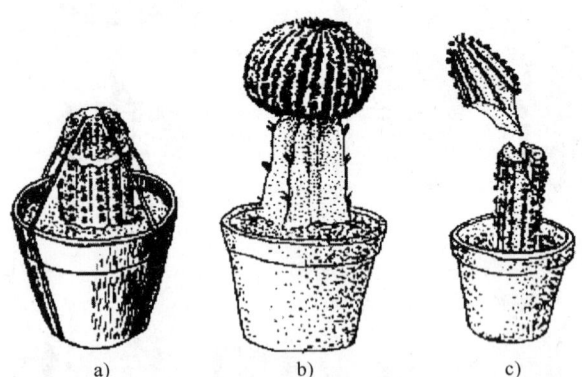

图 2-37　仙人掌类嫁接方法
a）、b）平接　c）插接

（五）压条繁殖

将接近地面的枝条，在其基部堆土或将其下部压入土中称为压条繁殖。较高的枝条用高压法，以湿润的土壤或青苔包围枝条被切伤的部分，待生根后剪离，重新栽植成一个独立的新植株（图 2-38、图 2-39、图 2-40、图 2-41、图 2-42、图 2-43）。

压条繁殖的优点：容易成活，能保持原有品种的特性，能解决其他方法不容易繁殖的种类。其仅用于一些温室花木类，如扶桑、叶子花、变叶木、白兰花、山茶花等。

项目二 盆花生产

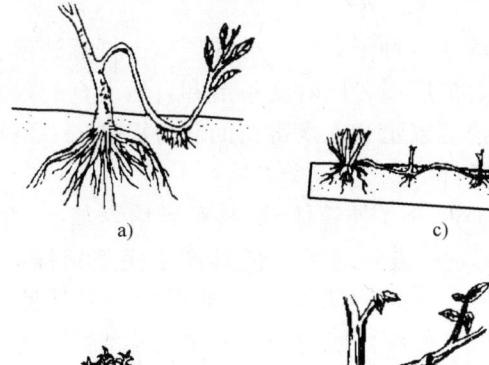

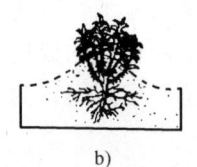

图 2-38 压条方法
a) 单枝压条 b) 堆土压条 c) 波状压条 d) 高空压条

图 2-39 空中压条

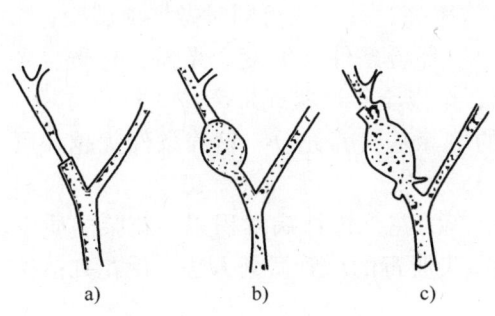

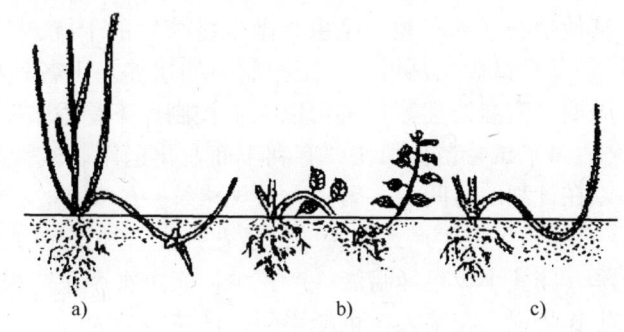

图 2-40 空中压条示意图
a) 环状剥皮的枝条 b) 用"基质"包扎后的情形 c) 包扎塑料薄膜

图 2-41 普通压条示意图
a) 短截促萌 b) 长出新根 c) 分割出新植株

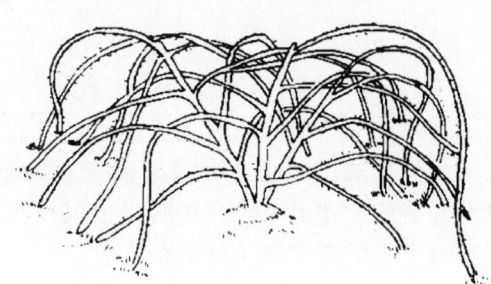

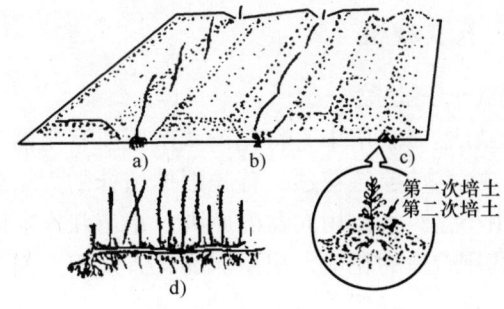

图 2-42 先端压条示意图

图 2-43 水平压条示意图
a) 斜栽 b) 压条 c) 培土 d) 分株

（六）组培繁殖

在我国，多数的花卉生产均采用常规方法繁殖，种子繁殖、分株繁殖、扦插繁殖、嫁接繁殖等方法，其繁殖系数低、质量差、周期长、推广慢，同时受季节和自然发育的限制。近年来植物组织培养研究取得的进展，既为花卉快速繁殖和无病毒苗的获得提供了一条经济有效的途径，又为花卉业的迅速发展提供了有利条件。

组织培养是指在无菌条件下，用植株体的一部分（外植体），接种到培养基上，在人工控制下（包括营养、激素、温度、光照、湿度等）进行培养，使其产生完整植株的方法。组织培养可以做到"快速增殖"，其繁殖系数大，幼苗不带病毒，能保持原有品种优良性状。自20世纪80年代以来，花卉组织培养研究工作明显倾向于脱毒快繁技术，科技人员在这方面进行了大量卓有成效的工作。许多名贵花卉的试管快繁获得了不同程度的成功，如兰花、芦荟、香石竹、菊花、月季、樱花等已应用于工厂化生产，形成了一定规模，为我国的花卉业走向大规模、工厂化生产创造有利的条件。

盆花花卉组织培养具有以下几个优点：

1）试验的精度高、误差小。培养材料来源单一，性系遗传背景一致，研究中可避免许多误差。试验材料纯度很高，以提高试验的精度。

2）经济方便、效率高。试验微型化、精密化，节省人力、物力，便于管理，还可避免其他生物（如鸟类、昆虫、微生物等）的干扰，工作效率高，一个人可同时做多项试验。

3）试验条件可以人工控制。如培养基中各种成分、环境条件（温度、光强、光质、光周期、变温处理等）都可以人工控制，不受季节限制，可以全年试验或生产。

4）试管苗生长快，有利于商业化运作。试管内的培养基营养充分、培养条件优越，可以在计划的时间内，繁殖大量规格统一的花卉。

5）可以生产无病毒的优质花卉。常规繁殖方法生产的花卉植株病毒积累，花朵品质下降、花变小、色泽暗淡，产花少，病虫害严重。采用茎尖脱毒的试管微繁方法，使花卉植株生长势强，花朵大、色泽艳丽，产花数量大。

6）有利于培育花卉新品种。在试管内授粉进行离体胚培养，能克服远缘杂交的不亲和性，种胚正常发育成完整植株。利用花药、花粉做单倍体育种试验，可缩短育种年限，提高选育效率。此外，细胞杂交也是获得花卉新类型的有效手段，可以得到常规方法难以获得的新基因型。

五、栽植

（一）上盆

在盆花栽培中，将花苗从苗床或育苗器皿中取出移入花盆中的过程称为上盆。

上盆前要选花盆，首先根据植株的大小或根系的多少来选用大小适当的花盆。应掌握小苗用小盆，大苗用大盆的原则。小苗栽大盆既浪费土又造成"老小苗"。其次要根据花卉种类选用合适的花盆，根系深的花卉要用深筒花盆，不耐水湿的花卉用大水孔的花盆。

花盆选好后，对新盆要"退火"，新使用的瓦盆先浸水，让盆壁充分吸水后再上盆栽苗，防止盆壁强烈吸水而损伤花卉根系。对旧盆要洗净，经过长期使用过的旧花盆，盆底和盆壁都沾满了泥土、肥液甚至青苔，透水和透气性能极差，应清洗干净晒干后再用。

上盆过程：选择适宜的花盆，盆底垫瓦片（凹面向下）、石子或其他材料盖住排水孔，

项目二 盆花生产

然后把较粗的培养土放在底层，并放入有机肥或缓释性肥料，再用细培养土盖住肥料。并将花苗放在盆中央使苗株直立，四周加土将根部全部埋入，轻提植株使根系舒展，用手轻压根部盆土，使土粒与根系密切接触。再加培养土至离盆口2~3cm处，留出浇水空间。

新上盆的盆花盆土很松，要用喷壶洒水或浸盆法供水。花卉上盆后的第一次浇水称作"定根水"，要浇足浇透，以利于花卉成活。刚上盆的盆花应摆放在庇荫处缓苗，然后逐步给予光照，待枝叶挺立舒展恢复生机后，再进行正常的养护管理。

（二）换盆与翻盆

花苗在花盆中生长了一段时间以后，植株长大，需将花苗脱出换入较大的花盆中，这个过程称为换盆。花苗植株虽未长大，但因盆土板结、养分不足等原因，需将花苗脱出修整根系，重换培养土，增施基肥，再栽回原盆，这个过程称为翻盆。各类花卉在盆栽过程中均应换盆或翻盆。换盆次数多，能使植株强健、生长充实，植株高度较低、株形紧凑，但会使花期推迟。宿根、球根花卉成苗后1年换盆1次。木本花卉小苗每年换盆1次，大苗2~3年换盆或翻盆1次。

换盆或翻盆的时间多在春季进行。多年生花卉和木本花卉也可在秋冬停止生长时进行换盆或翻盆。观叶植物宜在空气湿度较大的春夏间进行。观花花卉除花期不宜换盆外，其他时间均可进行。

多年生宿根花卉，主要是更新根系和换新土，还可结合换盆进行分株，因此把原盆植株土球脱出后，将四周的老土刮去一层，并剪除外围的衰老根、腐朽根和卷曲根，以便添加新土，促进新根生长。

木本花卉应根据不同花木的生长特点换盆。

有的花卉换盆后会明显影响其生长，可只将盆土表层掘出一部分，再补入新的培养土，也能起到更换盆土的作用。

换盆后须保持土壤湿润，第一次充分灌水，以使根系与土壤密接，以后灌水不宜过多，保持湿润为宜，待新根生出后再逐渐恢复正常浇水。另外，由于修掉了外围根系，造成很多伤口，有些不耐水湿的花卉在上新盆时，应用含水量为60%的土壤换盆，换盆后不马上浇水，每天进行喷水，待缓苗后再浇透水。

（三）转盆

在光线强弱不均的花场或日光温室中盆栽花卉时，因花苗向光性的作用而偏方向生长，以致花卉生长不良或降低观赏效果。所以在这些场所盆栽花卉时应经常转动花盆的方位，这个过程称为转盆。转盆可使植株生长均匀、株冠圆整。此外，经常转盆还可防止根系从盆孔中伸出长入土中。在旺盛生长季节，每周应转盆1次。

（四）倒盆

倒盆即调换花盆的位置，目的是随着植株的长大，增大盆间距离，增加通风、透光，减少病虫害和防止徒长。另外可使盆栽花卉生长均匀一致。在温室的不同位置，环境条件有很大差异，经常调换花盆位置可以使植株生长均衡。通常将倒盆与转盆结合进行。

（五）松盆土

因不断地浇水，盆土表面容易板结，伴生有青苔和杂草，影响土壤的气体交换，不利于花卉生长，也难以确定盆土的湿润程度。通常用竹片、小铁耙等工具疏松盆土，促进根系发展，利于浇水和提高施肥肥效。

六、日常养护管理

（一）浇水

1. 浇水方式

（1）浇水　用浇壶或水管放水，将盆土浇透，称为浇水。在盆花养护阶段，凡盆土变干的盆花，都应全面浇水。水量以浇后能很快渗完为准，既不能积水，也不能浇半截水，掌握"见干见湿"的浇水原则。这是最常用的浇水方式。

（2）喷水　用喷壶、胶管或喷雾设备向植株和叶片喷水的方式称为喷水。喷水不但供给植株水分，而且能起到提高空气湿度和冲洗灰尘的作用。一些生长缓慢的花卉，在荫棚养护阶段，盆土应经常保持湿润，虽表土变干，但下层还有一定的含水量，每天需向叶面喷水1~2次，但不浇水。

（3）找水　在花场中寻找缺水的盆花进行浇水的方式称为找水。如早晨浇过水后，中午检查时发现漏浇或浇水量不足的应再浇一次水，可避免过长时间失水造成伤害。

（4）放水　放水是指结合追肥对盆花加大浇水量的方式。在傍晚施肥后，第二天清晨应再浇水1次。

（5）勒水　连阴久雨或平时浇水量过大，应停止浇水，并立即松土称为勒水。对水分过多的盆花停止供水，并松盆土或脱盆散发水分，以促进土壤通气，利于根系生长。

（6）扣水　在翻盆换土后，不立即浇水，放在荫棚下每天喷1次水，待新梢发生后再浇水称为扣水。换盆换土时修根较重，不耐水湿的植物可采用湿土上盆，不浇水，每天只对枝叶表面浇水，有利于土壤通气，促进根系生长。

2. 浇水原则

1）通常情况盆土见干才浇水，浇就浇透。要避免形成"腰截水"，造成下部根系缺乏水分的状况。

2）通过眼看、手摸、耳听，准确掌握盆土干、湿度，确定是否浇水。

3）浇水时间：水温和土温越接近时浇水越好。

4）喜阴花卉、观叶植物要保持较高空气湿度，经常向叶面喷水。

5）叶面有茸毛、带刺的花卉种类，不宜向叶面喷水。

6）花木类在盛花期不宜多喷水。

7）夏季天气炎热时，应注意经常给花卉喷水降温。

盆栽植物的浇水次数和浇水量要根据植物种类、习性、生长发育阶段、季节、天气等多种因素灵活掌握。具体浇水技术措施见表2-6。

表2-6　浇水技术措施一览表

（一）	水质	自来水应存放2~3天，使氯气挥发，待水温和气温接近时再浇花，水温和气温差不应超过5℃		
（二）	浇水量	根据植物种类	植物类型	类型特点及代表植物	浇水原则
			耐旱植物	在干旱条件下能正常生长发育，如仙人掌类、景天类	宁干勿湿
			半耐旱植物	包括叶片呈革质或蜡质的如山茶、天竺葵及其针状或片状枝叶的天门冬等	干透浇透
			中生植物	大多数花卉属于这种类型，既能适应干旱环境又能适应多湿环境，如月季、菊花等	见干见湿
			湿生植物	无主根只能靠须根吸收表层水分，如马蹄莲、竹芋等	宁湿勿干

（续）

（二）浇水量	根据生长发育期	休眠期少浇或停浇。从休眠期转入生长期，浇水量要逐渐增加。生长旺盛期要多浇，如果需水量大时，可每天向叶片喷水，以提高空气湿度。开花期前和结实期少浇水	
	根据季节	春季盆栽植物逐渐进入旺盛生长期浇水量要逐渐增多。夏季植物生长旺盛蒸腾作用强，浇水量要充足（夏季休眠的球根花卉要控水以防烂根）。入秋后由于气温降低，植物生长缓慢，应逐渐减少浇水量，但秋冬季开花的植物要给予充足的水分以免影响开花。冬季气温低，植物进入休眠期或半休眠期，要严格控制浇水量	
（三）浇水时间	根据天气	在晴天浇水，阴雨天尽量不浇水	
	根据盆土干湿程度	盆栽植物的浇水时间应根据盆土表面干燥度来掌握，具体是通过看、摸、听的方法。 看：一般盆土表面失水发白应是浇水的适宜时间。 摸：手摸盆土表面，如土硬，用手捏土成粉状说明要浇水。 听：用手指或木棍轻敲盆壁如声音清脆时说明盆土已干，需要浇水	
	一天中的浇水时间	应根据季节、温度确定，掌握水温与土温相接近的原则。一般春秋季应在上午9~10点进行，夏季应在早8点前，下午6点后进行，冬季应在上午10点左右，下午3点左右进行	
（四）浇水方法		根据盆栽植物种类不同、生长发育阶段不同可分别采取浇、喷、浸的方式。 浇：正常浇水量刚好浇到盆缘（水量刚好湿润全部盆土），盆底有水流出，水要一次灌透。 草本花卉：没开花时应从上往下浇，起到冲刷叶子尘土的作用，开花时则应从植株基部浇水，不应让花瓣沾水。 木本花卉：盆花长时间放室内，易落上灰尘，使叶片脏污，每月应把花盆拿到户外2~3次，从顶部向下浇水，清洁叶片，有利于植物的呼吸。 喷：向叶面喷水，可增加空气湿度，降低温度，冲洗掉叶片上的尘土，有利于光合作用。一般夏季炎热干燥时应适当喷水，如龙血树、橡皮树等观叶植物高温时就需要经常向叶面喷水。冬季休眠期要少喷或不喷水。 浸：木本花卉如扶桑、石榴、茉莉、八仙花等，在夏季高温时除盆土干燥正常浇水外，还应每隔半个月将花盆浸泡水中，浸透后取出，以保持盆土湿度均匀	

（二）施肥

花卉在整个生长发育的生命活动中，除了需要阳光、空气之外，还必须有足够的营养元素，应根据花卉的种类和不同的生长时期，正确掌握各个阶段所需营养元素的种类、性质、用量，这样才能使花卉健康生长。

肥料主要包括两大类，即有机肥料和无机肥料，从植物吸收养分的生理功能来看，它并不直接吸收有机肥，向基质中施入的有机肥，必须分解为无机态离子，才能被根系吸收利用。

1. 有机肥料

有机肥料是天然有机质经微生物分解或发酵而成的一类肥料。其特点有：原料来源广，数量大；养分全，含量低；肥效迟而长，改土培肥效果好。常用的自然肥料品种有绿肥、人粪尿、厩肥、堆肥、沤肥、沼气肥和废弃物肥料等。

有机肥料富含有机物质和作物生长所需的营养物质，不仅能为作物提供生长所需的养分，改良土壤，还可以改善作物品质，提高作物产量，促进作物高产稳产，保持土壤肥力，同时可提高肥料利用率，降低生产成本。充分合理利用有机肥料能增加作物产量、培肥地力、改善农产品品质、提高土壤养分的有效性。

有机肥具体可以分为动物有机肥与植物有机肥两大类：

1）动物有机肥：动物有机肥包括畜禽粪便、人粪尿、羽毛、蹄角、骨粉、鱼鳞、蛋壳以及动物垃圾等。

2）植物有机肥：植物有机肥包括蚕沙、蘑菇菌渣、海带渣、磷柠檬酸渣、木薯渣、蛋白泥、糖醛渣、氨基酸、腐殖酸、油渣、草木灰、花生壳粉等。

如果有大型畜牧场和家禽场，因粪便较多，可采用工厂化无害化处理。主要是先把粪便收集集中，然后进行脱水，使水分含量达到20%～30%。然后把脱过水的粪便输送到一个专门蒸汽消毒房内，蒸汽消毒房的温度不能太高，一般为80～100℃。温度太高易使养分分解损失。肥料在消毒房内不断运转，经20～30min消毒，杀死全部的虫卵、杂草种子及有害的病菌等。消毒房内装有脱臭塔除臭，臭气通过塔内排出。然后将脱臭和消毒的粪便，配上必要的天然矿物，如磷矿粉、白云石和云母粉等，进行造粒，再烘干，即成有机肥料。其工艺流程如下：粪便集中→脱水→消毒→除臭→配方搅拌→造粒→烘干→过筛→包装→入库。总之，通过有机肥的无害化处理，可以达到降解有机污染物和生物污染的目的。

2. 无机肥料

无机肥料为矿质肥料，也叫化学肥料，主要成分为无机盐形式的肥料。所含的氮、磷、钾等营养元素都以无机化合物的形式存在，大多数要经过化学工业生产，如硫酸铵、硝酸铵、普通过磷酸钙、氯化钾、磷酸铵、草木灰、钙镁磷肥、微量元素肥料等，也包括液氨、氨水，常见的还有氮肥、磷肥、钾肥、钙肥和复合肥等。

（1）无机肥料的主要特点

1）成分较单纯，养分含量高。

2）大多易溶于水，发生肥效快，故又称为"速效性肥料"。

3）施用和运输方便。绝大部分化学肥料是无机肥料。

（2）无机肥料分类　现代花卉生产领域，工厂化花卉育苗生产主要使用的无机肥料可以分为两类，即水溶性肥料、缓释性肥料。

1）水溶性肥料。水溶性肥料是一种可以完全溶于水的多元复合肥料，它能迅速地溶解于水中，更容易被作物吸收，而且其吸收利用率相对较高，更为关键的是它可以应用于喷、滴灌等设施农业，实现水肥一体化，达到省水、省肥、省工的效能。

其特点如下：

① 原料超纯、无杂质、电导低，可安全施用于各种蔬菜、花卉、果树、茶叶、棉花、烟草、草坪等经济作物。

② 均衡植物所需的多种元素配比，能满足农业生产者对高质量、高稳定度产品的需求。

③ 良好的兼容性，可与多数农药（强碱性农药除外）混合施用，减少操作成本。

④ 微量元素以螯合态的形式存在于产品中，可完全被植物有效吸收。

水溶性肥料的施用方法十分简便，可以叶面施肥、浸种蘸根、灌溉施肥，灌溉包括喷灌、滴灌等方式。灌溉施肥，既节约用水，又节约肥性，而且植物还吸收快。穴施水溶性肥料要注意施用量。穴施肥料具有用肥集中、利用率高、用肥少等特点，水溶性肥料喷施时，尽量单用，或者与非碱性的农药混用。

2）缓释性肥料。缓释性肥料又分为缓效肥料和控释肥料，缓效肥料的肥料中含有养分的化合物在土壤中释放速度缓慢，控释肥料养分释放速度可以得到一定程度的控制以供作物持续吸收利用。

缓释性肥料有以下优点：

① 肥料用量减少，利用率提高。缓释性肥料的肥效比一般未包膜的长30天以上，淋溶挥发损失减少，肥料用量比常规施肥可以减少10%~20%，达到节约成本的目的。

② 施用方便，省工安全。可以与速效肥料配合作基肥一次性施用，施肥用工减少1/3左右，并且施用安全，防肥害。

③ 保证花卉养分吸收，施用后表现肥效稳长，后期不脱力，抗病抗倒能力强。

3. 施肥方式

盆栽花卉生长在有限的基质中，需要不断地补充营养才能达到生长要求。

（1）基肥　栽植前直接施入土壤中的肥料。结合培养土的配制或晚秋、早春上盆，换盆时施用。以有机肥为主，与长效化肥结合施用。主要有饼肥、牛粪、鸡粪等。注意根系不能直接接触肥料。

（2）追肥　依据花卉生长发育进程而施用。以速效肥为主，本着薄肥勤施的原则，分数次施用不同营养元素的肥料。生长期以氮肥为主，与磷肥、钾肥结合施用，花芽分化期和开花期适量施磷、钾肥。通常是沤制好的饼肥、油渣、无机肥和微量元素等肥料。

追肥次数因种类而异。盆栽花卉中，施肥与灌水常结合进行，生长季中，每隔3~5天，水中加入少量肥料。生长缓慢的可两周施肥一次，有的可一个月施肥一次。观叶植物应多施氮肥，每隔6~15天施一次即可。

在温暖的生长季节施肥次数多些，保护地较冷时适当减少施肥次数或停施。每次追肥后要立即浇水，并喷洒叶面，以防肥料污染叶面。

（3）根外追肥　根外追肥是对花枝、叶面进行喷肥，也称为叶面喷肥。当花卉急需养分补给或遇上土壤过湿时均可采用此法。

4. 施肥方法

盆栽植物常用的施肥方法有以下几种：

（1）混施　把土壤与肥料混匀作培养土，是施基肥的主要方法。

（2）撒施　把肥料撒于土面，浇水使肥料渗入土壤，是追肥常用的方法。

（3）穴施　以较大型盆栽花卉为主，在植株周围挖3~4个穴施入肥料，再埋土浇水。

（4）液施　把肥料配成一定浓度的液肥，浇在栽培土壤中。通常有机肥的浓度不超过0.5%，无机肥浓度一般不超过0.3%，微量元素的浓度不超过0.05%，每周一次。

5. 施肥三忌

1）忌浓肥，浓肥能引起细胞液外渗而死亡。

2）忌热肥，夏季中午土温高，追肥伤根。

3）忌坐肥，盆花盆底施基肥后，要先覆一层薄土，然后栽花。忌根系直接接触肥料。

不同盆栽植物种类根据生长发育进程的需要、肥料的种类、施肥方法、施肥量按"少、勤、巧、精"的原则进行施肥，具体施肥技术措施详见表2-7。

表 2-7 施肥技术措施一览表

（一）	肥料	盆栽植物在日常养护中，应尽量选择肥效长、外观干净、无异味、速效、环保的花卉专用肥			
（二）	施肥量	根据植物种类	植物种类	施肥措施及代表植物	
			宿根类、花木类	可根据开花次数施肥。对一年生开花的月季、香石竹等花前花后都要施肥，生长缓慢的品种可两周一次，有的可一个月一次	
			球根类	多施磷钾肥如郁金香、百合等	
			观叶植物	多施氮肥，如苏铁、橡皮树、朱焦等	
			观茎植物	不能缺钾肥，如山影拳、虎刺梅等	
			观花植物、观果植物	不能缺磷肥，如金橘、石榴、观赏辣椒等	
		根据植物生长期	在营养生长期以氮肥为主，生殖生长期以磷、钾肥为主。在花芽分化期和开花期应适量施磷、钾肥，生长旺期要多施一些，半休眠期、休眠期要少施或不施		
		根据季节	一般要掌握春季多施、夏季少施、秋季适量、冬季不施的原则		
		根据植物对肥料的需求	肥料需求量	主要盆栽植物种类	
			需肥量较多	天竺葵、菊花、一品红、非洲紫罗兰、香石竹、洋菊等	
			需肥量中等	杜鹃、月季、橡皮树、君子兰、虎尾兰、西洋杜鹃、朱顶红等	
			需肥量较少	茶花、万年青、石榴、观赏凤梨、蝴蝶兰、铁线蕨、栀子等	
		根据通常选择环保型肥料种类及用途	环保型肥料种类	用途	环保型肥料种类	用途
			花宝 1 号速效肥	室内植物作追肥	观花植物专用营养液	适于草本花卉生长期作追肥
			花宝 3 号速效肥	开花结果期使用	爱贝施长效控释肥	适于木本观叶植物使用
			花宝 4 号速效肥	适用各种观叶植物使用	观叶植物专用营养液	稀释后可喷洒在叶面或施于盆土中
			芝麻饼长效有机肥	适于盆花作基肥或追肥	30-8-8 园林专用缓释肥	适于牡丹、贴梗海棠春季施肥
			磷酸二氢钾	常用速效磷肥，适于花前使用	21-7-7 酸性肥	适于龙船花等秋季施肥
			卉友 20-20-20 通用肥	适合球根花卉整个生长期使用	20-8-20 四季用高硝酸钾肥	适于月季、龙吐珠等
（三）	施肥时间	按植物需要	原则上按盆栽植物的需要进行施肥。通常春、夏、秋都是生长期也是追肥的适期（但有些夏季休眠的植物不能施肥），冬季休眠期不施肥		
		视植株状态	在植株出现叶色黄、浅绿、叶及芽小、叶质薄、花芽形成不良，枯枝多、侧枝短小，植株生长细弱等缺肥的象征状态时应及时施肥 在植株出现节间变长、茎叶变软、色浅，是氮多钾少症状（但应与室内摆放植物光线不足出现的症状相区别）。叶茎无光泽为缺磷。对上述植株症状应有针对性及时采取施肥措施		

(续)

（四）	施肥方法	一般采取根部液施、叶面喷施等方法 施肥应与浇水结合，掌握薄肥勤施原则。施肥在晴天进行，施肥前先松土，待盆土稍干再施，施肥后立即用水喷洒叶面，以清除残留肥液，第二天必须浇一次水 根外追肥不宜在低温下进行。正常应在中午前后温度较高时开始，由于叶背面吸收力强，应多喷叶的背面			
（五）	常规无机肥料（化肥）施用方法及施用量	无机肥料种类	施用方法	施用量	
		氮肥：尿素、硫酸铵、硝酸铵等	追肥	0.1%～0.5%水溶液	
		磷肥：过磷酸钙、钙镁磷肥、磷矿粉等	追肥	1%～2%浸泡液	
			根外追肥	0.1%水溶液	
		磷酸二铵	追肥	0.1%～0.5%水溶液，也可用盆土0.5%作基肥	
		钾肥：硫酸钾、硝酸钾、氢氧化钾 （适用于球根类盆栽植物）	追肥	0.1%～0.2%水溶液	
			基肥	用量为盆土的0.1%～0.2%	

（三）温度调节

温度是植物生活中最基本的外界环境条件之一，也是影响植物生长发育最重要的因素之一。其制约着植物生长发育速度以及体内的一切生理生化变化。因此，养护工作主要根据盆栽植物种类的生物学特性做好温度调控。具体调控温度的技术措施详见表2-8。

表2-8 温度调控技术措施一览表

（一）	植物与温度	根据植物与温度的生态关系	温度对植物的作用有两方面：一是直接影响植物的生长，影响植物体内的一切生理活动。二是影响其他因子的作用：如微生物活动、水分的蒸发。温度的三基点为最高、最低、最适。一般植物生长温度为5～38℃，适中温度为25℃左右。通常原产热带植物的三基点需高；原产寒带植物的三基点需低；原产温带植物的三基点适中。温带植物一般随温度变化而春生、夏长、秋收、冬眠，但也有些花卉为高温夏眠植物如仙客来、郁金香等
		根据植物生长昼夜温差	植物生长需要一定的昼夜温差变化（较高的日温和较低的夜温），夜温较低对植物生长有利。通常热带植物的昼夜温差宜在3～6℃，温带5～7℃；而沙漠植物宜在10℃以上。在日常养护中应注意温差的调节
		根据植物耐（抗）寒力类型	植物种类 / 原产地特征及代表树种
			耐寒性植物：原产寒带和温带地区，包括大部分多年生落叶木本植物、松柏科常绿针叶观赏树木和一部分落叶宿根及球根类草花，抗寒力强，可耐-10～-5℃的低温，如龙柏、紫藤等
			半耐寒性植物：原产温带较暖地区，包括一部分一年生草花、二年生草花、多年生宿根草花、落叶木本和常绿树种。这一类有梅花、紫罗兰、郁金香、部分观赏竹等
			不耐寒性植物：原产热带及亚热带地区的相当一部分常绿宿根花卉和木本植物，不能忍受0℃以下的温度，有的甚至不能忍受5℃左右的或更高的温度。大部分仙人掌类与多肉植物、观叶植物都属于这一类

(续)

(一) 植物与温度	提高植物耐寒力措施	植物的耐寒能力虽然由遗传性决定，但有时植物也可以通过其他途径来提高其适应性和抵抗能力，如通过低温驯化、利用化学物质处理、采取低温来临之前多施些钾肥、减少浇水等养护管理措施	
	高温对植物危害及耐热力	超过植物生长的最高温度就会对植物造成伤害，除生理变化外，植株外观出现灼烧状坏死斑点或斑块至落叶，花朵、果实脱落甚至植株死亡。一般植物种类在35~40℃的温度下生长十分缓慢，也有一些在40℃以上能继续生长，但增高至50℃以上时绝大多数种类的植株便会死亡	
		耐热力强的植物	耐热力差的植物
		耐寒力弱的植物，耐热力都比较强，耐热力最强的是水生花卉，其次是仙人掌类和春播一年生草花，还有能在夏季连续开花的扶桑、夹竹桃、紫薇等以及大部分原产热带的观叶植物	耐寒力强的植物，耐热力都比较差，耐热力差的有秋播一年生草花，一些原产热带、亚热带的高山植物如倒挂金钟等
	防止植物高温伤害的措施	天气炎热时应经常保持土壤湿润，以促使蒸腾作用进行，降低植物体温，叶面喷水可使叶面温度降低6~7℃，加强浇水、松土或设荫棚等方法可达到降温的效果	
(二) 养护技术措施		日常养护中为使盆栽植物生长迅速，一般应提供昼夜温差大的环境条件。白天温度应在该植物光合作用最佳温度范围，夜间应尽量在呼吸作用较弱的温度范围内，以积累更多的有机物质，促进其迅速生长发育。在花卉生产中，采取升温或降温的方法来提前或延迟花期以达到人为控制花期的目的，有关措施在各论中具体介绍，故未列入	

（四）光照调节

阳光是植物赖以生存的必然条件，是植物制造有机物质的能量源泉，它对植物生长发育的影响主要集中在光照强度和光照长度两方面，养护工作也应根据植物对光照要求的差异采取相应的技术措施。光照调节技术措施见表2-9。

表2-9 光照调节技术措施一览表

(一) 光照强度	按光照强度的变化规律			一年之中夏季光照最强，冬季光照最弱。一天之中以中午光照最强，早晚光照最弱。对盆栽植物，夏季晴天要遮光庇荫，防止直射光长时间照射，冬季和早春可视情况进行人工补光。一天中光照的强弱可采取定期交换摆放位置的方式调节	
	按植物对光照要求，对盆栽植物摆放及位置调整	植物分类	类型特点	代表植物	人为控制措施
		阳性植物	具有较高的光补偿点和饱和点，需要阳光充足的照射条件才能发育良好，正常开花、结果。如果光照经常不足，则光合作用减少，植株生长发育不良。例如枝条纤细，节间伸长，叶片浅薄无光泽，不能开花或开花不良，花小而不艳，香味不浓，光照严重不足时则营养不良而死亡	大部分观花植物、观果植物和少数观叶植物	应摆放在光照比较充足的地方，但花盆之间不要过于紧密
		中性植物	对光强度要求介于阴性和阳性植物之间。通常需光照充足，但遇光强烈时适当遮阴，在微阴下也能生长良好	杜鹃、山茶、栀子、棕竹及针叶常绿树等	虽然对摆放位置要求不太严格，但每间隔一段时间应移到室内阳光较充足地方

(续)

		植物分类	类型特点	代表植物	人为控制措施
（一）光照强度	按植物对光照要求，对盆栽植物摆放及位置调整	阴性植物	具有较低的光补偿点和饱和点。只有在一定荫蔽环境下，才能生长良好。5~10月注意遮阳。如将阴性植物放在强光下，叶绿体容易被强光杀死，叶片会产生焦斑、焦边、发白枯焦或掉落等现象，严重时导致植株死亡	大部分观叶植物和少数观花植物。竹芋类、蕨类、天南星科类等	摆放位置应避开强烈直射光，庇荫度应达到50%~70%
	按照对植物适宜的需光量	一般植物适宜的需光量大约为全日照的50%~70%，多数植物在50%以下的光照条件下生长不良			
	养护中的应对措施	除上述措施外，养护过程中还应根据盆栽植物的生态习性采取个性化的管理措施： ① 转盆：即每隔20~30天，对盆栽植物原地转盆。 ② 位置更换：即间隔一定时间，对室内同一环境不同位置摆放的盆栽植物进行位置互换			
		植物分类	类型特点	代表植物	人为控制开花措施
（二）光照长度	按日照植物类型实行人为控制开花措施	长日照植物	在较长的光照条件（一般为12h以上）下，才能正常地形成花芽和开花。如果没有达到这个条件就会延迟开花或不开花。长日照植物约占全部植物的50%	唐菖蒲、木槿、翠菊、鸢尾等许多春夏开花的植物	在短日照季节用日光灯补光，一般每天光照时间应大于14h，同时要相应地提高温度
		短日照植物	在较短的光照条件（一般为14h以下）下，促使花芽形成和开花，否则就会延迟开花或不开花。秋季温度高适于植物生长发育才能影响开花。短日照植物约占全部植物的26%	菊花、一品红、蟹爪兰等是典型的短日照植物，在秋季日照变短时才能进行花芽分化和开花	长日照季节给予短日照处理可促使开花，即用黑布进行遮光，减少光照时数，延长暗期。短日照处理可用于抑制长日照植物开花
		日中性植物	这类植物对日照时间长短不敏感，只要温度适合一年四季都能够开花。日中性植物约占全部植物的24%	月季、扶桑、非洲菊等	—
	通过光照处理培育节日花、年宵花、庆典花	在需要节日花、年宵花或庆典花时，可通过光照处理的方式促使长日照或短日照盆栽花卉按时实现			

（五）病虫害防治

由于花卉鲜艳娇嫩，组织比较柔软易感染很多病虫害，应积极贯彻"防重于治"的方针，已发生的要本着"治小、治早、治了"的原则，经常性地做好防治工作。常见病虫害物理及环保型药剂防治措施见表2-10。

表 2-10 常见病虫害物理及环保型药剂防治措施一览表

		危害广的虫害种类	易受害的代表花卉	物理防治措施
虫害	根据虫害类型进行物理防治	食叶害虫	蚜虫	可以危害任何植物	有翅的成虫可用黄色板诱杀，或用毛笔蘸水刷出，严重时用药剂
			螨类	观叶植物危害较普遍	植株叶片淋水可以预防，发现危害时需要打药
			介壳虫	危害较普遍	注意通风透光，温、湿度不宜过大，多施磷钾肥。成虫最有效的防治措施是用竹板刮。粉蚧刚发生时用棉棒蘸酒精杀虫体。盾蚧用透明胶粘贴虫卵
		蛀干害虫	天牛类	危害较普遍	人工捕杀成虫或用小刀刮卵，用钢丝钩杀虫卵，枝干刷白涂剂，预防天牛产卵，剪掉虫枝
			蔗扁蛾	巴西铁、发财树、铁树、棕竹、袖珍椰子、龙血树、喜林芋、鹅掌柴等	发现虫害的枝干及时销毁，消灭虫源，花盆换土
	应用环保杀虫剂防治	①	杀虫剂种类		
			氨基甲酸酯类	该类杀虫剂通常对人和植株都比较安全	
			叶蝉散	对飞虱、蓟马有效	
			混灭威	具强烈触杀作用	
			呋喃丹	可防治各种害虫	
		②	植物性杀虫剂		
			鱼藤酮乳油	可防治蚜虫及食叶害虫	
		③	微生物源杀虫剂		
			阿维菌素	是一种抗生素类杀虫剂及杀螨剂	
病害	针对不同品种病害采取个性化防治措施。病害名称及防治措施见各论部分				

（六）修剪与整形

修剪与整形是盆花养护管理中的一项重要技术措施，它可以促进花芽分化、使植株矮化，创造和维持良好的株形，提高盆花的观赏价值和商品价值。

1. 整形

整形是根据各种盆花的生长发育规律和栽培目的，对植物实行一定的技术措施，以培养出人们所需要的结构和形态的一种技术。它有支缚、绑扎、诱引等方法，分自然式和人工式两种类型。自然式是利用植物自然株形，稍加人工修剪，使分枝布局更合理更美观。人工式是人为对植物进行整形，强制植物按人为的造型要求生长。如将没有经过矮化处理的一品红通过整枝作弯的方式编成花篮；利用金边富贵竹茎具有卷曲状、低矮处叶片会凋落特性，将其造成瓶状和筒状形式；花叶垂榕通过支缚、诱引等方法成花篮式艺术造型；攀缘性植物如球兰、旱金莲等绑扎成屏风形；将绿萝、喜林芋等有气生根的种类通过立支柱，绑扎成树形。总之通过一定的技术措施塑造成一定形状，使植株枝叶匀称、舒展，从而提高盆花的观赏价值和作为商品的经济价值。

2. 修剪

修剪是对植株的某些器官，如根、茎、叶、花、果实、种子进行疏剪的操作。在修剪前应该对该品种盆栽花卉生长习性有一个充分了解，确定修剪目的，正确选择修剪技术措施，以达到预期效果。整形修剪技术措施详见表2-11。

表2-11 整形修剪技术措施一览表

（一）整形	整形	为提高盆栽植物的观赏效果，采取绑扎、诱引、支缚等方法强制植物按人为造型要求生长	
		造型方法	形状及代表植物
		绑扎、诱引	攀缘植物如球兰、旱金莲绑扎成屏风形；将绿萝、喜林芋绑扎成树形、圆球形；将蟹爪兰和菊花绑扎成圆盘形
		支缚	大丽花、香石竹、唐菖蒲、满天星等由于花朵太重或茎干柔软或细长质脆、易弯曲倒伏的特性设支柱或支架支撑
（二）修剪	修剪作用	控制植株大小、控制形态、调节生长发育、更新复壮、促进开花等	
	修剪方法	修剪方法	作用
		造型修剪	从美观角度出发，将植物树冠剪成特殊形状，如扶桑、米兰、小叶榕等常修剪成圆球形，此外还有柱形、卵形、杯形等
		摘心与剪梢	促使花木侧枝萌发，让植株矮化，增加开花枝数及延迟花期。对草花摘除顶芽，木本剪掉枝梢顶部
		除芽	防止分枝过多、株丛过密造成营养分散，应除去侧芽和脚芽，适用于菊花、香石竹、大丽花、白玉兰等
		摘蕾	为便于营养集中主蕾，要适时摘除小花蕾，如月季、茶花等
		摘叶	对植株叶片过密，影响通风、透光及出现的黄叶、枯叶、破损叶、感染病虫害叶进行摘除
		摘花与摘果	对生长过多的花及残缺、僵化、有病虫损害而影响美观的花要及时摘除。为减少养分消耗，要摘除不需要的小果或病虫果
		疏剪	主要是剪掉树冠内的交叉枝、重叠枝、过密枝、徒长枝、伤残枝、病虫枝，增加分枝数量、通风透光、集中养分、促进生长和开花、增加美观，疏剪应从分支点上部斜向下剪，伤口较易愈合，不留残桩
		短截	剪去枝条先端的1/3～3/4，以防枝条无限伸长，并使剪口下的侧芽萌发，以使植株更加丰满
	修剪时间	分类	时间	作用
		冬季开花结果	春季进行	剪去开谢的花朵和剩余的果实、枯枝、徒长枝，促使第二年枝条生长旺盛
		夏季开花结果	秋季进行	利于花芽分化，促进多开花结果
		生长过于旺盛的观叶植物	随时进行修剪及多次摘心	以使植株丰满，防止枝条徒长，提高观赏价值

(续)

		枝条开花分类	修剪技术及作用
（二）修剪	修剪技术	剪枝	
		当年新生枝条上开花的花木	可于休眠期在临近枝条短截，以降低第二年新枝形成的起点，使植株矮化
		二年生枝条上开花的花木	修剪应紧接开花之后进行，使其早萌发新枝，为第二年开花作准备
			如果开花后立即修剪，可在萌发新枝上再次开花
		留芽	修剪时的留芽方向：当需要枝条向上生长时，可留内侧芽。需要枝条向外开展时，可留外侧芽，剪口要背对芽，为一斜面，要平滑，剪口高于留芽处 0.3～1cm，不宜过高或过低，如剪除整个枝条，应贴近分叉处，不留残桩
		短截	在修剪时剪口应选择外侧芽上方 2～3cm 处，使枝条继续向外延伸，避免枝条因向内生长而影响株形，在修剪后枝条的剪口处会失水出现皱缩，如剪口距芽太近，将会使剪口下的芽丧失萌发力，而不能达到修剪的效果

七、花期调控

花期调控技术是指人为地改变环境条件和采取特殊的栽培方法，使花卉提前或延迟开花的技术措施。根据花卉的各种生长习性采取相应措施，人为控制花期，利用各种措施，使自然花期提早者称为促成栽培，使自然花期延迟者称为抑制栽培。

花期调控是种植者早已认识到的问题，要求花在预定时间开放，花期尽量长，以达到预定的观赏效果，这将直接影响到其上市时间、商品价值，进而影响生产者的效益。解决了花期调控问题，也就解决了花卉周年供应问题。对于育种者来说，植物开花时间直接影响它的育种过程。因此，掌握观赏植物的花期调控技术，是非常重要的。人们在长期的花卉生产实践中，根据不同的气候、温度、湿度、花卉植物本身的特性创造出许多的花期控制的有效方法。近年来，科学技术突飞猛进，日新月异，花卉的花期控制技术也得到很大的发展。

（一）花期调控的原理及方法

1. 花期调控的原理

（1）光照与花期的关系 一天内白昼和黑夜的时数交替，称为光周期。有些花卉需要接受一定的短日照（每天光照在 10～12h）后才能开花，我们把这类花卉称为短日照花卉，如一品红、菊花、叶子花等。有些花卉则需要接受一定的长日照（每天光照在 14h 以上）后才能开花，我们把这类花卉称为长日照花卉，如景天、郁金香、紫罗兰等。还有一些花卉对于日照的长度不敏感，在任何长度的日照条件下都能开花，如长春花、百日菊等。通常植物对于暗期的反应比光期更明显，短日照花卉只有超过一定暗期时才能开花，而长日照植物只能长于一定的暗期才能开花，因此诱导植物开花的关键在于暗期处理。

植物体中存在着与光周期反应密切相关的白蛋白质与色素合成的光敏色素。它们能以两种互相可逆变化的形式存在，即 R660 与 P730，如图 2-44 所示。

R660 由植物体合成，它对 660nm 波长的红光吸收敏感，经一定时间的光照或 660nm 的光照射，R660 可转变为 P730；P730 对 730nm 的远红光吸收敏感。P730 经一定的暗期或 730nm 的辐射照射，可转变为 R660；当 R660 占优势时，可促进短日照植物、抑制长日照植物的生长发育；反之当 P730 占优势时，可促进长日照植物、抑制短日照植物的生长发育。这对于引种、育种、控制光周期敏感作物的花期，有着重要的意义。

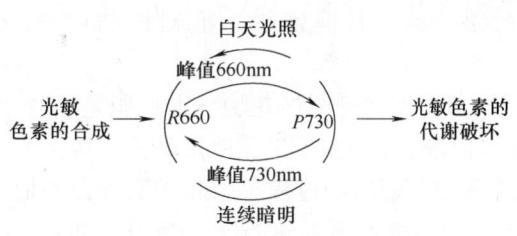

图 2-44　光周期光敏色素图

光周期对于光照的要求与光合作用完全不同。光合作用是作为能量的需要依存于光照的。光周期对光照的要求，正如光敏色素 R660 与 P730 对红光与远红光反应一样，是作为一种信息开关，接通促进、关闭则抑制。这种可逆反应，有的仅由一次短时间的照射而引起，有的必须连续地长时间照射或反复地在每小时给以极短时间照射才能完成。一般光周期需要的光照应包括红光与远红光在内。

（2）温度与花期的关系　植物生长发育进程与温度的季节变化息息相关。某些秋播二年生的花卉植物，冬前经过一定的营养生长，在第二年春季再开始生长、开花、结实，如果春季播种，则不能正常开花，这种低温促花的作用叫春化作用。根据植物感受春化的状态，通常将其分为种子春化、器官春化和植株整株春化 3 种类型。一般秋播一年生的草花为种子春化，球根花卉为器官春化，叶子花等木本花卉为植株整体春化。通常春化的温度范围为 0～17℃。大多数植物春化作用的温度范围为 0～5℃，春化作用的最佳温度范围为 3～8℃。当植株春化过程还没有完全结束前，将其恢复到常温下，春化作用将被减弱或完全消失，这种现象称为脱春化。

（3）内源激素与花期的关系　植物内源激素由植物自身产生，对植物生长发育起着极其重要的作用。植物内源激素水平与植物花芽分化有着密切的关系。在花芽分化前期，植物体内的生长素含量较低，开始花芽分化后，植物体内的生长素含量明显提高。植物内源激素对植物开花有明显的刺激作用。例如赤霉素、细胞分裂素等可以替代春化作用促使植物开花，也可以促进一些长日照植物开花。

2. 花期调控的方法

花卉植物的花期控制是十分重要的，首先为适应市场和节日的需要，控制开花植物的开花时间；其次是延缓或促进开花，使多种不同期开花的品种，改变花期，同步开花，以达到百花同期盛开的壮观场面。为了达到周年或反季节供花的目的，除了花卉植物的南调北运、品种培育、分期分批播种（种子与球根）外，生产实践中主要通过光照、温度、肥水的调节和利用植物生长调节剂诱导或延缓开花。

（1）园艺措施　园艺措施包括播种期调节控花法、控水控肥控花法、调节气体控花法和修剪控花法四种。

1）播种期调节控花法。播种期在花卉植物花调控方面有两种情况，一是撒播种子时间，二是球根花卉种球地下部分及部分花卉植物扦插繁殖时间。用调节播种时间来控制开花时间是比较容易的，关键是清楚从播种至开花需要的天数，只要在预期开花时间之前，提前播种即可。例如天竺葵从播种到开花需要 120～150 天，预计在 2 月中旬开花，在 9 月上旬开始播种即可。而球根花卉的种球在冷库中储存，冷藏时间满足花芽完全成熟后，从冷库中取出种球，放到高温环境中进行促成栽培。从冷库取出种球在高温环境中栽培至开花的天数，是进行球根花卉控制花期所要掌握的重要依据，如郁金香、风信子、百合、马蹄莲等。另外有一部分草本花卉是以扦插繁殖为主要繁

殖手段的，扦插繁殖开始到扦插苗开花就是需要掌握的花期控制依据，如四季海棠、一串红、菊花等。

2）控水控肥控花法。水、肥是植物生长的重要因子。植物在生长过程中如果遇到恶劣的环境时（例如干旱、严重的虫害等），为了保证繁衍后代，它们会在很短的时间内完成开花及整个繁殖的过程。因此我们可以采取控制水分的措施，达到提前开花的目的。例如叶子花，在其定型后，进行干旱胁迫，即停止浇水至顶梢新叶呈红色，然后给水，给水量要小，保持盆土湿润即可，这时叶子花会提前并连续不断地开花。再比如球根花卉，种球水分越少花芽分化越早。为了保证花的质量，在花期控制处理阶段，必须控制施用肥料的种类及施用量，尽量少施或不施氮肥，以施磷、钾肥为主；氮肥过多，影响花芽分化，植株只是抽梢长叶，而不开花，从而造成控花失败。

3）调节气体控花法。利用气体对植物新陈代谢活动的影响，也可以达到调控花期的目的。1893年人们就发现在温室中燃烧木屑产生的乙烯，可以诱导凤梨开花。用大蒜挥发出的气体处理唐菖蒲球茎4h，可以缩短唐菖蒲的休眠期，比未处理的球茎提前开花，花的质量也好。人为向植物生长环境中填充不同成分的气体，植物吸收后对其体内的生理生化反应起作用，从而达到打破休眠、提早开花的目的。

4）修剪控花法。利用修剪可以打掉多余的侧枝，从而促进植株开花或是二次开花。例如天竺葵、长寿花开花，将其花枝打掉，加强水肥管理，使其重新抽枝、发叶、开花。常用摘心处理：一是有利于植株整形、多发侧枝；二是可以延迟花期。例如菊花一般要摘心3～4次，最后一次摘心的时间就是控制开花的处理时间，以达到理想的株形及开花时间。

（2）温度处理　1939年，Melchers提出假说认为，植物经低温处理会产生春化素，可以诱导花原基或花芽分化相关基的表达。在日照条件满足的前提下，温度是影响开花迟早极为有效的促控因素。人为地创造出满足花卉植物花芽分化、花芽成熟和花蕾发育对温度的需求，创造最适宜的温度。

1）促成栽培的温度控制。某些花卉在休眠期给予低温，可促进成花。球根花卉适时适度的冷藏能促进多开花早开花。例如郁金香种球在-2～5℃条件下冷藏，可以提高其成花能力。春石斛的自然成花期为2～4月，为了在元旦或是春节开花，在9～13℃下低温处理30～50天可以促进其成花。

2）抑制栽培的温度控制。一些在春夏季开花的植物，为了推迟到"五一"或"十一"开花，通常会利用温度控制来推迟其花期。如四季报春分苗后一直保持10～13℃低温处理，可推迟至"五一"开花。温度控制花期对木本植物的抑制栽培效果显著。例如盆栽梅花在-2～2℃条件下强制休眠8～9个月，可以推迟至"十一"开花。

（3）光照处理　光照控制的内容主要有光照强度控制和光周期控制两种方式。一般光照强度的控制在光源选择和灯具布置中实际上已经确定了其最大值，光照强度控制只是在夜晚或自然光照达到设定下限时打开全部光源即可。当进行光周期补光控制时，因不同季节、不同作物其控制策略有较大差别。

1）延长日照。延长日照也就是人工补光，于太阳即将落山或升起前开始补光，使其每日连续光照达14～16h。这样可以使短日照植物花芽分化处于临界日照长度以上，控制其花芽分化或给予长日照植物开花所需要的适宜日照长度促进其开花。这种控制方法，也称为初夜照明。在大规模温室生产采用人工补光栽培时，受电源容量的限制，同时暗期中断有困

难，可采用反复数次轮流暗期中断的方法进行补光。一般间歇时间为光照15min、熄灯45min。

例如唐菖蒲属于长日照植物，通常要求每天光照达到14h以上，因此秋冬季节需要补光，补光强度为50~100lx，一个100W的白炽灯，光源距植株60~80cm，或设40W荧光灯，距植株顶部45cm，夜间21点到凌晨3点进行补光。冬天的时候结合加温可以达到良好的效果。

2）短日照处理。短日照处理主要用于短日照植物在长日照条件下开花。短日照处理以春季及早夏为宜。夏季作短日照处理，在黑幕的覆盖下容易出现高温高湿的环境，容易出现病害或使花卉品质下降。短日照处理一般在日出之后至日落之前将黑幕关闭进行遮光，使日照时间缩短，这种方法叫作短日照处理。如一品红，在长日照季节每天的光照缩短到10h，50~60天就能开花；蟹爪兰每天缩短到9h，60~80天也可以开花。对于喜凉的植物要注意通风。而对于长日照植物来说，可以起到延迟花期的作用。

3）昼夜颠倒处理。夜间开花的植物，如果白天进行遮黑，夜间进行光照，可以使本在夜间开花的观赏植物在白天开花，并可使花期延长2~3天，如昙花，在花蕾长约10cm时，白天遮黑，夜间补光，连续7~10天可以使之在白天开花。

针对光照处理造成的一些不利影响，可以通过改变光照时间或打断光照来弥补。在菊花的冬季生产中，由于光照中止后，日照长度显著变短。上部叶片小型化，重瓣花品种的舌状花数量减少、管状花增多，出现露心，而使切花品质降低。为了防止上述现象的发生，于光照停止10~14天后，在小花形成期再次进行5~7天人工光照。这种方法也称为再次光照。

（二）确定促成及抑制栽培技术措施的依据

1）要了解栽培对象的生长发育特性。

2）要充分了解各环境因子对栽培对象起作用的有效范围及最适范围，还要了解各环境因子之间的相互关系，是否存在相互促进或相互抑制或相互代替的可能，以便在必要时相互弥补。

3）要充分了解或测试加光、遮光、加温、降温及冷藏等设施、设备的性能是否与栽培对象的要求相符合。

4）应尽量利用自然的环境条件以节约能源及设施。例如促成木本花卉开花，可以部分或全部利用户外低温以满足花芽解除休眠对低温的需求。

5）应根据开花时期选用适宜的品种。

6）应与土、肥、水、气及病虫害防治等常规管理措施相配合。

（三）采取促成及抑制栽培技术措施前的准备工作

1. 花卉种类和品种的选择

根据用花时间，要选择适宜的花卉种类和品种。一方面选择的花卉应充分满足市场的需要，另一方面应选择对光周期及温度变化敏感的、利于调控花期的长日照、短日照花卉。

2. 处理植株的选择

处理的植株要求选择生长健壮、长势良好、根系完整，有一定的成熟度，植株和球根必须达到一定的大小，应该保证它是能够开花的植株。依据商品质量的要求，这样经过处理后的花的质量才有保证。否则由于营养生长不足，催花后观赏效果不佳，即使催花成功，开花也达不到观赏标准。

3. 设施和设备的准备

应具备进行花期调控所需要的设施和设备，如温室、控温系统、补光及遮光系统等。

（四）促成及抑制栽培技术措施

1. 调节播种期

不需要特殊环境诱导，在适宜的生长条件下只要生长到一定大小即可开花的植物种类可以通过调节播种期来调节开花期。

一般情况下播种时间可根据不同花卉的生长规律，计算其在不同季节气候条件下，自播种到开花所需时间，分批分期播种。

2. 调节栽植期

改变植物的栽植时期可以改变花期。有些花卉可根据其开花习性，分别栽植，来满足不同时间开花的要求。

3. 采用修剪、摘心、抹芽等栽培措施

一些木本开花植物，当营养生长达到一定程度时，只要环境条件适宜，利用修剪的办法，即可多次开花。月季、茉莉等多种花卉，在适宜条件下一年中可多次开花就是通过修剪、摘心等技术措施来调控花期的。

4. 养分调节

适当施用磷肥，控制氮肥，有利于控制营养生长而促进花芽分化。喜阳花卉在阳光充足的地方或向阳面，花芽形成较多；植物营养生长旺盛时，花芽往往不易形成；营养生长适度，进入生殖生长阶段才能形成较多的花芽。氮肥过多，往往促使营养生长过强，影响花芽分化。磷肥可使枝条充实，有利于花芽分化。花卉栽培中，在牡丹、杜鹃花、紫薇等花芽分化期常增施0.2%磷酸二氢钾进行根外追肥，或施于根部，促进花芽分化。

5. 水分调节

夏季的短期干旱，对高温下进行花芽分化的木本植物花芽的形成常起到有效的作用。在暂时缺水（3~5天）的条件下，能促使植株顶芽提前停止营养生长，转入到夏季休眠或半休眠状态，从而分化大量花芽。

如一些木本落叶盆栽花卉，在高温期顶芽停止生长，进入夏季休眠或半休眠状态时进行花芽分化，此期可以进行干旱处理，使盆中水分控制到最低限度，强迫其停止营养生长，则有利于花芽分化，柑橘类也可用干旱处理的方法，使叶片呈卷曲状，可促进花芽分化。

6. 温度处理

温度处理是指通过温度的作用调节休眠期、成花诱导与花芽形成期、花茎伸长期等主要进程而实现对花期的控制。大部分越冬休眠的多年生草本和木本花卉以及越冬呈相对静止状态的球根花卉，都可采用温度处理的方法调节花期。

（1）增温催花　适用于入室前已完成花芽分化过程或入室后能够完成花芽分化过程的植物种类。

（2）降低温度　通过休眠控制、低温春化、低温延缓生长等方法来控制花期。

7. 光照处理

光照控制的内容主要有光照强度控制和光周期控制两种方式。一般光照强度控制在光源选择和灯具布置中实际上已经确定了其最大值，故只在夜晚或自然光照达到设定下限时打开全部光源即可。当进行光周期补光控制时，因不同季节、不同作物其控制策略有较大差别。常见有三种方法，延长日照、短日照处理和昼夜颠倒处理。

8. 应用植物激素和植物生长调节剂

应用植物激素和植物生长调节剂是控制观赏植物生长发育的一种有效方法。其优点是用量小、成本低、操作简便，缺点是应用效果不太稳定，需不断试验以确定使用浓度、时间和次数。

1）人工合成和从植物或微生物中提取的生理活性物质，称为植物生长调节剂。花卉生产中常用的植物生长调节剂除包括生长素类、赤霉素类、细胞分裂素类、脱落酸、乙烯之外，还包括植物生长延缓剂和植物生长抑制剂。在花卉开花调节中，将其用于打破休眠，促进茎叶生长，促进成花、花芽分化和花芽发育。

2）解除休眠促使提前开花。利用植物生长调节剂可以解除观赏植物的休眠，促使其提前开花。这类植物生长调节剂主要有赤霉素、6-苄基腺嘌呤。将含量为 500~10000mg/kg 的赤霉素涂在山茶、含笑的花蕾上，可以加快花蕾膨大，提前开花。在花芽分化前营养生长时期使用6-苄基腺嘌呤处理，可增加叶片数目；在临近花芽分化期处理，则多长幼芽；只有在花芽开始分化后处理，才能促进开花，增加花蕾数目；现蕾后处理，就无明显促进开花的效果。6-苄基腺嘌呤可以促进郁金香、仙客来、石斛兰、杜鹃等开花。一般夏花在2月底喷洒，可提前半个月开花；冬花在10月中旬喷洒，可提前1个月开花。

3）抑制花芽分化延迟开花。生长素类物质如萘乙酸、2,4-D 低浓度下对开花有抑制作用，处理后可延迟一些观赏植物的花期。如用 5mg/kg 的 2,4-D 喷洒菊花植株，可延迟 1 个月开花。

4）代替促进开花。球根类花卉其花芽形成后需要低温处理才能使花茎完成伸长准备。赤霉素可以代替低温处理促进开花。如郁金香在雌蕊分化后经过低温诱导才可以伸长开花。促成栽培时栽培种子已经过低温冷藏，待株高达 7~10cm 时，由叶丛中心滴入 400mg/L 的赤霉素液 0.5~1mL，这种处理对需低温期长的品种，以及在低温处理不充分的情况下效果更为明显，赤霉素起了弥补低温量不足的作用。

八、农药选择

（一）农药的分类

1. 按性质分类

1）化学农药。又可分为有机农药和无机农药两大类。有机农药是一类通过人工合成的对有害生物具有杀伤能力和调节其生长发育的有机化合物，如敌敌畏、三氯杀螨醇、粉锈宁、氟乐灵、毒鼠磷、2,4-D 等。无机农药包括天然矿物质在内，可直接用来杀伤有害生物，如硫黄、硫酸铜、磷化锌等。

2）微生物农药。这类农药是利用一些对病虫有毒、有杀伤作用的有益微生物，包括细菌、真菌、病毒等，通过一定的方法培养、加工而成的一类药剂，如苏云金杆菌、白僵菌、核多角体病毒等。

3）植物性农药。这是一类以植物为原料加工制成的药剂，如鱼藤、烟草、除虫菊等。

2. 按用途分类

可分为杀虫剂、杀菌剂、杀螨剂、杀鼠剂、除草剂和植物生长调节剂等。

1）杀虫、鼠剂。按其对虫、鼠害的作用方式分为胃毒剂、触杀剂、熏蒸剂、忌避剂、拒食剂等。

2）杀菌剂。按其对病原微生物的作用方式，又分为保护性杀菌剂、治疗性杀菌剂和铲

除剂等。

3）除草剂。按其性能和作用方式，又分为触杀型和内吸传导型除草剂等。每一种农药都有适宜的防治对象和范围，没有"万能药"。

（二）农药的常用剂型

1. 乳油

它是农药产品中产量最大的一种剂型，是由油溶性农药原药与乳化剂等助剂在有机溶剂中生成的透明真溶液，加入水中以后能形成乳油液状的乳剂，农药有效成分溶解在溶剂中呈极细微的油珠而分散在水中。同一种农药，加工成乳油所能获得的药效优于可湿性粉剂。

2. 浓乳剂

由不溶于水的油状农药原油或原药的高浓度油溶液、乳化剂、分散剂、稳定剂、增稠剂及水经高速剪切机匀化工艺制成，为以水为介质的水包油型浓缩乳剂，油珠直径 $0.2\sim2\mu m$，外观不透明。使用时兑水配成乳浊液喷洒。

3. 微乳剂

该剂型由液态农药、表面活性剂、水、稳定剂等组成，属于热力学稳定的分散体系。其特点是以水为介质，不含或少含有机溶剂，因而不燃不爆，生产操作、储运安全，环境污染少，节省大量有机溶剂。

4. 悬浮剂

它是固体颗粒在水中的具有一定黏度的胶态悬浮液，故曾称为"胶悬剂"。但它是一种固态农药微细颗粒在水中的悬浮体系，具有相当的体系稳定性，因此现在统一称为"悬浮剂"。悬浮剂是完全不用有机溶剂的剂型，是加工固态原药的一种好剂型。一般是固体原药，以水为介质，与分散剂等表面活性剂、黏度调节剂、防冻剂等，进行湿性超微粉碎而制成，外观是黏稠的可流动性液态。悬浮剂的使用方法与乳油类农药相同，加工配成喷洒液供喷雾用。

5. 种衣剂

从农药剂型来说，种衣剂并不是一种新剂型，而是具有一定黏附性能的悬浮剂中的一些特定制剂，专供种子包衣用，不可作其他用途。它的加工方法与悬浮剂相同，只是在配方中需有一种成膜剂，能使种衣剂在包覆种子表面以后形成一层不易脱落的干药膜。包衣种子播入土内，种子吸水萌芽，药膜也吸水而膨胀，逐渐释放出农药，发挥药效作用。

6. 悬乳剂

悬乳剂是固体原药的微细粉粒同油状原药的微细油珠在表面活性剂的作用下共同分散悬浮在水中的一种分散体系，可以看作是悬浮剂和浓乳剂的混合物，所以也称为"悬浮乳剂"。但其有特定的加工方法，其中的固体原药也不可溶于油状原药中。目前这种剂型的产品还不多，如40%乙·莠悬乳剂。悬乳剂的使用方法也是加水配成喷洒液供喷雾用。

7. 干悬浮剂

干悬浮剂为粉状或粒状的固体剂型。投入水中可自发分散，农药以粒径 $1\sim5\mu m$ 的微粒悬浮于水中。它是集乳油优良的自分散性和可湿性粉剂包装、储运、使用方便的特点而发展起来的新剂型，其粉粒细度、速效性和持效性与乳油相近，优于可湿性粉剂。它的突出特点是可以节省大量有机溶剂，免去瓶、箱等包装材料。我国首创的乳粉、胶体硫即属于干悬浮剂。

8. 可湿性粉剂

可湿性粉剂是农药产量排行第二的剂型，其最大不足之处是在配制喷洒液时容易发生药粉飞扬，对操作人员造成危害，包装袋内残余的药粉也易污染环境。为此，现已研发几种可湿性粉剂的安全化剂型，如前述的悬浮剂以及水分散性粒剂、泡腾片剂、水溶性包装袋等。其中的水溶性包装袋是由聚乙烯醇和聚酯制成，用于包装可湿性粉剂或可溶性粉剂，每袋药剂的重量可以根据需要预先定量。使用时只需把药袋投入水中，包装袋即可自动溶解，药粉自动扩散到水中形成稳定的悬浮液。这样配药时，手不与药剂接触，也无药粉飞扬。

9. 水分散性粒剂

水分散性粒剂也称为水分散粒剂，是把可湿性粉剂或悬浮剂再造粒成分散性粒剂，加工的关键技术是要防止粉粒在造粒过程中或成品储存期间粉粒重新絮结成粗粉粒，因而在配方中要使用一种叫隔离剂的助剂，它能将粉粒隔离开来。这种剂型流动性能好，使用方便，无粉尘飞扬，很安全。

10. 泡腾片剂

与水分散性粒剂相似，是把可湿性粉剂加工成较大的泡腾剂，每片（粒）有一定的重量，如加工成定量的大片型，使用时以片计量，可不必另行称量。

泡腾片剂使用时，通常是把片剂投入配药水中，药片即产生大量气泡，使药片自行崩解，并在气泡的鼓动作用下使药粉自行扩散到水中形成均匀的喷洒液，因而这种剂型必须具有很高的粉粒细度和良好的水中分散悬浮性。

11. 可溶性粉剂

可溶性粉剂是由水溶性的固体原药与水溶性的填料及助剂混合加工而成的粉状剂型，如杀虫单、敌百虫、井冈霉素、多菌灵盐酸盐、啶虫脒、赤霉素等。该剂型是供配制喷洒液用的，选用时须注意的是，有些可溶性粉剂产品中不含必要润湿剂，用以配得的喷洒液在生物体表面润湿展布性能很差，应适当加些中性洗衣粉等润湿剂以保证药效。

12. 水剂

凡是在水中溶解度比较高且在水中稳定不分解的农药都可以加工成水剂。加工水剂不使用有机溶剂，生产成本比较低。但是，如果农药原药的物理性能适宜加工成固态剂型，则加工成可溶性粉剂更为合理。在水剂中，根据情况适宜配加润湿助剂，其药效更好。

13. 粉剂

粉剂的用途有喷粉、拌种、土壤处理等。

供拌种和土壤处理用的粉剂，一般是含量比较高的。拌种用的粉剂，要求粉粒细度很高，以便于粉粒牢固地黏附在种子表面，故而也称为干拌种剂。用粉剂拌种，应在拌种箱或拌种器内进行，以保证拌得均匀和对操作人员安全。用粉剂处理土壤，目前多采用毒土法。

14. 粒剂

粒剂的形状有圆球形、圆柱形、碎块形等。粒剂的粒度变化幅度很大，一般是在100～200μm之间，小于100μm的称为微粒剂，介于100～300μm的称为细粒剂，大于2000μm的称为大粒剂，有一种重达50g的称为粒霸。

15. 烟剂

这是一种特殊用途的剂型，与其他剂型不同，它是由一种农药原药与助燃剂、氧化剂三部分组成，必要时还配加阻燃剂，以防生产、储运过程中着火。

烟剂点燃后，即燃烧发烟，但不能有火焰。药剂受热后汽化，热的气态药剂流散入空气中后迅速冷却，重又凝聚成为细小的固态微粒，极细的微粒能在空气中较长时间地悬浮和扩

散，形成烟云，无孔不入地散到空间的任何角缝中，沉积于生物体的各部位。烟剂适用于相对密闭的场所。

16. 油剂

油剂是农药原药的油溶液。配制时将农药原药溶解在油质溶剂中，根据需要还可加入适量的助溶剂、化学稳定剂、药害防止剂等助剂。配得的剂中有效成分含量为20%~50%，且配制油剂的农药原药必须是毒性较低的。

油剂不溶于水，不能加水稀释喷雾用，而是用于直接喷洒，必要时可以加适量有机溶剂稀释后喷洒，根据用途、用法、所用施药机具，油剂可分为5种：超低容量油剂、油雾剂、展膜油剂、通用油剂、油质气雾剂。

（三）农药常见的重要技术指标

衡量农药质量的主要技术指标有：可湿性粉剂应有外观、有效成分含量、悬浮率、润湿性、pH、水分、筛析等；悬浮剂应有外观、有效成分含量、悬浮率、pH、筛析、倾倒性等；乳油应有外观、有效成分含量、乳液稳定性、pH、水分等；烟剂应有外观、有效成分含量、成烟率、pH、水分、燃烧时间等。

1）外观。不同农药剂型有不同的外观要求。如乳油：稳定的均相液体，无可见的悬浮物和沉淀；可湿性粉剂：自由流动的疏松粉末，不应有团块；悬浮剂：流动的均匀悬浮液，长期存放可有少量沉淀或分层，但置于室温下用手摇动应能恢复原状，不应有结块。

2）有效成分含量。即施用农药时起药效作用的成分。有效成分含量达不到标准要求，施药后效果不好。

3）悬浮率。即有效成分在悬浮液中保持悬浮一定时间和均匀分散的能力。悬浮性好的产品在兑水施用时，可使所有的有效成分都均匀地悬浮在水中，能够均匀一致地喷洒在作物上。

4）乳液稳定性。即农药液珠在水中分散的均匀性和稳定性。乳剂类农药一般兑水稀释后喷施，要求液珠能在水中较长时间地均匀分布，油水不分离，使乳液中的有效成分、浓度保持均匀一致，避免药害发生。

5）润湿性。即农药样品撒到水面至完全润湿所需要的时间。限制润湿时间的目的是使农药能很快润湿，分散成为均匀的悬浮液体。

6）pH。主要是保证产品中有效成分的稳定，减小分解。防止产品物化性质的改变或使用时发生药害。避免包装材料的腐蚀。

7）筛析。制定此项指标的目的：一是限制不溶粒子含量，以免施药时堵塞喷头和过滤器。二是控制产品细度范围，以增加悬浮率。

8）水分。限制水分含量的目的：一是减小产品中有效成分的分解作用，二是使固体农药制剂保持良好的分散状态。

9）倾倒性。规定此项指标的目的是保证产品能够均匀、平稳地从容器中倒出。

10）成烟率。规定此项指标的目的是保证烟剂产品点燃成烟后，有足够的有效成分挥发、蒸发或升华，而不大量分解。

（四）农药毒性

根据农药致死中量（LD50）的多少可将农药的毒性分为以下五级：

1）剧毒农药。致死中量为1~50mg/kg体重，如久效磷、磷胺、甲胺磷、苏化203、3911等。

2）高毒农药。致死中量为51~100mg/kg体重，如呋喃丹、氟乙酰胺、氰化物、401、磷化锌、磷化铝、砒霜等。

3）中毒农药。致死中量为101~500mg/kg体重，如乐果、叶蝉散、速灭威、敌克松、402、菊酯类农药等。

4）低毒农药。致死中量为501~1000mg/kg体重，如敌百虫、杀虫双、马拉硫磷、辛硫磷、乙酰甲胺磷、二甲四氯、丁草胺、草甘膦、托布津、氟乐灵、苯达松、阿特拉津等。

5）微毒农药。致死中量为5000mg/kg以上体重，如多菌灵、百菌清、乙膦铝、代森锌、灭菌丹、西玛津等。

（五）熟悉并掌握目前常用的花卉农药及农药"购、储、用"的相关知识

1. 目前常用的花卉农药

（1）甲胺磷　有机磷杀虫剂，毒性很高。无色或浅黄色黏稠状液体，有强烈臭味。可溶解水中，在中性和弱酸性情况下稳定，不易分解。常温下较稳定，对金属有腐蚀作用。对许多害虫，如螟虫、飞虱、叶蝉、蚜虫、红蜘蛛等都有很好的防治效果。药效期可维持7~10天，对人、畜高毒。

（2）氧化乐果　又名氧乐果，有机磷杀虫剂。原药有较浓的葱蒜臭味。可溶于水，但水溶液易分解失效。氧化乐果在中性和偏酸性的溶液中较稳定，但在碱性条件下会很快分解失效。氧化乐果对害虫和螨类有很强的触杀作用，使用氧化乐果时，可以采用涂茎方法施药。氧化乐果属于高毒农药，但它不易从皮肤渗透进入人体。

（3）多菌灵　多菌灵是防治赤霉病的特效药，对细菌及霜霉病菌等无效。多菌灵为氨基甲酸酯类药剂，是一种高效低毒的内吸杀菌剂。一般加工成10%、25%、50%的可湿性粉剂。其用于喷雾浓度为50%可湿性粉剂的1000倍稀释悬浮液，多用于叶部、嫩梢病害。

（4）代森锌　代森锌是低毒农药，有机硫剂。白色或浅黄色粉末，不溶于水中，在碱性介质中或遇铜盐能加速分解。代森锌有粉剂和可湿性粉剂两种剂型。可湿性粉剂含有效成分65%，加水稀释400~600倍可以代替波尔多液等铜素剂使用，药效7~10天，对人畜安全，但对人体黏膜有刺激性。代森锌多采用叶面喷雾法在发病初期施药。喷雾时要均匀地喷施植株表面，必要时每隔7~10天重复施药。

（5）代森铵　溶液能渗透入植物体内，杀菌力强，不怕雨水冲洗。在植物体内分解后，还有肥效。用1000倍液喷雾可防治白粉病、霜霉病、立枯病。用200~400倍液处理土壤，可防治土壤带菌的病害。

（6）退菌特　一种有机硫砷复合剂，一般多制成50%的可湿性粉剂，喷雾使用浓度为500~800倍的悬浮液，能防治多种病害，主要起保护作用。退菌特有较好的渗透力，因此对已浸入植物表层的病菌仍有杀伤作用。

（7）五氯硝基苯　一种有机氯化合物，残效期长，可达1年以上。对于防治由丝核菌引起的猝倒病有特效，也可作用于土壤消毒，方法是先将药剂与50~100倍的细土混合制成药土，撒于播种沟中或撒覆在种子上。每亩用药剂2.5~3kg，对人畜无毒。

2. 农药"购、储、用"的相关知识

（1）购买

1）选购农药时，尽量到技术指导机构或专营机构购买正规产品。

2）购买时，应对购买的药品有所了解，或参考技术指导人员的意见进行购买，并询问药剂的使用方法。

3）对于发生病虫害清晰时，应携带样品到相关机构鉴定后再购买药剂。

（2）储存

1）首先要仔细阅读说明书，按照说明进行正确储存。

2）使用时应准确计算好用量，剩下药剂最好丢弃。

3）使用结束后应把瓶盖拧紧，或把包装袋封好，置于阴凉处储存。

4）储存的地点一定要保证安全，应放置到儿童或其他人员不易接触到的地方，另外严禁将药品储藏于卧室、餐厅等地方，尤其是易挥发的高毒农药使用和储存时应谨慎。

（3）使用

1）使用方法和注意事项应咨询技术人员，如何时使用，是否受到温度气候影响，是否会受雨水影响，是否会受土壤湿度影响，可否与其他药剂混用，施用技术等。

2）一定要掌握用量。某些药剂使用过量会产生药害，造成经济损失。建议大家仔细阅读说明书，然后根据具体情况使用。

3）施药时应注意人身安全，尤其夏天，应做好防护措施，不能赤膊打药。如有身体不适，如恶心、头晕等现象，应立即停止劳作，带好药品去医院诊治。剧毒农药一定要注意安全，不得用手直接接触药剂。

4）不得在水源附近兑药，不得将药品包装随意乱丢。

九、盆花产品包装和运输

1. 花卉产品包装

为减少运输途中由机械损伤、水分丢失和温度波动造成的影响，应在产品流通前进行包装。

（1）花卉产品包装材料　包装材料应能适度防水，有足够强度，不含有害物质，有适当的导热性和透气性，适合产品对光要求，包装的质量、尺寸和形状便于开封操作，成本适当，符合环保要求。

包装容器，一般使用纸箱、泡沫箱、塑料盘、塑料袋，远距离运输使用纤维纸箱、木箱、板条箱及特殊专用箱。

（2）盆花包装　盆花产品选择包装时要根据植株的大小、叶丛数量、叶枝的柔韧性、及缠绕的可能性和运输距离，来确定包装方式和装载密度等。包装时可以带盆土（轻质培养土）包装或不带盆土带苔藓包装。

大多数盆花在出售时不需要严格的包装，运输较远的可用牛皮纸和塑料套保护。放入纤维板箱中。大型木本或草本盆花外运时，为防止侧枝或叶片受损，需将枝叶适当绑扎，再套上塑料膜；短途运输可不加保护，直接装货车"敞运"。对幼嫩的草本盆花运输中容易将花朵振落或碰损，则需先用软纸或薄膜包起来，有的还需要设立支柱绑缚，以减少运输中晃动。

对一些较名贵或长途运输的盆花，在包装后要放到由塑料或聚苯乙烯泡沫特制的模盘内，然后再装入特制的纸箱或纤维板箱内。箱外还应标明盆花品名、种类、原产地、目的地、易碎、勿倒置等标记。

小型盆花如紫罗兰、瓜叶菊、樱草等，在大量外运时，为减少体积和重量，基本都是脱盆外运，但需用厚纸逐棵包裹，装进大框或网篮内。各类桩景也要装入牢固的透孔木箱内，周围用毛纸垫好并用铅丝固定，盆土表面还应覆盖青苔保湿。空运小苗可连同小容器用纸包裹，装入硬纸箱，再把纸箱绑扎好。

2. 花卉产品运输

（1）运输方式分类　正常可分为四大类，见表2-12。

表2-12　各类运输方式的特点及运输工具

序号	运输方式	运输特点	运输工具
一	公路运输	灵活、方便、快捷、无须改换包装即可直接送往销售地，不足是运载量小、成本高、消耗大，道路不平时振动大，产品易损伤，适合短距离运载量小的运输	汽车、拖拉机、人（畜）力车
	铁路运输	运载量大、运费低、受季节变化影响小，不足是中间环节多，灵活性和适应性差，适合长距离运输，但需汽车中转	铁路货车、有蓬车、敞车、保温车、冷藏车、平板车、特种专用车
二	水路运输（包括海运、河运）	运输成本低、行驶较平稳、运载量大，不足是易受自然条件限制，连续性差，速度慢，需要汽车中转、装卸，也会增加损耗。适合重量大的，直线式运输	海运货轮及河运的各种船、艇
三	航空运输	速度快、保质好、受损小，不足是费用高、运量少，受气候条件影响大。适合运输新鲜度高、贵重高档的花卉产品	运输飞机
四	集装箱运输	是特制装载商品的货箱，分为冷藏、气调两种，可整体吊装，货损货差小，包装费用省、方便联运，加速车船周转，降低货运成本，是有前途的一种运输方式	集装箱可适合汽车、火车、轮船等多种运输工具

（2）盆花运输

1) 常用运输方式。当前盆花运输多采用陆路运输，即汽车运输和火车长途运输。汽车运输应在车厢内铺垫碎草或沙土，防止把花盆颠碎。火车长途运输时必须装入竹筐或有木框间隔，盆间的空隙要用草或毛纸填衬好，对那些怕互相挤压的盆花，要用铅丝把花盆和筐连接固定。

2) 选择合适时机。为防止观花盆花长途运输产生的乙烯多，衰老速度快，出现落花、落叶及疾病问题应选择适宜的启运时机，一般情况下观花盆花应在1/3花蕾开放之前启运，球根花卉应在花蕾开始显色时启运。

3) 运输途中应保持的环境条件。盆花运输期间应保持温度稳定、空气循环及通风。运输适温应保持在4~5℃，若运输途中无浇水条件，应在运输前一天浇透水。冷藏室的相对湿度应保持在80%~90%。

4) 运输途中盆花的摆放。大型盆花可先用牛皮纸或塑料膜保护植株，然后用编织袋套住花盆，以便运输中搬运。为节省空间也可做成架子，一层一层装盆运输，特大型盆花，可直接装在敞口卡车上运输。一些花卉对物理损伤抗性较大，可采用水平放置运输或放入条板箱中运输。

【考核标准】

各考核标准详见表 2-13 ~ 表 2-23。

表 2-13　盆花生产方案制定考核标准

序　号	质　量　要　求	赋　分	得　分
1	方案编制规范	20 分	
2	相关项目齐全	10 分	
3	符合植物生态习性	20 分	
4	注意降低养护成本	10 分	
5	养护措施技术含量较高	10 分	
6	具有环保、植保内容	10 分	
7	专业术语运用恰当	10 分	
8	方案实用，便于操作	10 分	
总分		100 分	

部门：　　　　　　　　　　　部门经理：　　　　　　　　　　生产副总：

表 2-14　盆花生产品种选择考核标准

序　号	项　目	质　量　要　求	赋　分	得　分
1	品种选择	根据市场前景确定品种	40 分	
		生产成本在预算控制内	30 分	
		生长周期符合实际上市需求	30 分	
	总分		100 分	

部门：　　　　　　　　　　　部门经理：　　　　　　　　　　生产副总：

表 2-15　盆花育苗技术考核标准

序　号	项　目	项目名称	质　量　要　求	赋　分	得　分
1	育苗	基质湿度	含水量是饱和持水量的 60%	10 分	
		基质配制比例	基质选择正确，比例配制合理	10 分	
		基质 pH 调节	调节到最适宜酸碱度	10 分	
		基质消毒	药品选择正确，用量适宜	10 分	
		容器选择	根据品种不同选择适宜花盆	10 分	
2	日常养护管理	光照管理	光照适宜	10 分	
		温湿度管理	温湿度适宜	10 分	
		水分管理	水质及浇水量适宜	10 分	
		营养管理	肥料选择合理，用量适当	10 分	
		病虫害防治	农药的选择、使用方法正确	10 分	
		总分		100 分	

部门：　　　　　　　　　　　部门经理：　　　　　　　　　　生产副总：

表 2-16 种苗上盆前准备考核标准

序号	项目	质量要求	赋分	得分
1	基质湿度	含水量是饱和持水量的60%	20分	
2	基质配制比例	基质选择正确、配制比例合理	20分	
3	基质pH调节	调节到最适酸碱度范围	20分	
4	基质消毒	药剂选择合理,用量适宜	30分	
5	花盆选择	大小适宜,符合标准	10分	
	总分		100分	

部门: 部门经理: 生产副总:

表 2-17 盆花种苗上盆任务考核标准

序号	项目	质量要求	赋分	得分
1	基质湿度	达到饱和持水量的60%	20分	
2	花盆基质内高度	与水位线齐平	20分	
3	种苗栽植位置	盆中央	20分	
4	浇水	浇透,不要沾污叶片	20分	
5	上盆后整体效果	美观	10分	
6	盆距	盆挨盆	10分	
	总分		100分	

部门: 部门经理: 生产副总:

表 2-18 种苗上盆后第一次施肥考核标准

序号	项目	质量要求	赋分	得分
1	基质湿度	符合浇水的干湿度	20分	
2	检查根系生长情况	有新根长出	20分	
3	肥料选择	能根据长势情况确定肥料种类	20分	
4	药品配制比例	准确、适宜	20分	
5	施肥方法	方法正确	20分	
	总分		100分	

部门: 部门经理: 生产副总:

表 2-19 盆花摘心技术考核标准

序号	项目	质量要求	赋分	备注
1	选择摘心方式	根据不同品种长势情况确定摘心方式	20分	
2	摘心标准	摘心后能培养成为商品盆花为合适	20分	
3	资金预算	与实际成本差异小	20分	
4	工具消毒、清洗、收拾	清洗干净、收拾及时	20分	
5	其他	无人员受伤、工具受损	20分	
	总分		100分	

部门: 部门经理: 生产副总:

表 2-20　盆花生产日常养护管理考核标准

序　号	项　目	质量要求	分　值	备　注
1	光照管理	光照适宜	30分	
2	温湿度管理	温湿度适宜	30分	
3	水分管理	水质及浇水量适宜	20分	
4	营养管理	肥料选择合理，用量适当	20分	
	总分		100分	

部门：　　　　　　　　　　　　　部门经理：　　　　　　　　　　　　生产副总：

表 2-21　盆花花期调控考核标准

序　号	项　目	质量要求	分　值	备　注
1	遮光或补光	方法正确、遮光或补光时间合理	20分	
2	水分管理	浇水及时合理	20分	
3	温湿度管理	温湿度控制合理	20分	
4	光照管理	光照控制合理	20分	
5	施肥	肥料搭配、用量合理	20分	
	总分		100分	

部门：　　　　　　　　　　　　　部门经理：　　　　　　　　　　　　生产副总：

表 2-22　盆花病虫害防治考核标准

序　号	项　目	考核内容	赋　分	得　分
1	病虫害识别	病虫害种类鉴定	10分	
		主要病虫害的形态描述及主要识别要点	10分	
		主要病虫害危害部位	10分	
2	病虫害防治	农药种类选择	10分	
		农药的稀释	10分	
		农药的使用方法	10分	
3	完成时间	在规定时间内完成一品红病虫害防治任务	20分	
4	成本控制	成本控制没超过预算	20分	
		总分	100分	

部门：　　　　　　　　　　　　　部门经理：　　　　　　　　　　　　生产副总：

表 2-23　盆花种苗生产考核标准

序　号	项　目	质量要求	赋　分	得　分
1	育苗方法选择	长度、部位选取合乎标准	20分	
2	基质选择及配制	选择准确、配置比例合理	20分	
3	基质的湿度	适宜	10分	
4	工具消毒	使用工具及时消毒	10分	
5	具体操作方法	规范操作	20分	
6	育苗后管理	育苗后温光水肥管理适宜	20分	
	总分		100分	

部门：　　　　　　　　　　　　　部门经理：　　　　　　　　　　　　生产副总：

项目二 盆花生产

【任务实操】

任务一 仙客来盆花生产

【任务描述】

仙客来盆花生产主要包括育苗、播种后管理、移植、上盆、定植后管理、花后管理、新株度夏、病虫害防治等内容。

通过任务的完成，在掌握仙客来盆花生产技术的同时重点学会生产中常用的播种繁殖技术、花期管理及夏季休眠的养护管理技术，最终培育出合格的仙客来盆花产品。

【任务目标】

1. 掌握仙客来基质配制及播种的方法。
2. 掌握仙客来生长发育不同时期对温度、光照、水分、肥料的要求。
3. 了解仙客来常见病虫害的种类及主要识别特点，掌握较常用的防治方法。
4. 能根据市场需求主持制订仙客来盆花周年生产计划。
5. 能根据企业实际情况主持制定仙客来盆花生产管理方案。
6. 能按方案进行基质配制及消毒、播种及播后管理、花期管理、夏季管理，并能根据实际情况调整方案，使之更符合生产实际。
7. 通过生产方案的实施，锻炼学生分析、解决仙客来在播种育苗过程中出现的各种问题的能力。
8. 能结合生产实际进行仙客来盆花生产效益分析。
9. 通过巩固训练任务的完成，能熟练掌握小花型盆栽植物的育苗及日常养护管理要点，具备指导该方面生产的能力。

【相关介绍】

1. 形态特征

仙客来为报春花科，仙客来属，球根花卉，多年生草本。仙客来块茎为扁圆球形或球形、肉质。球茎似萝卜，绿叶似海棠，又名"萝卜海棠"；叶片着生在块茎顶端的中心部，花单生，由块茎顶端抽出，花朵下垂，花瓣向上反卷，犹如兔耳，所以又称为"兔耳花"。萼片5裂，花瓣5瓣，花有多种颜色（图2-45）。

图2-45 仙客来

2. 生态习性

仙客来原产于南欧及地中海一带。喜阳光充足、温暖湿润的气候，不喜高温，不耐寒冷，生长适温为15～20℃，10℃以下生长弱、花色暗淡易凋谢，5℃以下生长缓慢。不耐积水，积水易使块茎腐烂。气温达到30℃以上，植株进入休眠状态，35℃以上植株易腐烂死亡，主要生长季节为春、秋和冬季。喜富含腐殖质、疏松、通透性好、潮湿，且忌渍水的中性沙质土壤环境。喜钾肥。在适生的条件下，花期较长，一般自12月开至第二年的4月底左右。

3. 生产现状

仙客来是世界著名的盆栽花卉，国际市场上欧洲是仙客来的栽培中心，1977年世界仙客来协会在英国成立，至今荷兰、法国、德国、美国、日本等地都有专业化的育种和栽培机构，基本实现了仙客来生产的专业化分工和集约化栽培，在栽培和育种方面都具备了较高的水平。

在国内市场仙客来主要还是作为年宵的主流花卉，由于生产成本的升高，北方区域的仙客来产量减少，原来河北、山东的主要生产基地的产量大幅度缩小，石家庄、大连、莱州等地的仙客来上市量都大幅减少，而西北如甘肃、陕西等地的仙客来生产户却在增加，主要因素是西北更靠近煤炭产区，人工成本较低。目前商业化生产的品种主要有红色、粉红色、深紫色、重瓣、香型、皱边、紫色、亮红色、橙红色、纯白色等多个系列。生产的种苗60%左右要靠从外地或国外引进，成本较高。只有研究开发新品种，突破引进与推广等关键性技术难题，才能促进仙客来产业发展。

4. 主要品种

常见栽培的品种很多，并且不断有新品种选育出来。但按花的形状可将其分为6种类型：

（1）大花类型　花朵大，花瓣全缘平展，开花时反卷，叶缘锯齿浅或不明显，为仙客来中最有代表性的类型。

（2）平瓣类型　花朵较大，花瓣平展，边缘细缺刻或波皱，较窄，花蕾尖，叶缘锯齿明显。

（3）钟型　花下垂呈半开状态，花瓣不反卷，较宽，顶部扇形，边缘细缺刻或波皱。花浓香，花蕾端部圆。叶缘锯齿显著。

（4）皱边类型　为平瓣类型和钟型的改良品种。花朵较大，花瓣边缘细缺刻或波皱，开花时不反卷。

（5）杂种同类型　近年来新育成的杂交一代品种。植株高约50cm。长势旺，株丛紧凑，生长一致。花朵大，花朵多，花期早，有的播后8个月即可开花。目前栽培最多，也最受欢迎。

（6）迷你类型　植株矮小，已有栽培，目前流行。

5. 环保效应

对空气中有毒气体SO_2有较强的抵抗力。它的叶片能吸收SO_2，并经过氧化作用将其转为无毒或低毒性的硫酸盐等物质。

【材料与工具】

1. 材料

仙客来种苗、仙客来种子、草炭土、珍珠岩、多菌灵、阿维菌素、啶虫脒、生根剂、包装袋、胶带等。

2. 工具

刀片、铁锹、穴盘、纸箱、花铲、手锄、喷雾器、量筒、天平、花盆、花托、遮阳网等。

子任务一 品 种 选 择

根据目前我国花卉市场对仙客来品种的实际需求，以提高观赏价值为主，同时兼顾抗性，花色纯正，花期长，上花整齐，花叶比例协调，植株适应性强，既能耐寒又能抗高温、抗病虫危害，株形紧凑，单位面积产量高；栽培容易，成品率高，适宜在全国各地栽培。

子任务二 育 苗

（一）播种时期

根据开花时间，确定好播种时间。仙客来播种育苗一般选在 9~10 月进行，从播种到开花需要 12~15 个月。

（二）准备基质

1. 配制基质

仙客来的育苗基质最好选用进口草炭土，草炭土与蛭石 1∶1 混合；也可采用自制基质：腐叶土 60% + 细河沙 40%。

2. 处理基质

主要采取杀菌杀虫处理：采用硫黄 2~3kg/m³ 蒸汽熏蒸 90℃ 以上一个小时。

（三）播种

1. 种子处理

仙客来种子较大，每克约 100 粒，一般发芽率为 85%~95%，种子常发芽迟缓，出苗不齐。为促进种子发芽，可于播前浸种催芽，用冷水浸种一昼夜或 30℃ 温水浸泡 2~3h 再浸凉水 8~10h，然后清洗掉种子表面的黏着物，用 75% 百菌清粉剂稀释 1000 倍浸泡 15min 或用 0.1% 的升汞浸泡 1~2min，反复用水清洗干净，消毒后包于湿布中催芽，保持温度 25℃，经 1~2 天，种子稍微萌动即可取出播种。

【关键与要点】仙客来种皮薄，胚壁厚，播种前一定要进行浸种处理，才能保证发芽率。

2. 播种

穴盘装好基质后开始播种，可用播种机或人工播种，种子应在每穴的中间，然后覆盖 0.5cm 厚的基质。用 1000 倍的 50% 甲基托布津浇透，即可进入催芽室，室内保持黑暗，催芽架用黑塑料布包裹，催芽温度以 18~20℃ 为宜，湿度保持在 90%，每天稍微通风换气，一般完成萌芽需 21~25 天，有 60%~70% 的拱土出苗即可进入温室管理。仙客来播种程序如图 2-46 所示。

【关键与要点】光对种子萌发有明显的抑制作用，播种后需要避光。播种三周内保持基质湿润，但不能积水，忌忽干忽湿，以免引起种皮皱缩，种子吊干，失去发芽能力。如果基质表面发白，说明缺水；如果种皮发褐色，说明水多。

图 2-46 仙客来播种程序

a) 穴盘装好土后用播种打孔机打孔　b) 打孔后的穴盘　c) 在穴盘上进行点播　d) 播种后进行覆土

(四) 播种后管理

进入温室后，光照以 5000~15000lx 为宜，湿度达 70%~80%，温度以 18~20℃ 为宜。根据穴盘的干湿度浇水，要勤浇水，但湿度不可过大，以免出现病害，空气干燥时用无纺布覆盖保湿，拱形架上罩一层白色遮阳网，晴天要及时喷水保湿，防止戴帽出土，以便顺利脱掉种皮。最好在每天早晨 7:00~8:00 进行人工"脱帽"。可根据光照强弱及时收拉遮阳网，在阴天最好不要覆盖无纺布。每天都要认真观察，随时去除有病的植株，要经常将手杀菌消毒。一般播种后 7 周叶已全部平展，此时即可浇肥。肥料以花多多为主，主要用 15-10-30 盆花专用肥和 20-10-20 通用肥，浓度为 300 倍液，pH 为 6.5，EC 值 0.8mS/cm。此期管理要保持基质表面稍干，不可过湿，5~7 天施一次肥，7 天左右喷药杀菌杀虫，药品有甲基托布津、百菌清、乐果、阿维菌素等广谱药剂。仙客来种子萌发及成苗过程如图 2-47 所示。

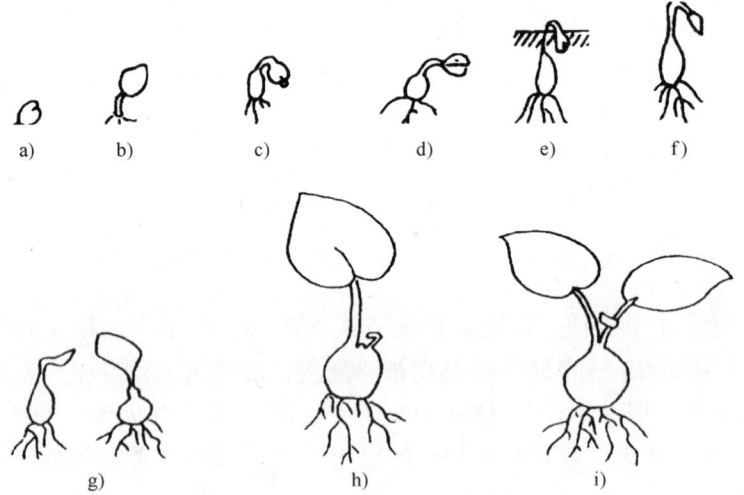

图 2-47 仙客来种子萌发及成苗过程

a) 种子萌动　b) 下胚轴伸长　c) 形成球茎及初生根　d) 胚轴伸长　e) 子叶发育
f) 长出子叶　g) 子叶展开　h) 主芽形成　i) 真叶展开

项目二 盆花生产

（五）移植

仙客来在根系已封盘、有 1~2 片真叶时即可移植。播种后 9 周，仙客来第一簇花蕾已形成，移植不可过迟，否则影响生长发育。移植后一般选择 72 穴或 50 穴的穴盘，基质与育苗基质相同。基质不要装得过实，移植时用手轻捏育苗盆，尽量不伤根，剥去基质表面的青苔，按大小苗分级，小苗尽量不转穴。将选好的苗栽到穴盘的中间，种球露出 1/3，子叶排列保持同一方向，使其充分受光，温度保持在 16~25℃，光照不要超过 20000lx，灌根时注意不要冲倒小苗。根据大小苗施肥，所用肥料与幼苗相同，保持 EC 值 1.0mS/cm，pH 为 6.5。

【关键与要点】

① 苗期定时喷水，保持基质湿润，促进发芽。待长出 1 片真叶时，可以将塑料薄膜去掉，遮上遮阳网控制光照，并不时喷水增湿。缓苗后逐渐给光照，通风，适当浇水也可以浇肥水，主要以氮肥为主，浇完肥水后切记用清水冲洗叶片，否则易引起叶片腐烂。

② 在幼苗期，胚根、胚轴生长慢，萌发后，胚轴膨大形成地上块茎，胚根不发达，萌发后停止生长，下端长出不定根，胚芽缓慢分化生长，形成缩短的茎。整个幼苗期生长极为缓慢。因此，要加强管理，确保仙客来平稳地度过这个时期。

③ 移植前喷水，使基质不松散，但不能浸水，基质太湿易伤根，移植操作要在遮阴条件下进行。栽植不宜过深，要露出生长点。

子任务三 上　　盆

仙客来播种后 15~17 周、3~4 片真叶已展开时即可上盆，此时种球直径 1cm 左右，根系已扎满，可明显看到花芽的萌动，注意不可过于徒长。

（一）选择花盆

一般选择双色盆，盆底部透水孔排列均匀，花盆规格选择标准是：大花品种 16~18cm、中花品种 12~13cm、迷你型 8~10cm。旧盆应进行消毒处理。一般情况为了防止病虫害的传染不使用旧的花盆。

（二）苗床消毒

温室要清理干净，除掉杂草、杂物等。苗床地面要杀虫杀菌。要彻底熏棚，保证温室周围环境无病虫害传染源。

（三）基质选择、配制

一般选择透水性好、疏松的国外粗草炭，纤维长度 30mm，加入 10% 珍珠岩，即草炭土与珍珠岩 5∶1 混合。也可选东北草炭加入 20% 的珍珠岩。基质要进行杀菌杀虫或者高温消毒。

（四）上盆

当小苗长至 5 片真叶时进行上盆定植，基质选择草炭土与珍珠岩按 5∶1 比例混合，基质中可以加入适量的缓释肥。上盆时球茎应露出土面 1/3 左右，以免翻盖花茎，覆土压实后浇透水。适当遮阳，待根系扎底后，将光照放强。

首先将花盆装满基质，根据基质的干湿及疏松程度进行装盆。把装好基质的花盆紧密摆放在苗床上。在花盆的中心挖 3.5cm 左右大小的穴，植入仙客来球，球应露出 1/3，特别要露出生长点，用手轻压基质表面，保持平整苗正。防止夏季暴晒，从而降低裂球概率，以防感染。幼芽长出，要注意勿伤根系。

【关键与要点】

① 使用基质之前要测 pH 及 EC 值。

② 定植时不要把球茎全部埋入基质中。基质的松紧度要适宜，根系要舒展。

子任务四　上盆后管理

（一）水分管理

仙客来盆土湿度适宜，水多球根容易腐烂。新根未长出前，空气的相对湿度最好控制在 80% 左右，新根长出后空气的相对湿度最好控制在 70% 左右。

（二）养分管理

肥料可选用专用的仙客来肥料，前期施 NPK 为 20-10-20 肥料，花芽分化期施 NPK 为 10-30-20 肥料，每周一次肥水，保持 EC 值为 1.0~1.2mS/cm，pH 为 6.5。

（三）温度管理

上盆后的前几天，不要低于 18℃，新根长出后不低于 15℃，最高温度不要超过 32℃。白天最好控制在 18~28℃，夜间最好控制在 12~14℃。在夏天，可以通过外遮阳、湿帘和风机结合使用降温。冬天可以通过暖气加温。

（四）光照管理

上盆后的前 4~5 天要进行遮阴，防止暴晒，光照强度应控制在 15000~20000lx。新根长出后，可以增加光照强度，遮阴网要随光照强度的增减进行灵活调整。

【关键与要点】

小苗定植后注意光照和水肥管理。掌握好停肥的时机。盆土基质一直要保持在湿润状态。

子任务五　其 他 管 理

（一）拉叶整形

在仙客来生长的高峰期，仙客来有 20 片叶以上时，叶与花的发育比例为 1∶1，仙客来的初花应及时打掉。叶片 20 片以上时，应加强拉叶，过于密集应及时疏叶，使株形美观，改善球茎顶部光照，利于花芽、叶芽分化，使仙客来叶片匀称美观，花朵集中鲜艳，极具观赏力（图 2-48）。

图 2-48　仙客来生长

（二）疏叶

通常在进入现蕾期后，花朵开放前即花梗伸长期，疏除内膛叶片。花生于叶腋，一般每个叶片的叶腋都有一个潜伏的花芽，因而在营养充足、空间允许的情况下尽可能多保留更多叶片，以使开花更多，在疏除叶片时要先将叶柄左右旋转，使叶柄基部活动，再轻轻摘下，以免将叶腋的花蕾带下。

第一年开花进入秋天后进行换盆，施薄肥。入秋后逐渐增大光照强度，并追磷钾肥，促进开花。现蕾后，停止施肥，增大光照强度和延长光照时间，保证 75%~80% 的湿度。一般元旦前后会开花。

子任务六　花后管理（夏季管理）

花后生长处于缓慢、停止状态，又是夏季高温季节，会随即进入休眠期，此时期要注意以下几点：

1. 控制肥水

进入 5 月下旬，气温升高达 28℃ 以上，光照逐渐加强，尤其在温室内更早出现光温升高现象。仙客来在此条件下，会出现下叶枯黄、心叶皱缩、叶柄萎蔫下垂现象，但这不是缺水或缺肥引起的，因此千万不要浇大水施浓肥，否则，极易烂球。浇水应由减少供应到停止供应；施肥由原来每两周一次到不施肥只浇水。

2. 注意降温

在 5 月下旬应及时采取通风、遮阳措施，降低光照和温度，减少浇水，保持盆土半干半湿，逐渐降低温湿度。可用遮阳网进行降温，使仙客来进入夏季休眠状态。球茎可以留在盆中也可以取出置于阴凉处。

【关键与要点】夏季休眠阶段，入夏后叶片发黄，逐渐停止浇水施肥，放在通风阴凉的地方越夏。入秋后进入正常管理第二年又可开花。

要定期检查球茎是否干缩或有病虫害，发现问题及时采取措施。夏季保苗阶段夏季仙客来处于半休眠状态。使用风扇、湿帘进行降温通风，如果湿度太大可以启动中空加热，去除湿气。这时需要遮阳，使用循环风扇促进室内空气流通。由于其处于休眠状态，可以停肥，只浇清水。

子任务七　新 株 度 夏

年初或早春播种的植株，营养生长在夏季高温季节，由于没有开过花，所以需要采取一定的措施，避免夏季休眠，让其正常生长。要采取以下措施：①遮阳通风：若室内通风不好或温度较高，要将苗移入室外，搭荫棚避光，在荫棚上部还要加塑料膜，防止淋雨。②加湿降温：要经常喷雾，维持一个较凉爽的环境，同时防止盆内过湿易烂球、过干生长缓慢易引起休眠现象发生。③控制施肥：肥过多导致枝叶徒长，茎叶软弱，易腐烂；肥过少生长不良。5 月开始控制施肥，每周一次，施肥时应在盆土稍干、松土后进行，施肥后要喷水，以免叶片沾上肥料引起腐烂或坏死。

【关键与要点】

① 仙客来叶片达到 15～20 片时，及时打掉初花，叶片 20 片以上时，应加强拉叶，并及时摘掉过于密集叶片

② 夏季一定要采取降温措施，增加湿度，防止基质过干，让当年新株顺利度夏。

③ 要定期检查球茎，发现问题及时采取措施。

子任务八　病虫害防治

一、主要病害

（一）仙客来灰霉病

症状：叶片、叶柄、花梗、花瓣均可发病。叶片发病先在上叶缘呈水浸状斑纹，逐渐蔓

延到整个叶片，造成全叶变褐干枯或腐烂。

防治措施：①控制大棚和温室的温湿度；②药剂防治：喷雾可选用50%扑海因可湿性粉剂1500倍液、70%甲基托布津可湿性粉剂1000倍液。

（二）仙客来花叶病

症状：主要危害仙客来叶片，也侵染花冠等部位。使叶片皱缩、反卷、变厚、质地脆，叶片黄化，有疱状斑，叶脉突起成棱。纯一色的花瓣上有褪色条纹，花畸形、花少、花小，有时抽不出花梗。植株矮化，球茎退化变小。

防治措施：①将种子用70℃的高温进行干热处理脱毒；②栽植土壤要进行消毒；③以球茎、叶尖、叶柄为外植体的组培苗，其带毒率较低。

（三）仙客来枯萎病

症状：从植株距地面近的叶始发，叶变黄枯萎，逐渐向上蔓延，除顶端数片完好外，其余均枯死。

防治措施：发病初期喷洒50%多菌灵可湿性粉剂或36%甲基硫菌灵悬浮剂500倍液，隔7~10天喷1次，连续喷灌3~4次。

（四）仙客来细菌性软腐病

症状：发病初期，近地表处的叶柄、花和花梗水渍状，进而变褐色软腐，导致整株萎蔫枯死，球茎腐烂发臭。病部有白色发黏的菌溢出。

防治措施：用过的花盆用1%硫酸铜液洗刷。

（五）仙客来炭疽病

症状：危害仙客来的叶片。叶片上产生圆形病斑。病斑中部呈浅褐色或灰白色，边缘呈紫褐色或暗褐色。病斑中产生许多小黑点，即分生孢子器。危害严重时可使叶片枯死。

防治措施：①剪除并销毁病叶；②发病初期喷50%多菌灵可湿性粉剂500倍液或50%甲基托布津可湿性粉剂500倍液，每隔10天左右喷1次，共喷2~3次。

二、主要虫害

1. 真菌蚊子

症状：在生长介质表面或叶片上飞来飞去。成虫一般不会直接危害植株。虫卵零散分布在生长介质表面，经过5~6天，孵化成为身体白色半透明、头部亮黑色的幼虫。幼虫一般生活在根系的上部区域，吃腐坏的有机质和活的植物组织，因此直接对植物造成伤害。同时伤口易使根部病菌侵入。从卵到成虫需2~4周的时间。

防治措施：黄色粘虫纸对真菌蚊子的成虫很有效。另外成虫对大部分杀虫剂都比较敏感，可以通过喷施防治。幼虫可通过土壤灌注的方式控制。

2. 仙客来螨

症状：仙客来螨在高温干燥的环境下易发生，多寄生于球茎、叶、花蕾处吸食汁液，使叶组织变形，生长发育停止，形成畸形叶、花叶或不开花。由于仙客来螨体型很小，繁殖速度快，因此到发现时往往已形成一个很大的族群。从卵到成虫需7~14天，视温度而定。热且干的环境适合仙客来螨的发育，故应注意对温室内的温度进行调节。

防治措施：许多杀虫剂对仙客来螨都有效，如40%三氯杀螨醇1000倍液、75%克螨特乳油2000倍液，但由于大部分仙客来螨都在下位叶背及嫩芽上为害，因此用杀虫剂喷雾时

一定要仔细均匀喷透,并连续喷施2~3遍。

3. 蓟马

症状:蓟马吸食幼嫩叶片及花朵,并使其变形僵化。同时蓟马还是病毒病的主要传播媒介。

防治措施:蓟马的防治要尽早,在仙客来生长初期就要加强预防。植株小时,喷药效果较好;植株长大后,郁闭的叶片使喷药效果降低。可用50%辛硫磷乳剂1000倍液、80%敌敌畏2000倍液喷杀。黄色粘虫纸对蓟马成虫有效,但蓝色、白色粘虫纸的效果更好。

4. 蚜虫

症状:蚜虫寄生于幼叶、花蕾处,吸取汁液。危害严重时,导致植株发育不良。蚜虫的分泌物可以引起煤污病的发生。蚜虫可以传播病毒病。

防治措施:可用80%敌敌畏乳剂1000倍液、10%吡虫啉1000倍液喷杀,效果都很好。

5. 夜蛾

症状:初龄幼虫在叶背群集危害,被食叶片仅留叶脉及上表皮,老龄幼虫把叶片吃成缺口或全叶吃光。幼虫白天潜伏在仙客来叶背或基质间隙等隐蔽处,晚上活动取食。

防治措施:可用50%辛硫磷乳油1000倍液、35%辛齐乳油(克蛾宝)1500倍液喷施,也可人工进行捕杀。

6. 蛞蝓

症状:蛞蝓属于软体动物门,腹足纲,虫体柔软无外壳,体表可分泌黏液。其危害植物叶片、花形,成孔洞、缺刻,并在叶、花上留下黏液,影响观赏。

防治措施:①可在花盆周围施石灰或盐末,蛞蝓爬过时形成体液反渗透而被杀死;②用20%广杀灵1000倍液、20%灭扫利1000倍液喷杀。

【巩固训练任务一】 丽格海棠盆花生产

1. 任务内容

以小组(5~6人为1组)为单位,独立完成丽格海棠盆花生产全过程,丽格海棠盆花生产主要包括育苗、上盆、日常养护、花期管理、夏季管理、病虫害防治、种苗生产等内容。通过任务的完成,重点掌握小花型盆栽植物的育苗技术及花期管理、夏季管理养护技术要点,最终生产出丽格海棠盆花产品。

2. 任务要求

1)在完成巩固训练任务丽格海棠盆花生产过程中,重点对小花型盆栽植物的育苗技术及摘心、疏蕾等日常养护管理要点进行反复训练,达到熟练操作,具备指导该方面生产能力。

2)制定丽格海棠盆花周年生产方案、生产计划和资金预算方案,方案和计划应符合实际生产需要,方案应详细、合理、具有可操作性。

3)各小组根据制定的方案进行任务实施。

4)每次任务结束填写工作日志和成本记录表。

5)巩固训练任务全部结束,各小组要根据成本记录和销售记录完成该品种效益分析报告。

6）任务完成过程中要分工合作，各种药品按照使用说明进行正确使用；按照工具的正确使用规范进行操作，保证设备的完整以及人员的安全。

3. 主要技术要点

1）繁殖。可以茎插和叶插。叶插可以采用直插法或平铺法（图2-49）。

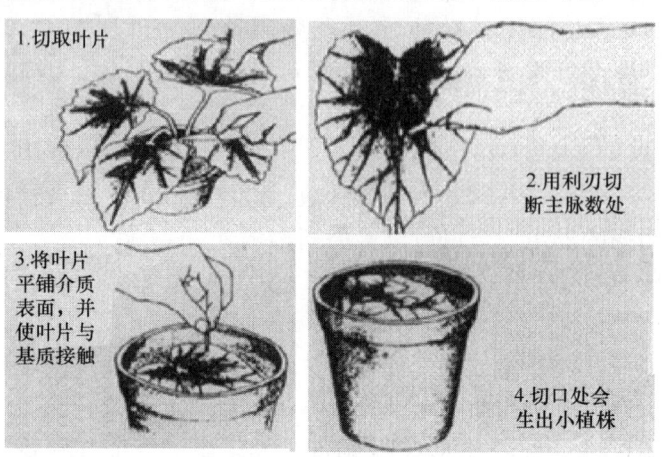

图2-49　叶插繁殖方法

2）上盆。栽培基质要足够轻又不能太细，选择草炭土和珍珠岩混合基质。pH为5.5～6.0，上盆前采样检测。上盆后短期内要频繁浇水，直到盆底部介质湿透为止。

3）摘心。为了保证植株生长更好、分枝多，要进行摘心。上盆约2周后摘心，只留主枝的4个枝，其余都摘掉。注意摘心的时候不要折断大的枝，否则会导致生长不均或者长出不必要的大的上部叶片。

4）长日照处理。营养生长期需要进行长日照处理。9月以后需人工补光，每天保证光照时间不少于14h。可用荧光灯或普通灯泡：$10～15W/m^2$。

5）短日照处理。为促进花芽分化，可以通过缩短日照时间来调控，通常采用遮黑处理。

6）日常管理。上盆后温度必须保持在20～21℃，营养生长末期，温度可低至17～18℃，低温可使花更充分着色。使相对湿度保持在75%～85%，尽量避免高湿。最大光强在17000～22000lx。基质EC值不能超过1mS/cm，pH在5.0～5.5最好。盆土不要太湿，否则容易徒长。丽格海棠成品如图2-50所示。

图2-50　丽格海棠成品

7）病虫害防治。

① 蚜虫。

危害症状：叶梢产生黄斑，然后叶片开始卷曲。

防治措施：用啶虫脒 2000 倍液喷洒 3 次，每隔 3 天喷 1 次。

② 蓟马。

危害症状：使叶片受伤的地方突出，有洞且伤口增加。

防治措施：用吡虫啉 1500 倍液喷洒。

③ 粉虱。

危害症状：通常聚集在叶背，刺吸植物汁液，受害叶片褪绿、变黄、萎蔫，甚至全株枯死，还可诱发煤污病的发生。

防治措施：用啶虫脒 2000 倍液喷洒。

④ 细菌性叶斑病。

危害症状：可翻开叶片，有黑色油渍状斑点。

防治措施：控制湿度，防止接触性感染，发现病株及时清除。

任务二　一品红盆花生产

【任务描述】

一品红盆花生产主要包括育苗、上盆、日常管理、病虫害防治、花期调控等内容。通过任务的完成，在掌握一品红盆花生产技术的同时重点学会一品红在生产中常用的扦插繁殖技术及花期调控技术，最终培育出合格的一品红盆花产品。

【任务目标】

1. 能根据市场需求主持制订一品红盆花周年生产计划。
2. 能根据企业实际情况、品种的生长习性，主持制定一品红盆花生产管理方案。
3. 能按方案进行一品红扦插繁殖、花期调控及养护管理，并能根据实际情况调整方案，使之更符合生产实际。
4. 能吃苦耐劳，并能与组内同学分工合作。
5. 能结合生产实际进行一品红盆花生产效益分析。
6. 通过巩固训练任务的完成，熟练掌握短日照处理技术，具备指导该方面生产能力。

【相关介绍】

1. 形态特征

一品红又名圣诞花、象牙红，为大戟科大戟属常绿灌木。其花为小黄花，植株顶部一层大苞片叶鲜红而艳丽，美如花朵，故名一品红。其原产墨西哥和中美洲，其特点是植株较矮化，分枝性强，花形、花色美，且叶片不易脱落，观赏时间长，是圣诞节、元旦、春节期间重要的室内外观赏盆花（图 2-51）。

2. 生态习性

一品红性喜温暖、湿润的环境，不耐寒，适宜生长的温度为 18～29℃，12℃以下停止生长，35℃以上则生长缓慢甚至停止生长。一品红属典型的短日照植物，花芽分化适温为 15～19℃，低于 15℃ 不

图 2-51　一品红

能进行花芽分化。

3. 生产现状

一品红是圣诞节的代表性花卉，也是世界上最受欢迎且流行的盆花之一。我国栽培的一品红是从欧美引种的，目前在北京、上海、湖北、福建、四川、广东等都建有一品红盆花的生产基地，并不断从美国、荷兰、德国引进新品种。其一直是欧美占市场份额最大的盆花品种。

4. 主要品种

常见品种有一品白，苞片乳白色；一品粉，苞片粉红色；一品黄，苞片浅黄色；深红一品红，苞片深红色；三倍体一品红，苞片栎叶状，鲜红色；重瓣一品红，叶灰绿色，苞片红色、重瓣；亨里埃塔·埃克，苞片鲜红色，重瓣，外层苞片平展，内层苞片直立，十分美观；球状一品红，苞片血红色，重瓣，苞片上下卷曲成球形，生长慢；斑叶一品红，叶浅灰绿色、具白色斑纹，苞片鲜红色；保罗·埃克小姐，叶宽、栎叶状，苞片血红色。近年来上市的新品种有喜庆红、胜利红、橙红利洛、珍珠、皮切艾乔等。

【材料与工具】

1. 材料

一品红种苗、花泥、草炭土、沙子、多菌灵、代森锌、三氯杀螨醇、杀灭菊酯、阿维菌素、腈菌唑、高锰酸钾、生根剂、包装袋、胶带等。

2. 工具

刀片、剪刀、铁锹、花铲、手锄、纸箱、喷雾器、量筒、天平、花盆、花托、遮阳网等。

子任务一　品种选择

（一）叶色

一品红按叶片颜色可分为绿色叶系和深绿色叶系两类。一般来说，绿色叶系的品种比较耐高温，对肥料的需求也比较大一些；而深绿色叶系的品种则比较耐低温，对肥料的需求相对较小。

绿色叶系品种：持久系列、福星、俏佳人、金多利、红粉、双喜等。

深绿色叶系品种：天鹅绒、威望、精华、彼得之星、自由系列、千禧、探戈、富贵红、旗帜等。

（二）生长势

有些品种生长势强，生长迅速，能够发育成较大型的植株，如福星、威望、精华等，适合作大规格盆栽或树状栽培（但某些品种如千禧植株有开裂的特性，尽管生长势较好，也不适合作大规格盆栽或树状栽培）。而有些品种生长势不强，但正因为如此，株高较好控制，可减少矮壮素的施用，如金奖、红爱福等，适合作标准型或小型盆栽。

（三）抗热性

花期的耐热性指的是温度尤其是夜温对苞片颜色的影响。耐热性好的品种如福星，即使夜温相对较高，苞片颜色着色仍较鲜艳，而有些品种颜色就会变粉、着色不完全，甚至不着色。例如在选择国庆出圃的品种时，绿色叶系的"俏佳人"虽然在营养生长阶段即使高温也生长良好，但是到花期，如果晚上的温度偏高的话，其苞片的颜色就会偏粉。因此，作为国庆出圃的品种来说，俏佳人可能不太合适。

子任务二　育　　苗

一般采用扦插方式育苗。

（一）扦插基质准备

基质一般可用草炭与珍珠岩、河沙或园土加沙，根据地区环境的不同，扦插的基质混合比例也不同，材料也不相同。现在生产上一般选择花泥作为扦插的基质，花泥保水性能好，而且材料简单，在扦插前要准备专业的扦插花泥，并且切成相应穴盘口的大小。扦插前一天，把准备好的花泥基质浸泡到水中，待基质充分吸水后按穴盘大小，切成小块，放入穴盘中。

（二）插穗准备

嫩枝扦插在采条之前，须控制浇水，使盆土保持微干状态，抑制嫩枝生长，使其组织充实，有利于插穗成活。插条一般用带生长点的顶端枝段，这种枝段比其下部的枝段容易生根，成活率高，根系发达。插穗长度通常为 8～12cm，或带 4～5 片叶子，插穗上的叶片要保证完好，不要有破损。采条工具选择经过 75% 的酒精浸泡过的锋利的单面或双面刀片，保证采条工作在无菌的条件下进行。切口在节下的比在节间的成活率高。插穗平口切下后，立即在切口处蘸上植物生根粉或相应比例的生根剂，不仅生根快而且还可以避免插穗基部腐烂。

（三）扦插

采好的插穗为保证成活率应该随采随插，如果不能立即扦插，就将插穗放到阴凉的地方，保证叶面湿润。扦插深度约为插穗长度的 1/3～1/2（图 2-52）。

（四）插后管理

将插后的一品红放在穴盘中，叶片要互不遮挡，摆在种植床上，第一次要浇透水，水中放入杀菌剂，防止烂根。盖上塑料布，保持较高湿度。中午光强时要用遮阳网进行遮光，温度较高时还要将两侧打开进行通风降温。以后浇水不宜太多，每天向叶面喷水 4～6 次，注意适当通风。水多、高温、空气不流通，是引起插穗基部腐烂的主要原因。在 15～20℃ 的条件下，插后一周便开始生根（图 2-53）。

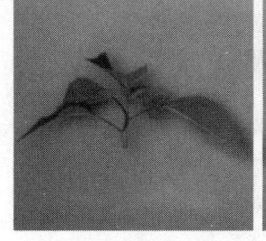
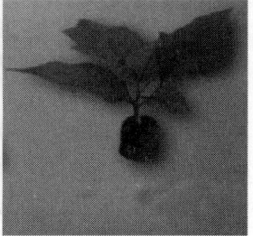

图 2-52　扦插

图 2-53　生根

【关键与要点】

① 花泥要完全浸泡透即花泥基质表面没有白点和气泡时才能使用。

② 插穗处理时，一品红插穗切口处有浆汁，如用0.1%~0.3%的吲哚丁酸粉剂处理插穗，不仅生根快而且还可以避免插穗基部腐烂。

③ 在夏季，扦插后一周内一定要注意降温并要保持较大湿度，最好在插后两天内浇杀菌剂，防止基部腐烂。

子任务三　上盆前准备

一、基质选择及消毒

（一）基质选择

选择适当的栽培基质对一品红盆花栽培十分重要，不单是影响生产过程管理，也是栽培一品红盆花成功的关键。好的栽培基质，应该基本具备质轻、多孔性、通气良好、排水良好、适当的含肥量及容易操作调配等条件。一品红的栽培基质用草炭、珍珠岩、河沙等按10∶2∶2的体积比例混合较好。用石灰调整基质pH至5.5~6.5。

（二）基质消毒

基质消毒是生产高品质一品红至关重要的一环。常用的消毒方法有甲醛消毒、蒸汽消毒、必速灭消毒等。

一般可以将必速灭颗粒撒在要消毒的配制好的基质上，用量为30~40g/m²，充分搅拌均匀，喷水保持基质湿润，7天后再松动土壤使残留药溢出，期间2天翻动一次，一周后，气味挥发掉再用。

二、花盆选择及消毒

一品红的根系对光线强弱较为敏感，应选用壁较厚、颜色较深、透光率低的盆具。一般选择双色盆，盆的规格按所栽培植株的高度和株形大小要求而选择不同的盆具种植。旧的使用过的花盆要进行消毒处理后才能使用。

【关键与要点】

① 要注意施药前，基质的含水量要达到饱和持水量的60%~70%。

② 选择花盆时可用手指贴住花盆的内壁，然后将花盆对着光亮处观看，若能透过花盆壁看清手指的数量，则表明这种盆太透光，不能用。

③ 使用基质之前要测pH及EC值，基质pH及EC值调节要符合一品红生长需要。

子任务四　上　盆

（一）上盆基质选择

一品红的根系，对于水分、温度、氧气和肥料浓度比较敏感。选择一品红上盆的基质是草炭（进口草炭最好）与珍珠岩按照1∶1比例混合均匀后再添加NPK比例为20∶10∶20的复合肥，也可以加一些有机肥，但要搅拌均匀，搅拌时要喷施杀菌剂如多菌灵500倍液喷施。

（二）种苗的选择

优质种苗的标准是：生长好，健壮，无病虫害，根系发育良好，根系多，苗高。

（三）上盆

先用花铲往营养钵中装入 2/3 盆基质，将小苗连同花泥一同放入盆中，然后填充基质，切忌种植过深，用手轻轻压实，以淋透水后花盆内基质表面与种苗的基质表面齐平为合适，一般花盆基质表面要低于盆口 1~2cm，定植之后立即用杀菌剂给一品红灌根，灌根时以盆土全部浸润为宜，注意在灌根操作时应尽量避免淋到叶片上，第二天上午再淋透一次清水。扦插生根后一品红的上盆步骤如图 2-54 所示。

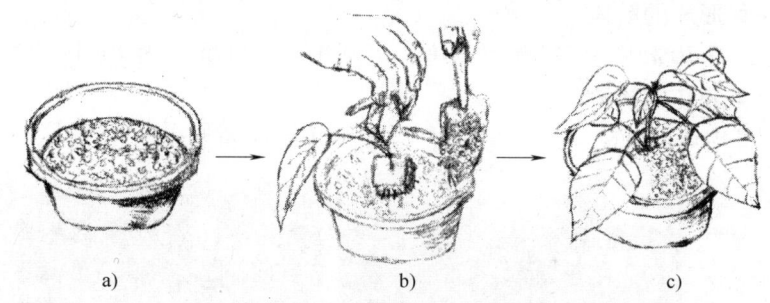

图 2-54　扦插生根后一品红的上盆步骤

a）将基质填入花盆内　b）将生根后的一品红连同花泥一起栽入花盆内　c）上盆后的一品红

【关键与要点】当花泥外侧有根系长出就可以上盆，不要将花泥去掉，花泥会在盆中自行腐烂，切忌种植过深，浇水后以盆土表面与苗的基质表面齐平为宜。上盆后用杀菌剂对一品红进行灌根处理。

子任务五　上盆后第一次施肥

一品红种苗定植后 12~15 天，将种苗从盆内脱出，在基质边上能看到有新根长出时，作为第一次施肥标准，一般用育苗期肥料，浓度 1500 倍就可以，通常 15cm 盆口直径每盆施肥量 250mL 左右。

【关键与要点】施肥时要保证每盆基质干湿度一致。

子任务六　摘　　心

小苗上盆后 15 天左右进行第一次摘心，摘心的适宜时间以摘去顶端的生长点后，下面仍留有 5~6 个芽为宜。以后根据需要还可以进行二次摘心或三次摘心，二次摘心或三次摘心时每个枝条可以留 2~3 个芽，以中间比较高的枝条确定摘心高度。每次摘心后，过一段时间将发出侧枝，一般来说，第一次摘心后，留 3~4 个侧枝，第二次摘心或第三次摘心，一般留 2~3 个侧枝，留侧枝的原则是尽量选留高度一致的，留强去弱，然后留成中间略高、四周略低的馒头形。打顶后打去中间遮住侧芽的叶片。摘心后的三四天内要适度遮阴，摘心前后各喷一次叶面肥。

【关键与要点】为了保证一品红有一个良好的冠形，打顶要及时，一般需 2~3 次。

子任务七　日常养护管理

（一）水分管理

一品红不耐干旱，又不耐水湿，所以浇水要根据天气、基质和植株生长情况灵活掌握。

一般浇水以保持盆土湿润又不积水为度，一般 1/3 的盆内基质干了就应浇水，在开花后要减少浇水，浇水时最好要进行灌根。盛花时要减少浇水量，如浇水过量会导致落叶。

一品红不同生长阶段对湿度的要求不同，具体情况如下：

1. 从移栽至摘心的阶段

此时由于刚从扦插环境转入盆栽环境，湿度变化较大，需要增加湿度以使小苗适应新环境从而能正常生长。在一天中最热的时段应不断喷雾以保持 80%～90% 的相对湿度。

2. 摘心至花芽形成的阶段

这一阶段应保持 70%～75% 的相对湿度，以利于一品红抽芽和正常生长。

3. 花芽形成至开花的阶段

此时应逐渐将相对湿度降至 70% 以下，以减少灰霉病的发生（图 2-55）。

图 2-55　预防灰霉病

（二）养分管理

从栽植两周后开始追肥，每 7～10 天施一次肥。在生产上，采用有机肥与无机肥相结合的方式进行追肥，每两周施一次饼肥和每周施一次 NPK 速效肥（20-10-20），在植株生长前期，用量一般是每盆饼肥 10g、NPK 速效肥 1～2g；在花芽分化前一周至开花前，每两周施一次饼肥和每周施一次 NPK 速效肥（15-20-25），用量一般是每盆饼肥 10g、NPK 速效肥 1～2g；在开花期，每周施一次 NPK 速效肥（10-20-20），用量一般是每盆 1g；施肥在生产上一般与灌溉结合起来，肥料可以配置到蓄水池中，随水浇到花盆中。当然用无土基质栽培的一品红，对微量元素的要求较高，微量元素包括硼、锌、镁、钼、铁等。一品红元素缺乏症状见表 2-24。

表 2-24　一品红元素缺乏症状

元　素	缺　乏　症
氮（N）	生长趋缓，叶片均匀黄化，由下往上落叶
磷（P）	叶面积减少，上位叶叶色常绿，未成熟叶坏死
钾（K）	下位叶叶缘黄化、焦枯，由叶缘向脉间坏死
钙（Ca）	叶变暗绿、柔软、扭曲变形、坏死
镁（Mg）	下位叶多，叶脉间黄化
铁（Fe）	幼叶均匀变浅绿色
锰（Mn）	幼叶变浅绿色，叶脉保持绿色
锌（Zn）	植株矮化，新叶黄化
硼（B）	植株矮化，生长停顿
钼（Mo）	成熟叶黄化，上位叶叶缘内卷且焦枯

项目二 盆花生产

（三）温度管理

温室的温度白天最好控制在 20～27℃，夜温要不低于 15℃，在夏天如果室内温度超过 32℃时，要采取措施降温，主要通过外搭遮阳网和内部喷雾来降温；在冬天，可以通过暖气加温来提高温度。冬季温度不低于 10℃，否则会引起苞片泛蓝，基部叶片易变黄脱落，形成"脱脚"现象。

（四）光照管理

一品红喜光照充足，向光性强，属于短日照植物。一年四季均应有充足的光照，苞片变色及花芽分化、开花期间显得更为重要。如光照不足，枝条易徒长、易感病害，花色暗淡，长期放置阴暗处，则不开花，冬季会落叶。因此，在夏季，采用 50% 的遮阳网遮光；在春秋季节，不用遮阳网遮光；在冬季，要经常擦洗温室棚膜或玻璃。一品红不同生育期适宜的光照强度见表 2-25。

表 2-25　一品红不同生育期适宜光照强度

生育期	适宜光强/lx	生育期	适宜光强/lx
母株采穗期	45000～60000	摘心	40000～50000
扦插初期	10000～20000	营养生长期	35000～60000
扦插驯化期	25000～35000	生殖生长期	35000～60000
上盆定植	25000～35000	出货期	30000～60000

（五）高度控制

一品红的高度控制一直是一品红栽培的一个难点。完美的、达到国际标准的一品红为冠：高 > 1:1.3，在正常管理下植株往往偏高，栽在花盆中有损观赏价值。必须通过打顶和药剂处理进行高度控制。但施用生长调节剂要特别谨慎，不仅要考虑不同的品种对生长调节剂的要求不同，还要根据不同的生长阶段而定。一般情况下小苗移栽到摘心前一般无须施用生长调节剂。营养生长阶段施用时间以摘心后两周时为宜，此阶段施用相对较安全。花芽分化阶段则一般不提倡施用。假如要施用生长调节剂，应尽量在花芽分化前，晚施会推迟开花和使苞片减少。

【关键与要点】夏季一定要采取降温措施控制温度，在温度高的条件下，一品红的高度很难控制。持续几天的高温，一品红高度超标，将会使一品红商品价值大大降低，造成经济损失。

子任务八　花期调控

在自然的光照条件下，一品红是在 11、12 月开花的，这也是一品红又叫"圣诞花""圣诞红"的由来。要想周年进行一品红生产，就要进行花期调控，主要通过调节光照时间来控制花期。

（一）促成栽培

要使一品红提早开花就要在自然条件是长日照的情况下制造人工短日照处理，即进行遮光处理，遮光时间为每天 13～14h。

遮光材料是影响遮光成功与否的重要环节，选择遮光材料时，一般选择延伸性好、不透光、质轻的材料。遮光方式一般有外遮和内遮两种，外遮即把遮光材料直接覆在温室的外膜上，内遮要在内部架设钢丝成屋状结构，然后覆盖上遮光材料。遮光的关键是不能透光，要达到"伸手不见五指"的标准。如进行遮光时温度较高，夜间应把遮光物打开并强制通风，降低棚室温度，第二天天亮前再遮好。

在遮光期间夜间一定要注意降温，尽量控制在24℃以下，白天不能超过30℃，避免植株过高，并要经常转盆，避免发生偏冠；经常检查盆距以免影响冠幅的生长。一品红叶片转色后每周喷1~2次叶面肥。

（二）抑制栽培

要想使一品红延至春节开花出售，就要进行补光栽培，一般在晚上10点到第二天凌晨2点进行补光，在植株周围光照的强度为100lx，温室内最暗处的光强都应保持在40lx以上。补光灯应架设在距地面1.7~1.8m的位置，该高度是光照面积和光照强度的最合理搭配。每10m²用一盏100W的白炽灯泡。

【关键与要点】

① 在遮光期间夜间一定要注意降温，尽量控制在24℃以下，白天不能超过30℃。

② 补光栽培时，温室内最暗处的光强都应保持在40lx以上，夜晚温度在18~20℃为宜。

子任务九　病虫害防治

（一）生理性病害防治

1. 叶片畸形

造成叶片畸形的原因：①在植株严重缺水时浇水，乳汁就会从茎或叶的生长点处溢出来，当乳汁变干时，干的乳汁会妨碍这部分叶片的扩展，使叶片扭曲、变形；②过高的土壤湿度和过高的空气湿度，两者都会使生长细胞间的液流压力增高从而导致叶片畸形；③其他因素：包括低温、机械损伤、过强的空气流通（造成生长细胞受损）及光合速率过高（由于碳水化合物积累而引起细胞的渗透压过高）等。

防治措施：避免基质过湿；避免空气湿度过高，尤其是夜晚的空气湿度；植株不能摆放太密，彼此之间要有空间让空气流通；适度遮阴以避免光合速率过高；避免温度急剧变化。

2. 分叉

一品红单一枝条生长到一定长度后，即使在长日照条件下也会形成花芽，此时植株继续发育会出现分叉现象。因此，在长日照条件下必须注意适时安排打顶，以避免一品红单一枝条生长过长而出现分叉现象。

3. 落叶

一品红叶片的脱落往往从植株的萎蔫开始。植株萎蔫，下部叶片变黄、脱落。原因通常有以下几点：①水分失调，表现为土壤过湿或过干；②温室内通风不良致使乙烯或其他有害气体在温室中积累，这甚至可使植株在一夜之间叶片全部脱落；③茎或根部发生病害；④基质中可溶性盐分含量过高。

防治措施：注意水肥管理、加强温室通风，有助于避免这种情况的发生。

（二）真菌病害防治

1. 灰霉病防治

症状：灰霉病是一品红栽培中最常见的病害，其侵染植株的各个部分，被侵染的部分先出现水渍状棕黄至棕色的病斑，在潮湿的条件下，病斑处会形成灰色有毛的病菌。

防治措施：①控制温室的温湿度；②在室内安装风机，促进空气循环；③避免机械损伤；④每周可用速克灵烟剂熏蒸进行预防，发现病害之后，及时清除病叶，每5天喷施一次800倍嘧霉胺溶液或600倍万霉灵溶液，连续喷施2~3次。

2. 白粉病防治

症状：白粉病是一品红栽培中比较常见的病害，感染此病害后，植株表面出现白色粉状物。

防治措施：发病后，主要喷施800倍12.5%腈菌唑溶液或600倍15%粉锈宁溶液，同时减少温室的温差，降低空气湿度，加强室内空气流通。

（三）虫害防治

1. 白粉虱防治

白粉虱是危害一品红的主要害虫。其主要的防治措施是在通风口及门窗上安装防虫网；用黄色粘虫板涂上重油诱粘成虫；喷杀药剂与药剂熏蒸结合施用，通常在喷完药剂之后，马上进行烟剂熏蒸。杀虫药剂主要有氰戊菊酯、天王星、绿威乳油等。

2. 红蜘蛛防治

红蜘蛛也是温室中常见的病害。主要防治措施是喷施600倍液2.5%阿维菌素溶液或800倍液三氯杀螨醇溶液。

【巩固训练任务二】 叶子花盆花生产

1. 任务内容

以小组（5~6人为1组）为单位，独立完成叶子花盆花生产全过程，叶子花盆花生产主要包括育苗、上盆、日常养护、花期调控、病虫害防治、种苗生产等内容，通过任务的完成，重点掌握短日照处理技术及病虫害防治技术要点，最终生产出叶子花盆花产品（图2-56）。

图2-56　叶子花

2. 任务要求

1）在完成巩固训练任务叶子花盆花生产过程中，重点对叶子花短日照处理技术及病虫害防治技术进行反复训练，具备指导该方面生产能力。

2）制订叶子花盆花周年生产方案、生产计划和资金预算方案，方案和计划应符合实际生产需要，方案应详细、合理、具有可操作性。

3）各小组根据制定的方案进行任务实施。

4）每次任务结束填写工作日志和成本记录表。

5）巩固训练任务全部结束，各小组要根据成本记录和销售记录完成该品种效益分析报告。

6）任务完成过程中要分工合作，各种药品按照使用说明进行正确使用；按照工具的正确使用规范进行操作，保证设备的完整以及人员的安全。

3. 主要技术要点

1）叶子花。又名三角花，原产南美巴西。性健壮，喜温暖、湿润、强光和富含腐殖质的肥沃土壤，生长适温为20～25℃，不耐寒，冬季温度过低会落叶，一般以沙质壤土为好。对光的需求量大，如果不足，会影响开花。

2）繁殖。一般采用扦插繁殖方法繁殖。5～6月间剪取半木质化的当年生新枝，剪成12～15cm长，上带2～3个芽，插于沙子中，深度为整个插穗的1/3左右，保持25℃的温度，湿度80%，一个月后可以生根。

3）摘心、抹芽。枝条生长到20～30cm时就要摘心，使植株矮化，多发侧枝。以后在整个生长期根据植株长势情况摘心3～5次。新芽萌出后还要抹除一些继续生长会造成空间安排不当的嫩芽，以形成一个通风透光的良好株形，为大量开花创造条件。

4）叶子花修剪与矮化。

①叶子花修剪不仅可以增加开花枝数，而且还可以使植株矮化，株形完美，在修剪过程中应掌握短、重、疏相结合原则。短即短截，要将一些水平纤细枝进行短截，促其基部萌发较多开花母枝，保证开花旺盛；重即重剪，新生徒长枝必须重剪，以免其争肥争水，消耗养分；疏即疏剪，疏去过密枝、弱枝、顶生枝，改善树冠内外的通风透光条件，提高光合效能，减少病虫危害。

②开花枝培养。叶子花的开花特性为侧枝优势，尤其以植株中上部的外层枝开花最多，故叶子花要花多色艳就必须有新生的枝条，因此要疏去内膛无用枝条，形成一个通风透光的良好株形，为其大量开花创造条件；当新枝长到6片叶时，打头处理，摘去2～3片叶，在生长季节反复操作3～5次，可培育出较多开花侧枝。

5）短日照处理方法与一品红相似。

6）开花前要控水。叶子花浇水本着"干透浇透"的原则。但要使叶子花多、开花整齐，开花前必须进行控水。让盆土保持干燥，枝叶软垂时进行浇水，如此反复三次，恢复平时正常浇水。控水期间切忌施肥，以免肥料烧伤根系。约一个月时间，叶子花即可显蕾开花，而且花开放整齐、繁盛。

7）花后修剪。花后要及时剪去已开过的花梗及花苞，剪去耗养分且无开花作用的内膛枝、纤弱枝、交叉枝、轮生枝、重叠枝、病虫枝，以及其他影响观赏造型的枝条。

任务三 蝴蝶兰盆花生产

【任务描述】

蝴蝶兰盆花生产主要包括育苗、上盆、不同阶段日常管理、花期调控、病虫害防治、包装和运输等内容。

通过任务的完成，在掌握蝴蝶兰盆花生产技术的同时重点学会生产中附生兰盆栽植物育苗技术、催花技术及病虫害防治技术，最终培育出合格的蝴蝶兰盆花产品。

项目二 盆花生产

【任务目标】

1. 能根据市场需求主持制订蝴蝶兰盆花周年生产计划。
2. 能根据企业实际情况主持制定蝴蝶兰盆花生产管理方案。
3. 能按方案进行基质配制及消毒、上盆及花期调控，并能根据实际情况调整方案，使之更符合生产实际。
4. 通过生产方案的实施，锻炼学生分析、解决蝴蝶兰在养护管理过程中出现的各种问题的能力。
5. 能结合生产实际进行蝴蝶兰盆花生产效益分析。
6. 通过巩固训练任务的完成，熟练掌握附生兰盆栽植物育苗及花期调控技术，具备指导该方面生产能力。

【相关介绍】

1. 形态特征

蝴蝶兰为兰科蝴蝶兰属植物，为附生兰。根系十分发达，为气生根；茎节短，被交互生长的叶基彼此紧包；叶互生，宽大肥厚，有蜡质光泽；花大色艳，花形别致如彩蝶飞舞；花梗长，大花系40～90cm，小花系20～30cm；花期长，深受人们的喜爱，有"洋兰皇后"的美称（图2-57）。

2. 生态习性

蝴蝶兰原产亚洲地区，喜高温、高湿、半阴环境。生长适温18～28℃，花芽分化18～20℃，日温25～28℃，夜温18～20℃，低于15℃停止生长，32℃以上高温促使其进入半休眠状态，影响花芽分化。喜散射光，忌阳光直射，遮阴20%～40%，喜空气湿润、通风的环境；空气相对湿度70%～80%；忌根部积水，根部积水易引起根系腐烂。

图2-57 蝴蝶兰

3. 蝴蝶兰盆花生产现状

蝴蝶兰是世界著名的热带兰花，在兰花世界中被誉为"洋兰皇后"，又因在年宵盆花排行榜上高居前位、名列前茅，被誉为"花市皇后"，是深具发展潜力的经济花卉。主要分布区从喜马拉雅山经印度、缅甸、中国南部、马来西亚、菲律宾至澳大利亚和新几内亚，我国云南南部、西藏南部、广东南部、海南和台湾是蝴蝶兰属植物分布的最北界限。

4. 主要品种

（1）红花系列　大型红花向来是蝴蝶兰的主要品种，目前国内市场上的红花占有率在八成以上，尽管品种繁多，但主流品种仍是一些经典的老品种，如巨宝红玫瑰、火鸟、红龙、v31。近年兴起的红花品种有大辣椒、内山姑娘和光芒四射。

（2）黄花系列　目前国内市场上的黄花品种约占10%，而黄花品系有90%以上为富乐夕阳、昌新皇后和兄弟女孩，也有Anthura Gold、万花筒等品种。

（3）白花系列　蝴蝶兰白花品种在国内市场的占有率较低，主流品种包括大型白花品种V3，白花红心品种雪中红，中小白花品种阳光彩绘、小家碧玉、台湾阿嬷，中小白花品种的消费群体多为城市上班族。

5. 环保效应

蝴蝶兰内质茎上的气孔白天闭合，晚上打开，可以吸收很多二氧化碳，同时制造并释放出很多氧气，可以降低密闭室内二氧化碳的浓度，提高室内空气中的负离子含量，使房间里的空气始终新鲜洁净。

【材料与工具】

1. 材料

蝴蝶兰种苗、水草、泡沫塑料、地虫丹颗粒、吡虫啉、花多多、福美双、施宝克溶液、百菌清、硝酸钙、硝酸钾、硫酸钾、硫酸镁、磷酸二氢钾等。

2. 工具

花盆、花托、遮阳网、喷雾器、量筒、天平、桶、剪枝剪、纸箱等。

子任务一　品 种 选 择

以春节前开始上市为时间终点，可将蝴蝶兰分为早花、中早花、中花、晚花4类。早花品种在11~12月开花，开花太早，非销售高峰期；中早花品种元旦前后陆续开花；中花品种在春节前开花；晚花品种在春节前后开花。早花品种、中早花品种开花时为非销售高峰期，价格较低。中花品种开花期正赶上销售高峰期，价格最高。晚花品种如春节在2月10日之后，开花时期正合适，如春节在1月20日左右，开花多数未达到标准，开花期则显偏晚。在栽培品种的选择上，应以中早花、中花、晚花品种相互搭配为宜，以中花品种为主、中早花品种为辅，晚花品种的选用应以春节的具体时间而定。适宜的中早花品种有S75、SB0411、SB0404，中花品种有SB0440、S90、21、M6、MII、M12、M17、M18、M21、超群火鸟，晚花品种有S49、S0398、V31。

子任务二　小苗（1.5寸盆）管理

（一）上盆前准备

1）基质准备：上盆前要将水草（图2-58）进行充分吸水，至少吸水24h以上。

2）花盆准备：选1.5寸营养钵并进行消毒，可用开水或100倍高锰酸钾溶液浸泡。

3）种苗准备：选择生长健壮、根系较多并经过处理的组培苗。

图2-58　上盆用水草

（二）上盆

把苗居于盆的中央；基质松紧度要适宜。上盆时基质与盆的顶部相距2cm，露出生长点。

（三）上盆后管理

1. 杀菌

上盆后第二天要进行杀菌处理，一般可以用代森锰锌1000倍加B1活力素处理。

2. 肥、水

上盆后不要急于浇水，7～10天盆内基质干透时再浇。第一次浇水浇到花盆1/3即可，第二次浇水浇到花盆1/2即可。以后可以水肥交替即小苗浇水施肥规律是一次水一次肥，每月必须水洗一次。

3. 光、温

刚上完盆的小苗光照强度要控制在6000lx，不超过10000lx。以后随着种苗生长要不断地增加光照强度，最适温度为27℃。

【关键与要点】看到根系根尖有白色新根长出时进行第一次浇水，第一次浇水不要浇透，利于根系恢复生长。

子任务三　中苗（2.5寸盆）管理

（一）换盆

瓶苗出瓶3.5～4个月时间可以换到2.5寸盆，如果根系较少可以推迟换盆时间。换盆时先轻轻压一下胶盆边缘，把小苗脱出，基质不要松散，再包上水草，水草高度在胶盆上端环线中间，水草应刚好包住花的基部，以不漏根为好，盆内水草应压平。基质松紧度比小苗时要紧一些，有弹性。换盆工序如图2-59所示。

图2-59　换盆工序

a）水草攥干　b）水草包住根系　c）放入花盆中　d）检查基质的松紧度　e）上盆后的蝴蝶兰

（二）水、肥

上盆后10天左右，即看到根系有新根长出的时候进行浇水。第一次浇水浇到花盆1/3即可，第二次浇水浇到花盆1/2即可。此阶段用肥一般是NPK20-20-20，以后肥水交替，即上一次浇水（肥）干透，就可以浇肥（水）。肥的浓度是 2500~3000 倍，EC 值为 0.8~1mS/cm，pH 为 5.5~6.5，湿度要控制在 70%~80%。根据长势情况可以两次肥一次水，如果发现根发黄发黑，立刻停止用肥，用水冲洗。

（三）光、温

光强不能超过 12000~15000lx，最适温度为 27~30℃。以后随着种苗生长要不断地增加其光照强度。

（四）杀菌

换盆后第二天杀菌，可以用 99% 四环霉素 3000 倍，每 10 天杀一次菌，一个月后再换另一种药。如果病害较多可以一周用一次药杀菌，一个月杀虫一次。

【关键与要点】

① 长期使用均肥产生徒长，可将光照拉强，提高温度，降低水分。

② 一般在浇水或施肥 3~4 天后再浇杀菌剂效果比较好。

③ 浇肥时浇的水量不用太多，浇水时尽量浇湿透（盆底下水流出来）。

子任务四　大苗（3.5~4寸盆）管理

（一）换盆

中苗长到 4 个月可以换 3.5 寸盆，如果根系较少可以推迟换盆时间。方法与种苗换盆方法相同，只是基质的松紧度应该比中苗更紧一些，手摸应该有硬邦邦的感觉。

（二）水、肥

换盆后停水 25 天左右，即看到根系有新根长出的时候进行浇水。与中苗相同，在冬季减少浇水。在长花梗时要保持一定湿度，此阶段用肥一般是初期用 NPK20-20-20，叶片长得比较快可以用 NPK15-20-25，浓度 2000~2500 倍，EC 值为 1~1.2，湿度要控制在 70%~80%。

催花期用 NPK0-52-34，浓度 4000~5000 倍连续施用，到花梗出来时用 NPK20-20-20，浓度 2000~2500 倍，直到开花。

（三）光、温

大苗期最适温度为 27~34℃，催花时降到 16~22℃，花芽出来后可以提高到 24℃。初期光照 18000~22000lx，催花后提高到 21000~24000lx。

（四）杀菌

换盆后第二天杀菌，可以用 99% 四环霉素 3000 倍，每 10 天杀一次菌，一个月后再换另一种药。如果病害较多可以一周用一次药杀菌，一个月杀虫一次。

（五）插铁条（图 2-60）

插铁条时先将花梗调至北面，铁条的位置位于花梗的北面，铁条插入时要垂直，卡子的位置要避开梗间处。

【关键与要点】

① 如果秋末冬初换盆可以换成 3 寸盆，让它过冬不开花。

② 如果大苗是从外地购买的：苗出箱后立即用 70% 代森锰锌 500 倍喷雾杀菌，如果出箱后发现有软腐病等细菌性病害，应尽快把病株清除，一定要清除干净，再用四环霉素 3000 倍杀菌。

项目二　盆花生产

a)　　　　　　　　　　　　　　b)

图 2-60　插铁条

a) 插铁条　b) 用卡子卡住

子任务五　成　花

蝴蝶兰的栽培可分成三阶段：成长、低温催花、完成开花。植株在具有 3~4 片叶子，叶长至少 20cm，花茎粗大、饱满时，即可自成长阶段转移至低温催花阶段。植株经过低温环境即可催出花梗（图 2-61）。只要所需的低温环境能够维持，终年都可以进行催花作业。低温时期越短，催出花梗的整齐度越低。

催花开始的时间：若春节期间上市，一般在上市前 5 个月开始；若"十一"期间上市，一般在上市前 4 个月开始。

图 2-61　蝴蝶兰催花

1）催花预处理：降温前一个月开始使用高磷肥 NPK19-45-15，浓度 2500 倍，叶面喷施 1000 倍；光照可提高到 20000~22000lx。

2）若在春节期间上市，则在阳历 9 月初就开始降低温度，白天在 26~28℃，晚上为 5~18℃。

3）降温时继续施用 9-45-15 肥直到花梗长出 15cm 之后，用 NPK110-30-20 直到开花都可以，也是一次肥一次水，浇灌浓度 2500 倍。每两天做一次叶喷 1000 倍。在抽梗期间不要让水草过于干燥。

4）在大部分都破口后，夜温可提高到 20℃，白天 26~28℃直到开花。

5）每周杀菌一次，每一个月杀虫一次就可以了。在有花朵时，喷药不要喷到花朵上。

【关键与要点】催花开始后至抽梗前，夜间温度要控制在 18~20℃。春节期间上市的蝴蝶兰，若春节延后，在北方地区可不用催花即可按时上市。若不能保证按期上市，催花时可采用湿帘和风机结合使用的方法进行降温；"十一"期间上市的蝴蝶兰，若条件允许，可采用空调降温的方法进行催花。在冬天，若提前上市，可采用提高日温和夜温的方法，但白天和晚上的温差最好保证在 10℃以上，以保证品质。

子任务六　病虫害防治

（一）病害防治

1. 炭疽病防治

症状：经常发生的一种病害，发病时，叶上形成无数的黑色斑点。

防治措施：加强温室通风，加强栽培管理；每7~10天喷施一次800倍25%咪鲜胺溶液预防；发病之后要进行药剂喷施，常用的药剂是800倍45%施宝克溶液或800倍75%百菌清溶液，每隔5天喷施一次，连续2~3次，可达到治愈的效果。

2. 软腐病防治

症状：主要表现为叶片变黄，软弱下垂，根系呈褐色，严重时植株死亡。

防治措施：要保证适宜的基质湿度；及时清理病株；及时用药剂灌根，灌根的药物一般有500倍50%多菌灵溶液或500倍75%福美双溶液。

3. 褐斑病防治

症状：感病后，叶片上出现褐色斑，斑点中央干枯，边缘发黄。

防治措施：注意加强温室的通风，保证适宜温度和湿度；一旦发现病叶，应立即剪除病叶，并加以焚烧，以防止蔓延。并及时喷洒药剂，可采用800倍25%世高溶液或800倍25%好力克溶液，每5天喷施一次，连续2~3次，可达到治愈的效果。

4. 镰刀菌病防治

症状：感病后，幼叶上出现褐色斑，花蕾出现褐色斑块，直至脱落。

防治措施：注意加强温室的通风，保证适宜的温度和湿度；一旦发现病叶，应立即剪除病叶，并加以焚烧，以防止蔓延。并及时喷洒药剂，可采用500倍75%多菌灵和500倍代森锰锌溶液，或600倍50%异菌脲和1000倍15%恶霉灵，每5天喷施一次，连续2~3次，可达到治愈的效果。

（二）虫害防治

1. 红蜘蛛防治

红蜘蛛一般在高温干燥气候条件下容易发生，主要危害叶片和花芽。防治的主要方法是喷施600倍12.5%阿维菌素溶液或800倍15%三氯杀螨醇溶液。

2. 蚜虫防治

蚜虫危害叶和花，危害严重时，叶片或花上常出现黑斑，花畸形。其主要的防治方法是喷施90%啶虫脒800倍液或45%敌杀死600倍液。

3. 蓟马防治

症状：危害特点以成虫和若虫群集于叶片正面和背面，锉吸叶肉及汁液，受害处只残留表皮，形成白色斑，受害叶片无光泽、变脆而硬，直至干枯。植株生长迟缓，花小而开花推迟，甚至不开花。

防治措施：可用1.8%阿维菌素乳油2000~3000倍液或15%速螨酮（灭螨灵）乳油2000倍液或25%灭扫利1000倍液轮换喷施。

子任务七 分　　级

在花梗上最低位置的花苞开始开放时花梗不再伸长，以此可以估计花梗上所有的花苞数目。

蝴蝶兰分级的依据包括颜色、花梗长度、花苞数目、分枝数目与每棵兰株的花梗数目。花梗数目是最重要的分级标准，其次为分枝数目与每梗的花朵数目。售出价格随花梗与花苞数目的增加而增加。在冬季，花梗上花苞已有4~5朵开放时才可售出。在其他季节，有2~3朵开放即可出售（图2-62）。

项目二 盆花生产

图2-62 分级

子任务八 成品花的包装运输

成品花运输分为近距离运输和远距离运输两种。近距离运输可直接用苗盘，每盘装12株兰苗，花梗均朝向一个方向，用塑料绳将12个花梗固定，用黑色塑料袋将花及苗盘整个罩上，直接装入搭双层架的保温车即可。装苗前保温车应事先预热。远距离运输可采用装箱，纸箱为特殊定制，可装20或40个开花株。装箱时，开花株分层放置，用胶带纸固定，每层开花株对头放置，花梗搭接部位以花用软纸隔开。装完用胶带纸将纸箱封好即可用保温车运输。如向东北等寒冷地区托运，应在纸箱内加泡沫板和地垫，纸箱封好后再在外面加1层地垫，再用塑料布裹好。

【关键与要点】在运输过程中，温度不要低于18℃。

【巩固训练任务三】 石斛兰盆花生产

1. 任务内容

以小组（5~6人为1组）为单位，独立完成石斛兰盆花生产全过程，石斛兰盆花生产主要包括育苗、上盆、日常养护、花期调控、病虫害防治、种苗生产等内容，通过任务的完成，重点掌握附生兰盆栽植物育苗技术、催花技术及花期管理与病虫害防治技术要点，最终生产出石斛兰盆花产品（图2-63）。

图2-63 石斛兰

2. 任务要求

1）在完成巩固训练任务石斛兰盆花生产过程中，重点对附生兰盆栽植物育苗技术、催花技术及花期管理与病虫害防治技术要点，进行反复训练，具备指导该方面的生产能力。

2）制订石斛兰盆花周年生产方案、生产计划和资金预算方案，方案和计划应符合实际生产需要，方案应详细、合理、具有可操作性。

3）各小组根据制定的方案进行任务实施。

4）每次任务结束填写工作日志和成本记录表。

5）巩固训练任务全部结束，各小组要根据成本记录和销售记录完成该品种效益分析报告。

6）任务完成过程中要分工合作，各种药品按照使用说明进行正确使用；按照工具的正确使用规范进行操作，保证设备的完整以及人员的安全。

3. 主要技术要点

1）石斛兰是兰科植物较大的属之一，主要分布于亚洲热带和亚热带、澳大利亚和太平洋岛屿，我国大部分分布于西南、华南、台湾等地，分为春石斛和秋石斛两大类。

2）上盆方法与其他附生兰差不多。通常用蕨根、树蕨块、泥炭藓、树皮块、碎砖块和木炭等作盆栽材料，用四壁多孔的花盆栽植。根据苗的大小选用适合花盆，种植前将基质清洗干净，并在水中浸泡1天以上备用。种植时盆底先放较大的砖块（直径2～3cm），然后加碎砖块及木炭块（直径1～1.5cm）至盆2/3处。植株的新芽放盆中央，另插一小竹竿以支持固定，栽植时注意不要伤新芽和新根。

3）换盆：随着植株长大，根系过满、基质已腐朽，应及时换盆。在春季新芽尚未生长出之前换盆或更换栽培材料，并结合换盆进行分株。

4）浇水：用喷雾方式，根据情况3～5天一次，每次时间为5～15min。

5）施肥：随水施肥，通常中苗期和假鳞茎膨大初期用以N为主的复合肥，假鳞茎膨大中后期选用以P、K肥为主的肥料。花芽分化完成抽出花芽后换用N、P、K均肥。

任务四　红掌盆花生产

【任务描述】

红掌盆花生产主要包括上盆、日常管理、病虫害防治、包装和运输等内容。通过任务的完成，在掌握红掌盆花生产技术的同时重点学会红掌在生产中的日常管理技术，最终培育出合格的红掌盆花产品。

【任务目标】

1. 能根据市场需求主持制订红掌盆花周年生产计划。

2. 能根据企业实际情况，主持制定红掌盆花生产管理方案。

3. 能按方案进行上盆、换盆及养护管理，并能根据实际情况调整方案，使之更符合生产实际。

4. 能吃苦耐劳，并能与组内同学分工合作。

5. 能结合生产实际进行红掌盆花生产效益分析。

6. 通过巩固训练任务的完成，熟练掌握既观花又赏叶盆栽植物种类的种苗生产、光照管理、包装、运输等技术，提高实践操作能力。

【相关介绍】

1. 形态特征

红掌又名安祖花、火鹤花等，属于天南星科花烛属植物。其株高一般为50~80cm，因品种而异。具肉质根，无茎，叶从根茎抽出，具长柄，鲜绿色，叶脉凹陷。花腋生，佛焰苞蜡质，正圆形至卵圆形，肉穗花序，圆柱状，直立。四季开花。叶子和枝茎外形奇特：其叶颜色深绿，心形，厚实坚韧，花蕊长而尖，有鲜红色、白色或者绿色，周围是红色、粉色或粉色的佛焰苞（图2-64）。

2. 生态习性

红掌原产于哥斯达黎加、哥伦比亚等热带雨林区，常附生在树上，有时附生在岩石上或直接生长在地上，性喜温暖、潮湿、半阴的环境，忌阳光直射。红掌喜温热多湿而又排水良好的环境，怕干旱和强光暴晒。其适宜生长昼温为26~32℃，夜温为21~32℃。所能忍受的最高温为35℃，可忍受的低温为14℃。光强以16000~20000lx为宜，空气相对湿度以70%~80%为佳。

图2-64　红掌

3. 生产现状

红掌为世界著名的观花、观叶植物。"花卉王国"荷兰，是世界上最大的红掌生产及贸易基地，加勒比海地区也是世界红掌商业化生产地之一，其种苗主要从荷兰进口。非洲毛里求斯，是世界第二大红掌出口国。泰国、新加坡、马来西亚、牙买加也逐渐变为主产国。

国内生产基地主要分布在海南、广东、湖南、河北等地。国内盆栽红掌主要以设施栽培为主，除云南、海南、广东以外的其他地区均采用玻璃温室栽培。

4. 主要品种

红掌同属植物有200多种，其中有观赏价值的有20多种。常见的有大叶花烛、水晶花烛、剑叶花烛。

依观赏目的不同，可分为3类：第一类为肉穗直立的切花类，以红鹤芋为代表；第二类为肉穗花序弯曲的盆花类，以花烛为代表；第三类为叶广心形，浓绿色有光泽，叶脉粗，银白色，具有美丽图案观叶类，以晶状花烛为代表。红掌栽培广泛，品系品种较多的是切花类。

5. 环保效应

红掌可以有效地净化室内空气，它不仅能有效地吸收空气中的甲苯和二甲苯，对存在于油漆、化纤、溶剂中的氨也有一定的吸收能力，同时对甲醛也有很好的去除功效；在24h的照明条件下，每平方米的红掌可以吸收1.05mg的甲醛。

【材料与工具】

1. 材料

红掌种苗、草炭土、椰糠、多菌灵、阿维菌素、包装袋、胶带等。

2. 工具

刀片、铁锹、花铲、手锄、纸箱、喷雾器、量筒、天平、花盆、花托、遮阳网等。

子任务一　品种选择

根据市场的需求及品种特性选择种苗，选择的品种应为株形紧凑、抗病性强、花色鲜艳有光泽、易于管理、适应性广，适宜本地区气候栽培种植的品种。红掌的生产周期：从上盆到成品，依品种和成品规格而异一般需12～18个月。

子任务二　育　苗

红掌的繁殖方法大致有分株繁殖、扦插繁殖、无菌播种繁殖以及组织培养等方法。通常采用分株繁殖和组织培养。分株繁殖：红掌在植株生长到一定阶段产生根蘖（也称为吸芽），待根蘖长至3片叶以上时，即可从母株旁边将根蘖带根割下来，稍经消毒处理后，另行种植，即可获得新的植株。但用常规分株繁殖方法难以扩大生产，因此组织培养是红掌快速繁殖的唯一途径。通常剪取株形好、花朵大、植株健壮无病斑的顶芽和嫩茎作为外植体进行育苗。经过外植体接种、原球茎诱导、增殖体诱导、生根苗培养、瓶苗的驯化与移植过程得到大量种苗。

子任务三　上盆前准备

（一）基质选择及消毒

基质选择：选择适当的栽培基质对红掌盆花栽培十分重要，基质应具备质轻、多孔、通气良好、排水良好、适当的含肥量及容易操作调配等条件。红掌的基质采用pH为5.5的草炭土和已用硝酸钙缓冲过的椰糠。

基质破碎及搅拌：草炭土和椰糠在使用前一天浇透，使用基质含水量标准建议为：稍微用力能从基质内挤出水分。基质在处理过程中不能破坏其物理结构。直接把基质包装袋剪去一块，在基质包装袋的另一方打孔，然后把水管直接插到基质里面放水浸泡，时间为10min左右。将泡好的草炭土和椰糠按7∶3的比例混合并搅拌均匀。

（二）花盆的选择及消毒

选用的栽植盆底部要漏水、透气性好。盆底要有盆脚，防止水分在盆底积聚。

【关键与要点】

① 混合配制好的基质，使用前一定要检查其pH与EC值是否符合植物生长的需要，保证基质pH在5.5～6.5。

② 栽培盆选择带脚的盆，易于漏水和透气，利于小苗根系的生长。椰糠一定要冲洗两遍。

子任务四　上　盆

1）在栽培盆底部放入适量的基质，将苗放入中间，然后将小苗四周均匀填充基质，基质不能填充太满。

2）上盆过程中要掌握好种植深度（图2-65），如果太深会影响植株生长点的生长，太浅生长过程中根的支持作用不好。

3）基质不能压，否则容易破坏基质的透气性，尤其在浇水后，会影响根系的生长从而影响植株的生长。

4）盆的摆放。按照"品"字形排放，刚上盆的植株根据植株大小等可以盆挨盆地摆放，基本上根据以下疏盆标准来安排疏盆。摆放密度与红掌盆径和红掌的品种有关。比如冠军类的红掌

图 2-65 种植深度标准（12cm 口径盆）

a）盆底先放粗基质 b）盆底再放栽培基质 c）种苗植于盆内中央 d）继续填充基质 e）填充基质至植株叶

分枝多，摆放密度可以小一些；其他大花品种株形大，生长快的品种摆放密度可以小一些。

【关键与要点】

① 上盆过程中要掌握好种植深度。

② 根据红掌的长势及时疏盆，保证株形饱满防止徒长。

子任务五　上盆后第一次浇水

（1）浇定植水　定植后需要用清水浇透，称为定植水。盆土表面一定要保持湿润，以利于气生根的生长。盆土不能控得太干，以免影响以后生长及开花。第二次即可浇肥。取根系附近基质，手用力挤压基质，如果基质能挤出很少量的水分，说明浇水刚好；如果用力挤不出水，则表明基质太干。

（2）红掌种植过程基质 EC 值与 pH 的测定　红掌盆花在整个栽植过程中每次浇肥前需要测一下基质的 EC 值和 pH，来决定浇多少浓度的肥料。通常采用基质挤水检测。

1）在浇肥后 2～4h 之内将植株脱盆，取基质。

2）注意所取基质必须位于根系附近，即上面和下面的基质不能采用。并且注意在取基质的过程中每个苗床最少在 5 个点以上进行取土，每个点所取多少盆可以根据实际操作中的情况而定。

3）挤水之后可以用 EC 值和 pH 测量仪器进行测量。

4）如果测量的 EC 值大于 1.8，则应该用大量清水从盆上面淋洗基质，淋洗之后按照同种方式进行 EC 值的检测，当 EC 值小于 1.8 后，再正常浇肥。如果测量的 EC 值在 1.8 以下则为正常，可以按照以前的浇肥量继续浇肥。如果测量的 pH 在 5.2～6.0，则没有问题。

【关键与要点】 掌握好基质挤水检测时间；取样点要多，要均匀；测量仪器要时常校正。

子任务六　日常养护管理

（一）光照管理

红掌是按照"叶→花→叶→花"的顺序循环生长的。花序是在每片叶的叶腋中形成的，即红掌花与叶的产量相同。光照强度是影响红掌生长及产量的重要因素之一。红掌盆花在生长过程中光照强度为 10000～18000lx。夏季高温，中午最低光照不能低于 8000lx。光照不足时，容易出现花朵败育的现象。如果光照过强则会造成叶片及苞片褪色，甚至产生灼伤。

（二）水分管理

灌溉应在上午进行，尽量在上午完成。肥水的标准值为 EC 值 1.3～1.8，pH 为 5.7。对于小盆径 7cm、9cm 和 10cm 的盆花，一定要注意浇肥时的干湿度。通常情况下小盆径夏天 2～3 天浇一次水肥，冬天 4～5 天浇一次水肥。在每次浇肥之前一定要做水分干湿程度的检查。对于大盆径 12cm、14cm、17cm 和 18cm 的盆花，一般夏天 4～5 天浇一次水肥，冬天 6～7 天浇一次水肥。浇水的时候一定要注意检查基质干湿度。

（三）温度管理

红掌盆花在生长过程中最适宜的温度为 18～28℃。在整个生长过程中最高温度最好不要高于 30℃。温度相对高的时候，湿度一定不能低于 60%。在红掌盆花的生长过程中如果温度过高会造成苞片褪色，如果温度过低则会产生冻害。

（四）湿度管理

红掌盆花在生长过程中最适宜的湿度为 60%～80%。湿度太低时，有的品种叶片和花难以抽出，甚至在叶片上或者苞片上产生裂痕。湿度太高时，叶片和苞片易畸形，甚至叶片和苞片上产生缺口。湿度太高，有的品种苞片容易发黑。湿度过高，更容易产生病害。

（五）肥水管理

追施液体肥料的时候应按氮、磷、钾为 3∶3∶7 的比例配合，花期时追钾肥。

（六）病虫害观察

在红掌的整个生长周期内，要经常检查粘虫板，做好病虫害调查以及虫口密度记录。做好病虫害观察记录，填写好记录表（表 2-26）。

表 2-26　虫口密度检查表

种　类	虫口密度	位　置	记　录　人	记录时间

（七）处理老株

红掌生长几年后，茎干易倒伏影响生长。在气候适宜的条件下（例如春季），切下植株上部进行扦插，加强遮阳并增加空气湿度，2 个月后根系长好，上盆定植，留下的根部及茎秆，增加光强，提高湿度，促发多个侧枝、小苗，作为供苗的母株或培育成多枝的盆花。

（八）起根

植株衰老或需要更新品种时，必须起根，通常手工完成，起根之前应停止灌溉一段时间，基质干燥，以便于操作。起根后应彻底清除残株碎叶，以防病虫害传播。

【关键与要点】

① 在日常管理中掌握在一般情况下，盆土表面干了就要浇水。

② 夏季一定要采取降温降湿措施，在高温高湿条件下，叶片易发黄脱落，花褪色或花发黑，畸形。

子任务七　病虫害防治

（一）主要病害防治

1. 炭疽病防治

病原：真菌性病害，病原为胶孢炭疽菌。

危害症状：沿叶脉发生近圆形或不规则形大病斑，褐色，外围有或无黄色晕圈；侵染花后，病斑与叶相似，引起花腐烂。

防治措施：加强栽培管理，经常通风透光，及时摘除病叶。发病初期，连续喷 2~3 次药剂，每隔两周轮换。适宜药剂有 75% 百菌清 600~800 倍液或炭疽净 800~1000 倍液。

2. 灰霉病防治

病原：真菌性病害，病原为灰葡萄孢菌。

危害症状：先在叶缘处出现水渍状暗绿色斑块，向叶面扩展后呈不规则形长条斑，湿度大时呈褐色湿腐；花器官发病，花瓣上出现褐色或暗粉色小斑点。

防治措施：加强栽培措施和药物防治。可每 7~10 天喷 50% 腐霉利可湿性粉剂 1000 倍液，连用 2~3 次，每周轮换不同药剂。

3. 细菌性叶斑病防治

病原：为油菜黄单孢菌花叶万年青致病变种。

危害症状：初期形成水渍状的圆形或不规则形凹陷斑，之后变为浅褐色或黑褐色，四周具有黄色晕，周围失绿。病理学斑发生在叶缘，会形成大块的坏死斑，染病的叶片背部会出现水渍状斑点。还可造成系统性侵染，使茎部染病。

防治措施：加强栽培管理，控制湿度，防止接触感染，及时清除病株，合理用药。72% 硫酸链霉素 4000 倍液、新植霉素 5000 倍液等药剂轮换使用。

（二）主要虫害防治

1. 蚜虫防治

危害症状：蚜虫平时聚集于花卉的幼嫩枝条上吸取营养，使植株叶片卷曲、萎缩、活力下降，并产生虫瘿，传播病毒等。当蚜虫吸取汁液的时候，会排放出被称为蜜露的黏稠的液体黏在叶面上，吸引蚂蚁的同时，易引起煤污病。

防治方法：吡虫啉，其浓度和剂量依说明中有效成分而定。

2. 蓟马防治

蓟马是红掌主要的一种害虫，并且较难防治。蓟马幼虫非常小，肉眼很难看清楚，而且会跳会飞，爬动很快。

危害症状：由于蓟马的口器为刺吸式口器，所以它会在嫩叶、花器处吸取汁液，使叶片卷曲、变黄、变脆、甚至脱落，也会使红掌的花失色、变色等。新芽受害使生长点受抑制，出现枝叶丛生或者顶芽萎缩现象。在花器上锉吸花芽、花冠汁液，有时会引起花器脱落，有

时会使花瓣上出现灰白色或褐色斑点，或出现失色、变色等现象而影响花卉质量。

防治方法：菜喜（其有效成分为多杀霉素25g/L）。

3. 白粉虱防治

白粉虱繁殖力很强，在高温干旱、通风不好的环境中会大量发生，如果环境控制合适，基本可以杜绝。

危害症状：容易引起煤污病，而且容易传播其他病菌病，会使叶片产生镀银、萎蔫、黄叶、坏死、脱落等，同时传播病毒病。

防治方法：控制好环境即可，要避免高温干旱、通风不好；用黄色粘虫板诱捕；用卉欣、阿维菌素防治。

4. 红蜘蛛防治

红蜘蛛抗性很强，在高温干燥的环境中会大量出现。

危害症状：使叶片失绿，产生黄色斑点，甚至使叶缘卷曲，导致焦枯、脱落，植株死亡。

防治方法：控制环境条件为主，化学防治上可以采用杀螨药剂，如克螨特、哒螨灵、阿维菌素等。

5. 潜叶蝇防治

危害症状：幼虫可以潜入叶片，产生白色虫道，从而破坏叶绿素，影响光合作用。

防治方法：主要使用粘虫板诱捕。

子任务八　包装、运输

（一）包装

红掌的包装包括花袋、运输用包装箱、保温膜及胶带。

1. 选择包装箱规格

包装箱的净高度以植株连盆高度再加上2~3cm为宜。内箱的长、宽尺寸以盆径的倍数计算，但应以一个人能方便搬运的尺寸、重量为宜。

2. 选择柔软的塑料包装袋

红掌有些品种苞片非常脆，因此套袋的材料应是柔软的塑料袋。底口在于盆径0.3~0.5cm，上口径宽度根据不同品种而定，长度应比植株叶片和苞片高出3~5cm。冬天时，包装箱外需要打保温膜，以防将花冻坏。

（二）运输

红掌成品花的运输方式主要是有空调的汽车。车内温度以18~23℃为最佳，低于13℃苞片会受损，高于28℃苞片叶缘会出现水珠，容易腐烂。装车时要轻拿轻放，不能倒置，包装箱与车厢之间的空隙应尽量小。空隙大的地方要用泡沫或其他材料尽量塞紧。到达后须立即除去包装，植株放入明亮、温度为18~23℃的环境中。因此，运输时间要尽可能短，最好不超过3天。

【巩固训练任务四】　火鹤盆花生产

1. 任务内容

以小组（5~6人为1组）为单位，独立完成火鹤盆花生产全过程，火鹤盆花生产主要包括育苗、上盆、日常养护、花期调控、病虫害防治、种苗生产等内容。通过任务的完成，重点掌握红掌、火鹤这些既观花又赏叶盆栽植物种类的种苗生产、光照管理、包装、运输技术，最终生产出火鹤盆花产品（图2-66）。

a)

b)

图2-66　红掌、火鹤
a）红掌　b）火鹤

2. 任务要求

1）在完成巩固训练任务火鹤盆花生产过程中，重点对既观花又赏叶盆栽植物种类的种苗生产、光照管理、包装、运输技术进行反复训练，提高实践操作能力。

2）制订火鹤盆花周年生产方案、生产计划和资金预算方案，方案和计划应符合实际生产需要，方案应详细、合理、具有可操作性。

3）各小组根据制定的方案进行任务实施。

4）每次任务结束填写工作日志和成本记录表。

5）巩固训练任务全部结束，各小组要根据成本记录和销售记录完成该品种效益分析报告。

6）任务完成过程中要分工合作，各种药品按照使用说明进行正确使用；按照工具的正确使用规范进行操作，保证设备的完整以及人员的安全。

3. 主要技术要点

形态特征上有区别，养护管理技术相似。

1）红掌和火鹤区别：都是天南星科安祖属植物，红掌又叫蜡烛花，火鹤也叫红鹤芋，前者产在南美的哥伦比亚南部，后者产于哥斯达黎加、危地马拉一带。主要区别有①红掌苞片是近于直立的，而火鹤的趋于平展；②红掌的肉穗花序是挺直的，金黄色，犹如一支短小的蜡烛，而火鹤的花呈螺旋状卷曲，朱红色或橙红色，好似鹤鸟的弯曲颈项；③红掌叶片比火鹤的叶片略长些。

2）生长习性：喜温暖湿润、半阴的栽培环境。生长适温白天25~28℃，夜温20℃，气温高于35℃或低于18℃生长受阻，13℃以下会出现冷害。空气相对湿度保持在80%，空气干燥时要适当喷雾。喜充足的散射光，要求光照强度为1.5~2万lx。大于2万lx易出现灼伤现象；低于5000lx则品质受到影响。在密植情况下更要注意改善群体的通风透光性能。土壤适宜pH为5.5，不耐盐碱。

3）繁殖方法：常用组织培养、分株、扦插及播种繁殖。

4）栽培基质：一般单用水苔作栽培基质，排水良好的腐殖土也可以。

5）全年需高温高湿环境，相对湿度应在60%以上，夏季生长适温为20~25℃，冬季温度不可低于15℃。冬季寒冷和潮湿均会引起根系腐烂。火鹤花喜半阴、怕强光，春、夏、秋三季注意适当遮阴，夏季需遮去60%的阳光。

任务五　杜鹃花盆花生产

【任务描述】

杜鹃花盆花生产主要包括育苗、上盆、日常管理、病虫害防治、花期控制、运输和销售等内容。

通过任务的完成，在掌握杜鹃盆花生产技术的同时重点掌握观花植物整形修剪技术，培育出合格的杜鹃花盆花产品。

【任务目标】

1. 能根据市场需求主持制订杜鹃花盆花周年生产计划。
2. 能根据企业实际情况、花卉生长习性主持制定杜鹃花盆花生产管理方案。
3. 能按方案进行扦插、嫁接、压条繁殖的操作，并能根据实际情况调整方案，使之更符合生产实际。
4. 能根据杜鹃的生长和用途的需要，完成杜鹃花的修剪整形工作。
5. 培养学生的知识应用能力、团结协作意识。
6. 能结合生产实际进行杜鹃花盆花生产效益分析。
7. 通过巩固训练任务完成，熟练掌握作为酸性土壤指示植物及观花植物修剪整形及花期调控技术，具备指导该方面生产能力。

【相关介绍】

1. 形态特征

杜鹃花科，杜鹃属，落叶灌木；分枝多而纤细，密被亮棕褐色扁平糙伏毛。叶革质，常集生枝端，先端短渐尖，基部楔形或宽楔形，边缘微反卷，具细齿，上面深绿色，下面浅白色，密被褐色糙伏毛，中脉在上面凹陷，下面凸出；花2～3朵簇生枝顶；花梗密被亮棕褐色糙伏毛；花萼5深裂，裂片三角状长卵形，花冠阔漏斗形，裂片5枚，倒卵形，上部裂片具深红色斑点；雄蕊10枚，长约与花冠相等，花丝线状，中部以下被微柔毛；子房卵球形，10室，无毛。蒴果卵球形，长达1cm，密被糙伏毛；花萼宿存。花期4～5月，果熟期6～8月。杜鹃花如图2-67所示。

图2-67　杜鹃花

2. 生态习性

杜鹃性喜温凉湿润，具比较耐阴的生态习性，为暖地树种，较速生，喜温暖湿润环境，不耐酷暑、严寒，越冬最低温1～2℃，适生于疏松、肥沃、排水良好的酸性土壤上。

项目二 盆花生产

3. 生产现状

杜鹃花以其种类繁多、花色艳、色泽丰富而闻名于世，被世界各国公认为"花中之王"。主要分布在北半球温带地区即欧洲、亚洲、北美洲等地，新几内亚、印度尼西亚、菲律宾有280余种，是世界杜鹃花的次分布中心。朝鲜、日本、尼泊尔、不丹、阿富汗、缅甸、印度、美国及欧洲一些国家也有种群分布，其中亚洲最为集中，而我国约占全世界总数的59%。杜鹃在全国各地均有种植，我国的西藏、云南、四川被认为是世界杜鹃花的发祥地和分布中心。

4. 主要品种

按英国杜鹃花栽培专家Peter A Cox 的杜鹃花育种及品种分类方法，将杜鹃花品种按种的常规分类分为两大类：野生高山常绿杜鹃花（*Rhododendron*）与半常绿和落叶类杜鹃花（*Azalea*），然后再按其亲本来源、花期、花色以及耐寒、耐旱等特性进行品种分类。

（1）野生高山常绿杜鹃花

1）耐寒品种：该类品种可耐−20℃低温，如英国的杜鹃花品种'快乐圣诞'。

2）耐旱品种：昆明植物研究所目前已培育出4个品种，并已办理了注册登记手续。

3）早花品种：野生高山常绿杜鹃中的早花品种如红马银花，是昆明植物研究所用碎米花杜鹃与炮仗杜鹃杂交培育的一个品种。

4）其他还可根据杂交种的花径、香味等分为大花品种和香花品种。

（2）*Azalea* 类杜鹃花　该类品种分类一般是以花期及来源为依据，分为春鹃、夏鹃、东鹃和西鹃4类。

1）春鹃：也称大叶大花种，常绿至半常绿灌木，直立，独干或数枝丛生，株型高大。这类杜鹃包括锦绣杜鹃、白花杜鹃及其变种和杂交种。

2）夏鹃：在江南5~6月开花，在云南则是6~7月开花的品种，故称为夏鹃。日本称之为皋月杜鹃。'五宝珠'因其花色多变，重瓣程度高，花期长，栽培不易，被视为夏鹃中之名种。

3）东鹃：该类杜鹃来自日本，属于岩石类杜鹃，习惯上称为东洋鹃，简称东鹃。'小紫'是东鹃中叶子和花最小的一个品种。

4）西鹃：此类杜鹃从欧洲引来，最早在西欧的荷兰、比利时育成，故有西鹃之称。西鹃的主要亲本为中国的映山红以及原产印度的杜鹃［*R. indicum*（L.）Sweet］杂交出的后代。其主要代表品种有'玫瑰皇后''爱丽''王冠''加州晚霞'等。

5. 环保效应

杜鹃可以强力抵抗二氧化硫、一氧化氮、二氧化氮、过氧乙酰硝酸酯和臭氧的侵害，还可以将放射性物质吸收掉，尤其适合置于刚刚装修完毕的居室里。另外，杜鹃对氨气的反应非常灵敏，能作为监测氨气的指示植物。与此同时，杜鹃还能够对环境中是不是存在氟化氢进行监测，若存在氟化氢，其花朵便会枯萎、皱缩，叶片会发黄。

【材料与工具】

1. 材料

杜鹃花种苗、草炭土、沙子、骨粉、波尔多液、石硫合剂、硫酸亚铁、敌百虫、B_9、矮壮素、高锰酸钾、甲基托布津等。

2. 工具

修枝剪、嫁接刀、盛穗容器、塑料绑带、铁锹、花铲、手锄、喷雾器、量筒、纸箱、天平、花盆、花托、剪枝剪、遮阳网等。

子任务一　品种选择

根据预期开花时间和当地的气候环境条件，选择植株健壮、抗逆性好、易于管理、适应性广、花期长、色彩鲜艳，适宜本地区气候栽培种植的品种。

子任务二　育　　苗

（一）播种育苗

播种要求土壤疏松、细碎，盛于特制的播种箱内；将播种箱内基质浸湿，将种子混沙后，均匀地撒在播种箱内，覆土厚度以不见种子为度；然后用玻璃或塑料薄膜盖住保湿、保温，将箱放置在半阴处，保持13～16℃，1周至10天即可发芽。在发芽前一定要注意保持播种箱中土壤湿润，一般浇透的基质在塑料薄膜或玻璃盖住的条件下不会干。

【关键与要点】在发芽前一般不用再浇水，如果干了可放在水盆中采用浸水的方法，不要从上面浇迎头水。

（二）扦插育苗

扦插育苗是应用最广泛的方法，其优点是操作简便、成活率高、生长快速、性状稳定。插穗取自当年生半木质化的枝条，剪去下部叶片，留4～5叶，于秋初或夏末进行（图2-68）。不同品系扦插时间不同。一般西鹃5月下旬至6月上旬，毛鹃6月上旬至下旬，东鹃、夏鹃6月中旬至下旬，此时插穗老嫩适中，天气温暖湿润，成活率可达90%以上。

基质可用泥炭、腐熟锯木屑、兰花泥、河沙、珍珠岩等，大面积生产多用泥炭和河沙作为基质。扦插深度为插穗的1/3～1/2。促进生根可

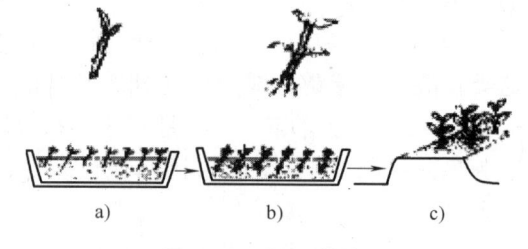

图2-68　扦插育苗
a）剪插穗　b）生根　c）上盆

用生根剂速蘸或浸泡；将插穗直插入500mg/L的IBA溶液中浸泡20min，取出，插入准备好的穴盘中，插后保持80%～90%的空气湿度和半阴条件，将扦插好的插穗置于阴凉处，使用遮阳网遮阳，光照控制在10000lx，并时常喷雾增湿，20～35天即可生根。

（三）嫁接育苗

嫁接育苗在繁殖西鹃时采用较多。其优点是：接穗只需一段嫩梢，可随时嫁接，不受限制。可将几个品种嫁接在同一株上，比扦插长得快，成活率高。嫁接方法很多，最常用的是嫩枝顶端劈接法，5～6月最宜，砧木选用两年生独干毛鹃，接穗和砧木形成层一定要对齐，如果接穗较细，砧木较粗就以一侧对齐。嫁接后要在接口处连同接穗用塑料薄膜带绑缚，然后置于荫棚下，忌阳光直射。接后一个月检查成活率。若接穗保持新鲜或接穗上的芽已经萌发生长，表示嫁接成活。此时对绑缚物进行松绑，当接穗芽长到20～30cm时已经很牢固，就可解除绑缚物。

（四）压条育苗

杜鹃花压条育苗也是常用的育苗方法之一，一般采用高枝压条育苗。杜鹃花压条育苗常在4～5月间进行（图2-69）。

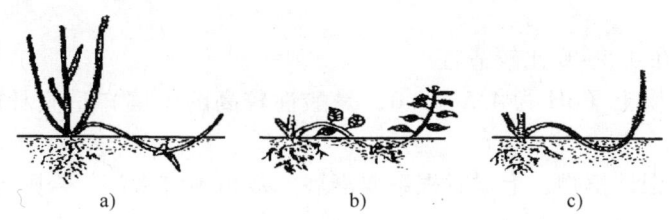

图2-69 压条育苗

a）将基部枝条埋入土中 b）压入土中枝条生根 c）将生根的枝条剪离母株

【关键与要点】

① 要想保证成活率高应该随采随插，特殊情况可用湿布或苔藓包裹插穗基部，套上塑料薄膜，放在阴凉处，可存放数日。

② 不同品种生根时间有差异：毛鹃、东鹃、夏鹃发根快，1个月左右生根，西鹃则需要40～70天才能生根。

子任务三 上　　盆

（一）花盆选择

栽培杜鹃花的花盆，可根据用途，一般选用泥盆和紫砂盆两种。泥盆通气透水性好，有利于根系生长。大规模生产也可用硬塑料盆，美观大方，运输方便。成型的杜鹃花，特别是已造型的杜鹃花，为供室内外陈设，一般栽于美观古雅的紫砂盆中，紫砂盆质地细腻、色彩丰富、造型美观，可倍增观赏价值。紫砂盆通透性能不及泥盆，仅在展览欣赏时作套盆用。杜鹃根系浅，扩张缓慢，栽培要尽量用小盆，以免浇水失控，不利生长。选盆的大小还要视植株年龄而定，一般4～6年生植株用5寸盆；7～10年生植株用6寸盆；11～15年生植株用8寸盆。

（二）基质选择

栽培杜鹃花的基质要求疏松、透气、排水良好、酸性土壤、腐殖质丰富。通常杜鹃花生长在酸性土壤中才会长得旺盛，如果在碱性土壤中，不久就叶黄衰竭而死。杜鹃花被视为酸性土壤的指示植物。基质以松叶腐殖土最好，是种植杜鹃花比较理想的培养土。可到山区松柏林下挖取，也可到庭院种植松柏树多的地下取土，并在使用前增加适量的硫黄粉、白矾，提高其酸性后再使用。腐殖质含量高的土壤最适合杜鹃花的生长。腐殖质多，可及时补充土壤中的营养成分，改善土壤结构，使土壤保水、保肥、通气、吸热保温，还能减轻土壤中有毒物质的危害，促进杜鹃花的根系向四处扩展。

（三）上盆

上盆时应注意选择花盆的尺寸，切忌小苗用大盆。如果盆太大，盆土经久不干，通气就会不好，同时根系不易达到盆壁，影响幼苗的发育。上盆时，应注意做好排水层，先用瓦片盖住排水孔，再放入1/4的粗土粒，再放配制好的基质（基质湿度适宜）。然后将杜鹃苗放入，一手扶正幼苗，一手向盆中填土。填土填至盆口下2cm处，不能过满，最后将盆四周土压实，摇动花盆，使盆面平整。放在半阴处缓苗，每天喷水，一周后逐渐见光，进入正常管理。

【关键与要点】

① 要保证成活率高应该随采随插，特殊情况可用湿布或苔藓包裹插穗基部，套上塑料袋保湿。

② 土壤的 pH 在 4.5~6 比较适宜。

③ 落叶松腐殖质土（pH 为 4.5~5.0，是酸性较高的土壤）适宜杜鹃生长。花盆和基质都要消毒后使用。

④ 杜鹃花是浅根性植物，上盆时根系要舒展，栽植不宜太深，否则容易"憋死"。

子任务四　日常养护管理

（一）水分管理

杜鹃花浇水是一项很重要的工作，要根据天气情况、植株大小、盆土干湿、生长发育需要，灵活掌握。水质要不含碱性。如用自来水浇花，最好在缸中存放 1~2 天后再浇，水温应与盆土温度接近。因为杜鹃花的根系比较细弱，既怕涝，又不耐旱，过干或过湿对植株生长都不利，因而要特别注意控制水量，控制水量主要从以下几个方面入手：

1. 生长时期

生长旺盛期、开花孕蕾期，要供足水；生长缓慢及冬季以保持土壤不干即可。生长季节若浇水不及时，根端失水萎缩。

展叶期缺水则易导致叶色变黄，新叶不舒展，叶片下垂或卷曲，嫩叶从尖端起变成焦黄色，最后全株枯黄。

花期缺水，则会造成花瓣绵软下垂，花朵凋萎，花色不艳，花期短。水分偏多，则使老叶变薄，轻者叶片变黄、早落，生长停止，严重时会引起死亡。挽救的办法是将植株置于通风良好地段，控制浇水次数与水量，加强病虫害防治，细心养护，约需半年至一年可恢复过来，这一时期严禁施肥。

2. 培养土的干湿程度

判断土壤干湿，不能只看土层表面，要用手触摸土的干硬，如手指无法掀动说明已经很干燥。如果是盆栽，盆壁颜色暗沉，说明盆土潮湿，泛白则干，如果发现叶片稍呈软垂状态，应立即浇水。

3. 新栽盆或新换盆

对于新栽盆或新换盆的杜鹃，先不浇水，放在半阴处缓苗，每天进行喷水，喷一个星期左右，根系已经恢复，就应浇透水，一般应浇两次，第一遍渗下去后，再浇一遍。总之在浇水时须浇至盆底有水渗出才行。如果水浇不透，只浇湿表层而湿不到内层，形成"腰截水"，会使盆花干死。

【关键与要点】

① 水的 pH 以 5.5~6.5 的微酸性水为宜。

② 浇水最好选择贮存的雨水或加 0.1% 硫酸亚铁的水或淘米水。

③ 除浇水外，每天上午十点和下午四点左右向叶面喷水。

④ 若杜鹃花根须霉烂，嫩叶泛黄，严重时叶片上有黑斑点，叶片脱落时，往往是由于杜鹃花的盆土处在久湿不干的状态造成的。

⑤ 在冬季，挂满花苞的植株出现掉蕾、不开花现象主要是由于空气湿度过低，室内温度过高造成的。

（二）养分管理

杜鹃花是一种不需要大肥的花，如果肥料施得太多或过浓，反而会对它的生长不利。但要使杜鹃花开得多，开很大，还是需要适时适量地施一些肥。杜鹃施肥常发生肥害，轻则黄叶，重则坏死。施肥的关键是肥料要充分腐熟（宜采用沤熟的豆饼水、鱼水），还须加7~8倍水稀释，切忌浓厚。春季每隔一周施一次，5月需肥最多，可3~4天施一次，过了梅雨季节则应少施或停施。在萌发期或夏季如施了人粪尿，常致死亡。秋季宜勤施磷、钾肥料，如骨粉、鱼腥水等。冬季停施追肥，而宜施基肥，可将豆饼、骨粉、干厩肥等埋于土中。施肥要把握"干肥少施，液肥薄施"的原则。在一般情况下，1~2年生的幼苗可以不必施肥，因为腐殖土中含有的肥力已够幼苗生长发育的需要；2~3年生的小植株，从晚春或初夏起，可每隔10~15天施一次稀饼肥水或稀薄矾肥水。4年以上的植株，可于每年春、秋季各施约20g的干饼肥。6月中旬，可施一次速效性磷、钾肥，以促进花芽分化。6月以后就可停止施肥。在花谢之后，正是新枝生长的时候，可施一次浓度稍微高一些的液肥，但切不可施得太浓，更不可施生肥，否则会损伤根系。夏季过多地施肥，会使老叶脱落，新叶发黄。大面积生产杜鹃盆花，可采用复合肥或缓施肥料，一年施1~2次即可。

【关键与要点】杜鹃花是喜轻肥、畏浓肥的植物。杜鹃花施肥的原则是宁不足、毋过量，薄肥勤施，因时制宜。

（三）温度管理

杜鹃花喜温，生长适温为15~26℃，同时怕高温，当超过30℃生长缓慢，超过35℃生长受到抑制。花蕾发育最适温度为15~25℃，30~40天即可开花，15℃以下开花时间延长50天以上。花芽形成必须经过一个平均5℃以下积温值1000℃左右的低温春化期方能开花，利用温度对生长的影响，就可以人为进行调控花期。四季杜鹃孕蕾到开花需要五个月左右，在8月底、9月上旬摘心定枝，通过调温措施在春节开花。

（四）光照管理

杜鹃是半阴性植物又是长日照花卉，既畏烈日、强光，又需较长时间的日照。喜弱光、散光。在花芽孕育分化期、花蕾形成期与花前期，都需要得到较长时间的日照，才能使花蕾壮大、坚实，使花朵的色泽得以充分形成。在高温季节与干旱季节要进行适当遮阴，并要采取增加空气相对湿度的措施。

（五）修枝整形

杜鹃花的萌发力和再生力很强，每隔1~2年在花谢之后，就要换一个比原来大些的花盆，并换上新的培养土。在换盆的时候同时结合进行修枝整形，在进行疏剪时，应剪去过密枝、交叉枝、纤弱枝、下垂枝、徒长枝和病虫枝，这不仅是为了树形的美观，更是为了改善通风透光的条件；节省养分，促使主枝强壮，以便尽快萌发新梢，使第二年开花时能达到花多、花大、色艳的目的。杜鹃开花后，它的残花常常经久不落，这就会耗去不少养分，花谢后应及时剪去残花，以减少养分的消耗，促进生长及形成新花芽。老龄植株应进行修剪复壮，可于早春新芽萌动前，将枝条留30cm左右，剪去上部。但应注意：修剪不可在1次进行，可分期修剪，每次选1/5~1/3枝条短剪，3~5年完成。这样可不致影响赏花。在修剪后应加施肥料，并进行精细管理。矮小品种更新修剪高度还要降低。平时管理应注意徒长枝

条的控制，可以较长时间保持植株生长旺盛不衰。

【关键与要点】

① 杜鹃花对土壤酸碱度要求严格，基质 pH 要严格控制在 5 以内。如果超过 8，叶片会发黄，整个植株会逐渐死亡。

② 保持盆土湿润，如果盆土过干，叶片下垂、发黄；过湿会烂根，影响植株生长。

③ 小苗期光照控制在 10000～12000lx，大苗可以控制在 18000～20000lx，湿度对于杜鹃的生长很重要，应保持在 75%～80%，春天和秋天向叶面喷水，以增加湿度；夏天向叶面喷水用以降低温度。

④ 幼苗在快速生长期时，要及时摘心、摘花蕾，促进侧枝的萌发。

⑤ 杜鹃开花前每隔 5～7 天浇一次 EC 值为 1.4～1.6、pH 为 4.6～4.8 的复合肥，以磷钾肥为主。花蕾露色及开花停止施肥，盆土保持湿润，不能太干，否则会影响花色，使花期缩短。开花后立即补充氮肥，供植株生长。

⑥ 修剪的最佳时机：6～7 月修剪，此时抽枝已过，新梢已半木质化，剪下的枝条可以进行扦插繁殖。

子任务五　花期控制

以往种植杜鹃的销售期只维持五六天时间，现在通过花期调控技术即应用修剪、控温、喷水和植物生长调节剂等措施，可以按照人们的意愿，使杜鹃花定期集中开放，突破了杜鹃花一年一次春天开花的局限，提高了杜鹃花的经济价值。

（一）修剪

幼苗在 2～4 年内，为了加速形成骨架，常摘去花蕾，并经常摘心，促使侧枝萌发，长成大棵后，主要是剪除病枝、弱枝以及交叉枝，均以疏剪为主。

在预定花期前 7 个月进行最后 1 次修剪。促其重新抽发新梢。计划春节上市的一般在 6 月修剪，"五一"上市的在 9～10 月修剪，"十一"上市的在 2～3 月修剪。

（二）温度控制

杜鹃在秋季进行花芽分化，通过冷藏和加温处理，可以人为控制花期。如西洋杜鹃在秋季短日照条件下诱导花芽形成并进行花芽分化，第二年 5 月开花。欲提前花期可在春节前 40～50 天，将温度控制在 25～30℃，并经常向西洋杜鹃枝叶上喷水，保持空气相对湿度为 80% 以上，可以提早解除花芽休眠，提前一个半月开花，保证春节期间开花。欲使杜鹃延迟开花，可将形成花蕾的杜鹃一直处于低温状态，盆土保持干燥状态，可以向叶片喷水，维持基本的生理需要。夏秋移至室外，2 周后即可开花。这种低温处理最多可将花期延后 2～3 个月。总之，借助温度的调节，可以让杜鹃在四季随时开放。

（三）应用植物生长调节剂

应用植物生长调节剂可以促进花芽形成，常用的是比久（B_9）和矮壮素（CCC）。用 0.1%～0.2% 比久溶液喷雾，每周 1 次，共处理 2～3 次。或者用 0.2%～0.3% 矮壮素每周喷雾 1 次，共处理 2～3 次。处理后大约 2 个月，花芽发育完成，可将植株冷藏，促进花芽成熟。

【关键与要点】

① 冷藏期间，植株基质保持湿润即可，不能积水。

② 处理期间要保证光照时间，光不能过强，明亮散射光较好。

③ 盆土干燥到极限（不能影响杜鹃生长）再浇水。

（四）通过使用综合技术措施进行花期调控

如使西洋杜鹃在元旦和春节期间开花上市，提高其观赏价值，可以用园艺栽培措施和药剂相结合的方法调控花期效果更好。如用嫁接的方法，选取毛鹃作砧木，选用不同花色品种的西洋杜鹃作接穗，嫁接到同一砧木上，嫁接后的西洋杜鹃根系粗壮，枝繁叶茂，通过修剪整形、控温喷水、应用植物生长调节剂等花期调控技术措施，使西洋杜鹃定期集中开放，作为时令商品花卉周年供应，提高了西洋杜鹃的经济价值。

【关键与要点】光照充足，杜鹃一年四季都可以开花。冬季和初春季节太阳落山后，每天补3h的光，杜鹃可以开花。补光期间温室内温度不能低于18℃，夜晚温度在18~20℃为宜。

子任务六　病虫害防治

（一）病害防治

1. 根腐病防治

症状：杜鹃花患根腐病后，生长衰弱，叶片萎蔫、干枯，根系表面出现水渍状褐色斑块，严重的软腐，逐渐腐烂脱皮，木质部变黑。此病在温度高、湿度大的环境下最易发生。

防治措施：在翻盆前对培养土严格消毒，并保持土壤疏松、湿润，使其良好的通透性，避免积水。如果发现植株患病，要及时处理病株及盆土。治疗时，可用0.1%的高锰酸钾水溶液或2%的硫酸亚铁淋洗病株，再用清水冲洗后重新上盆。用70%的托布津可湿性粉剂加1000倍水制成溶液喷洒盆土，可以治好。

2. 褐斑病防治

症状：褐斑病是杜鹃花的一种主要病害。病害初发时，叶面上出现褐色小斑点，逐渐发展成不规则状大斑点，病斑上产生许多黑色或灰褐色小点，使受害叶片变黄、脱落，影响当年开花及第二年花蕾的发育。这种病常发生于梅雨季节湿度大的时候。

防治措施：平时要注意让植株通风透光，不使湿度过大，并增施有机肥及氮磷钾混合肥，增强植株抗侵染及生长能力。如果发现病叶要及时摘除，集中烧毁。病害发生初期，喷洒0.5%波尔多液或0.4%波美度石硫合剂，并加4%面粉增加黏附力。叶斑病、黑斑病也可以用同样方法治疗。

3. 黄化病防治

症状：缺铁黄化病常发生在土壤偏碱的地区，病情轻时，只出现植株迟绿现象；严重时，叶组织可全部变黄，叶片边缘枯焦。发病时，以植株顶梢的叶片上表现最为明显，一般皆由内部缺铁所造成。

防治措施：可用硫酸亚铁粉末均匀撒入盆土表面，直径30cm盆可用1.5g，然后喷大水使其溶解；也可溶于水中浇灌，浓度为0.1%，或加硫酸锌、硼砂等也可，直至恢复。栽培土宜用疏松、排水良好、富含腐殖质的酸性沙质壤土，可选用腐叶土7份、园土1份、沙土2份，混匀配制，并加少量（每盆约50g）麻酱渣、骨粉等作为栽培土；在栽培管理过程中，要干而不裂、潮而不湿，才能促进新根的萌发。

（二）虫害防治

1. 红蜘蛛防治

症状：受害叶片因失绿开始时呈灰白色，继而转为黄褐色，最后纷纷脱落。植株因受害，生长陷于停滞、衰退状态，严重时会逐步趋于死亡。

防治措施：药物杀虫可用50%敌敌畏乳剂2000倍液、50%乐果1200～1500倍液喷洒叶背进行灭除。平时要将杜鹃放置在通风良好的地方。

2. 军配虫防治

症状：军配虫成虫体小而扁平，长约4mm，黑色，是对常绿杜鹃危害最严重的一种害虫，常在叶片背后刺吸汁液危害，受害处叶面上出现黄白色斑点，使叶片脱落，造成树势衰弱，影响生长及开花。

防治措施：主要是用药物喷杀。可用90%敌百虫原药1000倍液或40%氧化乐果乳油1500倍液或50%杀螟松乳剂1000～1500倍液喷洒防治。

3. 蚜虫防治

症状：蚜虫主要危害杜鹃花、幼枝、叶，轻者可使叶片失去绿色，重者使叶片卷缩，变硬变脆，不能吸收养分，影响开花。

防治措施：平时要特别注意越冬期的蚜虫，入冬后可在植株上喷洒一次5波美度的石硫合剂，消灭越冬虫卵，铲去花卉附近杂草，消灭虫源。在蚜虫危害期，用40%的乐果或氧化乐果加1200倍水制成溶液进行连续喷治，3～4次即可见效。

子任务七　运输、销售

杜鹃花在显色时就可以销售，可以避免在运输过程中花朵的损伤。短途运输可以在花开25%～30%、运输途中温度在5～10℃条件下进行。长途运输要在2～4℃低温条件下进行，保持基质湿润，时间不要超过一个星期。

【巩固训练任务五】　栀子花盆花生产

1. 任务内容

以小组（5～6人为1组）为单位，独立完成栀子花盆花生产全过程，栀子花盆花生产主要包括育苗、上盆、日常养护、花期调控、病虫害防治等内容。通过任务的完成，重点掌握作为酸性土壤指示植物及观花植物育苗、修剪整形及花期调控技术，最终生产出栀子花盆花产品（图2-70）。

图2-70　栀子花

2. 任务要求

1）在完成巩固训练任务栀子花盆花生产过程中，重点对作为酸性土壤指示植物及观花植物育苗、修剪整形及花期调控技术进行反复训练，具备指导该方面生产能力。

2）制订栀子花盆花周年生产方案、生产计划和资金预算方案，方案和计划应符合实际生产需要，方案应详细、合理、具有可操作性。

3）各小组根据制定的方案进行任务实施。

4）每次任务结束填写工作日志和成本记录表。

5）巩固训练任务全部结束，各小组要根据成本记录和销售记录完成该品种效益分析报告。

6）任务完成过程中要分工合作，各种药品按照使用说明进行正确使用；按照工具的正确使用规范进行操作，保证设备的完整以及人员的安全。

3. 主要技术要点

1）常用扦插、压条法繁殖，也可用播种、分株法繁殖。

2）栀子花是酸性土壤的指示植物，故土壤的微酸性环境好坏，是决定栀子花生长好坏的关键。土壤pH以4.0～6.5为宜。

3）生长温度为16～18℃。喜空气湿润，生长期要适量增加浇水。通常盆土发白即可浇水，每天须向叶面喷雾以增加空气湿度，但花现蕾后，浇水不宜过多，以免造成落蕾。冬季浇水以偏干为好，防止水大烂根。夏季栀子花喜欢通风良好、空气湿度大又透光的荫棚下养护。冬季放在见阳光、温度又不低于0℃的环境，让其休眠，温度过高会影响第二年开花。

4）修剪：摘心、修枝、抹蕾。栀子花小苗在主干20cm高处打去顶尖，留3～4个分枝，分枝有2对叶片时再打去顶尖，促发分枝，以后可任其生长。栀子花修剪目的：一是为了控制高度，防止徒长；二是为了压制顶端优势，促进侧枝生长，增加开花量。经常修剪内膛枝、枯枝、徒长枝、交叉枝等无用枝条，花后也要减去残花，一般每个粗枝上留2～3个花苞，弱枝上留1个花苞，或都剪掉。

5）栀子花喜肥：除了栽植时施基肥外，定期追肥可使花朵肥大、花香浓郁。

任务六　火炬凤梨盆花生产

【任务描述】

火炬凤梨盆花生产主要包括育苗、上盆、日常管理、病虫害防治、花期控制、包装和运输等内容。

通过任务的完成，在掌握火炬凤梨盆花生产技术的同时，重点学会生产中常用的分株繁殖技术及花期调控技术，最终培育出合格的火炬凤梨盆花产品。

【任务目标】

1. 能根据市场需求主持制订火炬凤梨盆花周年生产计划。

2. 能根据生产实际、花卉生长习性、不同生长发育阶段主持制定火炬凤梨盆花生产管理方案。

3. 能按方案进行分株育苗及花期调控的组织与实施，并能根据实际情况调整方案，使之更符合生产实际。

4. 能耐心、细致、认真地做好催花液的配制工作，并能与组内同学分工合作。

5. 能结合生产实际进行火炬凤梨盆花生产效益分析。

【相关介绍】

1. 形态特征

火炬凤梨属于凤梨科，丽穗凤梨属，多年生常绿草本。中型种，叶丛紧密抱成漏斗状，株高20～30cm，宽3～4cm，叶较薄，亮绿色，具光泽，叶缘光滑无刺。花茎从叶丛中心抽出，复穗状花序，具多个分枝，花茎长约30cm，苞叶鲜红色，小花黄色（图2-71）。

2. 生态习性

火炬凤梨原产于美洲热带雨林地区，为凤梨属多年生常绿草本植物。只要环境适宜，全年都可以生长。扁平的莲座叶丛外张，深绿色，花开时心部叶片变成鲜红色。花小黄色，基部叶片紧密排列呈莲状筒形，喷灌时应保持中心部分和叶片间湿润。凤梨一年只开一次花，开花后会在植株基质中产生许多分生芽。凤梨根系不发达，主要依靠叶片来吸收水分和养分。

图2-71　火炬凤梨

3. 生产现状

凤梨盆花生产主要集中在珠三角和长三角地区；西部地区主要集中在四川、陕西西安，甘肃也有但数量较少；华北地区主要集中在山东、天津、河北和北京。

4. 环保效应

火炬凤梨夜间能够吸收大量二氧化碳，提高房间内负离子浓度，令房间内的空气得到很好的净化，非常有利于人们的身体健康。

【材料与工具】

1. 材料

火炬凤梨种苗、草炭土、珍珠岩、沙子、包装袋、碳酸钾、敌百虫、甲基托布津、乙烯利、乙炔、除螨灵、三氯杀螨醇、杀菌剂、包装袋、皮套等。

2. 工具

铁锹、花铲、手锄、喷雾器、量筒、天平、花盆、花托、剪枝剪、纸箱、遮阳网等。

子任务一　品种选择

对于凤梨种植者来说，品种的选择很重要，因为品种的选择对其商业的效果非常重要。在选择品种时，一般要参考以下几方面：第一，要根据市场前景来确定品种。在市场上，不同的凤梨品种价格差异比较大，选择有前景的品种。第二，要充分考虑产品的生产成本，包括种苗的价钱、催花的成本及生产周期。第三，要考虑品种的特性。品种的特性主要包括颜色、叶片干不干、植株高度、生长周期、花的位置、叶焦枯敏感性等。

子任务二　育　　苗

常用的是组培育苗和分株育苗。大量生产主要是使用进口组培苗。凤梨分生能力强，极易从植株基部长出蘖芽，因此还可以通过分株育苗的方法进行凤梨的扩大生产。

凤梨植株开花后从母株基部长出一个至数个蘖芽，母株开花后，将其剪去，然后将大的蘖芽用利刀从芽基部切离，另行栽植（图2-72）。将小的蘖芽继续留在盆中生长，当长到原母株1/3以上大小时或者已经生根时，再用利刀将其切离，另行栽植，盆中只留一个蘖芽让其继续生长。母株的芽切下后还会再长出新的蘖芽，这样一株可以繁殖出许多小苗。将切下的无根蘖芽切口晾干后，插在消毒过的素沙中，在25℃条件下，半个月左右生根，长叶后上盆；将切下的有根蘖芽直接上盆。

项目二 盆花生产

a)　　　　　　　　　　b)　　　　　　　　c)

图 2-72　凤梨分株繁殖步骤

a) 凤梨母株里长出蘖芽　b) 从母株切下的蘖芽　c) 将切下的蘖芽去掉基部叶片，切口稍微晾干后插在素沙中

子任务三　上　　盆

（一）准备基质

盆栽基质要求疏松、透气、排水良好、微酸性土。可用腐叶、泥炭、河沙三者比例为 3∶1∶1 混合而成。现在生产中凤梨常用基质一般选择 0～20mm 的草炭土，打包破碎后待用。基质要进行杀菌杀虫或者高温消毒处理。

【关键与要点】　土壤的 pH 在 5～6 之间比较适宜。EC 值 <0.3mS/cm 为宜。

（二）花盆选择

凤梨根系对光线较为敏感，生产上通常选择不透光的塑料盆。规格的确定以花盆可以稳定植株并与株形相协调为原则，凤梨一般选择 9cm、12cm 和 14cm 的花盆定植。

（三）上盆

选择大小适宜的花盆消毒后，将花盆底部填上一层 2cm 左右比较粗的颗粒作排水层，然后将配制的培养土填到花盆的 1/2 多一点时，将生根的蘖芽栽在花盆中间，继续填培养土后，略加按压，并使盆土距盆沿口 2～3cm。定植时一定注意不要让基质进入杯心。凤梨定植后浇透水，杯心里一定要充满水，放到半荫处缓苗，逐渐见光。

【关键与要点】

① 凤梨的根系不是很发达，无主根，有些根还喜欢接触空气，故应用小盆、浅盆栽植。

② 不要栽植太深，否则容易造成叶筒基部腐烂。

③ 根系长得很慢，不用经常换盆，一般 2～3 年换一次盆即可。

④ 定植时注意杯心里不能进土，定植完后，需要扶苗，冲杯心。

子任务四　日常养护管理

（一）水的 pH 和不同生长阶段 EC 值

凤梨对水质的要求非常高，忌硼、铜、锌等，使用经过处理的三次水，将 pH 调到 6.0～6.5，如有意外将原水溅到花上，立即用三次水进行冲洗，以免烧叶。表 2-27 为凤梨不同生长阶段对 EC 值的要求。

表 2-27　凤梨不同生长阶段对 EC 值的要求

凤梨不同生长阶段	EC 值/(mS/cm^2)
新上盆小苗	0.5～0.6
上盆后 3～5 个月	0.8～1.0
营养生长阶段	1.0～1.2

（二）温度管理

白天温度为 22～28℃，夏天使用风扇水帘系统降温。最佳生长温度为 25～26℃，过高的温度会致使叶片出现黄斑，当白天下午温度在 20℃ 以下时并且没有可利用的光线时就可进行保温。夜间温度为 21～23℃，如果温度低于 18℃ 时会引起凤梨自然开花，在夏季高温时期晚间的温度会超过 23℃，此时应该在晚间将风扇打开通风最少半小时。

（三）湿度管理

凤梨湿度在 75%～85% 之间，过低的湿度会导致叶尖出现干枯，过高的湿度还会引起一些病菌。当湿度超过 85% 同时温度也在 26℃ 以上时，启动风扇抽风吹，将闷不透风的混浊空气赶走，重新输入清新的空气。当湿度低于 75% 时，必须采取向地面喷洒清水或开启喷雾系统进行增湿。

（四）光照管理

凤梨不同时期的苗龄适宜不同的光照，小苗的光照为 10000lx，中苗为 10000～15000lx，大苗为 15000～20000lx。光照可通过内、外遮阳网进行调节。过强的光照会导致卷叶及叶片被太阳光所烧伤，叶色发红；过弱的光照会使叶片变窄细长无光泽。在白天温度不低于 20℃ 时尽可能多地让其接受自然光线。

（五）通风管理

温度达到 27℃ 时就可以开风扇进行降温，湿度如果小于 75% 就可以开启水帘进行增湿通风，当温度小于 25℃ 时就立即停止排风。

（六）肥水管理

凤梨叶面吸收肥料比浇灌吸收的效果更好，故一般以顶喷为主，盆土表面发白，用手掂量较轻，即可浇肥，浇完肥后，需要喷 2min 清水洗叶片。在每周一次叶面喷肥中间出现盆干与杯心缺水时只能补纯净水，隔夜的肥水不可使用。

（七）冲洗叶杯

冲洗叶杯的目的是洗去杂物和长时间贮存在叶杯里面的水，防止叶杯腐烂。在日常养护当中根据情况来定期冲洗叶杯，务必保持叶杯里面水质新鲜无杂质。

（八）稀盆

适宜的距离能促使其生长健壮、植株饱满、减少病虫害，当生长到一定的阶段，两株之间叶片相互交叉在一起，使下部基本上接受不到充足的阳光时，就应该对其进行稀盆，一般按照生长总体安排进行。

（九）分级

在日常养护过程当中将同一批次同一产地同一品种的按高矮、冠幅大小进行归类，这样不但有利于更好地生长，而且将来催出来的花整齐一致。

【关键与要点】凤梨对水质敏感，如果接触到原水，应立即使用清水冲洗。凤梨是忌硼与铁等金属的植物，在日常养护管理当中一定要多检查，特别是苗床上方的钢铁结构，如有掉铁锈必须及时处理，对已掉入叶杯的铁锈要用纯净水进行冲洗。对一些品种在基部一直会有吸芽出现时，发现吸芽一律将其打掉。

子任务五　催　　花

凤梨株形优美、适应性较强，叶片和花穗色泽艳丽、花形奇特，花期可长达 2～5 个月，

但它在自然条件下花期不确定，营养生长期长，通常采用的分株繁殖也需要2~3年才能成花。由于它的生长缓慢，采用温度、光照和其他常规的园艺措施很难促其成花。因而生产上通常采用催花剂催花，经过养护与催花处理，不仅可使凤梨花期提前半年到一年开花，而且可使其在某一确定时期开花，达到周年生产，且催花后的观赏凤梨花剑高度、花穗高度、叶片数均可达商品花的要求，从而提高它的观赏价值和经济效益。凤梨感应期为三个月左右，当生长到一定的苗龄时，根据市场需求即可进行催花。

（一）催花药剂的选择及制作方法

可采用乙烯利或饱和乙炔水溶液催花。有叶筒的凤梨盆花品种用饱和乙炔水溶液进行人工催花，没有叶筒的凤梨盆花用750mg/L的乙烯利水溶液喷叶进行人工催花。用饱和乙炔水溶液催花处理时对植株生长基本无损害，催花处理后的前2~3周植株正常生长，心叶继续伸长，饱和乙炔水溶液催花的花蕊显现较快，催花效果好且使用也安全。同时饱和乙炔水溶液密闭保存期较长，存放一年的饱和乙炔水溶液与新溶解的比较，催花效果完全一样，但饱和乙炔水溶液中的乙炔易挥发，浓度难以保证是其主要缺点。

【关键与要点】灌心催花比喷叶催花效果要明显，花芽分化早、成花率高。

1. 饱和乙炔水溶液的配制

将乙炔气体以0.5×10^5Pa的压力通入水中，100L水通气时间为30~40min，即获得饱和乙炔水溶液，随配随用。在高温季节催花，可用冰块将用来配制乙炔水溶液的水的温度降低到20~22℃后再开始配制，可有效提高乙炔水溶液中乙炔的饱和度，从而有效提高高温季节凤梨盆花的催花效果。

2. 乙烯利水溶液的配制

将乙烯利配制成750mg/L的水溶液，用碳酸钾将其pH调整至7.0，随配随用。

（二）种苗的选择

催花的植株须有一定的成熟度和正常的生长态势，选择具有25~30片叶，苗高为20~22cm达到催花株龄的健康、长势良好、根系完整的植株。否则由于营养生长不足，催花后观赏效果不佳，即使催花成功，花也达不到观赏标准。

（三）栽培基质的选择

凤梨多为附生种，要求基质疏松、透气、排水良好，pH呈酸性或微酸性。宜选用通透性较好的材料，如树皮、陶粒、草炭、稻壳、珍珠岩等。一般用草炭、珍珠岩、沙的比例是3∶1∶1进行栽植。

（四）催花时的温、光、水、肥要求

催花温度要合适，最好在18~26℃，过低或过高都会使催花效果降低。催花时间最好选择在上午8~10点进行，此时温度最为适宜。

适当增加光照但不能过强，一般为22000~25000lx。相对湿度最好控制在70%~80%，高温季节经常喷叶面水。在催花前一个月及催花后半个月停止施肥，只浇清水，1周前停止浇水。催花前1天倒掉叶筒中的水。

要保持良好的通风条件，通风好坏直接影响催花的效果，通风状况好植株粗壮，叶片宽而肥厚，花穗大而长，花色艳丽；通风不良，植株易徒长，叶片狭长，花穗短，花色浅无光泽。

（五）催花方法

在催花前一天将叶杯里面贮存的水分全部倒掉，第二天早晨用乙炔气体向接满水的桶中通气，以气体吹动均匀的小水泡，通气 30min 为标准，然后向倒完水的叶杯中浇灌。每间隔两天一次，共催三次，一般 5~8 周后可开花，配合充足光照，促使花色艳丽。到心部叶片变色并出现花蕊时继续施肥，以促使花序长大。或用浓度为 50~100mg/kg 乙烯利水溶液倒入凤梨叶筒内，一周后倒出，然后用清水冲洗，2~4 个月即可开花。

由于不同品种间品质与抗性差异较大，催花处理后开花的时间不同，一般花期 3~6 个月不等，火炬凤梨花期 3 个月左右，催花处理后 80~110 天可达到理想的开花效果。为控制在节日开花的时间，应根据品种和气温环境条件确定催花日期。

（六）基质 pH 和 EC 值的检测调整

每月进行 1 次基质 pH、EC 值的检测，宜在淋肥前一天取样。当 pH 低于 5.0 时，用 0.2% 碳酸钾溶液浇灌基质提高 pH；pH 高于 6.0 时，用 0.1% 的磷酸溶液浇灌基质降低 pH，使基质 pH 保持在 5.0~5.5；同时基质 EC 值应小于 0.7mS/cm，宜结合浇水进行调整。

【关键与要点】

① 凤梨在催花阶段，应提高昼夜温差，正值冬季养护可适当提高温度，温度保证在 20℃以上。因从处理至开花所需天数，随温度的升高而缩短，即处理期间平均温度高，诱导花芽发育至开花天数短，相反催花处理时平均温度低则到开花天数加长。

② 催花处理后 4 周内不要施肥，4 周后施肥时应适当降低液肥中氮元素的含量，增加磷、钾肥，每月施用 1 次。

③ 当花头出现后根据销售情况，如果要推迟出花时间就要降低温度即白天与夜间将温度压低至 20℃以下，让其生长减慢。

④ 当催完花后出现花头时，要用一些辅助设施（扦子、泡沫）将每一棵花头扶直让其直立生长，更多地接受光照，在小苗时期如发现有植株在花盆当中立足不稳时，就应该将其盆取掉，从下部将多余的基质取出，使其直立。

子任务六　包装和运输

火炬凤梨有一大特点，即易包装、耐运输。火炬凤梨叶肉细胞角质层厚，花序呈蜡质，因而整个植株都不易受损伤。因此使用简易包装即可。包装前在每盆花的花盆上贴上品种标签，主要包括名称、颜色、产地、商家名称等。在商品交易中的成品花只需用塑料袋（塑料袋呈漏斗形，上口大下口小，周边留透气孔）单盆套装，然后放置在纸箱内，就可用于空运、汽运、船运、火车运。只要是一周内的运输，注意适当透气，均可以安全抵达目的地。

子任务七　病虫害防治

（一）病害防治

1. 叶斑病防治

症状：发病初期在叶片上出现黑色小斑点，周围有水渍状黄色晕圈，后期变成圆形或椭圆形斑块，边缘暗褐色，中央灰褐色，多在闷热和通风不良的环境下发生。

防治措施：加强通风，及时剪去病叶，并喷施杀菌剂进行防治，7~10 天喷施 1 次，连喷 3 次。杀菌剂可选用 3% 恶甲水剂、25% 使百克、75% 百菌清等交替使用。

2. 心腐病防治

症状：浇水过多或长时间地没有接受充足的光线而引致。其症状为叶丛中央的心叶变软发黑，腐叶拔出后有臭味。

防治措施：加强栽培管理，立即停止浇水，将腐烂的叶片逐一拔出，并倒干水槽中的蓄水，保持叶筒内水干净，加强通风和降温，降低空气相对湿度至 75% 左右，并避免基质浇水过多。发病初期喷施 75% 百菌清 600~800 倍液，7~10 天喷施 1 次，连喷 3 次，严重时可用 75% 的恶霜锰锌 400 倍液浇灌叶筒，每月一次，连喷 2~3 次。

3. 根腐病防治

症状：一般在基质过湿、通气不良时易发生根系部分或全部腐烂变黑，导致植株生长不良。

防治措施：发病初期用 3% 恶甲水剂和 45% 福美双 500 倍溶液浇灌根部，也可用 50% 扑海因 500 倍液消毒根部，剪除烂根，再用排水性更好的新基质栽培，并适当控制水分，使其恢复。

（二）虫害防治

一般虫害较少，主要有以下几种：

1. 介壳虫防治

症状：主要栖附在叶片上刺吸叶片汁液，使叶片产生失绿的斑点，影响植株正常生长，其分泌物还易引起煤污病。

防治措施：介壳虫少量可人工刮除或用 20% 噻嗪杀扑磷 1000 倍液喷施，一周 1 次，连喷 3 次。

2. 红蜘蛛防治

症状：主要在叶背吸取汁液，使叶片黄萎，严重时，整株完全失去光泽，常发生于通风不良的环境下。

防治措施：加强温室内通风，用 20% 三氯杀螨醇 800~1000 倍液或 50% 除螨灵 500~600 倍液喷施叶片，10 天喷 1 次，2~3 次即可治愈。

3. 蚜虫防治

症状：在叶杯里面吸食嫩叶汁液。

防治措施：①保持叶杯里面干净，勤冲洗叶杯；②加强虫害检查；③及时清除基部枯死叶子；④用敌敌畏 2000 倍液进行喷雾。

【巩固训练任务六】 果子蔓凤梨盆花生产

1. 任务内容

以小组（5~6 人为 1 组）为单位，独立完成果子蔓凤梨盆花生产全过程，果子蔓凤梨盆花生产主要包括育苗、上盆、日常养护、花期调控、病虫害防治等内容。通过任务的完成，重点掌握凤梨类植物催花技术，分株育苗、吸芽、冠芽繁殖技术及不同凤梨杯状品种水分管理技术要点，具备对凤梨类植物进行规模化生产的能力，最终生产出果子蔓凤梨盆花产品（图 2-73）。

2. 任务要求

1）在完成巩固训练任务果子蔓凤梨盆花生产过程中，重点对凤梨类植物催花技术、分株育苗、吸芽、冠芽繁殖技术及不同凤梨杯状品种水分管理技术进行反复训练，具备指导该方面生产能力。

2）制订果子蔓凤梨盆花周年生产方案、生产计划和资金预算方案，方案和计划应符合实际生产需要，方案应详细、合理、具有可操作性。

3）各小组根据制定的方案进行任务实施。

4）每次任务结束填写工作日志和成本记录表。

5）巩固训练任务全部结束，各小组要根据成本记录和销售记录完成该品种效益分析报告。

6）任务完成过程中要分工合作，各种药品按照使用说明进行正确使用；按照工具的正确使用规范进行操作，保证设备的完整以及人员的安全。

图2-73　果子蔓凤梨

3. 主要技术要点

1）分株繁殖。分株时间选择在2～3月，母株在开花前，基部或叶片之间蘖芽抽出8～10cm进行。把母株从花盆内取出，用锋利的小刀把蘖芽切下，并带有一定的根系。把蘖芽剖开成两株或两株以上，分出来的每一株都要带有相当的根量。把分割下来的小植株上盆。上盆后马上用百菌清1000倍液灌根。

2）上盆。基质选择0～20mm的草炭土，花盆直径为12cm，上盆时先在盆底放入2cm的基质，将小植株放在中间，向周围加入基质，基质到花盆盆沿为宜，不宜种植太深，以防烂心。

3）分株后管理。分株装盆后灌根浇透水。当杯心没有水后，只给杯心灌清水即可，需要3～4周才能萌发新根。为了保持空气湿度，每天需要给叶面喷雾1～3次，保证湿度在75%～80%。待植株长出新根后再浇肥水。分株后未长新根前需要遮阳，光照以8000～10000lx为宜。生根后可以将光照增强至10000～12000lx。

4）催花。提前一个月停肥，催花前一天将杯心中的水倒出，第二天早晨用乙炔气体水溶液向杯心中浇灌。每间隔两天1次，共催3次。花期较长，一般为4～6个月。

5）病虫害防治。主要有叶斑病，可以用多菌灵1500倍液喷洒防治。

任务七　豹纹竹芋盆花生产

【任务描述】

豹纹竹芋盆花生产主要包括育苗、上盆、日常管理、株形控制、病虫害防治、包装和运输等内容。通过任务的完成，在掌握豹纹竹芋盆花生产技术的同时重点学会竹芋在生产中温湿度控制技术，最终培育出合格的豹纹竹芋花产品。

【任务目标】

1. 能根据市场需求主持制订豹纹竹芋盆花周年生产计划。

2. 能根据企业实际情况主持制定豹纹竹芋盆花生产管理方案。

3. 能根据豹纹竹芋生长习性、不同生长发育阶段的特点，采取不同的养护管理措施，并能根据实际情况调整方案，使之更符合生产实际。

4. 培养学生对所学知识的综合应用能力、团结协作意识、吃苦耐劳精神。

5. 能结合生产实际进行豹纹竹芋盆花生产效益分析。

6. 通过巩固训练任务的完成，熟练掌握竹芋类植物花期调控、株高控制及养护管理，具备指导该方面生产的能力。

【相关介绍】

1. 形态特征

豹纹竹芋是竹芋科多年生常绿草本，植株常匍匐生长。株高10~30cm，节间短，多分枝，茎匍匐生长。叶宽矩圆形，长8~15cm，宽7~10cm，基部心形，前端尖凸，正面浅绿色，有光泽，侧脉6~8对，脉间有两列对称呈羽状排列的斑纹，初为灰褐色，后呈深绿色，如兔的足迹，叶背灰绿色。叶倒卵形，长7~10cm，宽4~6cm，色鲜绿，主脉两侧有黑绿色条纹交错排列。新长出的叶片，叶面白绿色，更加雅致（图2-74）。

图2-74　豹纹竹芋

2. 生态习性

豹纹竹芋喜温暖、湿润、阴凉环境。竹芋的生长适宜温度为20~30℃。不耐寒，越冬温度10~15℃，若低于10℃叶片就容易卷曲，但高温也会造成竹芋的生长不良，气温高于30℃则生长就会受到抑制。采用分株法繁殖，繁殖力强，只要温度适宜，四季均可进行。栽培土壤以松软透气的壤土为宜。浇水过多，盆内积水时会引起烂根。豹纹竹芋植株矮小，多与中高型观叶植物搭配，摆设在橱窗、花架或案头上，显得特别雅致，也可单独摆放在办公桌上或作室内吊盆悬挂观赏。温室栽培春、夏、秋三季遮光60%左右，冬季遮光30%左右。其适于肥沃、疏松、排水良好的土壤。

3. 竹芋盆花生产现状

竹芋已成为当今世界流行的主要观叶植物之一，是深受消费者喜爱，被经销商看好的年宵盆花之一。在我国分布于云南、广西、广东的南部，台湾、海南都有栽培。其广泛栽培于世界热带和亚热带地区。

4. 竹芋主要品种

竹芋科植物分四大属：竹芋属包括花叶竹芋；肖竹芋属包括红背肖竹芋（紫背）、绒叶肖竹芋（天鹅绒竹芋）；栉花竹芋属和卧花竹芋属。

5. 环保效应

豹纹竹芋消除甲醛及氨气的能力比较强。根据有关测定，每平方米豹纹竹芋的叶面积24h便可将0.86mg甲醛及2.91mg氨消除掉，堪称为净化室内空气的"能手"。

【材料与工具】

1. 材料

豹纹竹芋种苗、草炭土、椰糠、珍珠岩、多菌灵、阿维菌素、啶虫脒、包装袋、胶带等。

2. 工具

刀片、铁锹、花铲、手锄、纸箱、喷雾器、量筒、天平、花盆、花托、遮阳网等。

子任务一 品种选择

根据市场的需求、温室条件及品种特性选择种苗，选择的品种应不易徒长、叶色有光泽、株形饱满、侧芽多、不易产生病害、适应温室环境、耐热、易于管理。竹芋的生产周期：从上盆到成品，依品种和成品规格而异一般需6~18个月。

子任务二 育 苗

育苗主要是采用组培育苗和分株育苗，各生产企业大量种苗来源还是以购买种苗（组培苗）为主，少量种苗是通过分株育苗方法获得。分株育苗一般结合换盆进行，分株栽培基质选择草炭土和珍珠岩按5:1混合。将过密竹芋从盆内取出，去掉附土，将母株的根茎或根系，顺好纹理，分成数丛或使用利器将竹芋的根切开，使得根的伤害度达到最小，根据植株大小每丛有3~4个小植株栽在一盆里。种植完后，使用1000倍的多菌灵进行灌根；光照控制到10000lx，湿度保持在80%，保持盆土干燥（图2-75、图2-76）。

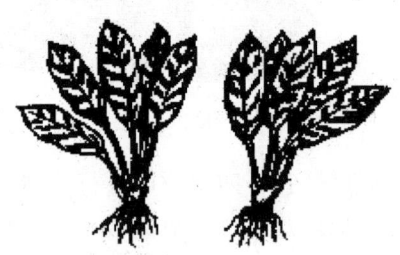

图2-75 将花盆中过密的母株进行分株

图2-76 将分株后的子株进行上盆
（上盆前根系可以用基质先固定、再栽植）

【关键与要点】分株时尽量不要伤到根。定植后光照控制强一些，湿度大一些，以促进根系的生长。

子任务三 上盆前准备

（一）基质选择配比

竹芋所选用基质为进口草炭土与珍珠岩按照5:1（即一份珍珠岩、五份草炭土）比例配合。用石灰调整基质pH至5.0。

（二）花盆的选择及消毒

所选用的花盆直径一般为9cm或17cm的黑色盆，根据情况有时会用到12cm或14cm的花盆。如果使用旧盆，必须使用1.5%的季铵盐消毒，并用清水洗干净。

【关键与要点】搅拌基质时一定要搅拌均匀；使用基质之前要测pH及EC值，基质pH及EC值调节要符合竹芋的生长需要。

项目二 盆花生产

子任务四 上 盆

装盆机在装基质时,孔要打得深一些,使根蘖完全能放入盆中。将小苗放入打好的孔中,两手将土拢起但不需要压得太实。定植时注意,一些圆叶品种,下层叶片一定不要贴着盆土表面,应该有0.5cm的距离,否则浇完水后,下部叶片易发黄烂掉。

定植后发现有种得浅的或是不正的,需要扶一下苗。

【关键与要点】浇水后盆土表面与苗的基质表面以齐平为宜。圆叶品种叶片不能贴盆。

子任务五 上盆后第一次浇水

定植后需要用清水浇透,称为定植水,盆土表面一定要保持湿润。盆土不能控得太干,否则叶片会卷,植株生长就会受影响。第二次即可浇肥。取根系附近基质,如果手用力挤压基质,基质能挤出很少量的水分,说明刚好浇水;如果用力挤不出水,则表明基质太干。

【关键与要点】施肥时要保证每盆基质干湿度一致。

子任务六 开花竹芋人工补光

开花竹芋只有在长日照条件下才能开花。秋冬季节为了保持其花可以正常开放,则需要人工补光。

1) 每天太阳落山后开启补光灯,4h后关闭,每天补光4h。
2) 补光前利用顶喷给叶面喷水,保持湿度。
3) 减少氮肥施用量,增加钾肥施用量。

【关键与要点】补光时叶面一定要喷水,否则叶片发卷。补光促花期间盆土不能控得太干。

子任务七 日常养护管理

(一) 温度管理

白天温度保持在26℃以下,最好保持在24~26℃最佳。温度在25℃以上就可开扇通风;27℃以上时就必须强行降温,开启风扇湿帘。夜间温度保持在20~23℃即可,当夜间温度低于20℃时应该及时反映,夏季夜间温度会超过23℃,晚间睡觉前必须进行半小时的通风,温度低于20℃对竹芋生长极其不利。

(二) 湿度管理

湿度对竹芋很关键,通风时先开启水帘,待水帘打湿后再开风扇。湿度应保持在75%~90%,紫背、天鹅绒竹芋和金花保持在90℃以上和通风时地面不得有粉尘,当湿度小于75%时必须对地面进行喷洒水或开起喷雾系统进行增湿;当湿度大于90%同时温度达到25℃以上时即可开启风扇排湿通风。太高的湿度会引起病菌的滋生,太低的湿度会造成卷叶和叶子干枯以及叶色不纯。

(三) 光照管理

光照保持在10000~12000lx,当光照达到12000lx时就必须展开内遮阳网进行遮光,如果展开内遮阳网后光照仍然有所上升时,此时应该打开外遮阳网进行遮光。当光照低于10000lx时立即收拢遮阳网。过强的光照会导致卷叶及生长减慢,叶色不正常;过弱的光照会导致叶片软弱，无光泽。

（四）肥水管理

浇水标准："见干见湿，浇则浇透"。即盆土表面发白，用手掂量较轻时即可浇水，浇时必须浇透，浇完水后取下花盆用手捏有少量的水珠，浇时要从花盆四周浇，不得只浇一面，使盆土湿润不均匀。施肥时复合肥与硫酸镁和尿素轮流施用。

【关键与要点】

① 开风扇时如果温度低于24℃时就必须关闭风扇。春天通风时必须先把窖内水帘挂上塑料布，让从外面吸进的冷风从苗床下部或分散流动，不得让冷风直接与花接触。

② 浇水时要从花盆四周浇，不得只浇一面，使盆土湿润不均匀。

③ 竹芋虽然喜阴，但如果长期在无光或黑暗的状态下，叶面会褪色，斑纹会淡化或消失，因此，在明亮的散色光条件下生长良好。

子任务八　株形控制

从定植开始特别注意其株形的控制。

（一）定植

定植时直接定植于口径为17cm的盆中，给其足够的空间。

（二）环境控制

环境控制主要注意光照控制，定植前两个月光照可以与成品花一样在12000lx左右，两个月后降至8000~10000lx，目的是促进其侧芽的生长。

（三）及时稀盆

当叶片搭叶片看不到盆时，就应该稀盆了。稀盆标准为叶搭叶可以看到地面。从定植到出成品应该稀4~5次盆。

（四）喷洒矮壮素

当小苗定植生根后，就可以施用矮壮素了。前3个月，每隔一周喷洒1次1200倍液矮壮素，4~6个月每隔4天喷洒1次800倍液矮壮素，6个月到出成品每隔4天喷洒1次600倍液矮壮素。矮壮素应该在下午太阳即将落山时喷洒。第二天应该将光照控制得低一些。

【关键与要点】 小苗光照要强一些，促进侧芽的生长；一定要及时稀盆。

子任务九　病虫害防治

（一）主要病害防治

1. 炭疽病防治

危害症状：该病多发生在叶尖和叶缘。发病初期叶片出现红褐色小点，以后扩大成灰褐色至灰白色大斑，病健组织交界处有不规则的紫褐色环纹。有的病斑边缘有明显的褪绿色黄晕。

防治措施：①消灭病源：加强对窖内的卫生工作，及时清除落叶和修剪病叶；②加强管理：养护中尽量避免造成伤口，浇水时不要淋浇伤口等；③药剂防治：发病初期喷施炭疽福美或扑海因2000倍液。

2. 茎腐病防治

危害症状：茎腐病先发生在植株基部，在幼苗木质化前茎基部产生水渍状浅褐色小点，

后逐渐扩展，病斑颜色变深，并出现缢缩性凹陷。

防治措施：①人工防治：细致检查，发现生长反常苗及时治理；②药剂防治：可用 2000 倍雷多米尔进行灌根。

（二）主要虫害防治

1. 红蜘蛛防治

危害症状：初期表现为叶背面有油质和一些白色粉状物，后期呈现出点状褪绿，逐渐变成黄色小白点，最后变成灰白色枯焦。

防治措施：①加强虫情检查和自身对虫害的防治意识，不去有红蜘蛛危害花卉的地方；②创造好的环境，对死去的枯枝烂叶要及时清理；③用哒螨灵 3000 倍液或阿维菌素 2000 倍液喷打叶子正反两面，此虫具有一定的抗药性，故不得每次使用同一种药，要交替使用，防治效果较好。

2. 叶螨防治

危害症状：叶片失绿，嫩叶呈现被叶螨细针所刺的斑点，或叶片卷曲、皱缩，严重时整个叶片枯焦。

防治措施：①加强虫害的检查力度；②用哒螨灵 3000 倍液或阿维菌素 2000 倍液喷打叶子正反两面；③辛硫磷 2000 倍液灌根与浇水同时进行。

3. 介壳虫防治

危害症状：危害叶子背面，若虫和雌成虫喜栖在枝叶上，吸取汁液，还能诱发煤污病，造成枝梢枯萎。

防治措施：①加强虫情检查和自身对虫害的防治意识；②创造好的环境，对死去的枯枝烂叶要及时清理；③用哒螨灵 3000 倍液或阿维菌素 2000 倍液喷打叶子正反两面，此虫具有一定的抗药性，故不得每次使用同一种药，要交替使用，防治效果较好。

4. 蓟马防治

危害症状：叶片呈针刺式，出现黄色斑点或块状斑纹，严重时嫩芽或心叶凋萎，叶片卷曲、皱缩甚至全部枯黄。

防治措施：①加强虫情检查和自身对虫害的防治意识；②创造好的环境，对死去的枯枝烂叶要及时清理；③用阿维菌素或菜喜 2000 倍液喷打叶子正反两面，此虫具有一定的抗药性，故不得每次使用同一种药，要交替使用，防治效果较好。

子任务十　包装、运输

（一）包装

选择包装箱规格：包装箱的净高度以植株连盆高度再加上 2~3cm 为宜。内箱的长、宽尺寸以盆径的倍数计算，但应以一个人能方便搬运的尺寸、重量为宜。

（二）选择柔软的塑料包装袋

竹芋较高，叶片较大，因此套袋的材料应是较硬的塑料袋。底口在盆径 0.3~0.5cm，上径口小一些，否则叶片发散不易装箱，长度应比植株叶片和苞片高出 3~5cm。冬天时，包装箱外需要打保温膜，以防将花冻坏。

（三）运输

竹芋成品花的运输主要用有空调的汽车。车内温度以 18~23℃ 为最佳。装车时要轻拿轻放，不能倒置，包装箱与车厢之间空隙应尽量小。空隙大的地方要用泡沫或其他材料尽量塞紧。到达后须立即除去包装，将植株放入明亮、18~23℃的环境中。因此运输时间要尽可能短，最好不超过3天。

【巩固训练任务七】 美丽竹芋盆花生产

1. 任务内容

以小组（5~6人为1组）为单位，独立完成美丽竹芋（图2-77）盆花生产全过程，美丽竹芋盆花生产主要包括育苗、上盆、日常养护、花期调控、病虫害防治等内容，通过任务的完成，重点掌握竹芋类植物花期调控、不同品种竹芋株高控制及水分、光照日常养护措施，具备对竹芋类盆栽植物进行规模化生产的能力，最终生产出美丽竹芋盆花产品。

2. 任务要求

1）在完成巩固训练任务美丽竹芋盆花生产过程中，重点对竹芋类植物花期调控、竹芋株高控制及水分、光照日常养护措施进行反复训练，提高实践操作能力。

图2-77 美丽竹芋

2）制订美丽竹芋盆花周年生产方案、生产计划和资金预算方案，方案和计划应符合实际生产需要，方案应详细、合理、具有可操作性。

3）各小组根据制定的方案进行任务实施。

4）每次任务结束填写工作日志和成本记录表。

5）巩固训练任务全部结束，各小组要根据成本记录和销售记录完成该品种效益分析报告。

6）任务完成过程中要分工合作，各种药品按照使用说明进行正确使用；按照工具的正确使用规范进行操作，保证设备的完整以及人员的安全。

3. 主要技术要点

1）形态特征：美丽竹芋（*Calathea roseopicta*）为多年生草本，叶自根际丛生，叶柄直立；叶阔歪卵形，全缘，叶表浓绿，有美丽的羽状斑纹，叶背及叶柄红褐色。

2）光照管理：美丽竹芋较耐阴，忌强光直射，如果光照过强叶色会偏黄，易"焦尖"。

3）花盆摆放不要太密。

4）水肥管理：水质的要求以pH 5.5~6.5，EC值小于0.3mS/cm为宜。美丽竹芋喜湿润环境，基质始终要保持湿润，不能等到基质完全干透再浇。一般在基质表层稍干发白而中下部湿润时浇水，浇则浇透。

5）病虫害：美丽竹芋病虫害较少，管理不当一般容易产生病害。

炭疽病：高温高湿，空气不流通，植株摆放过密，栽培环境不清洁，氮肥施用过多，植株徒长，组织幼嫩者容易诱发炭疽病。

虫害：如果通风不良、空气干燥，会发生红蜘蛛危害。

项目二 盆花生产

任务八　发财树盆花生产

【任务描述】

发财树盆花生产主要包括上盆、日常管理、修剪整形、病虫害防治等内容。通过任务的完成，在掌握发财树盆花生产技术的同时重点学会发财树播种育苗的方法及修剪整形技术，最终培育出合格的盆花产品。

【任务目标】

1. 能根据市场需求主持制订发财树盆花周年生产计划。

2. 能根据生产实际、花卉生长习性、不同生长发育阶段主持制定发财树盆花生产管理方案。

3. 能按方案进行播种育苗组织与实施，并能根据实际情况调整方案，使之更符合生产实际。

4. 能耐心、细致地完成发财树造型工作，并能与组内同学分工合作。

5. 能结合生产实际进行发财树盆花生产效益分析。

6. 通过巩固训练任务的完成达到像发财树、金钱树这种在高温、干燥、少水、有散色光条件下才生长良好品种的养护要求。

【相关介绍】

1. 发财树形态特征

发财树（图2-78）学名瓜栗，别名发财树、马拉巴栗、中美木棉，为木棉科、瓜栗属（中美木棉属）观叶植物。发财树为常绿乔木，树高可达10m左右。掌状复叶互生，每个叶柄上多有六七枚小叶，也有八枚的，因"八"与"发"谐音，一些花店老板就美其名为"发财树"。叶柄长10～28cm；小叶5～9枚，叶长椭圆形、全缘，叶前端尖，长约10～22cm，羽状脉，小叶柄短。花单生于叶腋，有小苞片2～3枚，花朵浅黄色，有5个花瓣，花瓣长约14cm，宽1cm左右，呈卷曲状。花丝粉白色，长约11cm，呈放射状，在细丝的顶端还有小米般大的黄色花蕊，有淡淡的清香。

图2-78　发财树

2. 生态习性

发财树喜高温和阳光充足的环境，生长适温为20～30℃。稍耐寒，成年树可耐短暂0℃

低温，10℃以下也能生长，但低于5℃，茎叶就停止生长，引起落叶。pH以5.5~6.5为宜，忌冷湿，叶片易出现水渍状冻斑。其适应性强，在各种光照条件下均能生长。但全日照能使茎节缩短，株形紧凑，有利于茎基的增粗；光线不足，树体生长缓慢。较耐阴，可长期在室内散射光条件下生存。较耐旱，忌积水。生长速度快，耐移植。

3. 生产现状

发财树原产于拉丁美洲的哥斯达黎加、澳洲及太平洋中的一些小岛屿，我国海南、深圳等南部热带地区是发财树的主要产地。

4. 环保效应

发财树可以很好地将甲醛、氨气、氮氧化合物等有害气体吸收掉。根据有关测算，每平方米发财树的叶面积24h便可消除掉0.48mg的甲醛及2.37mg的氨气，堪称净化房间内空气的高手。

【材料与工具】

1. 材料

发财树种子及种苗、沙子、壤土、氮肥、磷肥、钾肥、百菌清、多菌灵、甲基托布津、敌敌畏、辛硫磷乳油、杀灭菊酯、三氯杀螨醇等。

2. 工具

育苗箱、铁锹、铁线、花铲、手锄、喷雾器、量筒、天平、花盆等。

子任务一　品种选择

一般要根据市场前景来确定品种，要充分考虑产品的生产成本，主要考虑种子种苗的成本，还要考虑产品的生产周期，要考虑品种的特性、抗性、观赏性等，品种选择好了，能给种植者带来很大利润。发财树成品多由南方地区引进，为降低成本，华东或北方地区可引进半成品养护后再上市。如南京地区引进发财树半成品进行栽培，春秋季约需45天，夏季35天，冬季60天后即可上市。

子任务二　育　　苗

（一）播种育苗

由于种子苗具有出苗齐、根直苗顺、便于编辫和能长出浑圆可爱的"萝卜头"等特点，成为园艺生产者普遍采用的繁殖方法，但目前大量的种子主要来源于境外，海南可自产少量。发财树花期为4~5月，果熟期为9~11月，当果实呈褐色时即可采收种子和播种。每个果实含10~30粒种子，敲开果壳取出种子即可撒于沙床，覆盖细沙2cm，喷水湿润沙床，播后约7天左右可发芽。发芽温度为22~26℃。每粒种子可出苗1~4株。出苗25天左右，即可按40cm×25cm的距离移植到圃，每种植点须种3~6株。实生苗生长迅速，苗期要薄施氮肥和增施磷钾肥2~3次，促使茎干基部膨大。长芽前，温度保持25~38℃，湿度50%~75%。芽长至7cm时，加强通风，温度保持20~35℃。

播种前和幼苗期用多效唑处理种子和幼苗，能有效控制植株高度，为开发小型矮化盆栽发财树提供可能途径。

（二）扦插繁殖

发财树扦插繁殖容易，在华南地区一年四季均可进行，北方爱好者不妨在每年气温较高的 5～8 月进行。插条可用盆栽修剪下来的顶梢或枝干，长约 10～15cm，插于素沙或壤土中，保持一定湿度，约 30 天左右可生根，成活率高。与播种苗相比，扦插苗存在头茎不膨大或只略微膨大、苗秆不美观的缺陷，一般不用于盆栽观赏生产。

（三）嫁接繁殖

嫁接繁殖可使植株提前开花结果。嫁接繁殖还可用于盆栽发财树的造型管理，制作微型动物盆景。根据造型嫁接成活后，剪掉多余枝干。

（四）水培

将选取的生长健壮小型土培植株取出，去基质，用自来水将根部清洗干净，从根颈部将原有土生根全部剪除，用陶粒作基质固定植株。

植株消毒、基质消毒。用多菌灵等广谱性杀菌剂溶液浸泡根茎基部 10～15min，可消灭一些致病的病菌。

用 200mg/L 的 NAA 溶液浸泡茎基部 20～40min。

水培初始 2～3 天换一次清水，2 周后可长出新根。当植株完全适应环境时，加入观叶植物营养液进行养护，每 2～3 周更换一次营养液。生长期间若能经常向叶面喷施 0.1% 的磷酸二氢钾溶液，不但能保持叶片油嫩翠绿，而且还能促使茎基膨大。

子任务三　上　盆

（一）小型

当苗长到 60～100cm 高时，幼苗在阴凉地放置 2～3 天后茎干脱水柔软后易于操作，选择 3～6 株栽植在一个花盆里，加工编辫，编辫时用胶带纸绑住，成形后可解除绑带。单干发财树起苗较晚，一般在苗高 150cm 时起苗定植（图 2-79）。

图 2-79　上盆

（二）大型

发财树播种苗长至 2m 左右，在 1.5～1.8m 处截去上部，让其成光杆，然后从地上掘起，放在半阴凉处让其自然晾干 1～2 天，使树干变得柔软而易于弯曲。接着用绳子捆扎紧同样粗度和高度的若干植株基部，将其茎干编成辫状，放倒在地上，用重物如石头、铁块压实，固定形态，用铁线扎紧固定成直立辫状形。编好后将植株直接上盆种植，让其长枝叶，加强肥水管理，尤其追施磷钾肥，使茎干生长粗壮，辫状充实整齐一致。

市场上销售的"三龙""五龙""七龙"即是用了 3 株、5 株、7 株发财树植株经打成辫后植于盆中，使其身价倍增（图 2-80）。

图 2-80　发财树产品

【关键与要点】一年四季均可上盆栽植，花盆口径根据栽植的幼苗数而定，栽培基质以富含腐殖质的沙质壤土最佳，宜浅植，以露出膨大的基部。

子任务四　日常养护管理

发财树耐阴，散射光比较好。盆土过湿容易烂根，导致生长缓慢、叶片变黄脱落等。增施磷钾肥有利于茎基部的膨大生长。若生长势变弱，则需要及时换盆。

（一）温度管理

发财树性喜高温湿润和阳光照射，不能长时间荫蔽。隆冬季节，只要室温保持在18℃以上，阳光充足，科学地浇水施肥，能使其照常生长，展叶抽枝。室温低于8℃，潮湿、干燥和不通风，叶片易生水渍状斑块，呈古铜色脱落。气温低于3℃，叶片全落，嫩枝失水枯干，严重时春天整株死亡。

（二）水分管理

发财树对水分适应性较强，在室外大水浇灌或在室内十多天不浇水，也不会发生水涝和旱象致使叶片发黄。生长期要保持盆土湿润，不干不浇，宁干勿湿，不可积水。如水分过多或积水，则植株生长不良或根茎腐烂。但土壤也不宜太干，尤其晴天空气干燥时，还需适当喷水，以保证叶片油绿而有光泽。

（三）光照管理

该树种既耐阴又喜阳光，适应性强。在室外全阳光照的环境中，叶节短，叶片宽，叶色浓绿，树冠丰满，茎基部肥大。长期在弱光下枝条细，叶柄下垂，叶浅绿。在管理上不要改变放盆的阴阳位置，特别是从室内转移至室外，要适应光照过程。否则，叶片易发生日灼现象。从四月下旬开始，选风和日丽的中午，将盆移出室外或阳台，直接见阳光 1~2h，逐步延长光照时间，直到全光照管理。

（四）修剪造型

整形修剪视树冠形态而定，以确定修剪强度。影响树冠造型的徒长枝，从叶节以上 3cm 剪除枝梢。对枯枝黄叶的主干上萌发枝随时摘掉。顶端枝全部萎蔫，可从适当部位平茬修剪，促使重新发芽。该树种每年从顶端发育 2~5 层掌状复叶，而下层的老叶每两年自然脱落 1~3 层，也因受环境影响和管理不当，每年都有落叶现象。根据其生理特点，下部轮层空间，主干相继编辫。对过高植株可平茬处理，使之萌生侧枝，增大树冠，显示风韵之势。对叶节短、叶轮多、叶幕层丰厚的树冠，应将树冠部位辫尾处小心解开，松散树冠，使独立成伞形的 5~7 片掌状叶展向空间，以达树冠蓬松。

子任务五　病虫害防治

（一）主要病害防治

1. 茎腐病防治

茎腐病又称为腐烂病，是发财树的常见病害，多在夏季闷热天气发生。感病初期茎部表皮发黑或露出黑色丝状纤维，若继续危害，病部将呈水浸状，用手指按压，从内流出黄褐色液状物，并有酸腐味。感病初期每隔7～10天喷1次50%百菌清可湿性粉剂800倍液或50%多菌灵可湿性粉剂600倍液。

2. 叶枯病防治

该病是发财树的常见病、多发病，常在夏季发生。感病叶片呈黄色水渍状，并呈黑色真菌斑点，树干晃动病叶易脱落。感病初期喷施75%甲基托布津可湿性粉剂1500倍液或50%多菌灵可湿性粉剂600倍液，每10天左右喷1次。

（二）主要虫害防治

危害发财树的虫害主要有蔗扁蛾、尺蠖、菜青虫、红蜘蛛等。蔗扁蛾、尺蠖、菜青虫常在5月下旬至9月下旬发生危害。可用80%敌敌畏乳油1000倍液或50%辛硫磷乳油1500倍液喷洒，每10～15天喷洒1次。红蜘蛛多在6月上旬至8月下旬发生危害。可用2.5%阿巴丁乳油1500倍液，或40%三氯杀螨醇乳油1200倍液喷洒，每7～10天喷洒1次。发财树抗病性较强，正常情况下病虫害较少，但高温高湿时易发生病虫害。常见的病害有炭疽病、叶枯病和茎基腐烂病。

常见的虫害还有毒刺蛾幼虫和凤蝶幼虫等，可用阿维菌素1500～2000倍液防治。80%敌敌畏乳油1000倍液可防治介壳虫幼虫，成虫可用40%氧化乐果乳油1000倍液防治。

【巩固训练任务八】　金钱树盆花生产

1. 任务内容

以小组（5～6人为1组）为单位，独立完成金钱树盆花生产全过程，金钱树盆花生产主要包括育苗、上盆、日常养护、整形修剪、病虫害防治等内容。通过任务的完成，重点掌握可以作为大、中、小型盆栽观叶植物修剪整形及水肥温光养护措施，具备对盆栽观叶植物进行规模化生产的能力，最终生产出金钱树盆花产品（图2-81）。

2. 任务要求

1）在完成巩固训练任务金钱树盆花生产过程中，重点对金钱树温光水肥养护管理技术进行反复训练，提高实践操作能力。

2）制定金钱树盆花周年生产方案、生产计划和资金预算方案，方案和计划应符合实际生产需要，方案应详细、合理、具有可操作性。

图2-81　金钱树

3）各小组根据制定的方案进行任务实施。
4）每次任务结束填写工作日志和成本记录表。
5）巩固训练任务全部结束，各小组要根据成本记录和销售记录完成该品种效益分析报告。
6）任务完成过程中要分工合作，各种药品按照使用说明进行正确使用；按照工具的正确使用规范进行操作，保证设备的完整以及人员的安全。

3. 主要技术要点

1）形态特征：金钱树为天南星科雪铁芋属多年生常绿草本植物，是极为少见的带地下块茎的观叶植物，地上部无主茎，不定芽从块茎萌发形成大型复叶，叶柄基部膨大、木质化，具2～3年以上寿命，被新叶不断更新。

2）生态习性：金钱树原产于非洲东部雨量偏少的热带气候区，生长适温为20～32℃，pH在6～6.5之间，性喜暖热略干、半阴及年均温度变化小的环境，比较耐干旱，但畏寒冷，忌强光暴晒。要求土壤疏松、肥沃、排水良好、富含有机质、呈酸性至微酸性土，忌盆土内积水，如果盆土内通透不良易导致其块茎腐烂。其萌芽力强，剪去粗大的复叶后，其块茎顶端能很快抽生出新叶。

3）繁殖技术

分株：春季金钱树植株脱盆，抖去部分宿土，将块茎进行分割，要带有芽眼，并在创口上涂抹硫黄粉或草木灰，另行上盆栽种。注意栽种时不要埋得太深，以其块茎的顶端埋在土下1.5～2cm即可。另外，根据金钱树块茎上带有潜伏芽的特点，可将硕大的单个块茎分切成带有2～3个潜伏芽的小块，待其创口愈合后，再将其先埋栽于稍呈湿润的细沙中，待切割开的小块茎长成独立的植株后再行上盆栽种。

扦插：插穗可用单个小叶片、一段叶轴加带2个叶片或单独一段叶轴。

4）养护管理：生长适温为20～32℃，要求年均温度变化小；金钱树喜光又有较强的耐阴性，应为其创造一个阳光较好但又有一定程度庇荫的环境；为养护好盆栽金钱树，应努力为其营造一个既湿润又偏干的环境。栽培基质的基本要求是通透性良好，因其块茎硕大、根系发达、羽状复叶较长，生长季节应及时观察其生长情况来决定是否换盆换土；金钱树比较喜肥，除施基肥以外，生长期还要追肥。当气温降到15℃以下后，应停止一切形式的追肥，以免造成低温条件下的肥害伤根。

5）病虫害防治：

① 冻害：当冬季气温降到5℃以下，再加上盆土潮湿时，易产生冻害，引起块茎腐烂。

② 刚出房的盆栽植物，直接暴露在阳光下直晒，很容易造成其肥嫩叶片被灼伤。

③ 在高温高湿、通风不良的条件下易发生褐斑病。防治方法：发现少量病叶时要及时摘除销毁、发病初期用50%的多菌灵可湿性粉剂600倍液或40%的百菌清悬浮液500倍液，每隔10天喷洒叶片1次，连续3～4次，防治效果较好。在通风不良、光线欠佳的环境中，金钱树的叶片易遭介壳虫的刺吸危害。

任务九　铁线蕨盆花生产

【任务描述】

铁线蕨盆花生产主要包括育苗、上盆、日常管理、病虫害防治等内容。

项目二 盆花生产

通过任务的完成，在掌握铁线蕨盆花生产技术的同时重点学会生产中常用蕨类植物的分株育苗、孢子育苗技术，最终培育出合格的铁线蕨盆花产品。

【任务目标】

1. 能根据市场需求主持制订铁线蕨盆花周年生产计划。
2. 能根据企业实际情况、铁线蕨植物生长习性、不同阶段的生长发育特点，主持制定铁线蕨盆花生产管理方案。
3. 能根据方案进行蕨类植物的育苗及育苗后管理，并能根据实际情况调整方案，使之更符合生产实际。
4. 能提高室内蕨类植物盆花养护的实践技能和操作技巧，并能与组内同学分工合作。
5. 培养学生对所学知识的综合应用能力、团结协作意识、吃苦耐劳精神。
6. 能结合生产实际进行铁线蕨盆花生产效益分析。
7. 通过巩固训练任务的完成，熟练掌握蕨类植物孢子育苗技术，提高实践操作能力。

【相关介绍】

1. 形态特征

铁线蕨（图2-82）为多年生草本，植株高度为15～40cm。它的根状茎细长横走，密被棕色披针形鳞片。它的叶是远生或近生；柄长通常为5～20cm，粗约1mm，较为纤细，呈现栗黑色，表面有光泽，它的基部被与根状茎上相同的鳞片，叶片呈卵状三角形，长度在10～25cm之间，宽8～16cm，为尖头状。

2. 生态习性

图 2-82　铁线蕨

铁线蕨喜温暖、湿润和半阴环境，不耐寒，忌阳光直射。生长适宜温度白天为21～25℃，夜间为12～15℃。喜明亮的散射光，忌阳光直射。在室内应放在光线明亮的地方，好肥，要求土壤肥沃、疏松、排水良好、沙质壤土，盆栽时培养土可用壤土、腐叶土和河沙等量混合而成，高温干燥季节，经常向叶面喷水增湿。

3. 生产现状

蕨类植物是高等植物中比较低级的一门，也是最原始的维管植物，是植物界的一个重要组成部分，地球上生存的蕨类约有12000种，分布于世界各地，但其中的绝大多数分布在热带亚热带地区。中国约有2600种，多分布在西南地区和长江流域以南。中国的台湾、福建、广东、广西、湖南、湖北、江西、贵州、云南、四川、甘肃、陕西、山西、河南、河北、北京都有栽培，各地区均有野生。

4. 主要品种

（1）扇叶铁线蕨　叶片扇形至不整齐的阔卵形，2～3回掌状分枝至鸟足状二叉分枝；中央羽片最大，小羽片有短柄。

（2）鞭叶铁线蕨　又称为刚毛铁线蕨，叶线状披针形，长10～25cm，顶端常延长成鞭状，着地生根。叶剑长方形，一回羽状或二回撕裂，上缘和外缘常深裂成窄的裂片，下缘直

153

而全缘。

（3）楔叶铁线蕨　叶宽三角形，2～4回羽状分裂，裂片菱形或长圆形。

（4）荷叶铁线蕨　濒危植物，仅存于四川万县和石柱县，因筑路、采挖作药用，现数量极少。

5. 环保效应

铁线蕨每小时可吸收掉0.02mg的甲醛，它还可以吸收烟雾，故时常碰触油漆、涂料或周围有喜欢抽烟的人，适合在工作地点摆放至少一盆蕨类植物，以减轻甲醛及烟雾对人身体的损害。另外，铁线蕨对计算机显示器、打印机、复印机所释放出的甲醛与二甲苯还有一定的抑制和吸收作用。

【材料与工具】

1. 材料

铁线蕨种苗、孢子、厩肥、骨粉、饼肥、草木灰、代森锰锌、克菌丹、福美双、肥皂水、氧化乐果、杀灭菊酯、三氯杀螨醇等。

2. 工具

育苗箱、刷子、铁锹、花铲、手锄、喷雾器、量筒、天平、花盆等。

子任务一　品 种 选 择

要根据盆花防治环境来选择铁线蕨的品种，在温暖、湿润和半阴冷、没有强烈阳光直射的环境可以考虑铁线蕨的栽培。另外，居室中简约风格也较为适合搭配如铁线蕨这样比较瘦弱的细叶植物，会为居室增添几分独特的艺术气息和清新感。要尽量选择耐寒耐旱的铁线蕨品种，考虑到具体种类体现的搭配风格和叶片形状，还可以选用常见的铁线蕨变种，如叶为宽三角形的楔叶铁线蕨、叶为线状披针形的鞭叶铁线蕨、叶为扇形至不整齐的阔卵形的扇叶铁线蕨。

子任务二　育　　苗

（一）分株育苗

此法适合于小面积生产，一般于春季结合换盆时进行。把植株从盆中倒出，根据需要将一株分成数株，每株带有根和叶。分株时要小心，切勿损伤生长点，尽量保留根部原有的土壤，剪掉衰老和损伤的叶和根，按原来定植的深度栽植。分株繁殖无严格的季节要求，一年四季皆可进行。

（二）孢子育苗

此法适合于规模化生产，蕨类植物孢子体发达，生殖器官孢子囊群生于叶背或叶缘，不同蕨类植物着生部位是不同的，其色泽醒目，排列整齐（图2-83、图2-84）。

1. 孢子形状

多数蕨类产生的孢子大小相同，称为孢子同型，而卷柏植物和少数水生蕨类的孢子有大小之分，称为孢子异型。无论是同型孢子还是异型孢子，在形态上都可分为两类：一类是肾形，单裂缝，为两侧对称的两面型孢子；另一类是圆形或钝三角形，三裂缝，为辐射对称的四面型孢子。孢子的周壁通常具有不同的突起和纹饰。铁线蕨孢子形状属于四面型孢子，如图2-85所示。

项目二 盆花生产

图 2-83 不同蕨类植物孢子囊群着生部位

图 2-84 铁线蕨孢子囊群着生部位

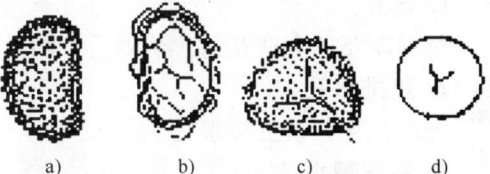

图 2-85 不同蕨类植物孢子形状
a)、b) 两面型孢子 c) 四面型孢子 d) 球形四面型孢子

2. 孢子育苗方法

多数发育成熟的孢子呈棕色或褐色，能保持较长时间的发芽力，但发芽力随着保存时间的延长而降低；少数种类的孢子为绿色，这类孢子的寿命很短，一般只有几天，应随采随播。具体操作方法如下：

（1）采成熟孢子 当叶背的孢子囊群变为褐色而孢子开始散出时，连同叶片一同采下，装入纸袋中，使其自行干燥散出孢子，散出后的成熟孢子即可播种。

（2）播种用土配制 用草炭∶沙子（珍珠岩）2∶1 的比例配制播种用土，土壤消毒后备用。在消毒后的播种箱下层铺一层粗颗粒作排水层，上面装入配制好的播种土，然后将播种箱或花盆表面的土用刮板刮平。

（3）播种 播种时用手轻轻振落孢子，使其均匀地洒落在装有基质的播种箱或花盆中，由于孢子非常小，因此播后不用覆土。播后用木板或手轻轻镇压，使孢子和土壤接触紧密。

（4）浸水 将播种后的播种箱或花盆进行浸水，当播种箱表层土有水润时即可拿出。

（5）保湿 将浸透水的播种箱或花盆再用玻璃片或报纸盖上进行保湿，防止水分蒸发并要遮阴。

（6）管理 将播种箱放在半阴处。注意温度高时要进行通风，尤其用玻璃保湿时，

155

还要注意光不能强。在 25℃左右条件下，20~30 天左右即能发芽。

【关键与要点】 此期间不需要浇水，直到播种箱或花盆表面长成原叶体，可去掉覆盖物。

子任务三　上　盆

孢子发芽后，在播种箱表面长成成片原叶体，我们可以将原叶体分成多个小块栽到花盆内或者培养 2~3 个月后，由原叶体长出真叶，即孢子体。孢子体具 3~4 片叶时，分栽定植。

（一）基质配制

铁线蕨要求土壤富含有机质、疏松透气、排水良好、微酸性。基质一般以泥炭土、腐叶土、珍珠岩或粗沙按 2∶1∶1 的比例配制，或用腐熟的堆肥、粗沙或珍珠岩按 1∶1 的比例配制，消毒后备用。

（二）上盆方法

蕨类植物有许多黑褐色的毛状根，因此在小苗移栽时，特别要注意保护蕨类根系，因为根系一旦受损，小苗就会生长不良甚至死亡。

1. 选盆

根据需要选合适花盆，消毒后备用。

2. 垫排水孔

先用瓦片，垫上排水孔。

3. 基质喷水

湿度以手握成团、似出水又不出水为原则。

4. 栽植

将基质放在消毒后的花盆中，将长有 3~4 片真叶的小苗栽入花盆中，根据花盆的大小，每盆栽 2~3 株。填入的基质离盆沿 2cm 左右。

5. 栽后管理

将花盆放在半阴处，每天进行喷水，喷半个月左右，待基质干透，缓苗后再浇透水。

【关键与要点】 对蕨类植物的生长起决定作用的是它的根尖。蕨类植物的根尖非常细小，就是根系顶端一个个嫩嫩的小白点。在小苗换盆移栽的时候，要保护好这些小白点，否则将影响其成活率。

子任务四　日常养护管理

（一）水分管理

铁线蕨喜湿润的环境，生长旺季要充分浇水，除保持盆土湿润外，还要注意有较高的空气湿度，空气干燥时向植株周围洒水，生长期要每天浇水并进行叶面喷水。如果缺水，就会引起叶片萎缩。浇水忌盆土时干时湿，易使叶片变黄。浇水时间通常以水温和地温相接近时为原则，最好在上午，如果下午或晚间浇水，水滴滞留在叶隙间，蒸发慢，易引起叶部病害。

【关键与要点】

① 为了有效利用空间，生产者通常把蕨类植物放在种植床下面或者放在垂吊植物下面，水溅到地面上扬起的尘土也很容易污染它的叶片，影响它的观赏效果，从而影响销售，带来

经济损失。所以在日常管理过程中，要尽量选择干净的栽培环境。

② 浇水忌盆土时干时湿，易使叶片变黄。

（二）养分管理

铁线蕨喜肥但根系细弱，不宜施重肥，每月施 2～3 次稀薄液肥，施肥时不要沾污叶面，以免引起烂叶。出于铁线蕨的喜钙习性，盆土宜加适量碎蛋壳，经常施钙质肥料效果则会更好。冬季要减少浇水，停止施肥。蕨类植物栽植时，基质中可加入基肥。生长期内可追施液肥，浓度不超过 1%，直接撒施，最多每周一次。充足的氮肥会使植物生长旺盛，不足会使植株老叶呈灰绿色并逐渐变黄，叶片细小。总之，蕨类植物的施肥应薄施勤施，同时根据需要进行叶面喷施。

（三）温度管理

铁线蕨喜温和气候，生长适宜温度白天为 21～25℃，夜间为 12～15℃。冬季应入温室，温度在 5℃ 以上叶片仍能保持鲜绿，但低于 5℃ 时叶片则会出现冻害，忌闷热，在夏季需多通风，使环境中空气新鲜且不干燥。

（四）光照管理

蕨类植物的叶根据功能又可分成孢子叶和营养叶两种。孢子叶是指能产生孢子囊和孢子的叶，又叫能育叶；营养叶仅能进行光合作用，不能产生孢子囊和孢子，又叫不育叶。铁线蕨喜明亮的散射光，忌阳光直射。夏季可适当遮阴，长时间强光直射会造成大部分叶片枯黄。

子任务五　病虫害防治

（一）常见病害防治

叶枯病：主要危害叶片。

防治方法：适当降低空气湿度，注意通风透光。在发病初期喷洒 200 倍波尔多液，或 50% 多菌灵可湿性粉剂 500～600 倍液，每隔 10 天喷 1 次，连续喷 2～3 次。

（二）常见虫害防治

介壳虫：温暖湿润环境，通风不良时容易发生。

防治方法：在若虫期用 40% 氧化乐果乳油剂 1000 倍液喷杀。

【巩固训练任务九】　波斯顿蕨盆花生产

1. 任务内容

以小组（5～6 人为 1 组）为单位，独立完成波斯顿蕨盆花生产全过程，波斯顿蕨盆花生产主要包括育苗、上盆、日常养护、病虫害防治等内容。通过任务的完成，重点掌握蕨类植物孢子育苗技术及日常养护管理要点，具备对蕨类植物进行规模化生产的能力，最终生产出波斯顿蕨盆花产品。

2. 任务要求

1）在完成巩固训练任务波斯顿蕨盆花生产过程中，重点对蕨类植物孢子育苗技术进行反复训练，提高实践操作能力。

2）制定波斯顿蕨盆花周年生产方案、生产计划和资金预算方案，方案和计划应符合实际生产需要，方案应详细、合理、具有可操作性。

3）各小组根据制定的方案进行任务实施。

4）每次任务结束填写工作日志和成本记录表。

5）巩固训练任务全部结束，各小组要根据成本记录和销售记录完成该品种效益分析报告。

6）任务完成过程中要分工合作，各种药品按照使用说明进行正确使用；按照工具的正确使用规范进行操作，保证设备的完整以及人员的安全。

3. 主要技术要点

（1）形态特征　波斯顿蕨（图2-86）是肾蕨属的突变种。一回羽状复叶，其羽片较原种宽阔、弯垂，羽片长90~100cm，披针形，黄绿色。小叶平出，叶缘波状，叶尖扭曲。

（2）生长习性　波斯顿蕨产于热带或亚热带地区。喜阴湿，对温度要求不严格，抗寒性较强，忌阳光直射。栽培土要求疏松、通气性良好。一般放置在室内明亮散射光处培养，不能受强光直射，但也不能放在阴暗处培养。生长适温为15~25℃，冬季在10℃以上能安全越冬。虽然耐旱，但仍需充足的水分，且不宜过湿或过干，要保持盆土经常湿润。夏季每天浇水1~2次，经常向叶面喷水。需肥不多。

图2-86　波斯顿蕨

（3）繁殖技术　波斯顿蕨不产生孢子叶，一般用分株繁殖或利用匍匐茎上生出的带根小植株，剪离母株另行栽植。

（4）定植

波斯顿蕨优质种苗标准：苗高7~8cm，冠幅4~5cm，无病虫害、无枯叶、无黄叶。

上盆：先用12cm规格盆子种植，每盆种1团，种植3~4个月。然后换到18cm盆，种植6~7个月便可出售。

（5）日常养护

水肥管理：波斯顿蕨宜保持盆土湿润，生长季节水分应供应充足。

温度管理：高于35℃或低于15℃皆生长不良，越冬时不能低于5℃，夏天中午要加强遮阴和通风。

湿度管理：喜高湿环境，适宜的湿度为75%~80%。

光照管理：波斯顿蕨，喜温暖半阴环境，适合散射光照，不能让阳光直射，光线过强易导致植株叶缘发焦、脱落，叶片卷缩，生长受阻。

（6）病虫害　病害主要是叶斑病和猝倒病。虫害主要是介壳虫、粉蚧和线虫等。

任务十　常春藤盆花生产

【任务描述】

常春藤盆花生产主要包括育苗、上盆、日常管理、病虫害防治等内容。

通过任务的完成，在掌握常春藤盆花生产技术的同时重点学会生产中常用常春藤等垂吊植物的育苗、养护技术，最终培育出合格的常春藤盆花产品。

项目二　盆花生产

【任务目标】

1. 能根据市场需求主持制订常春藤盆花周年生产计划。

2. 能根据企业实际情况、常春藤生长习性、不同阶段的生长发育特点，主持制定常春藤盆花生产管理方案。

3. 能根据方案进行常春藤育苗及育苗后管理，并能根据实际情况调整方案，使之更符合生产实际。

4. 能提高室内垂吊植物养护的实践技能和操作技巧，并能与组内同学分工合作。

5. 培养学生对所学知识的综合应用能力、团结协作意识、吃苦耐劳精神。

6. 能结合生产实际进行常春藤盆花生产效益分析。

7. 通过巩固训练任务的完成，熟练掌握垂吊类植物组盆、造型技术，提高实践操作能力。

【相关介绍】

1. 形态特征

常春藤（图 2-87）又名洋常春藤、长春藤，属于五加科常青藤属，常绿多年生藤本植物。茎木质匍匐状，长 3～30m，有气生根。幼枝具锈色鳞片。发育枝上叶三角形或戟形，长 5～12cm，宽 3～10cm，全缘或多裂；花枝上叶椭圆状披针形、长椭圆状卵形或披针形，全缘。叶柄细长，具锈色鳞片。伞形花序，花浅黄白色或浅绿白色，芳香。果实球形，成熟时红色或黄色。

2. 生态习性

常春藤性喜温暖、湿润和半阴环境。较耐寒，耐水湿，不耐旱。生长适温为 15～25℃，冬季温度不低于 5℃，夏季气温超过 30℃茎叶则停止生长。土壤以肥沃、疏松的中性或微酸性沙质壤土为宜。

图 2-87　常春藤

3. 生产现状

常春藤原产于我国，分布于亚洲、欧洲及美洲北部，在我国主要分布在华中、华南、西南、甘肃和陕西等地。如中华常春藤分布于我国华中、华南、西南及陕西、甘肃等省。极耐阴，也能在光照充足之处生长。日本常春藤原产日本、韩国及中国台湾。

4. 主要品种

（1）中华常春藤　常绿攀缘藤本。老枝灰白色，幼枝浅青色，被鳞片状柔毛，枝蔓处生有气生根。叶革质，深绿色，有长柄，营养枝上的叶三角状卵形，全缘或三浅裂；花枝上的叶卵形至菱形。9～11月开花，花小，浅绿白色，有微香。核果圆球形，橙黄色，第二年4～5月成熟。

（2）日本常春藤　常绿藤本。叶质硬，深绿，具光泽，营养枝叶宽卵形，常三裂；花枝叶卵状披针形或卵状菱形。顶生伞形花序，黄绿色。果熟后黑色。

（3）金心常春藤　金心常春藤是常春藤家族中的一个园艺变种，叶三裂，中心部嫩黄色，观赏价值高。

（4）西洋常春藤（*H. helix*）　常绿藤本，茎长可达30m，叶长10cm，常3～5裂，花枝的叶一般全缘。叶表深绿色，叶背浅绿色，花梗和嫩茎上有灰白色星状毛，果实黑色。

(5) 加拿列常春藤（*H. canariensis*）　常绿藤本。茎向高处攀援，具星状毛。叶卵形，基部心脏形，长5~25cm，宽10~15cm，全缘，浅绿色，下部叶3~7裂，总状或圆锥花序，果黑色。

(6) 革叶常春藤（*H. colchica*）　常绿灌木。叶长10~12cm，宽10cm，阔卵形，全缘，下部叶偶见三裂，革质，绿色，有光泽，果实大。主要变种有直立革叶常春藤（var. *arborescens*）：直立灌木，不攀援。

(7) 银边常春藤　常绿攀缘灌木；伞形花序单个顶生，或几个组成顶生短圆锥花序；苞片小；花梗无关节；花两性；萼筒近全缘或有5小齿；花瓣5枚，在花芽中镊合状排列；雄蕊5枚；子房5室，花柱合生成短柱状。果实球形。种子卵圆形；胚乳嚼烂状。

(8) 克里木常春藤　叶披针形，3浅裂，鲜绿色，叶脉明显。

(9) 冰雪常春藤　茎节短，小叶密生。叶片较小，长3~4cm，宽2~3cm，叶色绿色，有奶白色至黄绿色的斑纹。

(10) 瑞典常春藤　喜温暖、湿润环境。生长适温为16~21℃。不耐寒，冬季气温低于12℃即停止生长。每天最好能有3~4h的直射阳光，但炎夏季节的中午前后则应适当遮阴，并在其周围喷水，保持空气湿润。需经常摘心，以促使其萌发侧芽，株形丰满。

5. 环保效应

常春藤能将甲醛、苯吸收掉，能很好地遏制香烟里的致癌物质。在24h照明条件下，每平方米的常春藤可以吸收1.48mg的甲醛和0.91mg的苯，可以将$1m^3$空间里90%的甲醛吸收掉。一盆常春藤可以将面积为$8~10m^2$空间中90%苯消除掉。还可以将吸烟产生的烟雾吸收掉，并遏制烟雾中一氧化碳等致癌物质。它的气味能起到抑制细菌、杀灭细菌的作用。其还有很强的吸收粉尘能力。

【材料与工具】

1. 材料

常春藤种苗、腐、河沙、园土、腐熟猪粪、福美双、波尔多液、氧化乐果、杀灭菊酯等。

2. 工具

育苗箱、塑料盆、铁锹、花铲、手锄、喷雾器、量筒、天平等。

子任务一　品种选择

常春藤具有比较强的地域选择性，最适宜的栽种范围是在华北、西北以及东北的南部地区，在这样的地域中能够取得比较理想的经济效益。在品种选择上要发挥常春藤抗寒、快速生长以及室内观叶、净化室内空气的优势。也可根据叶形来选择具体品种，如数量居多的中华常春藤、日本常春藤、彩叶常春藤、金心常春藤、银边常春藤。

子任务二　育　　苗

常用扦插、嫁接和压条的方法进行育苗。嫁接育苗：春季进行，以常春藤为砧木用劈接法嫁接优良品种，室温为13~15℃，易成活。压条育苗：用茎长为30~40cm的常春藤在生长期采用波状压条法将茎蔓埋入沙床中，保持湿润，从节间上长出新根后，剪取上盆，成苗快。生产上主要采用扦插方法进行育苗，扦插在生长期均可进行，以春、秋季为好。

（一）准备插穗

将生长充实的枝条剪成 6~8cm 长的段，摘去枝条基部的叶片，切取枝条的工具为锋利的单面或双面刀片，使用前需经过 75% 的酒精浸泡过，保证剪穗工作在无菌的条件下进行。

（二）准备基质

在沙子中扦插成活率比较高，基质要进行杀菌杀虫处理。

（三）扦插

将插穗插在消毒过的细沙土中，插入深度为插穗长度的 1/3~1/2。插后浇透水，然后覆膜保湿，室温保持在 15~20℃，以后经常喷水保湿，注意遮阴，半个月左右生根，这时可以进行分栽。扦插步骤如图 2-88 所示。

a)   b)

图 2-88　扦插

a）剪制好的插穗　b）插在素沙中（可在花盆中或沙床中扦插）10~15 天生根

子任务三　上　盆

基质一般使用由腐叶、河沙、园土所配成的混合基质，它们的比例按体积计依次为 1∶1∶2。根据地区环境的不同，扦插的基质混合比例也不同，材料也不相同。

常用 10~15cm 盆吊盆栽培。每盆可栽 3~4 株。先在盆中放入马蹄片或腐熟猪粪作为基肥，再填少量盆土以免烧根，种苗经扶正填土后，略加按压，并使盆土距盆口 2~3cm。浇透水后放到半阴处。注意在 2~3 周内不宜追肥，也可以水培。吊盆栽培如图 2-89 所示。

图 2-89　吊盆栽培

子任务四　日常养护管理

（一）水分管理

常春藤喜微潮的土壤环境，生长季水分要充足，要经常向叶面和地面喷水，增加空气湿度，促进茎叶生长，切忌干燥，否则易发生叶片枯黄脱落。在冬季温度较低时可适当减少浇水，但不宜使基质过干。

【关键与要点】日常养护时如果浇水过多会发生藤蔓长的太长现象，因此水要适宜。

（二）养分管理

除在定植时施用适量基肥外，生长旺盛阶段应该每隔2~3周追1次液肥。花叶品种施氮、磷、钾含量为1∶1∶1的复合肥，冬季停止施肥。

（三）温度管理

喜温暖环境，越冬温度不宜低于0℃，但在实际栽培中表明常春藤可以忍耐短暂的-5℃的低温环境。

（四）光照管理

夏季要遮阴，避免强光直射，冬季可以让植株接受全日照，经常保持通风的环境。

【关键与要点】绿叶种喜明亮光照，斑叶种以半阴为好。

子任务五　病虫害防治

（一）叶斑病防治

在高温多湿天气容易发生。可用1%的波尔多液喷洒预防，发病初期用75%百菌清可湿性粉剂800倍液或50%甲双灵·锰锌可湿性粉剂500倍液喷洒。

（二）圆盾蚧防治

该虫一年发生3~4代，孵化盛期可用40%氧化乐果1000倍液、2.5%溴氰菊酯2500倍液、20%菊杀乳油2500倍液防治，在成虫期可用40%速扑杀乳油1500倍液防治。

（三）粉虱防治

发病时喷施2.5%溴氰菊酯或40%氧化乐果，每隔7~10天喷施1次，连续喷施3~4次。

【巩固训练任务十】　花叶蔓长春盆花生产

1. 任务内容

以小组（5~6人为1组）为单位，独立完成花叶蔓长春生产全过程，花叶蔓长春盆花生产主要包括育苗、上盆、日常养护、病虫害防治等内容。通过任务的完成，重点掌握垂吊植物组盆、造型技术，具备对垂吊类植物进行规模化生产的能力，最终生产出花叶蔓长春盆花产品（图2-90）。

2. 任务要求

1）在完成巩固训练任务花叶蔓长春盆花生产过程中，重点对垂吊类植物组盆、造型技术进行反复训练，提高实践操作能力。

图2-90　花叶蔓长春

2）制定花叶蔓长春盆花周年生产方案、生产计划和资金预算方案，方案和计划应符合

实际生产需要,方案应详细、合理、具有可操作性。

3) 各小组根据制定的方案进行任务实施。

4) 每次任务结束填写工作日志和成本记录表。

5) 巩固训练任务全部结束,各小组要根据成本记录和销售记录完成该品种效益分析报告。

6) 任务完成过程中要分工合作,各种药品按照使用说明进行正确使用;按照工具的正确使用规范进行操作,保证设备的完整以及人员的安全。

3. 主要技术要点

(1) 生长习性 花叶蔓长春花属于蔓长春花属,从叶丛中开出朵朵蓝花,显得十分幽雅。常盆栽或吊盆布置于室内或窗前、阳台,是一种良好的垂直观叶植物和地被植物。华东地区多作地被栽培。该植物喜光耐阴,对土壤要求不严,生长快。且耐低温,在 -7℃ 气温条件下,露地种植也无冻害现象。

(2) 繁殖 花叶蔓长春主要采用扦插法繁殖,在整个生长季进行都可以。做法是取茎 2~3 节插于沙或土中,按时浇透水并遮阴,约一周就能生根。也可分株繁殖,在每年春季,将茎叶连匍匐茎节一起挖取分栽。还可以采用压条法繁殖。

(3) 上盆 一盆可栽数株,有利快速成形。进行摘心,以促其多发侧枝,使株型尽快丰满。对老株脚叶脱落或茎蔓过长者,可短截回缩,以萌发新枝,形成良好株形。

(4) 栽培 盆栽时要及时摘心,促进分枝。生长期保持盆土湿润,每半月施肥 1 次,夏、秋季修剪控制枝蔓生长。露地栽种,一般全年青翠常绿。

(5) 病虫害 花叶蔓长春常有枯萎病、溃疡病和叶斑病发生,可用等量式波尔多液喷洒防治。虫害有介壳虫和根疣线虫危害,介壳虫用 25% 亚胺硫磷乳油 1000 倍液喷杀,根疣线虫用 3% 呋喃丹颗粒剂防治。

任务十一 仙人球盆花生产

【任务描述】

仙人球盆花生产主要包括育苗、上盆、日常管理、病虫害防治等内容。

通过任务的完成,在掌握仙人球盆花生产技术的同时重点学会生产中常用多浆类植物的嫁接育苗技术,最终培育出合格的多浆类植物盆花产品。

【任务目标】

1. 能根据市场需求主持制订仙人球盆花周年生产计划。

2. 能根据企业实际情况、仙人球生长习性、不同阶段的生长发育特点,主持制定仙人球盆花生产管理方案。

3. 能根据方案进行仙人球嫁接育苗及育苗后管理,并能根据实际情况调整方案,使之更符合生产实际。

4. 能提高多浆类盆花养护的实践技能和操作技巧,并能与组内同学分工合作。

5. 培养学生对所学知识的综合应用能力、团结协作意识、吃苦耐劳精神。

6. 能结合生产实际进行仙人球盆花生产效益分析。

7. 通过巩固训练任务的完成,熟练掌握仙人掌及多浆类植物嫁接育苗及扦插育苗技术,提高动手操作能力。

【相关介绍】

1. 形态特征

仙人球（图2-91），俗称草球，又名长盛球，仙人掌科仙人球属。原产阿根廷及巴西南部的干旱草原。仙人球的茎球针刺艳丽，姿形奇特，是盆栽花卉的重要成员，是点缀居室环境的新颖绿色装饰材料，是有生命的"工艺品"。仙人球有吸收电磁辐射的作用，也是天然的空气清新器，还具有吸附尘土、净化空气的作用。

2. 生态习性

仙人球性喜阳光，耐旱。夏季适当遮阴，越冬温度保持在5℃即可。土壤要求中等肥沃并排水良好，能适应恶劣条件并生长良好。

3. 生产现状

图2-91 仙人球

仙人球的故乡在南美洲，原产在高热、干燥、少雨的沙漠地带，形成了喜干、耐旱的特性。仙人球怕冷，喜欢生于排水良好的沙质土壤中。夏季是仙人球的生长期，也是盛花期。

4. 主要品种

（1）仙人球　又名草球，花盛球。茎圆球形，老茎圆桶状，花白色，具芳香。

（2）短毛球　植株球形或筒状，开花之后花朵很大，花朵颜色为白色。

（3）长盛球　球体黄绿或浅绿色，花大，浅粉色，有香气。

（4）金盛球　球体黄绿色，丛生，花大，白色。

（5）旺盛球　植株灰绿色，球形或筒状，花大，暗粉或深红色。

（6）金虎球　茎圆球形，单生或丛生。球顶密被金黄色绵毛。有棱21~37条，较显著。

5. 环保效应

仙人球对二氧化硫和硫化氢具有比较强的抵抗力，能强力吸收一氧化碳、二氧化碳及氮化物，同时可在吸收分解上述气体后制造并释放出大量清新的氧气，增加室内空气中负离子浓度，有利于人体健康。另外它还可以减少电辐射对人体的伤害，其产生的气味还具有抑制细菌、杀死细菌的功效。仙人球这种白天释放二氧化碳，夜间则吸收二氧化碳、释放氧气的功能，在居室内摆放，尤其晚上可补充氧气，利于睡眠。

【材料与工具】

1. 材料

仙人球种苗、腐叶土、沙土、壤土、骨粉、过磷酸盐、氧氯化铜悬浮剂、亚胺硫磷、杀螟松、三氯杀螨醇、灭蜗灵等。

2. 工具

育苗箱、刀片、花盆、橡皮筋、铁锹、花铲、手锄、喷雾器、量筒、天平等。

子任务一　品种选择

光照好和空气流通的环境适宜仙人球的生长，要从仙人球盆花陈设环境实际情况出发进行品种选择,如室外空间,可选择大型的、强刺的品种;室内空间小、光照欠佳的,可用形状别致、色彩鲜艳的仙人球进行点缀。总体来说应该选择球体壮、刺硬色靓、外形端正、颜色鲜亮有光泽、心鲜嫩且根发达的品种。

子任务二 育 苗

(一) 扦插育苗

选取插穗:要求株形完整,并选取成熟者,过嫩或过于老化都不易成活。仙人球属很容易出仔球,而且只要轻轻一掰就能取下,可以在伤口干燥后立即扦插或直接上盆栽种。木质上的仔球一次不要取得太多,否则越冬困难,而且下一批仔球不容易长出。

【关键与要点】为防止切口处腐烂,切口至少要晾 2~3 天,最多不超过 10 天。

(二) 嫁接育苗

通常采用平接方法。平接常用于嫁接球状、圆筒状和柱状仙人掌,方法简便,成活率高,其亲和原理不是依靠皮层内的形成层对齐,而是让肉质茎中央的髓部相吻合,使茎肉之间的维管束相接通来传递水分和营养。嫁接时使用的接穗和砧木都不能过老,中心的髓部如果已经完全木质化则不易接活。操作时先在砧木适当高度用利刀横切。用仙人球属种类作砧木时,因生长点凹陷在球顶中心,一定要把生长点切除。横切后再沿切面边缘做 20°~45° 的切削,紧接着将接穗下部横切一刀,一般不要切去过多,但接穗下部有虫斑或表皮老化的可切去,只要接穗不过分薄(厚度至少为直径的 1/3~1/2),都能成活。接穗立即放置在砧木切面上,放时注意将接穗与砧木的维管束对准,至少要有部分接触。多数情况下只要把接穗放在砧木切面中心即可。当接穗和砧木大小悬殊时,以一侧对齐。然后用细线做纵向捆绑,由于砧木和接穗的切面都会凹缩,因而捆绑后还要"加压"。最简单的办法是仍用细线做横向圈缩勒紧。带盆的砧木嫁接,还可用橡皮筋等连盆纵向套住,如图 2-92 所示。

a)　　　　　b)　　　　　c)　　　　　d)

图 2-92　仙人球嫁接过程(平接)
a) 削接穗　b) 削砧木　c) 结合　d) 绑缚

【关键与要点】嫁接成活的关键是接穗与砧木维管束一定要接触上,然后将其固定。

(三) 播种育苗

仙人球在原产地极易结实,可进行种子繁殖。室内盆栽仙人球常因光照不充足或授粉不良而花后不易结实,可采取人工辅助授粉的方法促进结实。

仙人球类种子发芽较慢,可在播种前 2~3 天浸种,促其发芽。播种期以春夏为好,多数种类在 24℃条件下发芽率较高。

子任务三 上 盆

(一) 准备基质

盆栽仙人球用土要求排水、透气性良好,含石灰质的沙土(或沙壤土),可用壤土、腐叶土各 2 份，粗沙 3 份混合。消毒后备用。

（二）花盆选择

花盆不宜过大，以能容纳球体且略有缝隙为宜。花盆过大，浇足水后吸收不了，盆内空气不通，易使根系腐烂。少数直根性的种类和鸟羽玉、巨象球等要求用较深的筒子盆。银毛球、子孙球等根系较浅的种类，可用较浅的普通花盆。

（三）上盆、换盆

上盆时应在盆底部垫一层碎砖石、瓦片作排水层，将已消毒基质喷水至"手握似有水又挤不出水"的程度，将配制的培养土放入盆内，距离盆沿大约 3cm 左右，并刮平，然后将仙人球放在花盆中心处并使球底部与土壤接触紧密。放在半阴处缓苗，晴天时每天喷水，20～30 天后逐渐见光，恢复正常管理。

换盆时，应剪去一部分老根。晾一周后再上盆栽植。栽种不宜太深，以球体根颈处与土面持平为宜。为避免引起烂根，新栽植的仙人球放在半阴处不要浇水，只需每天喷雾 2～3 次，半月后可少量浇水，逐渐见光，一个月后新根长出才能逐渐增加浇水量。

【关键与要点】

① 上盆、换盆操作可戴上厚质的帆布手套，以免手被锐刺扎伤。

② 脱盆时如果根系贴盆壁过紧，可用锤子敲击盆壁四周，一只手握住球体基部，另一只手推排水孔，将植株取出；否则可以将花盆敲碎，取出植株。其主要目的是要保护好植株的完整性。

子任务四　日常养护管理

（一）水分管理

遵循"不干不浇，浇则浇足"的原则，多数种类要求土壤排水良好，盆内不应"涡水"，不致造成烂根现象。仙人球有细刺不能从上部浇水，可采用浸水的方法，否则上部存水易造成植株溃烂而有碍观赏，甚至死亡。在生长季可充分浇水，休眠期控制浇水（一般在冬季），高温高湿可促进生长。

总之，生长盛期多浇，休眠期少浇；小盆要经常浇，大盆浇水次数要少；叶大的和叶多的多浇，茎和茎干膨大者少浇；生长旺盛植株多浇，生长不良、根系弱者应少浇；晴天多浇，阴雨天少浇或不浇；沙质壤土栽培的多浇，而土质较黏重者少浇。

（二）养分管理

幼苗期可施少量骨粉或过磷酸盐，大苗在生长季可施少量追肥，每 10～15 天施用一次。入秋后注意控制肥水，一般每月施一次即可，冬季停肥。

【关键与要点】 施肥时注意不可沾到球上，如有沾上应及时用水喷洗。

（三）温度管理

生长适宜温度为白天 22～25℃，夜间 10～13℃。冬季通常 5℃以上就能安全越冬，但也可置于温度较高的室内继续生长。若冬季温度过低，球体上会出现各种形状的黄斑。

（四）光照管理

仙人球喜光照充足，耐强光，光线不足则引起落刺或植株变细。每天至少需要有 6h 的太阳直射光照。夏季应适当遮阴，但不能遮阴过度，否则球体变长，会降低观赏价值。夏季在露地放置的小苗应有遮阴设施。

子任务五　病虫害防治

（一）病害防治

仙人球常见的主要是腐烂病。

腐烂病的发生常常和浇水不当、盆土排水不良、持续过度的潮湿有关。发现病株后，立即用利刀切除有病组织，并在切口涂上木炭粉或硫黄粉，同时控制浇水或换盆，另行扦插或嫁接。最好在栽植场所及植株上定期喷洒 40% 氧氯化铜悬浮剂 800~1000 倍液以作预防，但主要还是改善通风条件及避免持续过度的潮湿。

（二）虫害防治

1. 介壳虫防治

可在介壳虫孵化若虫期用 25% 亚胺硫磷 1000 倍液或 50% 杀螟松 1000 倍液在晴天喷施。

2. 红蜘蛛防治

可喷施 20% 三氯杀螨醇可湿性粉剂 600 倍液或 40% 三氯杀螨醇乳油 1000 倍液。

3. 蜗牛和蛞蝓防治

可在花盆周围喷洒石灰粉，也可以施用 8% 灭蜗灵颗粒药剂。

【巩固训练任务十一】　金虎仙人球生产

1. 任务内容

以小组（5~6人为1组）为单位，独立完成金虎仙人球生产全过程，金虎仙人球盆花生产主要包括育苗、上盆、日常养护、病虫害防治等内容。通过任务的完成，重点掌握仙人掌及多浆类植物嫁接育苗、扦插育苗及育苗后养护管理技术，具备对仙人掌及多浆类植物进行规模化生产的能力，最终生产出金虎仙人球盆花产品（图 2-93）。

图 2-93　金虎仙人球

2. 任务要求

1）在完成巩固训练任务金虎仙人球盆花生产过程中，重点对仙人掌及多浆类植物嫁接育苗及扦插育苗技术进行反复训练，提高动手操作能力。

2）制定仙人球盆花周年生产方案、生产计划和资金预算方案，方案和计划应符合实际生产需要，方案应详细、合理、具有可操作性。

3）各小组根据制定的方案进行任务实施。

4）每次任务结束填写工作日志和成本记录表。

5）巩固训练任务全部结束，各小组要根据成本记录和销售记录完成该品种效益分析报告。

6）任务完成过程中要分工合作，各种药品按照使用说明进行正确使用；按照工具的正确使用规范进行操作，保证设备的完整以及人员的安全。

3. 主要技术要点

（1）金虎仙人球　别名黄刺金虎，在仙人掌科中，是金虎属最具魅力的仙人球品种。

金虎原产墨西哥沙漠地区，现在我国南方、北方均有引种栽培。

（2）繁殖　一般采用扦插和嫁接繁殖。

金虎仙人球的养殖方法与其它品种的仙人球的养殖方法大同小异。

播种法：用当年采收的种子播种出苗率高。播种在5～9月进行，发芽后30～40天幼苗球体已有米粒或绿豆大小，可进行移栽或嫁接，并在砧木上催长。

仔球嫁接法：将培育3个月以上的实生苗嫁接在柔嫩的量天尺上催长。待接穗长到一定大小或砧木支撑不了时，可切下，晾干伤口后进行扦插盆栽。在土壤肥沃、空气流通良好的环境下，不经嫁接的实生苗生长也很快。上盆后的实生苗或嫁接仔球，应放置在半阴处，忌阳光直射，7～10天后球体不萎缩，即成活。

（3）日常养护管理　金虎性喜阳光充足，多喜肥沃、透水性好的沙壤土。夏季高温炎热期应适当庇荫，以防球体被强光灼伤。

温度要适宜：金虎喜阳光充足，生长季节需放在向阳处养护，夏季宜半阴，在强光直射下易灼伤。若长期放在光线不足的环境下，则球体会变长，缺乏生气，降低观赏价值。冬季也需放在室内阳光充足处，室温以保持8～10℃为好，最低也不得低于4℃。

任务十二　金橘盆花生产

【任务描述】

金橘盆花生产主要包括育苗、定植、日常管理、修剪、病虫害防治等内容。

通过任务的完成，在掌握金橘盆花生产技术的同时，重点学会生产中常用的修剪技术及花期调控技术，最终培育出合格的金橘盆花产品。

【任务目标】

1. 能根据市场需求主持订制金橘盆花周年生产计划。

2. 能根据生产实际、花卉生长习性、不同生长发育阶段主持制定金橘盆花生产管理方案。

3. 能按方案进行分株育苗及花期调控的组织与实施，并能根据实际情况调整方案，使之更符合生产实际。

4. 能耐心、细致、认真地做好催花液的配制工作，并能与组内同学分工合作。

5. 能结合生产实际进行金橘盆花生产效益分析。

6. 通过巩固训练任务的完成，熟练掌握观果类盆栽植物修剪整形技术，达到具备指导该方面生产的能力。

【相关介绍】

1. 金橘形态特征

金橘（图2-94）芸香科，金柑属，又称金枣、金柑，常绿灌木。高3m，一般不具刺，小枝绿色，营养充足时分枝多；叶披针形至长椭圆形，长5～9cm，全缘，叶柄稍有翅；花小，白色，芳香，1～3朵腋生，花瓣5枚，雄蕊20～25枚，子房5室；果椭圆形或倒卵形，长2.5～3.5cm，成熟时呈黄色，果皮肉质而厚，平滑，有许多腺点，有香味，汁多味美可连皮食用。

2. 金橘生态习性

金橘原产于亚热带，喜微酸性土壤。适宜温度为 22~29℃，喜阳光和温暖、湿润的环境，不耐寒，稍耐阴，耐旱，要求排水良好、肥沃、疏松的微酸性沙质壤土。夏季高温多雨，秋冬季温暖干燥，光照条件较好的气候条件比较适合金橘种植。

3. 金橘盆花生产现状

金橘赏其叶、花、果，或专为生产果实制作橘饼者，盆栽后精细管理，一株可以结 10 个以上的金黄小橘，新春佳节销往香港很受欢迎。金橘原分布于中国东南沿海各省，现华南及长江中下游已广为栽培，主要有广西的融安以及江西、浙江、福建、湖南等地。

图 2-94　金橘

4. 主要品种

柑、橘、橙是柑橘类水果中的三个不同品种，柑橘，是橘、柑、橙、金柑、柚、枳等的总称，按科学的角度来衡量，橘是基本种，橘是橘与甜橙等其他柑橘的杂种，柑橘属植物是柑橘类果树中最主要的一群植物，共有 17 个种，分成 6 个种群：大翼橙类、宜昌橙类、枸橼柠檬类、柚类、橙类和宽皮橘类。

5. 环保效应

金橘在抵抗和吸收空气里的一氧化碳、二氧化硫、过氧化氮、氯气、氟、乙醚、乙烯、汞蒸气及铅蒸气等有害气体方面很有功效。盆栽金橘在室内欣赏时，对家电设备、塑料制品、装饰材料所释放出的有害气体也具有一定程度的吸收及抵抗能力。另外，金橘能释放出植物杀菌素，能将危害人们身体健康的微生物杀灭。

【材料与工具】

1. 材料

金橘种子、嫁接砧木、厩肥、骨粉、饼肥、草木灰、代森锰锌、克菌丹、福美双、肥皂水、氧化乐果、杀灭菊酯、三氯杀螨醇等。

2. 工具

育苗箱、嫁接刀、绑绳、刷子、铁锹、花铲、手锄、喷雾器、量筒、天平、花盆等。

子任务一　品种选择

在规划与确定苗木的规模之前，对于金橘苗木所在地的自然条件，如当地的气候、地质、土壤、水文等必须深入分析，根据当地的气候及环境条件，选择抗病性强、耐寒、耐热性好、生长期短、适应性广、适宜本地区气候栽培种植的品种及市场需求量大的品种。

子任务二　育　　苗

嫁接繁殖。砧木用枸橘、酸橙或播种的实生苗，嫁接方法有枝接、芽接和靠接三种。枝接，在春季 3~4 月用切接法；芽接在 6~9 月进行；盆栽常用靠接法，在 5~7 月进行。

在北方易取得种子，可以用播种繁殖培养砧木，播种时期在春季 3~4 月，播种时，上面覆土 1~2cm 并覆薄膜，幼苗出土后逐渐掀膜，当苗高 15~20cm 可定植，摘心促使加粗生长，当砧苗达到标准时，可采用靠芽接或劈接法嫁接。

子任务三 上　　盆

选择根系发达、生长健壮的苗木上盆定植，选口径20~25cm的花盆，放一些基肥，上盆后要求留出3cm的沿口，以利于浇水，定植后7~10天，苗木可发新根，此时可以施肥，一般2~3年可倒盆1次。

子任务四 日常养护管理

（一）水分管理

浇水掌握干透浇透的原则。一般春、秋两季每2~3天浇一次透水，夏季晴朗天气每天浇一次水。开花期盆土稍干，坐果稳定后正常浇水，如幼果黄豆粒大小时，可加强肥水。金橘喜湿润的环境，在观赏期及生长旺季应经常向叶片及花盆周围喷水，但花期切忌往花上喷，以免烂花。越冬休眠的植株控制浇水。

（二）施肥管理

金橘喜肥，除盆土要求肥沃外，生长期每7~10天浇1次腐熟肥水，促进抽生强壮枝梢，注意施肥要少量多次，有机肥一定要充分腐熟，固体肥料施用的间隔天数一般为1个月。冬季观果期不施肥。

（三）温度管理

金橘生长的适宜温度为22~29℃，在北方室内最适温度10~15℃。如果植株尚未结果，则越冬的温度为3~5℃，不宜超过10℃，否则影响休眠。当外界夜间气温回升到10℃时，移到室外养护，加强通风透光。秋凉后搬回室内。

（四）光照管理

金橘是喜光植物，生长期摆放在阳光充足处，夏季炎热暴晒，可稍遮阴。冬季观果时，摆在室内见光处。

【关键与要点】金橘幼树生长较快，而且根系常常会绕盆生长，造成根系与土壤的分离，导致营养缺乏，因此在养护管理过程中要根据金橘长势情况及时换盆。

子任务五 修　　剪

（一）定干定形

盆栽金橘为了有良好观赏效果和较高的结实率，要注意及时修剪定干定形，在春梢萌芽前，于干高30~35cm处修剪定干，剪除病虫枝、枯枝。对当年抽生的新梢，剪除徒长枝。对同一部位抽发2~3个枝梢的，去弱留强，疏删一部分，定干后选留分布均匀、长势健壮的4~5个分枝作骨架培养，5月下旬在分枝长至10~15cm时，进行第2次摘心；7月下旬至8月上旬进行第3次摘心，以后在此基础上逐年培养，使树体结构圆满紧凑。

（二）疏花疏果

疏花疏果可以保果壮果，促进果实膨大、提高产量和质量。金橘一般于每年的4~7月开花4次，4月中旬开花1次，4月底至5月初开花1次，7月初开花1次，7月中旬开花1次。以第1、2批花量最大，坐果质量好。4月中旬当年春梢开花，花期应适当疏花。坐果后按树势强弱疏果1次，强壮枝条每枝2~3枚为宜，弱枝每枝1~2枚为宜。及时剪除秋梢以防二次结果，保证每批果实大小均匀、成熟期和成熟度一致。

（三）采果后管理

采果后及时施肥促进树势恢复，增强树体抗逆性，安全越冬。春季对盆栽金橘进行一次重剪，仅保留4~5个主枝，萌发出10片叶时摘心一次，促使萌发新枝。夏天生长的枝条，都能成为结果枝，秋天生长的枝条要剪去。结果后，新萌发的枝条也应抹去，避免与果实争夺养分。一般一个枝保留2~3个果实，并要适当疏花疏果，促使果实大小均匀。

【关键与要点】在果实成熟期给金橘树冠覆盖塑料膜避雨避寒。一方面可以减少金橘果实采前的冻害、裂果、病虫害，提高金橘的产量和质量；另一方面可以延长鲜果上市供应时间1~2个月。

子任务六　病虫害防治

为了保证果品安全，金橘病虫害防治上尽量推行绿色果品种植管理标准，主要采取清园和生物、物理防治方式，结合农药防治。

（一）清园

每年采果后及时进行清园，结合修剪清除病枯枝并深埋或焚毁处理。施用矿物油、石硫合剂等对树冠及全园进行消毒，杀灭各种病原菌和越冬虫卵，也可保温御寒，提高树体抗寒能力。

（二）生物防控

利用太阳能捕虫灯，可减少蟪蛄、蛾类等害虫的数量，同时结合农药防治的方法重点防治蟪蛄，可收到事半功倍的效果。

（三）控制秋梢和晚秋梢的生长

春梢和夏梢生长健壮，枝条充实，芽体饱满，易形成花芽，而秋梢或晚秋梢则由于形成较晚枝条不充实，易受病虫危害，特别是容易受冻，难以越冬，通过适量灌水、多次秋梢摘心方法控制秋梢的生长，并要通过控水、低温等措施控制金橘冬季室内徒长。

（四）药剂防治

金橘病虫害主要是煤污病、白粉病、红蜘蛛、潜叶蛾、蚜虫、介壳虫和蟪蛄。蚜虫、介壳虫、红蜘蛛，可用40%氧化乐果乳油防治。在通风不良、见光差的情况下，金橘可能发生病虫害，可用70%甲基托布津0.125%~0.142%的溶液防治。

【关键与要点】在正常情况下，金橘一年中一般有三次生长，这三次生长分别在春季、夏季、秋季，这三个季节抽生出的枝条分别称为春梢、夏梢、秋梢。

【巩固训练任务十二】　无花果盆花生产

1. 任务内容

以小组（5~6人为1组）为单位，独立完成无花果盆花生产全过程，无花果盆花生产主要包括育苗、定植、日常养护、整形修剪、病虫害防治等内容。通过任务的完成，重点掌握观果类盆栽植物整形修剪技术，具备对观果类盆花进行规模化生产的能力，最终生产出无花果盆花产品（图2-95）。

2. 任务要求

1）在完成巩固训练任务无花果盆花生产过程中，重点对观果类盆栽植物修剪整形技术进行反复训练，促使植物多开花结实，形成良好冠形，达到具备指导该方面生产的能力。

2）制定无花果盆花周年生产方案、生产计划和资金预算方案，方案和计划应符合实际生产需要，方案应详细、合理、具有可操作性。

图2-95　无花果

3）各小组根据制定的方案进行任务实施。

4）每次任务结束填写工作日志和成本记录表。

5）巩固训练任务全部结束，各小组要根据成本记录和销售记录完成该品种效益分析报告。

6）任务完成过程中要分工合作，各种药品按照使用说明进行正确使用；按照工具的正确使用规范进行操作，保证设备的完整以及人员的安全。

3. 主要技术要点

（1）无花果的种植　在中国的南北之间的差别，主要是温度的差别，而东西之间的差别，主要是湿度的差别，另外还有海拔的差别。

（2）生态习性　无花果是由花托膨大而形成的隐头花序，小花隐藏在花托内，人们只能见到花托形成的假果，看不到花，故称为"无花果"，为多年生落叶果树。无花果结果期较长，有夏果和秋果。无花果的适应性强，对土壤要求不严，气温不低于-12℃的环境中，均能正常生长，在我国北方的寒冷季节，采取防寒保温措施也可栽植。其耐旱、耐阴、耐盐碱，具有速生、早果、丰产的优点。

（3）繁殖　无花果的繁殖方式有多种，一般多采用扦插繁殖法，成活率高。

（4）修剪　盆栽无花果要求枝短、果密。无花果一般采用"少主干型"和"多主干丛生密集型"。少主干型一株只留3~5个主干，分枝分布在主干上，树体高大，树枝松散单株产量高，这方法适合庭院栽培。多主干丛生密集型是集约化大面积果园栽培采用的树形。一棵树上有众多主枝，主枝和不同层次的分枝共同形成密集树体，充分利用空间，单位面积产量高。

当幼苗长到40~50cm高时，留30cm定干，待下部腋芽长到3cm时仅留顶端3~5个芽作为主枝，其余剪去。根据长势情况摘心，防止枝条徒长，促基部芽体充实。第二年春季在主枝12~15cm处剪短。当新芽长到3cm左右时再除芽，每1个主枝留2~3个芽，其余的芽除去。

以后每年春季结合换盆，在一年生枝条基部10~12cm处短截，并剪去细弱枝、病枯枝、过密枝、交叉枝及徒长枝，使所留枝条均匀分布于树冠四周。

（5）病虫害防治　无花果的病虫害主要有炭疽病、天牛、介壳虫等。因为盆栽无花果一般都放于阳台或庭院之中，以观赏为主，所以应尽量避免使用农药，多采用生物防治方法。

1）炭疽病：合理施肥与浇水，注意通风透光，防止病害，发病后及时剪除病枝、

病叶。

2）天牛：人工捕杀成虫或将幼虫蛀入的枝条剪去。

（6）采摘　无花果的采摘一般宜在晴天的早晨或傍晚进行，见已成熟的果实顶端有一小孔微开，果皮出现固有品种（多分红、黄品种）的色泽时采摘。过熟的果实采后不耐储藏和运输。无花果采摘时，在筐子里放一层果，铺一层叶片，再放第二层果，层层铺叶片，并随采收随销售。

切花生产

【项目导言】

切花，又称为鲜切花，是指从活体植株上切取的，具有观赏价值，带有较长茎部的花枝和花序，用于花卉装饰的茎、叶、花、果等植物材料。鲜切花应用十分广泛，可以瓶插水养，可以做成花束、花篮、花环、壁花、胸饰花或插花等。其优点有很多，最具自然花材之美、色彩绚丽、花香四溢、饱含真实的生命力，有强烈的艺术魅力，应用范围广泛。但也存在水养不持久，费用较高，不宜在暗光下摆放等缺点。鲜切花根据切取部位不同，分为切花、切叶、切枝三种。其中，切花类，主要观赏部位是花朵与整个花序，花朵一般颜色艳丽，花形娇娆或奇特，如菊花、月季、唐菖蒲、香石竹、百合等；切叶类，观赏部位以叶片为主，叶形奇特美丽，如苏铁、蕨类植物、天门冬、鱼尾葵等。

经设施栽培，运用现代化栽培技术，达到规模生产，并能周年生产供应鲜花的栽培方式就是切花生产。切花生产具以下四个特点：一是单位面积产量高、效益高；二是生产周期短，易于周年生产供应；三是储存包装运输简便，易于国际的贸易交流；四是可采用大规模工厂化生产。

本项目重点介绍了花卉生产企业对目前市场上主要流行品种的生产流程和内容，包括品种选择，土壤改良，育苗，定植，温度、光照和水肥管理，病虫害防治，切花的采收、包装、保鲜和储运等。重点叙述了百合、月季、独轮菊、唐菖蒲、康乃馨、非洲菊、洋桔梗等切花和肾蕨等切叶的生产，目的是使读者掌握重要品种生产技术。通过巩固训练项目，使读者能做到举一反三，在生产中能够组织并实际参与切花周年生产。

切花项目参照园林园艺行业职业岗位对人才的需要和花卉园艺师国家职业标准，实行"项目引导＋任务驱动"教学模式，系统地介绍切花生产应用的基本知识，如切花常规栽培、采收、分级和包装，并附带常见切花的观赏特性及花语知识及切花常见病虫害的化学防治等安全生产知识，实现将专业教学与园艺师考试内容最大限度地对接，帮助学生熟练掌握花卉园艺师所要求的核心技能，养成良好职业习惯，最后获取国家中级"花卉园艺工"职业资格证。

【知识目标】

1. 了解百合、月季、独轮菊、唐菖蒲、康乃馨、非洲菊、洋桔梗、肾蕨等生长习性和生长发育规律。
2. 掌握百合、月季、独轮菊、唐菖蒲、康乃馨、非洲菊、洋桔梗、肾蕨等周年生产技术规程。
3. 掌握鲜切花周年生产计划制订的方法。
4. 掌握鲜切花周年生产管理方案制定的方法。
5. 掌握花卉生产经济效益分析的方法。
6. 熟练掌握花卉园艺师所要求的核心技能，如切花生产、栽培、繁育及产后处理等，

应对花卉园艺师理论知识考试。

【能力目标】

1. 能指导、组织和实际参与百合、月季、独轮菊、唐菖蒲、康乃馨、非洲菊、洋桔梗等鲜切花产品和肾蕨等切叶产品周年生产。

2. 能根据市场需求主持制订花卉产品周年生产计划，能根据企业实际情况主持制定花卉生产管理方案，并能结合生产实际进行花卉生产效益分析。

3. 能根据所掌握的切花生产相关知识，应对花卉园艺师技能操作考核。

【素质目标】

1. 通过实际花卉生产的项目教学，培养学生不怕脏、不怕苦、不怕累的品质。

2. 通过生产计划、方案的编制，培养学生独立学习、分析总结和提升完善的能力。

3. 通过分组完成任务，提高竞争意识，培养学生交流、互助、合作和组织能力。

4. 通过生产方案的实施，锻炼学生独立发现、分析和解决突发问题的能力。

5. 通过不同的生产方案实施，提高学生的创新意识和创新能力。

【理论知识】

一、选择品种

（一）市场需求调查

根据市场行情确定切花种植品种，目前市场上，不同切花种类及品种价格差异较大，品种选择准确才有销售渠道；同时也要考虑产品的生产成本和生产周期，这样才能给种植者带来较大利润。

（二）实际分析

首先，要对本地区的气候条件进行详细了解。每个地区都有独特的气候条件，选择的品种不一定全年在该地区都有一定优势，但要在某个时间段有一定优势，如菊花对温度要求较高，在辽宁地区冬季生产需温室加温，但夏季生产的产品品质优良，具备一定优势。所以，该地区在选择品种时，菊花是夏季生产品种之一；其次，要考虑生产技术。每个品种都有一套独特的生产技术，如今花卉产品较丰富，市场供应充足，只有产品的品质达到一定标准，才能有良好的经济效益；第三，要考虑资金和风险问题。花卉产业是一个高投入、高风险的产业，选择品种时一定要考虑资金投入和市场风险的问题，要量力而行。

二、土壤准备

（一）土壤选择

良好的土壤结构和排水，是栽培成功十分重要的前提。通常，切花的生长要求排水良好、疏松肥沃、又具有较好保水能力的微酸性土壤。含沙重和黏性强的土壤均不适合要求。除了水分和养分外，土壤里的氧气对植物的根系生长也非常重要。表土熟度不够的话，可用一层稻草、稻壳、阔叶土、松针土、草炭土等混合物来改良。另外，土壤中的含盐量、矿质营养总量和酸碱度都会影响植物的生长，所以，在种植之前6周应取土壤样品，测定土壤中的总盐量、矿质营养总量和pH等。如果土壤中含盐的成分较高，则应预先用适当的水彻底

冲洗，才能阻止土壤结构的退化。尤其在使用新鲜的有机肥料时要确保盐分不要太高，且同时不要使用大量的无机肥料。

（二）理化调节

保持土壤合适的酸碱度，对植物根的发育和矿质营养的吸收是非常重要的。如果pH太低，会导致吸收过多的矿质营养，如锰、铁、硫；若pH过高，又会导致磷、铁和锰的吸收不足，造成缺素症。通常切花品种要求微酸性的土壤，但不同品种、不同品系又有不同要求。降低pH，可在表土上施泥炭，或者施用尿素和铵态氮的肥料。提高pH，可在种植之前用含石灰的化合物或含镁的石灰彻底与土壤混合。使用石灰后至少要等一周后才能种植。

（三）施基肥

充足的基肥是十分重要的，它不仅能提供切花生长发育时所需营养，而且能使土壤更松软，改变团粒结构，更有利于植物根部吸收营养。应根据土壤的结构、营养状况和盐分含量，在种植之前施用完全分解的有机肥，通常每100m^{2}施1m^{3}完全腐熟的厩肥、堆肥或饼肥等。一定不要使用新鲜的有机肥，因其会引起烧根。在太黏重且富含腐殖质的土壤中用厩肥，会使土壤结构变得更坏、土壤硬化，因此用泥炭混合肥为好，沙或熔岩也常用。另外，无机肥料最好可与有机肥料配合施用，通常每100m^{2}施10kg左右氮磷钾复合肥或磷酸二铵。

（四）土壤消毒

土壤消毒工作，对于防治病虫害的发生，保证切花的正常生长是十分必要的。较普遍采用的有蒸汽消毒法和药剂消毒法，其他还有淹水消毒法等。蒸汽消毒是将具多孔的金属导管或耐热的塑料管插入25~30cm的土壤，导管间相距40cm，土表覆盖塑料薄膜，这样保持70~80℃的温度1h，就可以达到消毒效果。此方法可消灭大部分的土壤病菌，效果好，但耗能多，成本大。药剂消毒可采用40%甲醛以1:50或1:100的浓度喷洒土壤，用量为250g/100m^2，用塑料薄膜覆盖1周（夏季用3天），然后揭去薄膜后1周可以种植；也可用30%过氧乙酸溶液稀释300倍喷施土壤，还可用五氯硝基苯混合细沙均匀撒在土壤上，用量为250g/100m^2。

（五）整地作畦

整地作畦的目的在于改进土壤的团粒结构，增加土壤通气与水分平衡；有利于土壤微生物的活动，加速有机肥料的分解和被吸收；可以清除杂草，消灭病菌、虫卵等，有利于病虫害防治。

整地应在土壤干湿度适宜时进行，往往选择在倒茬后、定植前。通常先进行翻耕，同时清除碎石瓦片、残根断株，再翻入腐熟的有机肥料或土壤改良物，翻匀后细碎耙平。翻耕深度依切花种类不同而定：一、二年生草花，因其根系较浅，翻耕深度一般为20~25cm；球根、宿根类切花为30~40cm；木本切花因根系强大，需深翻或挖穴种植，翻耕深度为40~50cm。

整地后作畦，作畦方式以不同地区的地势及切花种类不同而有差异，主要目的是便于排灌。南方多雨、地势低的地区，作高畦以利排水；北方少雨、高燥地区，宜用低畦，便于保水、灌溉。畦多为南北走向。

三、切花繁殖

（一）分球繁殖法

球根花卉是多年生花卉中的一类，其种类多，品种极为丰富，适应性强，栽培容易，管理简便，因此是商品切花的优良材料，如百合、郁金香、唐菖蒲、小苍兰等。其中，主要以鳞茎类球根花卉为主，其通常采用分球法进行繁殖，应用最普遍的有百合、朱顶红、风信子、水仙等。

（二）播种繁殖法

一年生露地草花多采用春播，春播宜早，如紫罗兰、翠菊等。

二年生露地花卉多采用秋播，如金鱼草、金盏菊等。

（三）扦插繁殖法

扦插繁殖是切花繁殖的重要方法之一，如菊花种苗生产采用枝插，百合可通过鳞片扦插获得更多仔球。

1. 扦插繁殖分类

扦插繁殖常用枝插，包括硬枝插、软枝插、单芽插。

1）硬枝插：以 1～2 年生枝为插穗，落叶后或早春萌芽前进行。

2）软枝插：以当年生枝为插穗，生长季进行。

3）单芽插：以仅带一个芽的茎段为插穗，材料缺乏时才用。

2. 扦插繁殖过程

①基质选择；②基质配制及消毒；③插穗采集；④采后消毒及生根处理；⑤扦插；⑥浇水；⑦插后管理。

（四）组培繁殖法

在无菌条件下，将离体植物的组织、器官接种在人工培养基上，通过脱分化和再分化，形成植株的过程，称为组织培养。目前，切花生产中，非洲菊、香石竹、菊花、满天星等都可利用组培进行繁殖，具有效率高、能够脱除病毒、繁殖不受季节限制、能够充分利用空间、便于运输和交换等特点。组织培养一般程序如下：

1. 外植体的选择和灭菌

常用的外植体：嫩叶、茎尖、花瓣、茎段、胚珠、根等。

常用的灭菌剂：次氯酸钠、漂白粉、升汞等。

2. 培养基配制

培养基由大量元素、微量元素和植物生长调节剂等组成，根据使用元素配比不同，产生了多种培养基，最常用的是 MS 培养基。

3. 接种

在超净工作台上进行，使用的所有工具和器皿必须消毒。

4. 培养

接种完的培养材料，放在培养室内培养，花卉种类不同，其温度、光照和湿度的范围不同，保持 23～27℃，光照 2000lx，光照 12h，相对湿度 60%～70%。

5. 生根培养

在生根培养基中培养一段时间，均可生根，从而形成完整植株。

6. 移栽

已生根的组培苗应及时移栽到基质中，进行驯化栽培，移栽前应将基质进行消毒。

四、定植

（一）定植时期

定植的时间一般要根据切花的生长周期和市场的需要而定。切花生产要想获得最大生产

效益，一定要根据市场的需要及时下花。根据下花时间，再根据植株的生长周期向前推算，即可获得定植时间。另外，还要考虑季节，一般来说，在进行夏季栽培时，植株的生长周期偏短，冬季的生长周期偏长。百合切花的生长周期一般为95～120天，菊花的生长周期一般为90～110天，唐菖蒲的生长周期一般为75～100天，香石竹的生长周期一般为80～95天。

例如，以沈阳地区为例，若想在元旦让西伯利亚百合切花上市，那么切花采收的时间应该在12月24日左右，西伯利亚百合切花的生长周期为112天，理论的定植时间应为8月上旬，但考虑到沈阳地区的温度较高，能缩短生长周期，所以定植时间可以延后至8月中旬。

定植时首先要计算出在一定时间内需要多少种苗或种球，需要多少就取或起多少，主要避免种苗或种球长时间暴露在外造成伤害。定植的若是种苗，在起苗前一天通常浇水使苗床湿润，而起苗当天则不应再浇水，起苗时根部应适当带基质或护心土，以免根系受到损伤并进行覆盖。根系发育是否良好是衡量幼苗质量的首要标准，对切花类花卉栽培的成功与否有重要作用。从外部购苗时还应特别检查发根基部或种球根盘基部，观察是否存在病害和腐烂现象，如不能有斑点、水渍状现象等。

（二）定植密度

通常切花类花卉栽培定植时以密植为主，并注重浅植。株行距大小依据不同切花植物后期的生长特性、剪花要求来决定，如月季为9～12株/m^2，百合为30～40株/m^2，香石竹为36～42株/m^2等；定植不宜过深，若栽种过深，易造成生长缓慢。对于种苗，定植后的第一次浇水以刚浇透为宜；对于种球，定植后的第一次浇水要浇透，浇水少易造成种球失水，不利于发新根。为使根系发育良好，通常可在定植前1～2天将土壤润湿，让土壤吸足水分，既能使根系得到水分供应，又不易造成土壤板结，这样小苗的成活率高、生长快。

五、日常养护管理

（一）温度管理

温度与植物的生长发育关系十分密切。温度影响花卉发育过程，包括花芽分化及发育、花芽伸长、花色及花期。不同原产地的花卉或不同特性的品种，花芽分化需要的温度不同；大多数花卉的花芽分化和花芽伸长最适温度差别不大。但有些植物，比如郁金香花芽分化的适温为20℃，花芽伸长适温为9℃。温度对花色影响有些明显，有些不明显，通常在较高温度条件下种植的花卉颜色更亮丽。温度高低对花期的影响较大，温度高花期提前，温度低花期延后。

温度的控制对切花的品质及花期都影响巨大。长时间低温不仅延后花期，还会造成植株的冻害，比如东方系百合在长期8℃以下时，会造成叶片的冻害，严重影响切花的品质；长时间高温可提前花期，但会造成切花品质下降，如造成花小、枝条软弱等问题。在切花生产管理中，尽量调节温度到适宜生长的需要。夏季可采取外遮阳、喷雾、加强通风、湿帘等方式降温；冬季可采取暖气、热风炉、火墙、地热等方式加温，也可采取增加覆盖物等方式保温。

（二）光照管理

光照不仅为植物的光合作用提供能量，还对植物生长影响巨大。首先，光照强度影响花的颜色，光照越强，花色越艳丽。其次，光照强度影响花蕾开放。比如，亚洲系百合光照不足，易引起"消蕾"现象。月季、菊花光照不足会造成花瓣少的问题。第三，光照长短影响花芽分化。对于长日照花卉（唐菖蒲），日照长度在12～14h才能够花芽分化，对于短日照花卉（菊花），日照长度在8～12h才能够花芽分化。

在夏、春、秋季的切花生产中，主要通过遮阳网遮光的方式来调节光照强度；冬季通过清洗屋面的方式来加强光照；光周期长短的调节主要通过加补光灯和遮光的方式。

（三）水肥管理

1. 灌溉

水分管理是一项经常性的细致工作，也在很大程度上决定了切花栽培的成败。

（1）水质要求　水质以清澈的活水为宜，如河水、湖水、雨水、池水，避免用死水或含矿物质较多的硬水如井水等。若使用自来水，应注意当地的自来水水质，如酸碱度、含盐量等，可采取存水的方法，让氟、氯离子及其他重金属离子等有害物质充分挥发、沉淀后再使用。

（2）依不同切花植物的特性浇水　掌握不同切花的需水特性，针对性地浇水，才能取得好的效果。如"干兰湿菊"，说明兰花这种耐阴植物需较高的空气湿度，但土壤湿度不宜太大；而菊花则喜光，不耐干旱，要求土壤湿润，但又不能过于潮湿积水。一般说来，大叶、圆叶植株的叶面蒸腾强度较大，需水量较多；而那些针叶、斜叶、毛叶或革质叶、蜡质叶等叶表面不易失水的花卉种类则需水较少。

（3）根据不同生育期浇水　同一种切花植物在各个不同的生长发育阶段对水分的需求量是不同的。通常而言，幼苗期的根系较浅，虽代谢旺盛，但不能浇水过多，只能少量多次浇水；植株恢复正常营养生长后，生长量大，应增大浇水量；进入开花期后，因根系深，生长量小，应控制水分以利提早开花和提高切花品质。

（4）根据不同季节、土质浇水　就全年来说，"春秋两季少浇，夏多浇，冬不浇"。但在大棚栽培中冬季也需要适当地浇水。以温室栽培切花菊为例，一般冬季水分的消耗仅为夏季的1/3，为春、秋季的1/2。就土质来说，黏性土保水性强，少浇为宜；而沙性土保水性差，应增加浇水次数。就每次来说，以彻底浇透为原则，干透浇足。不能半干半湿或过干过湿。保持土壤经常性的干湿交替，有利于植物根系的良好发育。

（5）浇水时间　原则就是使水温与土壤温度相近，如水温、土温的温差较大，会影响植株的根系活动，甚至伤根。最好在上午浇水，切忌在炎热季节的下午浇水。

（6）浇水方式　浇水可以采取滴灌、漫灌、喷灌等方式。在生产上最好采用滴灌方式浇水，滴灌浇水除节水外，浇水较均匀，不宜造成土壤板结，还会减少因水温低对根系造成的伤害。

2. 追肥

追肥可以采取根际追肥和叶面追肥两种方式。根据植株生长周期，大致可以分为三个时期，分别为前期（花芽分化前）、中期（花芽分化至现蕾）、后期（现蕾后）。前期是植株生长的旺盛期，应以氮肥和磷肥为主；中期是花蕾孕育期，应以磷、钾肥为主，其中磷肥偏多；后期是花蕾生长期，应以磷、钾肥为主，其中钾肥偏多。

在施肥过程中，要做到有机肥与无机肥相结合，提倡施用多元复合肥或专用肥，逐步实行营养诊断平衡施肥。目前，先进国家的大型工厂化花卉生产中，采取测定植株体内元素的

项目三　切花生产

含量水平，来测定其养分的吸收利用率和营养型。

保护地土壤的施肥，要按切花生长必要养分的最小限度施肥，可以减少盐分的积累，并选择浓度障碍出现少的肥料，如磷酸铵、硝酸铵、硝酸钾等。

根外追肥以花卉急需某种营养元素，或补充微量元素时施用最宜，其最大特点是吸收快、肥料利用率高。根外追肥的时间以清晨、傍晚或阴雨时最适宜，注意要喷于叶背。喷施浓度不能过高，一般掌握在 0.1%~0.2%。

六、松土、除草、拉网、修剪

（一）整形修剪

整形修剪是切花生产过程中技术性很强的管理措施，它包括摘心、除芽、剥蕾、修枝、剥叶等工作。

通过整枝可以控制植株的高度；增加分枝数以提高产花量，或通过除去多余的枝叶，减少其对养分的消耗；也可作为控制花期或使植株第二次开花的技术措施。整枝不能孤立进行，必须根据植株本身的长势及肥水等其他管理措施相配合，才能达到目的。

1. 摘心

摘心，即摘除枝梢顶芽，如香石竹每摘一次心，花期可延长 30 天左右，每分一次枝可增加 3~4 个开花枝。

2. 除芽

除芽的目的是除去过多的腋芽，以限制枝条增加和过多的花蕾发生，并可使主茎粗壮挺直，花朵大而美丽，如多本菊和独本菊在栽培过程中应及时抹去侧枝上的腋芽。

3. 剥蕾

剥蕾，通常是摘除侧蕾，保留主蕾（顶蕾）或除去过早发生的花蕾和过多的花蕾，保证主蕾的养分供应。切花菊的剥蕾工作在主蕾豌豆大小时进行，操作时注意勿碰伤主蕾。

4. 修枝

修枝，即剪除枯枝、病虫害枝、开花后的残枝，改进通风透光条件并减少养分消耗，提高开花质量。

5. 剥叶

经常剥去多余的老叶、病叶及多余叶片，可协调植株营养生长与生殖生长的关系，利于提高开花率和品质。

（二）张网立桩

切花产品对茎干的笔直程度要求较高，因此，在生长期间要用倒伏网支撑切花植物，保证切花茎干笔直挺拔、生长均匀。例如菊花，生产上一般应设 2~3 层防倒伏网，支柱间隔 1.5m，网孔大小为 10cm×10cm。倒伏网有尼龙网和铁网两种，铁网的成本较高，但效果好，使用年限长。

（三）中耕除草

中耕除草为切花生长和养分吸收创造良好的条件。中耕的作用是疏松表土；通过切断土壤毛细管，减少水分蒸发，来增加土温；使土壤内空气流通；促进有机质分解。幼苗期间，中耕应浅，随着苗的生长而逐渐加深；株行中间处中耕应深，近植株处应浅。当幼苗渐大，根系已扩大于株间时中耕应停止，否则根系易断，造成生长受阻碍。

项目三 切花生产

除草可以避免杂草与切花争夺土壤中的养分、水分以及阳光。除草一般结合中耕，在花苗栽植初期，特别是在秋季植株郁闭之前将其除尽。可用地膜覆盖防除杂草，尤以黑膜效果最佳。目前除人工方法外，还可使用除草剂，但浓度一定要严格掌握。如 2,4-D 用 0.5%~1.0% 的稀释液每 $1000m^2$ 用量 0.075~0.3kg，可消灭双子叶杂草。

七、花期调控

切花作为流通的鲜活商品，最显著的特点就是须保证周年均衡供应和节日旺季消费集中供花，其经济效益才能达到最佳。改变自然开花期，使之根据人们的意愿开花，称为花期控制栽培，包括促成栽培和抑制栽培。

花期调控的方法有很多，包括利用温度和光照处理等物理方法进行调节的；利用化学药剂，主要是生长调节剂类进行调节的；利用栽培管理技术进行调节的；利用采后的生产调节技术进行调节的等。

（一）温度处理法

1. 增加温度

多数花卉在冬季加温后都可提前开花，但须注意要逐渐升高温度。

2. 降低温度

1）延长休眠期，推迟开花：如将菊花、满天星、洋桔梗、新铁炮百合的种苗或其宿根冷藏后进行栽培，低温的作用是打破莲座状，促进花茎生长。应选择相应的晚花品种，尽量少浇水。

2）延缓生长期，推迟开花：多用于含苞待放的花卉，如菊花、唐菖蒲、切花月季等，同时应注意控制浇水。

3）降温避暑，使不耐高温的花能够顺利开花：很多原产于夏季凉爽地区的花卉，如补血草、洋桔梗、马蹄莲等，在夏季降温，保持28℃以下，6~9月仍能正常开花。

4）利用人为低温，提前度过休眠和实现低温春化阶段：利用球根花卉的花芽分化和休眠期的温度周期性变化规律，进行促成栽培。

5）促成栽培的基本原理：即预冷—真冷—加温催花。①秋植类球根花卉。其花芽分化阶段，通常是在夏季高温休眠期通过的，而花芽的伸长生长却要求较低的温度。如郁金香花芽分化的最适温度为20℃，而其花芽伸长的最适温度为9℃。因此，郁金香的促成栽培技术即是在其完成花芽分化后，一般须经35天预冷（13~20℃）和35天的真冷（0~3℃）后，移入温室栽培（15~20℃），可提前开花。②春植类球根花卉。一般在叶片伸长后才进行花芽分化，如唐菖蒲、百合、晚香玉等。抑制栽培的基本方法则是通过低温储藏种球，利用低温来抑制其萌动，以达到延迟花期的目的。例如唐菖蒲，一般在11月采收球茎，若将其球茎置于0~3℃的低温库中储藏，则能长期抑制种球萌动，取出后种植则可根据需要来延迟花期。

（二）光照处理法

1. 长日照处理

对长日照切花植物，利用人工补光措施，可使其在冬季自然的短日照条件下开花，长日照处理成为多种切花冬春促成栽培的必需条件，尤其能防止因光照不足的盲花现象。

对短日照切花植物，利用长日照处理，可实现抑制栽培。如秋菊利用人工补光措施，可抑制其花芽分化，达到推迟花期的目的。

2. 短日照处理

对于菊花、一品红等短日照植物来说，利用短日照处理可进行促成栽培。如菊花的促成栽培则一般从下午 5 时至第二天上午 8 时，用黑布等材料进行遮光，使每天的光照时间在 9h 以下，如此处理 40~50 天，即可现蕾。以此可预定开花期向前推算 50 天为开始遮光日期。

（三）化学调控法

此方法主要是应用植物生长调节物质来调节。其优点是用量小，效果好，操作简便；缺点是应用效果不甚稳定，需不断试验以确定使用浓度、时期和次数等。其主要的作用包括以下几个方面：

1. 解除休眠，提前开花

应用最广泛的是赤霉素（GA），用 500~1000mg/kg GA 涂在牡丹、芍药等休眠芽上，1 周左右即可使其萌动。

2. 代替低温，促进开花

秋植类球根花卉的花茎抽生需要低温，用赤霉素处理能起到部分代替低温的作用。

3. 促进生长，提早开花

一定浓度的赤霉素、细胞激动素、矮壮素、乙烯利等对多种植物有加速发育、诱导成花的作用。

4. 抑制生长，延缓开花

植物生长延缓剂有延长植株营养生长期、矮化和增加分枝数等作用，并能够延迟花期。常用的有矮壮素、琥珀酰胺酸、多效唑等。

（四）栽培管理调控法

1. 掌握播种和栽种球根时间

利用分期播种或分期排球的方式，使花期错开。唐菖蒲切花若要轮开花期，可采用分期排球的方法，早花种 60~70 天开花，晚花种经 120 天左右开花，一般品种则 90~100 天开花，这样开花期可从 6 月初延续至 11 月初。

2. 修剪与摘心

其包括修剪、剥蕾、摘心、剥芽、摘叶、环刻、嫁接等园艺措施。如月季开花后剪除残花，可使之陆续开花。

3. 控制肥水

在生长期控制水分能够促进花芽分化。球根类花卉通常在干燥环境中，其内部进行花芽分化过程，直至供水时花芽伸长并开花。如唐菖蒲在 2~3 叶期的花芽分化阶段要控制浇水，而当花蕾近出苞时，灌水 1~2 次，可提早开花 1 周。

肥料三要素中，氮肥有利于植株营养生长，而磷、钾肥则有利于花芽分化及抽生。因此，切花栽培中，及时把握并调整植株的营养生长和生殖生长的关系，对调节开花期和提高切花品质有着重要的意义。

（五）采后调控花期技术

1. 人工催花技术

因冬季低温，有些切花的花苞已形成却难以完全开放，若在栽培地实施大面积加温则耗用成本高，可剪切后集中在室内进行人工催花，此法操作简便、效益可观。如香石竹、满天星等在花苞期切割后，置于温度25～27℃的室内，并给予每天12～16h的光照（光强2000lx以上），空气相对湿度保持在90%～95%，则经5～7天开花。

2. 切花储藏技术

切花储藏是延长采后切花寿命的主要方法，并且是解决切花周年供应、淡旺季平衡、减少生产成本的重要途径之一，具有很高的应用价值和经济价值。

低温是最基本、最有效的储藏手段。为提高冷藏效果，还可结合低温减压储藏法和气调储藏法。

八、切花病虫害防治

每种花卉都有一个原产地，原产地的环境最适合该品种花卉的生长。目前，我们在温室中进行花卉生产，其中有一个很重要的理念就是：创造适宜植物生长的原始环境。但是，在生产的过程中总是存在温度、光照、湿度、水分等方面的不足，使植物在生长发育过程中，常常受到病害、虫害和病原物等的影响，导致了花卉病虫害的发生，从而造成经济损失，甚至是毁灭性的灾害。因此，防治病虫害成为花卉生态环境调控的重要内容之一。

（一）病虫害识别

1. 切花病害识别

花卉受侵染后，其生理代谢活动、内部组织结构以及外部形态所发生的系列变化，即症状。根据病原物不同，花卉病害主要有真菌、细菌、病毒和生理病害。切花生产中，常见的有真菌病害、病毒病害和生理病害三种类型。

（1）真菌病害 真菌病害的病症常见有白粉、锈粉、霉层、煤污等，这些病症分别与病原生物种类危害的特有症状相对应，如白粉病、锈病、霜霉病、煤污病等。真菌病害的病状常见有变色、腐烂、猝倒、立枯、穿孔、溃疡、叶斑、萎蔫、畸形等。

（2）病毒病害 病毒病害病状主要有花叶、枯斑、环斑、丛枝、矮化、畸形等。花叶是病毒病常见的症状，叶片色泽深浅不均出现花斑。但病毒病害和非侵染性病害的症状有时难以区分，这时可借助传染性试验鉴别。

（3）生理病害 生理性病害的病状常表现为叶尖、叶缘变褐焦枯，叶片变色、黄化，落叶、落花、落果等。这种病害用显微镜检查受害组织无任何病原生物，因此是非侵染性的。这类病害常与温度、水分、肥料、营养元素、土壤酸碱度等有密切关系。

2. 切花虫害识别

在花卉栽培中，常常会受到多种害虫危害。危害花卉害虫的口器主要有咀嚼式和刺吸式两种。咀嚼式口器可咬食植物的根、茎、叶、花、果实等，植株受害后，有的叶片被咬成孔洞、缺刻、甚至吃光；有的叶肉被潜食；有的茎干或果实被钻蛀成隧道或孔眼。此类昆虫可用胃毒剂喷洒，害虫咬食时将药剂一并吞入胃中而中毒。刺吸式口器则刺入植物组织吸食汁液，植株受害后，出现皱缩、卷曲、斑点、变色等现象。此类昆虫可用内吸剂或触杀剂防治。

此外，了解昆虫在不同阶段的形态特征、危害特点及生活习性，对于防治也有帮助。昆虫具有趋光性、趋化性、假死性、群集性、休眠性等。作为切花生产者，主要是发现虫害及根据症状鉴别虫害，做到提早预防、有效防治。如蚜虫、白粉虱危害时，常造成嫩叶卷曲皱缩，叶、梢、茎上有很多像蜜一样的黏稠油质分泌物；把花、花蕾、叶咬食的残缺不全，甚至吃光，仅留下叶柄的，则多为金龟子；将整株叶片咬食光，仅留下叶柄，则多为天幕毛虫、舟形毛虫、刺蛾、天蛾等幼虫；咬坏幼苗根部的害虫则有地老虎、金针虫、蛴螬、蝼蛄等。

（二）病虫害防治

对于生产者来说，病虫害防治工作是重中之重的工作，要坚持"预防为主、综合防治"的方针。

1. 选择优质、抗逆性强的种苗

在定植时，选择无病、健壮、抗逆性强的种苗，是预防病虫害最有效的办法之一。在定植前，要对种苗、种球、土壤进行彻底消毒，确保种球、种苗无病害。

2. 加强栽培管理

1）加强肥水和栽培管理可以有效降低病虫害的发生。保证浇水、施肥及时，但如氮肥施用过多，植株生长细嫩，则植株易受病害侵染。因此不能偏施氮肥，应配合施一些磷、钾肥，使植株生长健壮，增强抗病力。

2）要保证植物生长必需的光照。通过科学修剪，增强植株中下部的通风透光性，阻隔病虫害的传播和蔓延途径，减少病菌、害虫的来源。花卉栽植过密，使植株生长细嫩，株间湿度较大，通风透光不良，都有利于病害的发生。

3）注意田间排水及控制温室的温、湿度。适宜的温湿度是避免发生病虫害的主要条件之一。在生产管理中，要经常通风，降低温室的湿度，保证适宜的温度。土壤湿度大，或田间积水、排水不畅也易诱发病害的发生和传播。

4）此外，还应经常清洁花圃，及时摘除花卉的病叶、老叶，清除带有病虫的植株残体、杂草、落叶等，并及时进行深埋或焚烧。

3. 物理及机械法防治

物理防治是用一些物理及机械方法针对性地防治一些病虫，并可减少化学药剂对环境的污染。

覆盖防虫网：在设施上设置防虫网，可防止害虫进入室内。

诱杀害虫：利用昆虫的趋光性，在室内设置诱虫板、杀虫灯可杀死害虫。

高温杀菌：土壤消毒可采取蒸汽消毒，杀死土壤病害。

4. 生物防治

生物防治是利用生物或其代谢产物防治病虫害的方法。目前，生物防治法在温室花卉病虫害防治上应用较少，但具有无污染、无残留、效力长等优点，是未来防治病虫害的一个发展方向。例如目前生产上应用的生物菌肥，可以控制某些病害的发生。细菌制剂中的苏云金杆菌对鳞翅目昆虫的幼虫有很强的毒性，工业上已将其生产成生物农药。利用昆虫的性外激素诱杀异性昆虫，使其雌雄成虫比例失调，而减少繁殖后代的数量等。又如利用丽蚜小蜂来防治温室主要害虫白粉虱，前者既能抑制后者的发生和危害，又不对花卉产生影响。另外，有目的地保护天敌，可有效提高生物防治的效果。

5. 化学药剂防治

化学药剂防治又称为农药防治、药剂防治。化学药剂防治是目前病虫害防治中最常用、最有效的方法，具有高效、速效、使用方便、经济效益高等优点。但也存在使用不当对花卉植物产生药害、杀伤天敌、长期使用会引起害虫的抗药性、污染环境等缺点。

九、采收、分级、包装和储运

（一）采收

为保持切花有较长的瓶插寿命，大部分切花都尽可能在蕾期采收。蕾期采收具有切花受损伤少、便于储运、减少生产成本等优越性，因此是切花生产中的关键技术之一。

由于切花种类多，各类之间在生长习性及储运技术上存在明显差异。因此，具体的采收时间应因花而异。有些花适宜在花期采收，如在蕾期采收，则花朵不能完全开放，如月季、火鹤花等。有些花在蕾期采收，也能较好开花，花卉的观赏期也较长。适于蕾期采收的种类有香石竹、菊花、唐菖蒲、鹤望兰、满天星、百合等。月季也可蕾期采收，但必须小心操作，采收过早会产生"歪脖"现象。采收最好在早上进行比较好，这样可以避免植株脱水。

（二）分级

对成为商品的切花进行评估和分级是非常重要的，这直接关系到切花的价格和生产效益。出售前的分级主要是针对切花生长过程中产生的个体间的差异、大小混杂、成熟度不一、良莠不齐等问题。通过分级，有利于按级定价，同时便于包装、运输和销售。

1. 切花产品分级方法

分级需要有一定的标准，同一产地、同一批次、同一品种、相同等级的产品作为一个检验批次，从中随机抽取检验的样本，样本数以大样本至少 30 支，小样本至少 8 支为准。然后对下列项目进行检测。

切花品种根据品种特性进行目测包括整体效果、花形、花色、花茎、花径、叶、病虫害、缺损等方面。

2. 切花产品分级标准

根据适用范围，切花产品分级标准分为国际质量标准、国家标准、行业标准等。

（1）国际质量标准　目前公认的国际标准只有欧洲经济委员会标准，这一标准属于花卉地域标准。这一标准（表3-1）适用于花束、插花或其他以装饰为目的的所有鲜切花、花蕾及切叶。

表 3-1　一般外观 ECE 切花分级标准

等　级	对切花的要求
特级	切花具有最佳品质，无外来物质，发育正常，花径粗壮而坚硬。具有该种或品种的所有特性，允许切花的3%有轻微缺陷
一级	切花具有良好的品质，花茎坚硬，其余要求同上，允许切花的5%有损伤缺陷
二级	在特级和一级中未被接受，但满足最低质量要求，可用于装饰，允许切花的10%有轻微缺陷

（2）美国花商协会标准　美国花商协会以 ECE 标准为基础，对几种切花制定出推荐性的等级标准，仅用于花卉贸易中志愿执行。此外，1986 年美国提出新的切花质量等级标准，在该标准中，不论花朵大小，完全根据质量打分，质量最高的切花可以得到最高分 100 分，质量较差的切花从 4 个方面的品质进行评分后，按加权平均得分（表3-2）计算。

表 3-2　切花质量百分制等级标准

评价项目	要　　求
状况 (25 分)	花朵和茎干没有机械损伤，没有病虫害侵染（10 分），外观新鲜、质量优良、无衰老征兆（15 分）
外形 (30 分)	外形符合品种特征（10 分），花朵开度适宜（5 分），叶形一致（5 分），花朵大小与茎干长度和直径相称（10 分）
颜色 (25 分)	色泽光亮、纯净（10 分），颜色一致，符合品种特征（10 分），无褪色、无喷洒残留物（5 分）
茎干和叶片 (20 分)	茎干粗壮直立（10 分），叶色正常，无失绿或坏死现象（5 分），无残留物（5 分）

（3）中国质量标准

1）国家标准。国家技术监督局于 2000 年 11 月 16 日发布了主要花卉产品等级标准。

2）行业标准。农业部于 1997 年 12 月发布了月季、菊花、唐菖蒲、香石竹、满天星 5 种切花产品农业行业质量标准，于 1999 年发布了郁金香、亚洲百合、补血草、非洲菊、香雪兰 5 种切花产品质量标准，都已正式实施。

（三）切花包装

切花包装应做到重量、质量不损失，不因失水出现萎蔫，外观不损伤，不变形。包装方法分内包装、外包装两种。

1. 内包装

常用的内包装方式有两种，即成束包装和单枝散装。

成束包装，一般根据切花大小或购买者要求，按品种等级以 10、12 或 15 或更多捆扎成束，然后用耐湿纸、湿报纸或塑料袋包裹。单支散装，鉴于防止损伤或单位成本因素，菊花、马蹄莲等大花类正常 2 支 1 扎，火鹤、荷花等单支独立包装，装箱数量可视箱子大小、购买者的要求而定。

总之，凡是花形大，较名贵和容易碰损的切花，每扎的支数要少，反之每扎的支数可多些。

2. 外包装

包装箱和包装盒是最为常用的外包装，包装箱多用于运输包装，包装盒一般用于销售包装。

切花经捆扎成束后，正常以耐湿纸或塑料袋包裹即可装箱。包装箱一般为瓦楞纸箱，箱中衬以聚乙烯膜或抗湿纸以保持箱内高湿度。防止包部过冷、过热对切花的影响。装箱可在预冷前或预冷后进行。如果用强风预冷，则可以在装箱后进行。否则应将切花预冷后装箱，而且应在冷库或低温条件下进行。

切花装箱时，花朵应靠近两头，分层交替放置于包装箱内，层间应放纸衬垫，每箱应装满，但装箱也不能过紧，防止花枝彼此挤压。对一些名贵切花，箱中还要充填泡沫塑料碎屑或碎纸。

对一些储运时间长，易发生花茎向上歪曲的切花，如唐菖蒲、晚香玉等，包装时需垂直放置于专门设计的包装箱中。

需要湿藏的切花如月季、百合等。可在箱底固定盛有保鲜液的容器，将切花垂直插入，或直接插入塑料桶中。对一些娇嫩的切花品种如石斛，就需在花枝的基部缚以浸湿的脱脂棉再用蜡纸或塑料薄膜包裹捆牢，以避免花枝在储运过程中缺水。

（四）预冷处理

如果田间的温度比室内的温度高，当花卉进入储藏室后体温就会降低，其所释放的热量叫田间热。花卉采收后、进入冷库前尽快除去所带的田间热，以便使花卉产品的呼吸代谢保持较低水平，此过程叫作预冷处理。预冷处理方法有接触冰预冷、冷库预冷、强制通风预冷、水预冷、真空预冷等。

1）接触冰预冷：在花卉容器中加上冰屑与水的混合物预冷。20世纪80年代初的液冰机可通过包装箱的通风孔预冷，将托盘中的每箱花卉间隙充满冰水混合物，此方法适用部分花卉。

2）冷库预冷：预冷时与冷库中的空气流量须达到 $60 \sim 120 m^3/min$，包装容器的通风口的面积应该大于边板的2%，此方法适用于花卉球根的处理，需要冷却速度较快的冷库。温度为0℃左右的冷库中把花卉产品堆码在一起，经过1~3天的冷却来对花卉产品进行预冷。

3）强制通风预冷：强迫冷空气经过包装容器的气孔通过花卉表面，使之迅速降低花卉的体温。

4）水预冷：采用流动的冷水使花卉体温迅速降低，从而达到预冷目的。可使花卉免遭失水，所需时间较短（20~50min），冷水流量与冷却速度正相关，适于多种切叶类。

5）真空预冷：将具有较高表面积/体积的花卉置于真空罐内，在低压的情况下花卉表面的水分便会汽化，此过程吸收大量的热，可使被处理的花卉体温迅速下降，气压下降，水沸点下降，能释放出2497kJ/Kg汽化热。

（五）储运

1. 冷藏

低温冷藏是延缓衰老的有效方法。一般切花冷藏温度为0~2℃；一些原产于热带的种类，如热带兰、红掌等对低温敏感，需要储藏在较高的温度中（表3-3）。

表3-3 常见切花储藏温度

切花名称	储藏温度/℃		约可储藏天数/天	
	最低干藏	最高湿藏	最低干藏	最高湿藏
菊花	0	2~3	20~30	13~15
香石竹	0~1	1~4	60~90	3~5
月季	0.5~1	1~2	14~15	4~5
唐菖蒲	—	4~6	—	7~10
非洲菊	2	4	14	8
红掌	—	13	—	14~28
香雪兰	0~1	—	7~14	—
紫罗兰	—	1~4	—	10
补血草	—	4	—	1~2

冷藏中相对湿度是个重要因子，相对湿度高（90%~95%）能保证切花储藏品质和储藏后的开放率。如香石竹在饱和湿度储藏后的开放率是相对湿度80%储藏后开放率的2~3倍。欲保持较高的相对湿度，一方面应尽量减少储藏室的开门次数，另一方面在包装时可采用湿包装。除冷藏外，还有减压储藏和气调储藏等，这些储藏方法需要一定的设备和条件。

2. 保鲜

保鲜剂的主要作用有：抑制微生物的繁殖、补充养分、抑制乙烯的产生和释放、抑制切花体内酶的活性、防止花茎的生理堵塞、减少蒸腾失水、提高水的表面活力等。

常见保鲜剂（表3-4）的成分有以下几种：

1）营养补充物质，如蔗糖、葡萄糖。

2）乙烯抑制剂，如硫代硫酸银、高锰酸钾等。

3）杀菌剂，如8-羟基喹啉硫酸盐、次氯酸钠、硫酸铜、醋酸锌等。

表3-4　几种常用的切花保鲜剂

切花名称	保鲜剂成分
月季	蔗糖3% + 硝酸银2.5mg/L + 8-羟基喹啉硫酸盐130mg/L + 柠檬酸200mg/L 蔗糖3%~5% + 硝酸铝300mg/L
香石竹	蔗糖5% + 8-羟基喹啉硫酸盐200mg/L + 醋酸银50mg/L
菊花	蔗糖3% + 硝酸银2.5mg/L + 柠檬酸75mg/L
唐菖蒲	蔗糖3%~6% + 8-羟基喹啉硫酸盐200~600mg/L
非洲菊	蔗糖3% + 8-羟基喹啉硫酸盐200mg/L + 硝酸银50mg/L + 磷酸二氢钾75mg/L
百合	蔗糖3% + 8-羟基喹啉硫酸盐200mg/L

3. 切花运输

（1）运输前的有关措施

1）除菌、杀虫：为防止运输过程中切花品质下降，对灰霉菌病敏感的切花应在采后立即喷杀菌剂，以防运输中发生该病，切花应无虫害、螨类。如果切花上有虫害，可用内吸式杀虫剂或杀螨剂处理。

2）预冷：为使切花在运输途中最大程度减少损耗，运输前除对低温敏感的热带种类预冷外，所有切花采后都应尽快预冷。然后在最适低温下运输。

3）抑制乙烯：由于乙烯量能引起切花的衰老，故对乙烯敏感的花卉，在长途运输前用含有乙烯抑制剂作用的预处理液处理切花。

（2）运输途中应保持的环境条件　由于运输过程中的环境温度、湿度和运输工具的振动都直接影响到切花产品的质量，所以就需要做好保温、保湿和减少振动等工作。

1）保持运输的适湿。保持适宜低温（运输适温）对运输途中减少切花损耗非常重要。原产于热带的花卉运输适温相对较高，一般14℃左右；原产于温带的花卉则相对较低，一般在5℃以下；而原产于亚热带的花卉则介于两者之间如唐菖蒲为5~8℃。为保持切花品质，运输中要做好控温工作。

2）保持高湿环境。切花在运输中要求85%~90%的高湿度环境，一般采取加湿装置，车厢内用洒水或包装箱内加碎冰等措施保持湿度。

3）减少运输中振动。运输中的振动不仅能对切花产品造成机械损伤，还会带来生理伤害。运输的振动强度，从运输方式上，公路大于铁路；铁路又大于海路。在同一种运输工具上，切花产品所处的位置不同，受到的振动也不同。以货车为例，车厢后部上方振动最大，前方下部振动最小。还与行驶速度有关，同一运输工具行驶速度越快，振动也就越大，这样就需要在运输中根据实际情况多方面地采取降低振动的措施。

项目三 切花生产

(3) 切花运输途径和工具　切花与其他花卉产品一样，消费需求多种多样，为满足各地消费者，就需要打破切花产品的地域限制。因此，各种距离的运输就成为切花销售中不可或缺的环节。根据目的地远近，切花运输条件应采取不同的形式和工具。

1) 陆路运输。汽车运输是陆路运输中的重要方式。使用的车辆有常温车、冷却车、保冷车、冷藏车及特殊功能冷藏车等。汽车运输的优点是搬运次数少、损耗低，适用于运输量较小且距离较近的运输。

火车运输可分为两种方式：一种是配备有专门的冷藏集装箱的运输；另一种是利用客车厢或邮政车厢运输。火车运输的优点是振动较汽车小、运输成本低，但需汽车做中转运输，搬动次数多，适用于运输量大，运输距离长的运输。

2) 海路运输。海路运输多采用冷藏集装箱运输，海面温度和湿度相对稳定，正常气候条件没有大的振动。其优点是海运成本最低，但是运输时间长，还需要公路运输作为辅助。其适合于数量大、远距离的运输。

3) 航空运输。由于航空运输正常能够在一日内完成，除有些切花需用空运集装箱外，多数不需要专门的冷藏设施设备。其最大优点是速度快，破损、丢失等事故少，还能节省用于特殊包装、保管、保险和库存等费用。但是运费高、运输量比火车和轮船小，同样也需要以公路运输作为辅助。其适合于运输新鲜度高、贵重、高档的花卉产品。

以上各种运输工具在振动、温湿度变化以及微循环空气组成等方面的情况不尽相同，各有优缺点。应视实际情况选择运输方式。

【考核标准】

各考核标准见表3-5～表3-11。

表3-5　切花生产品种选择考核标准

序　号	项　目	质量要求	赋　分	得　分
1	品种选择	根据市场前景确定品种	40分	
		生产成本在预算控制内	30分	
		生长周期符合实际上市需求	30分	
		总分：100分		

表3-6　切花生产土壤改良考核标准

序　号	项　目	质量要求	赋　分	得　分
1	土壤改良	草炭土及沙子撒施均匀	10分	
2	施基肥	基肥选择合理，用量适当	20分	
3	土壤消毒	药剂选择合理，用量适当	20分	
4	旋耕	旋耕深度至少保证20cm，旋耕次数至少保证3次	20分	
5	平整土地	土地平整并清除杂物	20分	
6	土壤pH调节	调节到最适酸碱度范围	10分	
		总分：100分		

表 3-7　切花定植考核标准

序号	项目	质量要求	赋分	得分
1	繁殖方法	选择正确的繁殖方法	20 分	
2	种植方式	依据不同品种，选择平畦或高畦	20 分	
3	种球处理	对种球进行合理挑选	10 分	
		采用正确方法对种球进行消毒	10 分	
4	种植密度	依据品种、种球大小及栽培季节而定	20 分	
5	种植深度	依不同品种，对种球或种苗进行种植，种球覆土厚度或种苗种植深度应满足要求	10 分	
6	浇水	定植后浇透水	10 分	
总分：100 分				

表 3-8　切花生产温光水肥管理考核标准

序号	项目	质量要求	赋分	得分
1	光照管理	光照适宜	30 分	
2	温湿度管理	温湿度适宜	30 分	
3	水分管理	水质及浇水量适宜	20 分	
4	营养管理	肥料选择合理，用量适当	20 分	
总分：100 分				

表 3-9　切花生产田间管理考核标准

序号	项目	质量要求	赋分	得分
1	除草	除草及时、操作准确，未弄伤植株	20 分	
		除草效果好，清理的干净	20 分	
2	拉网	网规格选择准确，操作方法得当	20 分	
		网线拉紧、绷直	20 分	
		随着植株生长，不断及时提高网线高度	10 分	
3	整形修剪	株形美观、合乎标准	10 分	
总分：100 分				

表 3-10　切花病虫害防治考核标准

序号	项目	质量要求	赋分	得分
1	病虫害识别	病虫害种类鉴定	10 分	
		主要病虫害的形态描述及主要识别要点	10 分	
		主要病虫害危害部位	10 分	
		农药种类选择	10 分	
2	病虫害防治	农药的稀释	10 分	
		农药的使用方法	10 分	
3	完成时间	在规定时间内完成一品红病虫害防治任务	20 分	
4	成本控制	成本控制没超过预算	20 分	
总分：100 分				

项目三 切花生产

表 3-11 切花采收质量考核标准

序 号	项 目	评 价 标 准	赋 分	得 分
1	采收时期	严格按照不同品种的采收标准（花蕾着色或花瓣打开）对其进行适时采收	20 分	
2	采收时间	在早晨或傍晚采收	20 分	
3	分级标准	按照不同切花质量等级划分标准，分别从花（花色、花形、花瓣、花蕾数目等）、花茎（长度、粗细、韧性等）、叶形和色泽几方面对切花进行正确分级。用剪子去掉枝条基部10cm的叶子，剪齐茎基部	20 分	
4	加工、包装	10 枝捆为 1 扎，每扎中切花最长与最短的差别不超过 1cm 的是一级品；不超过 3cm 的是二级品；不超过 5cm 的是三级品	20 分	
5	储运	包装后立即放入预冷水中，储藏温度为 2～5℃	20 分	
总分：100 分				

【任务实操】

任务一 百合切花生产

【任务描述】

百合切花生产主要包括品种选择、土壤改良、定植、日常养护、田间管理、病虫害防治、切花采收、分级、包装、加工、种球采收、处理、储运、种球、种苗生产等内容。通过任务的完成，能获得百合切花产品和商品百合种球。

【任务目标】

1. 掌握百合土壤改良及种球定植的方法。
2. 掌握百合生长发育不同时期对温度、光照、水分、肥料的要求。
3. 了解百合常见病虫害的种类及主要识别特点，掌握较常用的防治方法。
4. 掌握百合切花采收及种球采收的时期和方法。
5. 能根据百合切花质量分级标准，对百合切花进行分级、包装、储藏。
6. 能根据市场需求和企业实际情况主持制订百合切花周年生产计划和管理方案。
7. 能根据百合切花生产技术规程，独立进行百合的周年生产，并能结合生产实际进行花卉生产效益分析。
8. 能根据任务要求和主要技术要点，独立完成并行项目——郁金香切花生产过程。

【相关介绍】

1. 形态特征

百合（*Lilium*）（图 3-1）别名山丹、番韭，是百合科百合属多年生草本植物。地下具鳞茎，茎直立，通常圆柱形，无毛。茎表面通常绿色，或有棕色斑纹，或几乎全棕红色。叶呈螺旋状散生排列，茎生叶常互生，少有对生或轮生。叶形有披针形、矩圆状披针形和倒披针形、椭圆形或条形。叶无柄或具短柄。花大，单生、簇生或呈总状花序。花常两性，花被片6枚，花瓣状，两轮，离生或合生。常聚合而呈钟形、喇叭形。花色有白、黄、粉、红等多种颜色。花朵直立、下垂或平伸，花色常鲜艳。雄蕊6枚，花丝细长，花药椭圆较大。子房上位，常为3室，蒴果或浆果。

图3-1　百合

百合主要由地下部和地上部两部分组成。地下部由鳞茎、地下茎、基生根、茎生根组成。地上部由叶片、地上茎、珠芽（有些百合无珠芽）、花序组成（图3-2、图3-3、图3-4）。

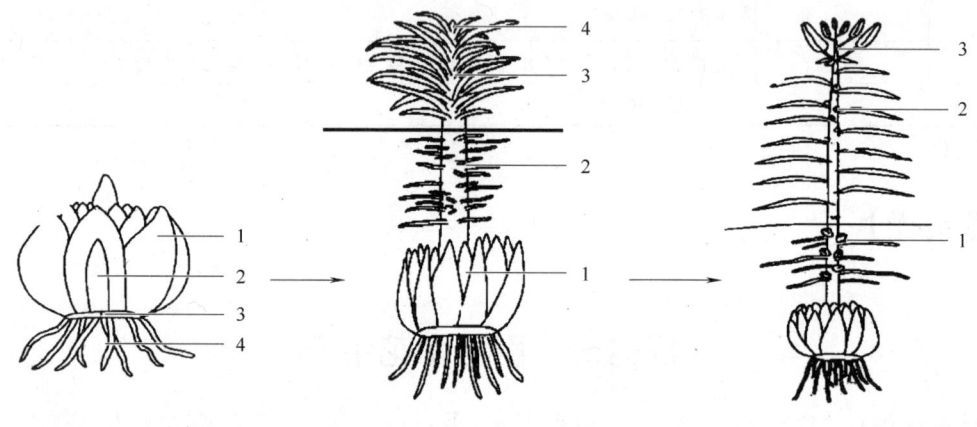

图3-2　萌发期鳞茎
1—鳞片　2—内部新芽
3—根盘　4—基生根

图3-3　花芽分化期植株
1—新鳞茎　2—茎生根
3—地上茎叶　4—茎顶花序

图3-4　开花期植株
1—地下小鳞茎　2—地上珠芽
3—花序

2. 生态习性

百合主要原产于北半球温带地区、中南美洲、非洲南部各地以及地中海地区，喜冷凉湿润的气候，忌干冷与强烈阳光。喜肥沃、疏松和排水良好的沙壤土，pH以5.5～6.5为宜。

3. 生产现状

百合切花生产在球根花卉生产中极具代表性。在我国各地已广泛规模生产，目前中国百合切花栽培面积较大地区有上海、北京、甘肃、陕西、辽宁、云南和四川等。在国际上，荷兰是百合切花和百合种球生产的主要国家，同时也是国际市场上供应百合切花和百合种球数量最多的国家。在美洲的厄瓜多尔、哥伦比亚等国家也有相当数量的百合切花和百合种球生产。

上海早在20世纪80年代就有一些科研单位从事百合繁殖栽培和育种技术的研究，并取得可喜的成果。到20世纪90年代又有些单位和企业开始从荷兰等国引进百合优良品种鳞茎进行切花栽培技术研究。他们采用引种、筛选、冷藏、保护地栽培等措施，主攻元旦、春节花期，创造每公顷产37.5万支切花的佳绩。但由于上海气候条件的限制，大规模生产百合切花的企业还没有。

北京在花卉人才、市场、信息、交通等方面都具有很强的优势。很早就有些科研单位开展过百合种质资源及引种驯化等方面的研究,但百合切花生产还是近几年才开始发展的,种植单位大约有 10 多家,多数为零星的散户种植,种植面积几千平方米到万余平方米不等。超过 $2hm^2$(公顷)的还没有。每年生产百合切花约 20 万~30 万支,主要供应北京市场。

辽宁省发挥气候和土壤优势,积极发展种球花卉生产,1990 年主要生产唐菖蒲种球,每年产量约 400 万粒。近几年全省在沈阳、鞍山、辽阳、大连、锦州、丹东等地扩大唐菖蒲种球生产面积,同时又开发百合种球和切花生产内容,使种球产量增长 10 倍。由于夏季气候冷凉和土壤肥沃,当地生产百合种球和切花均表现良好。

云南在切花种植面积和产值方面均为全国第一,也是中国野生百合分布最多的地区,具有得天独厚的自然条件。许多公司在云南高海拔地区建立百合种球繁殖基地。

四川也是花卉种植大省,特别是四川西昌地区,素有天然温室之称,很适合百合种球繁殖,目前已经有小规模的生产,随着花卉业不断发展,今后也会有更大发展。

但中国台湾百合切花生产的栽培水平超过韩国,次于日本。1993 年台湾切花生产面积已扩大到 $4729hm^2$,其中菊花切花面积占第 1 位,百合占第 2 位。切花出口额达 740 万美元,在国际花卉出口贸易中排行第 24 位,已经成为亚洲重要的花卉出口地区。

中国百合切花生产主要存在以下 4 个方面的问题:一是规模小,品种杂,目前技术和生产设施落后;二是缺乏指导,盲目性发展,一哄而上,造成产品积压,互相压价;三是商品切花单位面积产量低,质量差,用国外切花规格标准来衡量,多数不合格;四是科技投入少,种球退化严重,大部分生产用球还要依赖进口,造成百合切花生产效益低下。

4. 主要品种

目前国内的百合栽培品种多为从荷兰和日本引进,品种主要有亚洲百合杂种系(图 3-5)、麝香百合杂种系(图 3-6)、东方百合杂种系(图 3-7)和麝香\东方杂交系四个系列。

图 3-5 亚洲系百合

图 3-6 麝香系百合

图 3-7 东方系百合

(1)亚洲百合杂种系(Asiatic Hybrids) 是由分布在亚洲地区的百合及其杂交种和荷兰杂种百合杂交产生的,主要的亲本有朝鲜百合、珠芽百合、荷兰百合、细叶百合(*L. pumilum*)、毛百合、渥丹、卷丹、川百合和垂花百合等。花型姿态主要有 3 种类型:花朵向上开放型、花朵向外开放型、花朵下垂且外瓣反卷型。颜色丰富,有白花品系、橘红花品系、黄花品系和粉花品系等。种球成本低廉,切花售价低。其主要品种有 Prato、Elite、

Lyon 等。

(2) 麝香百合杂种系（Longiflorum Hybrids） 其又称为铁炮百合，由麝香百合杂种系、台湾百合及此种的种间杂种新铁炮百合杂种等杂交而来。花朵喇叭状，水平伸展或稍下垂，并具有浓郁的香味，花色主要为纯白色。切花售价较东方百合杂种系低。其主要品种有 Snow Queen、White Eleg、White Fox 等。

(3) 东方百合杂种系（Oriental Hybrids） 其由天香百合、鹿子百合、红花百合、日本百合等杂交育成的各种类型，及其与湖北百合间的杂交种。该类百合颜色主要为白色、粉红色和粉色，花朵大且美丽，花朵直径可达 30cm，具有浓郁的香味，种球成本高，切花售价高。其主要品种有 Siberia、Sorbonne、Tiber、Acapulco、Berlin、Mouther's choice、Casaablanc 等。

5. 花语

百合象征纯洁、高雅、财富、荣誉、神圣。

白百合：象征百年好合、伟大的爱；粉百合：象征清纯、高雅；黄百合：象征财富。

【材料与工具】

1. 材料

百合种球、草炭土、沙子、粪肥、磷酸二铵、尿素、硝酸钙、硝酸钾、硫酸钾、硼砂、扑海因、恶甲水剂、农用链霉素、多菌灵、甲基硫菌灵、包装袋、皮套、纸箱、铁管、防倒伏网等。

2. 工具

旋耕机、铁锹、手推车、平耙、花铲、手锄、镰刀、喷雾器、皮尺、量筒、天平、测绳、枝剪等。

子任务一 品种选择

对于百合种植者来说，品种的选择很重要，因为品种的选择对其商业的效果非常重要，在选择百合的种群和品种时，各式各样的因素都起作用。品种的选择一般要根据以下几方面条件来选择：第一，要根据市场前景来确定品种。目前市场上销量最大的为东方杂种系，其次为麝香杂种系，再次为亚洲杂种系。第二，要充分考虑产品的生产成本。主要考虑种球的成本和产品的生产周期，有的百合生产周期很长，会造成生产成本过高。第三，要考虑品种的特性。温室种植百合时，可以选择花朵大、具有浓郁香味，且销量较好、切花售价较高的东方百合系，品种可以选择粉色花的'索蚌'或白色花的'西伯利亚'。

子任务二 改良土壤

(一) 清理地面

在改良土壤之前，先清理土壤表层，清除杂物、石块、杂草、垃圾等，确保土壤无异物。

(二) 土壤改良

种植百合的土壤要求 pH 为 5.5~7.0（东方百合 pH 为 5.5~6.5；亚洲百合 pH 为 6~7）。酸性土壤可用生石灰改良，1 周后方可种植。碱性较重的土壤可加入泥炭、硫黄粉等进行改良，用量视具体情况而定，一般草炭 20m^3/667m^2，硫黄粉 30~40kg/667m^2。含沙

项目三 切花生产

重和黏性强的土壤均不适合栽培。对于较黏重的土壤,可用草炭土和沙子改良比较好,如每 $100m^2$ 土壤均匀撒 $6m^3$ 草炭土和 $4m^3$ 沙子。

百合对盐极敏感,因为含盐量高对根系吸收水分有抑制作用,影响植物茎的长度。一般含盐量不应超过 $1.5mS/cm^2$,含氯量不应超过 $1.5mmol/L$。如果含盐或氯成分较高,则预先应该用适当的水冲洗,并且要冲洗彻底,这样能够阻止土壤结构的退化。

(三) 施基肥

在实际生产中,一般采取有机肥和无机肥相结合的方式施基肥,如 $100m^2$ 土壤施 $1m^3$ 腐熟的牛粪和 $5kg$ 磷酸二铵,牛粪一定要腐熟,否则易引起烧根。

(四) 消毒土壤

可用40%甲醛配成1:50倍药液泼洒土壤,泼洒后用塑料薄膜覆盖5~7天,然后揭开膜10~15天待药气散尽后才可种植。也可用土壤杀菌剂和杀虫剂,如 $100m^2$ 均匀撒施 $250g$ 五氯硝基苯和 $500g$ 甲拌磷,这些药剂施用的方法是先用沙子混匀,然后在旋地之前均匀撒到土壤上。杀地下害虫的农药还可以用呋喃丹、巴丹、辛硫磷等。

(五) 翻地

在改良基质、有机肥和无机肥料、杀菌剂和杀虫剂都均匀撒在土壤表面之后,用旋耕机深翻土壤,深度至少20cm,旋耕次数至少3次以上,将土壤、肥料和改良基质搅拌均匀,大块土坨敲碎。

(六) 平整土地

旋耕完土地之后,用耙子将土地整平,同时将杂物、大的土块清理干净。整地之后,检查土壤的湿度,要求土壤湿润。

【关键与要点】土壤消毒是种植百合的关键环节,应当选择地势平坦、土壤疏松、排灌方便,适合种植百合的土壤类型,根据实际情况进行土壤改良。改良过程中,注意基质、肥料、杀菌剂、杀虫剂应混合均匀,深翻20cm以上,使土壤养分充足、疏松透气、消灭土壤中的病菌,确保百合的健康生长。

子任务三 种球定植

(一) 种球解冻

某个时间段计划栽植多少百合种球,就取多少百合种球。如果种球在运输前已经解冻,到手后应该立即种植;如果尚未解冻,将百合种球从储藏室取出之后,应在阴凉地方缓慢解冻。解冻方法是把塑料袋打开,摊放在10~15℃的遮阴环境下解冻24~36h。解冻后的种球应该立即种植,不能再冷冻。如果不能及时种植,应该置于2~5℃环境下保存,同时打开塑料袋,最多只能放1周。

(二) 种球挑选及消毒

挑选大小整齐、鳞茎饱满、根系发育良好、有芽眼、没有病害的种球(如果发现有感病的种球,应该及时剔除)。然后放至配制好的消毒溶液中进行消毒。消毒剂可采用3%恶甲水剂500倍液和50%扑海因粉剂600倍混合溶液或50%扑海因600倍液和农用链霉素1500倍混合溶液中消毒3~5min;也可用恶霉灵2000倍液+代森锌800倍液+多菌灵500倍液,浸泡30min,消毒后即可直接定植。

（三）定植种球

为了防止种球的干枯，种植时一次在苗床上少倒一些种球，或直接从箱中拿出种植。干枯的种球鳞片或种球根系将导致品质下降。

种植密度根据种群、栽培品种、种球的大小、季节和土壤类型而有一定的差异，在光照充足、温度高的月份应适当密植，在光照不足、温度低的冬季种植密度应低一些；土壤结构好，可以种植得密一些，土壤结构差，可以种植得稀一些。表3-12列出了百合不同种群、不同类型和不同大小的种球每平方米的种植密度。通常，株距在10cm左右，行距为种球直径的1.5倍。栽培的深度一般为种球高度的3倍（在种球顶部覆盖2倍于种球高度的土壤）（图3-8），冬季栽植时种球上方的覆土厚度一般为6~8cm，夏季栽植深度为8~10cm。

表3-12　不同种群、不同类型和不同大小的球根每平方米的种植密度

种群 \ 球茎/cm	10~12	12~14	14~16	16~18	18~20
亚洲杂种/个	60~70	55~65	50~60	40~50	
东方杂种/个	45~55	40~50	30~40	30~40	25~35
麝香杂种/个	55~65	45~55	40~50	35~45	
麝香/亚洲杂种/个	45~50	40~50	40~50		

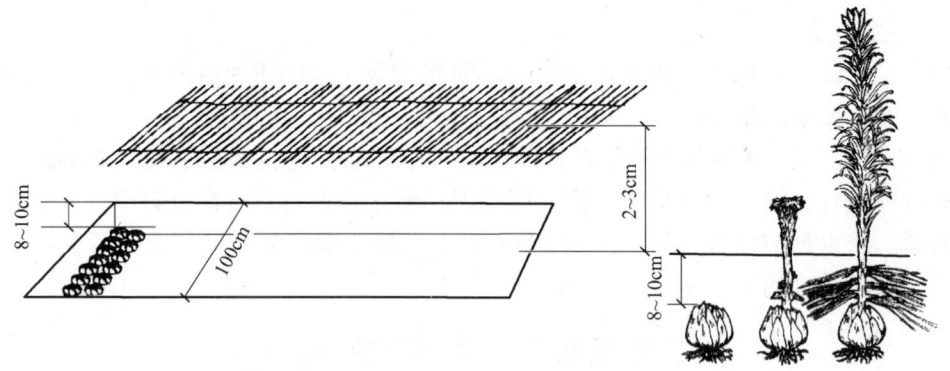

图3-8　百合种植深度及种植覆盖

定植时，要先挖出栽植床。百合为高床，种植深度为8~10cm，首先应进行定点放线，确定苗床位置，其次将覆土厚度的土挖到步道上，再用耙子将栽植百合的床底耧平，最后当一整床种球全部栽植好后进行覆土，栽植床的覆土采用的是下一床的表土，这样一床倒一床，既省时又省力。挖好栽植床后进行种球定植。栽植百合种球时要注意避开光照强和温度高的时间段，种球需要简单覆盖，避免阳光直射。栽植时，种球正向上摆种，芽尖与水平线呈90°角（芽尖向上），不要涡根。

（四）覆土及作床

百合栽植床一般采用高床，床面宽1m，作业道宽30cm，床面长度依据不同温室大小而定（图3-9），便于进行日常管理和通风。作床与覆土工作同时进行，覆完土之后，用耙子将床面耧平，达平整一致。种植后立即浇水，保证基质全部浇透，使种球与基质充分接触，浇水要均匀。表土保持湿润。

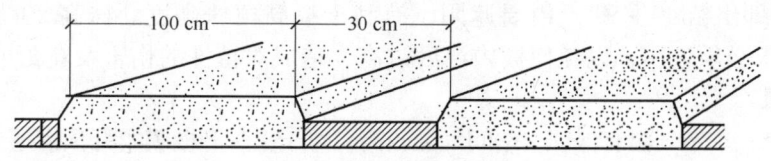

图 3-9　百合种球种植床

（五）作物覆盖

百合种球种植后的头三周内，主要靠种球提供营养，当茎长出土壤后，这些茎根是百合的主要根系。因此，为了有利于种球发根，浇水后应立即用适当的物体覆盖土壤，达到降低土壤的温度和保证土壤的湿度效果。覆盖物可用稻草、谷壳或锯末等，厚度为 2～3cm，均匀厚薄。夏天可隔热保湿，冬天则保温保湿，同时还可防止土壤干燥和结构变差。

【关键与要点】种球上方留出的土层主要用于茎生根的生长，因此在栽种时一定要给茎生根的生长留出足够的空间。在百合伸出土面以后，茎生根就会在地下茎上生长。不久茎生根就会取代基生根，为百合提供 90% 以上的水分和养分。一般来说，土质较黏的地区要适当浅种，土质疏松、保水性差的土壤应该适当深栽。

子任务四　日常养护管理

一、生长前期管理（从种植到现蕾）

（一）土壤水分

百合对土壤湿度的要求较高，在种植前几天就应使土壤湿润，以便种植后种球能直接开始生根。在定植之后立即进行几次大量的浇水，以保土壤的肥力，同时也能使球根的根系与土壤结合更紧密。土壤湿度应保持在 80%～85%，最简易的判断方法是用手捏住一团土，可渗出少量水即可。表层覆盖物要保持湿润。最好采用滴灌方式浇水，浇水时间最好是早上。

（二）空气相对湿度

百合适宜的相对湿度是 80%～85%，可以利用遮阴、浇水和及时通风来调节空气湿度。当室外的相对湿度非常低时，不宜在非常冷或非常热的白天突然通风，最好在室外湿度较高的早晨进行缓慢通风。

（三）温度

百合在生长的前 1/3 生长周期内或至少在茎生根长出之前，控制地温是前期管理的关键。此时，最适宜的温度应保持在 12～13℃，超过 15℃或低于 10℃均对根系发育不利。当温度高于 15℃会缩短生长周期，导致生根质量下降，引起植株枝条软弱，产品质量降低。当温度过低（夜晚低于 15℃）会延长生长周期，甚至引起花蕾干缩和落蕾，叶片黄化。发根后温度可以提高，白天温度保持在 20～25℃，夜晚在 15～18℃。夏季可以采用通风、喷雾、遮阴等方式降温，冬季则注意加温保温。

（四）光照

光照不足不利于花芽的形成，易造成植株生长不良并引起落芽、植株变弱、叶色变浅、花色不艳和瓶插寿命缩短等现象；光照过强易造成植株矮小、花色过艳等现象。下种到苗高

40cm左右时，即出苗40~50天内要遮阴，有利于提高植株高度。株高20cm至现蕾期间，光照很强时要求必须遮阴，以免使棚内温度过高，造成对植株的伤害及花蕾的伤害。

（五）通风

春、夏、秋三季节气温有保证，午间气温较高，可于上午开棚膜及开顶窗通风，在温度稍低的环境下调节湿度，避免高温阶段发生湿度大幅变动的情况；冬季气温低，应采取保温措施。

二、生长中后期管理（从现蕾到开花）

（一）水分

百合生长中期土壤水分应掌握在50%~60%，保持土壤润而不湿即可。检测方式以表面基质手握团不能紧即为干，应及时浇水。须注意边角通风处经常补水。如果浇水不透或土壤水分供应不足，就会影响茎叶的生长和花蕾的发育，易造成植株矮小、瘦弱以及花苞小和消蕾的现象。相反，如果土壤的湿度过大，易出现徒长、枝条软弱的现象。

（二）温度

白天气温保持在20~25℃，夜晚15~20℃，冬季加温保证10℃以上。白天温度过高会降低植株的高度，减少每枝花的花蕾数，并产生盲花。

（三）通风

加强通风，促进棚内外空气交换，冬天采取选择性间断通风。

（四）光照

大多数百合对缺少光照比较敏感，光照不足会引起花芽干枯（即盲花）。从花蕾分化期（手摸可感到有花蕾，但外观不能见花苞）到花苞长出时是叶烧敏感期，注意光照和湿度变化不能过大。

夏季栽培时，可采用外遮阳方式来遮光和降温。亚洲百合和麝香百合杂种需遮去50%光照，东方系百合宜遮去70%光照。冬季栽培时，可人工补光。补光的具体做法是在百合花长到0.5~1.0cm时开始补光，简易办法是在百合植株上方约1m处，每5m^2设置一盏100W的普通灯泡，每天晚上补光4~6h，并需持续到花蕾发育到3cm以上。补光时间及强度与品种的光敏感性有关，应根据具体品种而定。

（五）养分

百合生长期间应按时追肥。通常在种植之后三周就可以进行追肥，切花采收之前两周停止追肥。土壤追肥可用液体或固体，固体肥施后立即浇水稀释。以复合肥、尿素、钾肥、磷肥配合作土壤追肥，一般每次每亩用肥10~15kg，共追肥3~4次；为了减少土壤盐分积累，可以采用叶面追肥，在百合生长前期，可以用0.15%的尿素+0.2%磷酸二氢钾+0.2%硫酸亚铁，每周喷一次，共喷施5~8次；在花芽分化期，除施用两次饼肥外，还要施液态无机肥，但要降低氮肥的施用量，一般使用硝酸钾和磷酸二氢钾的混合液，用量是每100m^2施硝酸钾1kg、磷酸二氢钾500g。还可以喷一次腐殖酸肥料或0.1%硝酸钾+0.05%硫酸铵+0.1%硝酸钾2次；现蕾期到采收前可喷2次腐殖酸肥。

百合易出现缺硼和缺铁症状，所以应经常施加含有这两种元素的肥料，硼砂一般在施肥过程中每次都追加进去，用量是每100m^2施加5g；植株如果出现黄化病时，要及时喷施600倍硫酸亚铁溶液。

【关键与要点】百合在不同生长期对环境因子的要求不同，应根据百合实际生长情况结合环境的变化,合理地调节温室环境。注意百合生长前期对水分的需求较大,在阳光充足的季节应遮阴、降温,整个生长期应补充足够的氮肥,保证茎叶健康生长。

子任务五　田间管理

(一) 松土、除草

在百合生长初期,除草时要注意不能损伤幼茎,除草时不宜太深,防止伤及鳞片和根系;当百合茎叶生长繁茂时,一般不需要进行松土除草,以免损伤花茎。

(二) 张网立桩

通常在百合植株长到30cm时开始张网,在苗床的四个角立桩固定,通常每隔2m立1根柱,再在苗床面上拉支撑网,使每个植株都在网格内。在百合整个生长期,支撑网应随着百合的生长同步增高。支撑网一般选用和畦同宽的塑料或尼龙网,网格宽一般为15~20cm(图3-10、图3-11)。

图3-10　百合栽培环境　　　　　　　图3-11　百合张网立桩

(三) 疏蕾

当花苞长到0.5cm左右时可以将花苞数为5个或5个以上的花苞去掉其中1个或1个以上,保留4个即可,畸形花蕾及早去掉。

(四) 扶苗

小苗长出地面2cm后应及时将长得不正的小苗扶正,必须严格把握此关键时期,若错过扶苗时机会伤到根系,不扶苗将严重影响切花质量。

【关键与要点】在百合生长期间,应及时搭设铺张网、及时疏蕾和扶苗,否则会降低百合切花的产品质量和观赏价值。

子任务六　病虫害防治

一、主要病害防治

(一) 灰霉病防治

症状:是百合病害中危害最严重、分布最普遍的一种病害,常危害幼嫩茎叶的顶端部,使生长点变软、腐烂,在叶上则形成黄色或褐色圆形斑点,花蕾发病则产生逐渐扩大的褐色斑点,腐烂成黏连状,湿度大时病斑上产生灰色的霉。

防治措施:①加强通风,保证适宜的温、湿度。②一旦发现,应立即剪除病叶,并加以焚烧，以防止蔓延。③喷洒药剂，可采用600倍扑海因溶液或800倍百菌清溶液，3天喷施1次，连续2~3次，可达到治愈的效果。

（二）炭疽病防治

症状：危害叶片、花和球根，在叶片上发病会产生椭圆形浅黄色而周围黑褐色稍下凹的斑点。花瓣发病产生椭圆形的病斑，花蕾发病则产生几个至十几个卵圆形或不整齐形、周围黑褐色中间浅黄色下凹的病斑，成熟后病斑中央稍透明。遇雨茎叶上产生黑色小点，最后全部落叶。

防治措施：①种植前进行种球和土壤消毒；②加强管理，注意通风；③喷施药剂，可用600倍50%扑海因溶液或800倍75%百菌清溶液或600倍45%甲基托布津溶液，3天喷施1次，连续2~3次，可达到治愈的效果。

（三）茎腐病防治

症状：是百合的常见病害。在地下，褐色的斑点首先出现在鳞片顶部、侧面或鳞片与基盘连接处，这些斑点将逐渐开始腐烂，如果基盘和鳞片在基部被侵染，那么鳞片就会腐烂。在茎地下部分，出现橙色到黑褐色的斑点，以后病斑扩大，然后扩展到茎内部，以后继续腐烂，最后植株未成年就死亡。在地上，茎叶及鳞茎染病，病鳞茎长出的叶片发黄，早期枯死，从下部叶逐渐到上部叶，变黄枯萎。拔起植株根发育较差，几乎无基生根，茎生根较少。

防治措施：①种植前进行种球和土壤消毒；种植后保证适宜的土壤湿度。②在植株长到20cm高时要经常检查地下茎部分是否有橙色或黄褐色斑点，在发病初期应用杀菌剂灌根并与喷雾相结合，如用甲霜灵锰锌500倍液喷施植株及表面，用500倍多菌灵+500倍代森锌+500倍五氯硝基苯灌根2~3次，或用500倍3%恶甲水剂或400倍多菌灵溶液进行灌根。若在小苗前期，个别植株发病，可将病株拔除，并对病株周围30cm直径范围给予杀菌药水处理。

（四）根腐病防治

症状：地上部叶片从下往上逐渐外卷脱落，向上发展较快。将病株拨起后可发现茎生根，尤其是下层的茎生根的根尖发黄直至全部根腐烂，并在茎部留下黑褐色斑点。一旦发生根腐烂往往难以再发根。

防治措施：①加强栽培管理，降低土壤及空气湿度，降低苗床温度。②药剂处理，叶面及地表可喷施800倍代森锰锌或绿亨一号，二者交替使用。也可用恶霉灵2000倍或多菌灵500~600倍或福美双500~800倍进行灌根。

（五）叶枯病防治

症状：叶上产生椭圆形或梭形病斑，从叶缘或叶尖向下蔓延，浅褐色，在潮湿环境下，斑点很快有一层灰色的霉，病斑干时变薄，易碎裂，严重时，整叶枯死，茎干受侵染时易腐烂折断，花受害后褐腐并覆有灰色霉层。

防治措施：①初发病时及时去除病叶。②药剂防治，可喷施50%多菌灵或70%多菌灵500倍液或1%波尔多液+80%多菌灵及65%代森锌600倍液灌根或农利灵1000~1500倍液加80%多菌灵600倍液每亩40~50kg重点喷施新生叶片及周围土壤表面。

（六）百合疫病防治

症状：茎基部受害时病部出现水渍状，呈褐色，腐烂，植株枯萎，倒折死亡。

防治措施：发病初期用50%甲霜灵锰锌500倍液或40%乙膦铝200倍液或64%杀毒矾可湿性粉剂500倍液，每隔7~10天喷1次，连续2~3次即可。

（七）病毒病防治

症状：花叶，叶子扭曲、畸形、长势差，无法开花或开出花无商品价值。

防治方法：①拔除病株并销毁；②出苗整齐后喷施植病灵1~2次；③控制蚜虫，避免传播。

（八）黄化病防治

症状：幼叶叶脉间的叶肉组织呈黄绿色，尤其是生长迅速的植株，植株越缺铁，叶片就越黄。

防治措施：首先应确保土壤排水良好，pH要低。应根据土壤pH的情况使用好螯合态铁。种植前pH高于6.5的土壤应施一次螯合态铁2~3g/m²，若植株颜色仍不满意，可在大约2周后再施一次。pH为5~6.5的土壤，根据植株的颜色，对缺铁敏感的品种，可在种植后施用1~2次螯合态铁。螯合态铁可以通过灌溉施用，也可把它与干沙混合后用手施用。

（九）缺氮症防治

症状：整个叶片颜色变浅，开花时表现更明显，植株看起来较细长。土壤含氮量低时，植株的茎较轻，花芽较少。

防治措施：应及时补充速效氮肥。施肥时不要碰到植株上，以免发生叶片焦枯，不小心碰到时，应用水冲洗干净。

二、主要虫害防治

（一）蚜虫防治

症状：受害叶片及花蕾在发育初期卷曲并呈畸形。

防治措施：及时清除杂草；可用蚜扫光2000倍液或喷洒65%辛硫磷乳油800倍液或50%敌杀死600倍液等交替使用。施药时注意均匀仔细，尤其是叶片背面。

（二）蝼蛄防治

症状：危害百合鳞茎，咬食根系，使植株萎蔫枯死。

防治措施：种植前撒施甲拌磷；及时清除杂草，保持温室清洁；在百合生长过程中发生可以撒施敌百虫。

【关键与要点】夏季温室内温度、湿度较高，易发生病虫害。日常养护中应注意通风、降温，多留意观察，仔细检查叶芽处、叶背、花蕾等幼嫩部位，如果发现病虫害，应及时对症下药。

子任务七 切花采收、加工与储藏

一、采收

（一）采收时间

当10个或者10个以上花蕾的花枝上至少有3个花蕾已着色或5个花蕾的花枝上至少有1个花蕾着色时即可采收。过早采收，花开放时的色泽不好，显得苍白，一些花不能开放；过晚采收，又会给采收后的处理和销售带来困难，主要包括花瓣被花粉碰脏，以及已经开放

的花释放的乙烯对其他植株有催熟的影响。

（二）采收方式

最好采用剪切法，只有花茎不够长时，才用拔起法。尽量在早晨进行采收，可以避免百合脱水。采收后应立即送到加工车间进行包装。

二、分级处理

采收后，依照国际标准或亚洲标准进行分级，主要根据每枝花的花蕾数目、枝条的长度和坚硬度以及叶子与花蕾是否畸形来对百合切花进行分级。分级后将花茎下部10cm内的叶片去除，依品种每10支捆成一扎，每扎中最长花茎与最短花茎相差不能超过5cm，捆绑成束。捆绑完之后，进行包装。

三、储藏

包装后，用剪子剪齐茎基部，将捆绑后的花枝插入事先预冷（2~3℃）的水中4~8h，不能少于2h，以防花蕾过快成熟开放，改善保存品质。当百合吸足水分后，就可以干燥储藏在2~3℃冷库中。整个加工过程最多只能持续1h。对于亚洲百合冷处理后还应加入保鲜剂。保鲜剂配方：硫代硫酸银0.2mmol + 赤霉素1g + 蔗糖30g + 8-羟基喹啉柠檬酸盐0.2g，加水至1L。保鲜剂通常可保存1周，见混浊时即要更换新液。

四、包装及运输

各层切花反向叠放在箱中，花朵朝外，离箱边5cm，每箱装30扎。装箱后中间需捆绑固定，纸箱两侧需打孔，孔口距离箱口8cm。纸箱长80cm、宽40cm、高30cm。同时，注明切花种类、品种名、花色、级别、花茎长度、装箱容量、生产单位、采切时间。多数品种温度宜在2~4℃，不超过8℃；空气相对湿度保持在85%~90%。运输一般采用干运。

【关键与要点】百合切花采收是以花蕾着色程度为标准，根据着色程度，及时对百合切花进行采收、分级、包装。整个包装过程中，去掉病枝、枯枝、老枝，注意避免弄伤植株，包装后应迅速储藏于预冷的清水中。并根据市场需求，及时运输到各大鲜切花市场。

子任务八　种球的处理、运输和储藏

一、种球的处理

（一）采收

一般在秋季植株地上部位开始枯萎时，就应及时挖出鳞茎。挖鳞茎时从苗床一端开始，逐渐向内推进，边挖边整理集中。为防止伤球，保证根系完整，挖掘时应离种球15cm斜向种球下锹，挖掘深度为20cm。挖掘一定数量后，去掉鳞茎上的泥土，剪除枯萎的茎轴，然后，将种球进行集中，轻轻放入箱中。

（二）分级

通常根据鳞茎周径大小，将能产生切花（即商品球）的分类（表3-13）。周径小于9cm的鳞茎生长发育差，开花质量不高而不宜供切花生产用，再培养1年后可供作商品种球。

表 3-13　百合切花鳞茎规格（单位：cm）

品　种　群	鳞茎大小（周径）
亚洲百合杂种系	9~10、10~12、12~14、14~16、
东方百合杂种系	12~14、14~16、16~18、18~20、20~22、22~24
麝香百合杂种系	10~12、12~14、14~16、16~18

（三）清洗与消毒

将同一品种同一级别的鳞茎放在一起，先用清水冲洗，再用扑海因 600 倍和农用链霉素 1500 倍混合溶液浸泡 3min，再阴干。

（四）包装

采用塑料周转箱作存放容器，放置时先在筐底铺一层塑料薄膜，撒一层润湿的锯末或草炭土，再放一层塑料薄膜，这样一层一层交替存放，一直到放满为止，然后将塑料薄膜包起来，上面打些小洞以利通气。每箱可放 150~400 粒种球。装完箱后，再在箱上挂个标签，注明品种名称、种球规格、数量和存放日期。

（五）低温处理

百合种球只有放入冷库进行低温处理，打破休眠，才能进行促成栽培。具体做法是将装有百合种球的塑料周转箱一层层堆放在冷库里，最底层应用木板垫起来，避免与地直接接触，以保证空气流通。箱子与冷库墙也应有 10cm 左右的距离，箱子与冷库顶则要留 50~80cm 高的空间，箱子中间要留人行道，便于经常查看。储存的温度必须保持在 2~5℃。温度变化过大可能导致冻害，低温储藏时间为 6~8 周。储藏时间过长，会减少花芽的数量，储藏时间越长，减少量就越大。在储藏期间，要经常检查箱内湿度，要保持锯末或草炭土潮湿，如果变干，要及时喷水。注意包装材料不能太湿或积水，否则鳞茎会腐烂。冷库还要定时换气，保持库内空气新鲜。

（六）冷冻处理

百合种球要长期储藏，须采取冷冻处理。冷冻百合种球要用塑料薄膜包装（要有透气孔），里面填充稍微潮湿的草炭土或锯末；冷冻处理要求温度稳定，由于温度升高而解冻的种球不能再冷冻，否则会造成冻害，冻害的程度取决于品种的类型、一年中的时期和解冻时间的长短。在百合种球冷冻过程中，必须在 7~10 天较短的时间范围内被冷冻到适宜的温度。保持整个冷冻温度一致非常重要，很小的温度差异都可能引起冻害或发芽。种球冷冻和储藏的温度因种类而异：亚洲杂种为 -2℃，东方杂种为 -1.5℃，麝香百合杂种为 -1.5℃。

百合种球在冷藏室中摆放时，要求箱与箱之间及堆与堆之间要有适当的空间，整个冷藏室必须要有一致的空气环流，这样可以保证整个冷藏室温度一致，这对于百合种球的储藏很重要，因为很小的温度差异都能引起百合种球的冻害或发芽；没有冷冻的百合和解冻的百合仅能短期储藏，在 0~5℃ 条件下，最长可储藏一周时间，如果是解冻的百合，种植者必须立即将百合种球种植完。

二、种球运输

百合种球采收处理后要销往各地，为此要保证必要的低温和湿度条件。以荷兰为例，海上运输百合种球要采用冷藏集装箱，冷藏集装箱的温度和通风要调到适宜（表 3-14）。

百合种球在港口卸下后，应装入冷藏卡车，保证整个运输过程中温度保持在0℃以下，使百合种球继续保持冰冻状态。而那些交给顾客后直接种植的百合可在0～5℃运输，在此温度下运输最长不要超过一周时间。

表3-14 不同类型百合种球在不同时期的运输温度

百合类型	运送时期	运输温度/℃
亚洲百合杂种系	采收至12月15日 12月15日～1月1日 1月1日以后	0～1 −2～−1 −2
东方百合杂种系	采收至1月1日 1月1日～1月15日 1月15日以后	−2～0 −1 −1.5
麝香百合杂种系	采收至12月15日 12月15日～1月1日 1月1日以后	0～1 −1 −1.5

子任务九 百合种球、种苗生产

一、播种育苗

（一）基质选择及消毒

可选用肥沃园土、河沙和草炭土配制而成，比例为2:1:1，每立方米添加100kg腐熟的牛粪，并且要进行消毒和杀虫处理。

（二）播种时间与方法

在温室中，可于1～2月播种。播种前种子（图3-12）用60℃温水浸种，播种后覆土厚度为1cm，温度维持在20～25℃；保持播种基质的适当潮湿；约14天可发芽。

（三）分苗与移植

第一片真叶出现后，应进行分苗移栽。分苗前准备好培养土的土壤，以疏松、肥沃土壤为宜，并要进行消毒和杀虫处理，添加肥料，还要使土壤湿润（参见定植部分内容）。分苗时，将育苗土壤浇透，轻轻将苗剔出，注意切勿伤根，然后将移苗区定点部扎一种植孔，孔深比幼苗的根系深1cm，随之将幼苗缓缓放入穴中，然后轻轻合拢穴口。分苗后，用细眼喷壶喷水。

图3-12 百合果实及种子

二、鳞片扦插育苗

通常选用健康鳞片进行扦插来繁育小鳞茎。生产中，选用秋季成熟的健壮种球，剥去外围的萎缩鳞片瓣后，健康的第三（层）鳞片肥大、质厚、储存的营养物质最丰富，

项目三 切花生产

是最好的繁殖材料。每个鳞片基部最好能带上一部分基盘组织,以利于形成小鳞茎。内层小而薄的鳞片不适宜作扦插繁殖的材料,留下的中心小轴可单独栽培,自成一个新的鳞茎。将鳞片放入 1:500 苯菌灵或克菌丹水溶液中浸 30min,杀死病菌,阴干后直接插入苗床中。

扦插基质以草炭土较好,利于鳞片的存活和新仔球的形成。插后最好保持黑暗,3 周后,基部逐渐长出 1 条或数条肉质根;一个月后,有的小鳞茎可抽生出细小叶片,成为一个可独立生活的个体。繁殖率通常是 50~100 倍。百合鳞片扦插繁殖如图 3-13 所示。

三、分球繁育

分球繁殖是采用植物茎基部生长出来的小鳞茎来繁殖百合。在秋季,当植株地上部分开始枯萎时,要及时采挖。采挖后的鳞茎摊放在室内或阴凉的地方,切勿在阳光下暴晒,以防止鳞片干枯,母球与仔球待阴晾 1~2 天后再掰开就可栽植。百合分球繁殖如图 3-14 所示。

图 3-13 百合鳞片扦插繁殖

图 3-14 百合分球繁殖

四、组织培养繁育

目前,组织培养繁育是繁殖百合种球的主要方法。百合植株不同部位均可进行离体繁殖,通常利用经过低温处理的健康鳞茎、选用近外部及中间部位的健壮鳞片(或生产期的幼嫩花蕾)作外植体。通过组培繁殖的主要目的是获得更多的性状优良的仔球,仔球再经过培养,即可获得商品种球。

【巩固训练任务一】 郁金香切花生产

郁金香(图 3-15)作为世界四大切花之一,在鲜切花市场上应用十分广泛。郁金香与百合同为百合科植物,且均为典型的球根花卉,两者在种植方式、田间管理、种球繁殖等方面有诸多相似之处。学生可以根据百合切花生产流程,结合郁金香的主要技术要点和任务要求,独立完成郁金香切花生产。

1. 任务内容

以小组(5~6 人为 1 组)为单位,独立完成郁金香切花生产全过程。郁金香生产主要包括品种选择、土壤改良、定植、日常养护、病虫害防治、切花采收、分级、包装、储运等内容。通过任务的完成,使学生重点掌握该种切花的主要繁殖方法和种植技术,最终生产出

图 3-15 郁金香

高质量的郁金香切花产品，满足市场需求。

2. 任务要求

1）通过课后巩固训练任务，加深学生对球根花卉的繁殖方法、定植技术相关理论知识的掌握，增强学生的动手操作能力。

2）制定郁金香切花周年生产方案、生产计划和资金预算方案，方案和计划应符合实际生产需要，方案应详细、合理、具有可操作性。

3）各小组根据制定的方案进行任务实施。

4）每次任务结束填写工作日志和成本记录表。

5）巩固训练任务全部结束，各小组要根据成本记录和销售记录完成该品种效益分析报告。

6）任务完成过程中要分工合作，各种药品按照使用说明进行正确使用；按照工具的正确使用规范进行操作，保证设备的完整以及人员的安全。

3. 主要技术要点

（1）形态特征　郁金香为百合科郁金香属多年生草本植物，具肉质层状鳞茎，鳞茎扁圆锥形或扁卵圆形，内有肉质鳞片 2～5 枚，外被浅黄色纤维状皮膜。叶 3～5 枚，茎生叶长椭圆状披针形；基生叶 2～3 枚，较宽大。花单生茎顶，大型直立。花色有白、粉红、洋红、紫、褐、黄、橙等，深浅不一，单色或复色。自然花期 3～5 月。

（2）生态习性　郁金香原产伊朗和土耳其高山地带，为秋植球根花卉，春季开花，入夏休眠。生长开花适温为 15～20℃。花芽分化适温为 20～25℃，最高不得超过 28℃。

郁金香属长日照花卉，性喜向阳、避风，冬季温暖湿润，夏季凉爽干燥的气候。耐寒性很强，但怕酷暑。要求腐殖质丰富、疏松、肥沃、排水良好的微酸性沙质壤土。忌连作。

（3）繁殖方法　郁金香繁殖方法有分球繁殖、播种繁殖、组培繁殖等，但主要采取分球繁殖。播种繁殖主要用于杂交新品种的培育。

（4）种植技术　郁金香种球定植前，需要经过一定的低温处理，打破种球休眠。同时对种球进行消毒处理，晾干后即可种植。

郁金香鳞茎应该种植在土层深厚、肥沃、通气性和排水性良好的沙性土壤中，其根系生长最忌积水，pH 为 6.6～7。深耕整地，以腐熟牛粪及腐叶土等作基肥，并施少量磷、钾肥，作畦栽植，栽植深度约为鳞茎高度的 2 倍，株行距为鳞茎横径的 2～3 倍。一般于出苗

后、花蕾形成期及开花后进行追肥。冬季鳞茎生根，春季开花前，追肥2次。3月底至4月初开花，6月初地上部叶片枯黄进入休眠。生长过程中一般不必浇水，保持土壤湿润即可，天旱时适当浇些水。

（5）日常养护管理　经常保持土壤湿润，空气湿度应低于80%。冬季栽培时，应补光。春季3~5月，秋季10~11月光照较充足，可遮光。前两周保持地温9~13℃，芽长至2~3cm时升温，白天16~23℃，夜间10~15℃。在幼苗出土3cm至开花前的1个月左右时间内追施2~3次化肥。

（6）栽培技术　盲花是郁金香生产中的最大障碍，主要原因有种球质量问题、根系不良、生长期间环境条件不适等，是造成花葶抽不出来或抽出后萎缩而不能正常开花的一种生理现象。预防重点：要把好种球质量关，做好催根处理，加强生长期间的管理，综合预防盲花的产生。

（7）病虫害防治　郁金香常见病害多发生在高温高湿的环境，主要有茎腐病、软腐病、碎色病、猝倒病、盲芽等，虫害多为蚜虫。

（8）切花采收　郁金香花朵发育到半透明，即花颜色完全形成时为最佳采收时期。开花期间，待花朵晚上闭合后再采收。采收时带球采收，并保留基部2~3片叶。采后及时进行包装、储藏。

任务二　月季切花生产

【任务描述】

切花月季生产主要包括品种选择、种植技术、日常管理、田间管理、修剪管理、病虫害防治、采收、加工、储藏和种苗生产等内容。

通过任务的完成，能生产出适合市场需要的切花月季和种苗。

【任务目标】

1. 能根据市场需求主持制订切花月季周年生产计划。
2. 能根据生产实际情况主持制定切花月季生产管理方案。
3. 能够组织并实际参与切花月季生产。
4. 能结合生产实际进行效益分析。
5. 能根据任务要求和主要技术要点，独立完成并行项目——银柳切花生产过程。

【相关介绍】

1. 形态特征

月季（*Rosa chinensis*）（图3-16）又名斗雪红、月月红等，为蔷薇科蔷薇属的灌木。叶互生，奇数羽状复叶，叶面平整，有光泽。茎直立多刺，树冠较开张。花单生茎顶，花重瓣，花色丰富，花色有红、黄、紫、粉、白、复色等各种深浅不同的类型，多数具芳香。花形优

图3-16　月季

美多呈高芯卷边状，开放缓慢，耐瓶插，根系非常发达。

2. 生态习性

月季喜日照充足、空气流通的环境。最适温度白天 20~27℃，夜间 15~18℃，30℃以上进入半休眠状态，超过35℃易引起死亡；低于5℃即进入休眠状态，可耐-15℃极限低温。相对湿度70%~75%，最适宜富含有机质、排水良好、疏松肥沃、微酸性土壤。pH 在 6~7 之间。每天至少有5h直射光才能生长良好。

花芽分化特性：月季是自诱导植物，即孕育开花不需要日照和低温处理，整枝、采花后，顶端生长点被除去，便会有侧芽萌发，在一定温度范围内直接进行花芽分化，因品种而异。但大多数品种在新芽长至4~5cm时花芽开始分化。切花月季的花芽分化属于多次分化型。一年中多次抽梢，每次梢顶均能形成花芽并开花。

3. 生产现状

月季的栽培面积依次是荷兰 898hm^2、德国 626hm^2、日本 605hm^2、法国 452hm^2、美国 366hm^2、意大利 200hm^2、瑞典 150hm^2。另外，还有墨西哥、肯尼亚、西班牙、摩洛哥等国也是月季切花的主要产地和出口国。

国内切花月季生产规模稳步增长，据农业部统计，切花月季种植面积2004年达到11.4万亩，较1998年增长5倍有余；2005—2012年之间，全国月季生产面积稳步增长，2012年全国切花月季种植面积达到20.7万亩，产量47.1亿支。目前，除黑龙江外，全国各地均有月季种植，其中62.3%的种植量分布在云南、广东、湖北、四川、湖南，其中云南种植面积最大，为7.05万亩，占全国月季总面积的42%，占云南鲜切花总面积的三成左右，是云南种植面积最大、种植者最多、品种最丰富的四大切花之一。按照农业部的统计数据分析，在全国29个切花月季种植地区中，2012年有15个地区种植面积增加，其中涨幅前5位的分别为河北、河南、青海、新疆和湖南，涨幅依次为70.5%、44%、32%、21%和19%。

4. 主要品种

月季原产于我国华北以及日本和朝鲜。我国各地均有栽培。园艺品种很多，有粉红单瓣 *R. rugosa* Thunb. f. *rosea* Rehd.、白花单瓣 f. *alba*（Ware）Rehd.、紫花重瓣 f. *plena*（Regel）Byhouwer、白花重瓣 f. *alba-plena* Rehd. 等供观赏用。切花月季新品种有：雪山、蜜桃雪山、糖果雪山、多头香槟、诱惑、阿班斯、紫皇后等。

5. 花语

白月季：寓意尊敬和崇高；红月季：纯洁的爱，热恋或热情可嘉、贞节等；粉红月季：初恋；黑色月季：有个性和创意；蓝紫色月季：珍贵、珍惜；橙黄色月季：富有青春气息、美丽。

【材料与工具】

1. 材料

切花月季种苗、地膜、草炭土、沙子、粪肥、磷酸二铵、尿素、硝酸钙、硝酸钾、硫酸钾、硼砂、多菌灵、甲基硫菌灵、包装袋、皮套、纸箱、铁管、防倒伏网等。

2. 工具

旋耕机、铁锹、手推车、平耙、花铲、手锄、镰刀、喷雾器、皮尺、量筒、天平、测绳、枝剪等。

项目三 切花生产

子任务一 品种选择

一、品种选择原则

全世界有记载的月季品种已经超过 20000 个，目前我国应用的切花月季品种也有上百个，切花月季品种的选择非常重要，应遵循以下几个原则：

（一）市场调研

充分掌握市场信息，根据市场行情，抓住"两节"即春节和情人节，制订生产计划，并通过提升技术和设施水平及适宜温带切花生产环境条件并根据每年的两个旺季和两个淡季销售情况，有效进行生产调控，保证花期与市场销售高峰基本同步，扩大月季切花产品营销。

（二）品种特性

应选择花形优美、重瓣性强，叶片大小适中、有光泽，开放过程缓慢，花色要纯正，茎干挺直、耐水插、耐修剪、萌芽力强、产量高、抗病强、便于栽培管理、适合市场行情的优良的商品性切花品种。

二、切花月季主要品种

切花月季受我国人民所偏爱的颜色是红、黄、粉，其次是橙色。欧美市场则以淡雅的颜色更为普遍：如浅粉色、浅黄色、浅紫色、白色以及一些较浅的复色。目前，红色可选用：加布里拉、玛丽娜等；粉红色可选用：婚礼粉、女主角、索尼亚等；金黄色可选用：黄金时代、金徽章、雅典娜等；紫色可选用：紫苔；橙色可选用：莫尼卡等。

子任务二 种 植

（一）土壤消毒

先将五氯硝基苯与沙子均匀搅拌，按每 $100m^2$ 施加 1kg 的比例，将药剂在旋地之前均匀撒到土壤上。

（二）旋耕

用旋耕机将土壤搅拌混匀，打碎土块，旋耕的深度至少保证 40cm，旋耕的次数至少保证三次。

（三）改良土壤与施肥

月季根系发达，在生产上，通常采用深翻改土的方法改良土壤。在温室计划种植月季的地方每隔 50cm 挖一道深沟，沟深 80cm，沟宽 60cm。沟挖好后，先往沟下填充 30cm 厚的秸秆、稻草、绿草、稻壳等有机物，然后回填 20cm 厚的园土，将园土与草炭土、沙子以及猪粪、牛粪、NPK 复合肥（20-20-20）混匀，再回填。改土的比例要求：园土：草炭：沙子为 4:2:1，每 $100m^2$ 施猪粪和牛粪各 $1m^3$，复合肥 30kg。

（四）作床、滴灌安装

每个苗床上面铺两根滴灌带，间隔 30cm，滴头间距以 15～20cm 为好，滴灌安装结束后，必须立即检查滴水效果，如有问题立即纠正，确保苗床每一处滴水均匀（图 3-17）。

（五）栽植

采用每床双行、犬牙交错栽植，行距30cm，株距25cm，先用花铲按株行距25cm×30cm刨穴，然后将种苗的根系放置穴中，培土，轻轻一按和一提，再培土，培至略高于嫁接口部位即可。

【关键与要点】

① 土壤消毒药剂很重要，如果温室没有种植过月季，可以用多菌灵等广谱性杀菌剂和辛硫磷、甲基异柳磷等杀虫剂进行简单的土壤消毒。如果温室长期进行月季生产或发现线虫或

图3-17 安装滴灌管

根瘤，就需要进行严格的土壤消毒。可通过向土壤中施用氯化苦、溴甲烷、必速灭等化学药剂，利用毒气在土壤中的扩散来杀死土壤中的病原菌、害虫和杂草种子。

② 南方高温、多雨的天气应采用高畦种植，双行式、三行式或四行式定植，株距为30cm，行距为35cm。

子任务三 日常养护管理

（一）水分管理

在生产上，通常采用的浇水方式是滴灌。定植之后，要立即浇水。在苗期，通常10天浇一次水，做到有湿有干。进入萌芽、抽枝、开花期旺盛生长阶段，水分供应要充足，苗床应保持湿润状态，通常一周浇一次水。在冬季低温期间应减少水分，通常10~15天浇一次水。浇水的最好时间是早上，切忌在中午烈日、温度很高时浇水。

（二）光照管理

在定植和缓苗期，除冬季外，都必须用50%的遮阳网遮光。在月季的生长期保证光照强度是十分重要的，通常在光照强度最大的6~8月夏季采取遮阳，遮光量为70%，遮阳的方式为外遮阳。

（三）温度管理

月季的生长温度最好控制在22~25℃。夏季高温不利于开花，应尽量采取一些降温的措施，如使用遮阳网、高压喷雾、水帘和风扇降温系统；冬季，要采取加温和保温措施，如用暖气加温和用二层膜保温。

（四）湿度管理

温室湿度最好控制在70%~75%，相对湿度应避免太大波动。当室外的相对湿度非常低时，不宜在非常冷或非常热的白天突然通风，最好在室外湿度较高的早晨进行缓慢通风。

（五）施肥

从栽植一周后开始追肥，每7~10天施一次肥。在月季生长苗期，可采用有机肥与无机肥相结合的方式进行追肥，每两周施一次稀释的饼肥液和每周施一次硝酸钙、硝酸钾、尿素混合液，用量一般是每100m²施硝酸钙1kg、硝酸钾1kg、尿素1kg。

在月季生长后期，应增施磷钾肥，除施饼肥外，还要施液态无机肥，通常施用硝

酸钾、磷酸二氢钾、硝酸钙的混合液，用量是每100m²施硝酸钾1kg、磷酸二氢钾2kg、硝酸钙1kg。施肥在生产上一般与灌溉结合起来，特别是有滴灌系统时，肥料可以配置到滴肥罐和蓄水池中，随水滴到种植土壤中。另外，还要适当对植株进行叶面追肥，肥料为市面所售的微量元素肥料即可，可在喷洒农药时一起施用或利用喷灌系统喷施。

【关键与要点】高温高湿时注意通风，减少病害发生。

切花月季萌芽和枝叶生长期需要的相对湿度为70%~80%，开花期需要的相对湿度为40%~60%，白天湿度控制在40%，夜间湿度应控制在60%为宜（图3-18）。

图3-18 切花月季种植

子任务四 修剪管理

一、幼苗期修剪

（一）开花母枝的培养

由嫁接苗或扦插苗定植到产花初期称为幼苗期，及时去掉花蕾，促进营养生长。当嫁接苗由嫁接点、扦插苗由基部发出的枝条直径达0.6~0.8cm时可留作开花母枝。

若母枝粗度达不到，则继续摘除花蕾，使枝条长到开花母枝的要求粗度。当开花母枝顶端花蕾着色时，从上数第二片复叶处剪除上部的枝条，保证母枝上能抽出足够的开花枝。切花月季的幼苗期修剪主要采用折枝修剪和轻剪。

压枝整形：在种植后第一批新枝条长约50cm，枝条仍未硬化时，把枝条向畦沟一边压平，枝顶部斜向下，以后在顶端优势作用下，在相对位置较高的枝条基部腋芽萌发成花枝。压枝时注意各株之间、枝条之间不能相互交叉，植株压枝后会迅速长出水枝（脚芽），粗壮的水枝作切花枝，也可以在水枝现蕾后留4~6枚叶短截作切花母枝；细的水枝继续压枝作营养枝。

（二）初花期株形培养

经过苗期开花植株的培养，有部分植株开始采收切花，大部分植株发出大量的新枝，这时期以培养株形为主并兼顾切花采收。

株形的培养方法，即对各级枝的培养，对粗壮的水枝留25~30cm（4~5个小叶片）高摘心，培养成植株的一级枝，对一级枝上发出来的枝，粗壮的可作切花枝，细弱的可压作营养枝；一级枝上萌发出来的切花枝，采花时留10~15cm（1~2个小叶片）高剪切，培养为

二级枝；对二级枝上发出来的枝条，强壮的可作切花枝，细弱的压作营养枝，采花后留 5～10cm（1～2 个叶片）高剪切，培养为三级枝；一般月季切花品种植株培养到三级枝时，可以达到高产优质株形。

二、夏季修剪

夏季高温月季处于半休眠状态，产出的切花花朵较小、瓣数少，容易产生畸形花，经过春季采切，植株消耗很大，如果连续采切，树势下降，产量和品质都会下降。利用夏季休眠积蓄营养，在秋冬季节生产，以便产出高质量切花。

夏季修剪采用的方法是折枝，在要折枝条近基部 1～2cm 处，用折枝剪或双手拧一下，然后弯向两侧并摆匀。利用植物顶端优势的原理，促使弯折处下部芽萌发，保留上部枝叶，既保持了植株原有的生理平衡，又有足够的叶片进行光合作用。

折枝一般在 7 月中下旬进行，折枝前 15 天停止浇水，使植株进入半休眠状态，此时枝条比较柔软，便于操作，同时首先清除病虫枝，集中喷药一次防治病虫害。折枝高度与剪枝相同，控制在 50～60cm，可以直接将长出的部分向下弯，也可以部分折伤枝条使之向下，控制生长势，注意不能使前部枝条上的芽萌发，否则达不到折枝效果。对于枝条较脆的品种应注意不要将枝条完全折断，折枝后太密的话就疏剪一些，营养枝最多保持两层。老枝保留 2～3 个月，待新枝生长比较旺盛后剪除，新枝长出后若还没有到产花期，应对成熟枝条修剪，保留小叶片 4～5 枚。在折枝修剪中必须加强对所折枝条的管理，折下枝条能不能萌发新芽是折枝修剪成败的关键。

三、生产母枝的更新

为了保证月季切花的优质高产，一般扦插苗 3～4 年，嫁接苗 5～6 年就更换一次。更新的时间从 6 月中旬开始，首先把所有枝条的花蕾和新芽打掉，使植株逐渐萌发新的枝条，选择健壮枝条留作开花母枝，剪掉叶片较少的枝条，待新枝条半木质化后，摘除花蕾，待开花母枝枝条成熟后，选择粗壮枝条，在距地面 50～60cm 部位剪断枝条。

四、其他修剪

在生产中每年根据月季植株的生长情况，及时剪除枯枝、病弱枝、封顶枝等枝条，适当地剪去部分纤细枝、衰老枝，促使植株长出新的枝条，保持植株长势旺盛，既不减产，又达到更新复壮的目的。

【关键与要点】

① 培育出的优质切花月季标准：高产株形的植株有切花枝 4～5 枝，均匀饱满的营养枝 5～6 枝，株形高度 50～60cm。

② 侧蕾侧芽：商品切花生产要求一根枝条上只有一朵顶花，及时打去侧蕾、侧芽，以保证营养充分供应顶花，以促使株形合理、开花集中、花大色艳。但如果是多花品种则应及时去除顶花芽。

③ 及时打去砧芽：日常管理中看到砧木芽萌发时应及早抹除，方法是从基部掰除，连带一小块砧木皮层，以免再萌发。

④ 折枝主要是针对生长初期不能产花而需要疏除的枝，通过弯折加以保留，使其作为

营养枝。折枝时以折伤木质部为宜，被折伤的枝条上的叶片正常生长。

子任务五　病虫害防治

一、病害防治

在月季大面积生产中，要注意控制温室的温湿度，必须加强温室内的空气流通。通常在温室中安装风扇和硫黄熏蒸器，主要在夜间使用，尤其是在春季、冬季使用更重要。一般在封闭条件允许的情况下，用硫黄粉或其他乳油杀菌剂或杀虫剂对月季一周熏蒸一次；在防治虫害方面，可在温室的窗户、门以及放风口安装防虫网。

（一）月季白粉病防治

月季白粉病是月季生产中最易感染的病害，也是在生产中重点防治的病害。其主要表现为叶片、花梗、花蕾及嫩梢部位着生一层白粉，导致植株开花畸形、枝叶焦枯以致死亡。防治方法是加强通风，降低湿度；每周喷施一次800倍腈菌唑溶液，发现病叶要及时摘除并销毁，及时喷施800倍特福灵溶液或800倍翠贝溶液或800倍腈菌唑溶液。

（二）月季灰霉病防治

感病后叶片和嫩梢上出现规则或不规则水浸状斑点，严重时，嫩梢腐烂，叶片脱落。其主要防治方法是加强通风，降低湿度；发现病叶要及时摘除并销毁，及时喷施福美双溶液或600倍扑海因乳油溶液，连续喷施2～3次。

（三）月季霜霉病防治

这种病害主要侵染月季整个地上部分，叶片呈紫红色至暗褐色不规则病斑，叶变黄脱落。其主要防治方法是提高温室的温度，降低温室的湿度；提早预防，可用百菌清烟剂熏蒸或600倍扑海因喷施，发病后及时喷施霉多克1000倍液或银法利1000倍液或疫霜灵800倍液，每3～5天1次，连续2～3次。

（四）月季黑斑病防治

发病时叶片上出现紫黑色圆形斑点或放射状，病斑上出现黑色小粒体，造成中下部叶片脱落。防治方法是及早清除病叶并销毁，降低温室湿度，发病后喷施600倍多菌灵溶液或600倍扑海因溶液。

二、虫害防治

（一）蚜虫防治

蚜虫对月季的危害最为普遍，主要危害叶片和花蕾，幼叶被蚜虫危害后卷曲变形，花蕾受蚜虫侵害后，产生绿色斑点，花朵畸形。其主要的防治方法是要及时清除杂草；发现蚜虫时喷施辛硫磷乳油800倍液或敌杀死600倍液或灭扫利乳油熏蒸。

（二）红蜘蛛防治

红蜘蛛主要危害叶背面，受害处呈失绿小点，有时变成褐色。防治的方法是对叶背面进行药剂喷杀，主要药剂有阿维菌素、三氯杀螨醇、除螨灵等，5～7天喷1次，要交替使用这些杀虫剂。

子任务六　采收、加工与储藏

（一）采收

尽量在清晨或傍晚采收。在花头第一片花瓣向外翻时剪切，通常在第三片完全叶片处剪取。在早春及晚秋季节，花开四五成时采收，夏季温度较高时，花开二三成时剪切；远程运输的在花开一成，即有 1 片舌状花外展时采收。采花的位置在距枝条基部 10cm 以上的部位。

（二）加工

采收后，按照《国家月季切花产品质量等级标准》对月季切花进行分级（图 3-19）和处理，去掉枝条基部 15cm 的叶子和刺，然后扎捆绑成束，用 15~20cm 宽纸包住花蕾及花茎的上部分，包装后（图 3-20），用剪子剪齐茎基部。

图 3-19　切花月季分级

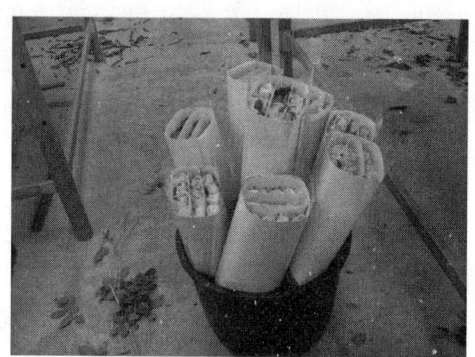

图 3-20　切花月季包装

（三）储藏

加工完之后，先将切花直接放入与室温一致清洁的水中吸水 4h，再放进包装箱中，最后放进冷藏室，冷藏室的温度最好为 5~6℃。

【关键与要点】

① 采收时期：通常为开花前 1~2 天，南方地区花蕾尚未开口就可采收。采切的时间还与品种有关，红色和粉红色品种一般在头两片花瓣开始展开、萼片处于反转位置时采收，黄色品种稍早于红色和粉红色品种，白色品种则稍晚于红色和粉红色品种。在晚春和夏季，又比秋季和早春早一些采切。用于储藏的月季比正常早采收 1~2 天。

② 蕾期采切的花枝要催花。可于采切后置于每升 500mg 柠檬酸溶液中，在 0~1℃ 冷藏条件下过夜。然后把花枝基部置于上述催花液中，在温度 23~25℃、相对湿度 80% 和 1000~3000lx 连续光照下处理 6~7 天，可达到出售要求。

子任务七　种苗生产

一、嫁接苗

根系发达，生长旺盛，切花产量高，产花周期长（5~6 年），是栽培的理想选择；但是嫁接苗对修剪技术要求较高，而且价格较贵，同时还必须考虑砧木的适应性。

嫁接繁殖：以芽接为主。

砧木：野生蔷薇，根系发达，生长势强，抗病性、适应性强。

时间：4～6月或9月。春秋两个生长旺季。

接芽：在无病健壮枝条上选取刚开过花的花下第三节下的芽。

二、扦插苗

繁殖快，成本低，管理简单，生产上应用也较多；但是扦插苗的根系较弱，长势不如嫁接苗，产花周期较短（4～5年）。扦插繁殖一年四季均可进行，以嫩枝扦插为主。

（一）插床

插床长5m左右，宽1～1.2m，深30cm，底部放2～15cm厚的煤渣作排水层，上面铺15～20cm厚的蛭石或其他基质。安装自动间歇喷雾装置。

（二）选择插条

要求无病、开花但叶腋芽尚未萌发的半木质化的枝条作插穗。每个插条都带2～3个芽，上剪口距上芽0.5cm，将插条下端平剪，剪掉底叶，上端留2片小叶，然后放入盛清水的水桶中，也可400mg/kg IBA溶液速蘸。

（三）扦插

扦插时，以3cm×6cm的株行距插入沙床中，插入枝条的1/3～1/2。喷2～3次透水，扣上塑料棚，上面加以遮阴。温度保持在27～28℃，相对湿度70%左右，20～30天即可生根。

【关键与要点】

① 选插条时，不能选择已有萌动芽的枝作插条。

② 保证扦插苗床介质的温度比空气温度高1～2℃，利于先生根后发叶。

③ 随时打去砧木上的芽，以保证营养供给接穗。

【巩固训练任务二】 银柳切花生产

银柳是典型的观枝、观芽类切花材料，以未脱落苞片的花芽及已脱落苞片的花蕾为主要观赏点，市场需求量很大，是春节主要的切花品种（图3-21）。

1. 任务内容

以小组（5～6人为1组）为单位，独立完成木本银柳切花生产全过程，银柳切花生产主要包括种植技术、日常养护、田间养护、病虫害防治、采收、分级、包装等内容。通过任务的完成，使同学们重点掌握银柳的扦插繁殖方法及栽培养护技术，最终生产出银柳切花产品。

图3-21　银柳

2. 任务要求

1）通过课后巩固训练任务，使学生熟练掌握木本切花的扦插繁殖技术，增强学生的独立操作能力和动手实践能力。

2）制定银柳切花周年生产方案、生产计划和资金预算方案，方案和计划应符合实际生产需要，方案应详细、合理、具有可操作性。

3）各小组根据制定的方案进行任务实施。

4）每次任务结束填写工作日志和成本记录表。

5）巩固训练任务全部结束，各小组要根据成本记录和销售记录完成该品种效益分析报告。

6）任务完成过程中要分工合作，各种药品按照使用说明进行正确使用；按照工具的正确使用规范进行操作。

3. 主要技术要点

（1）形态特征　银柳（*Salix leucopithecia*）又称为银芽柳、棉花柳、猫柳、毛毛狗，是杨柳科杨柳属的多年生落叶灌木。银柳枝条自植株基部发生，修长的新梢上排列着肥大的花芽，芽外有紫红色苞片，苞片脱落后露出银白色未开放的花序，形似毛笋，故名银柳。

（2）生态习性　银柳原产于我国江南各省，喜阳光，不耐寒，喜潮湿，不耐干旱，在溪边、湖畔和河岸等临水处生长良好，要求常年湿润而肥沃的土壤。

（3）繁殖方法　银柳常用扦插繁殖，早春将充实的一年生枝条截成12～15cm，一般带2～3个芽作为插穗插在湿润基质中，极易生根。

（4）栽培技术　银柳栽培简单，管理粗放，以常规切花栽培管理即可。修剪方面注意在植株长到1m时摘去顶梢，促发分枝，保证植株良好株形。每年早春花谢后，应从地面5cm处平茬，以促使萌发更多的新枝。

（5）病虫害　银柳病虫害较少：病害有立枯病；虫害有红蜘蛛和介壳虫。

（6）采收　冬季落叶期、花芽饱满充实时为银柳采收适期，采收之切枝多为成熟枝条，田间采收时若能加入插水的作业步骤，并快速将银柳切枝运回集货场或阴凉处，避免热害发生，则可维持良好的品质。

银柳在暖温带地区栽植时能露地越冬，但在北温带地区栽植时，入冬以后枝条会受冻抽干，在入冬前应把花枝全部剪下，假植在冷室内湿润的沙床上，室温保持在1～3℃，让其休眠，第二年1月上旬移到5～10℃低温温室，将花枝基部泡入水中催芽，待花芽展开后就可作为切花销售。

任务三　独轮菊切花生产

【任务描述】

独轮菊切花生产主要包括品种选择、种植技术、日常管理、田间管理、花期调控、病虫害防治、采收、加工、储藏和种苗生产等内容。

通过任务的完成，能生产出适合市场需要的切花菊和种苗。

【任务目标】

1. 能根据市场需求主持制订切花菊周年生产计划。
2. 能根据生产实际情况主持制定切花菊生产管理方案。
3. 能够组织并实际参与切花菊生产。
4. 能结合生产实际进行效益分析。
5. 能根据任务要求和主要技术要点，独立完成并行项目——多头菊切花生产过程。

【相关介绍】
1. 形态特征

菊花（图 3-22）又名九花、帝王花、秋菊，为多年生宿根亚灌木，世界著名的四大切花之一，现广为栽培。营养繁殖苗的茎，分为地上茎和地下茎两部分。菊花的花是头状花序，生于枝顶，径约 2～30cm，花序外由绿色苞片构成花苞。花序上着生两种形式的花：一种为筒状花，另一种为舌状花，生于花序边缘，俗称"花瓣"。瘦果（一般称为"种子"）上端稍尖，呈扁平楔形，表面有纵棱纹，褐色，果内结一粒无胚乳的种子，果实第二年 1～2 月成熟，千粒重约 1g。

图 3-22　菊花

2. 生态习性

切花菊是菊花的一种，为菊科菊属植物，原产于我国，要求土层深厚、富含腐殖质、疏松肥沃而排水良好的沙壤土。其具有较好的持肥保水能力且无病虫侵染。需水偏多，但忌积涝，在微酸性到中性的土壤中均能生长，而以 pH6.2～6.7 较好。忌连作。喜凉，较耐寒，生长适宜温度 15～25℃，较耐低温，10℃ 以上可以继续生长，5℃ 左右生长缓慢，低于 0℃ 易受冻害（地上部分），根系可耐 -10～-5℃，不被冻死。喜阳光，有的品种对日照特别敏感。秋菊为长夜短日性植物，在每天 14.5h 的长日照下进行茎叶营养生长，每天 12h 以上的黑暗与 10℃ 的夜温则适于花芽发育。但品种不同对日照的反应也不同。

3. 生产现状

切花菊是世界四大切花之一，居四大切花之首。从世界范围看，切花菊的规模生产在美国、日本、荷兰、巴西等国最为发达。目前，我国已成为世界最大的花卉生产基地，同时也正在成为新兴的花卉消费市场。随着我国经济的快速发展，我国的切花菊产业迅速壮大，种植面积和产量迅速增长。目前，我国切花菊产业已经形成以日、韩等国家为出口对象，以海南、上海、广州、青岛、大连等沿海地区为中心的出口切花菊生产基地群，并逐渐向内地延伸。

4. 主要品种

菊花种类品种繁多，为了便于栽培、应用及观赏，通常根据不同的分类方法进行分类：

将菊花依其自然花期分类　分为春菊、夏菊、夏秋菊、秋菊和寒菊。

1）春菊：春菊的花芽分化对于日照长短反应不十分敏感，但对于温度十分敏感，许多品种只要夜温在 10℃ 左右，无论是秋季还是春季都能马上形成花芽。

2）夏菊：夏菊在温暖地区的自然开花期在 4 月下旬到 6 月下旬，冷凉地区在 5 月上旬到 7 月，花芽分化对日长反应不十分敏感，也没有明确的日长界限，但较短的日长有利于花芽分化，长日照有利于花芽发育和促进开花。

3）夏秋菊：夏秋菊在冷凉地区的自然开花期为 7～9 月，由于夏秋菊的日长界限不明显，以往都认为夏秋菊是没有日长反应的中性植物，但是，由于很多夏秋菊品种是与秋菊品种杂交获得的，所以大部分品种也具有日长反应，夏秋菊的花芽分化适温比夏菊要高，一般在 15℃ 以上，夏秋菊比秋菊更耐高温，比较适合于高冷地区夏季栽培。

4）秋菊：秋菊的自然开花期为 10～11 月，秋菊的日长反应，无论从花芽分化，还是花芽发育，都显示出短日性，花芽分化的日长界限为 13～15h，秋菊花芽分化的界限温度较高，最低夜温为 15℃ 左右，但也有在自然气温降到 10℃ 以下才开始花芽分化的品种。

5）寒菊：寒菊的自然开花期比秋菊更晚，基本上在 12 月以后，有一些晚熟品种在 2 月才能开花（温暖地区），虽然寒菊的日长反应和秋菊完全一样，属于短日性，但是，花芽分化的日长界限比秋菊更短，大体在 11h 以下，其花芽分化的最适界限温度与秋菊的最低界限温度基本相同，在高温条件下，花芽的分化和发育受到抑制。

5. 花语

清净、高洁、长寿、吉祥、我爱你、真情。

【材料与工具】

1. 材料

切花菊种苗、地膜、草炭土、沙子、粪肥、磷酸二铵、尿素、硝酸钙、硝酸钾、硫酸钾、硼砂、多菌灵、甲基硫菌灵、包装袋、皮套、铁管、防倒伏网等。

2. 工具

旋耕机、铁锹、手推车、平耙、花铲、手锄、镰刀、喷雾器、皮尺、量筒、天平、测绳、枝剪、纸箱等。

子任务一　品种选择

品种选择上不仅要注意菊花外形优美，株高在 80cm 以上，茎直立、不弯曲；叶片肥厚光亮，上下布局均衡，大小适中；花头下第一节间要短而粗；花色纯正，有光泽；花朵耐储藏、耐运输、耐水插；抗逆性强、病虫害少、健壮、植株充实，还应考虑其对温度的反应敏感与否，以中花品种最为适宜。

我国作为切花菊栽培的大多数品种都是从日本和欧美引进的。夏菊品种主要有夏满月、朝凤、银河、春娘、白王冠、夏女王、松之光等；秋菊品种主要有黄秀芳、白秀芳、神马、牡丹红等；寒菊品种主要有寒樱、春姬、春之光、岩之霜等。

我国菊花切花周年生产主要是应用秋菊类品种进行调配，秋菊品种具有性状佳、品种多、花形好、花色全的特点，深受消费者欢迎。而其他类群品种仅作为周年切花生产的辅助品种。通常采用人工加光或遮光、调节气温及湿度使秋菊类品种提前开花，使夏菊延迟开花，实现切花生产全年分批均衡上市的目的。

【关键与要点】目前国内菊花切花已经做到周年供应，其中以"冬至""鬼节""清明"上市量最大，必须根据上市日期来制定生产方案和生产计划。

子任务二　种　　植

（一）土壤改良

黏重的土壤一般用草炭土与沙子混合来改良，具体用量一般为每 100m² 土壤用 5m³ 沙子。

（二）施基肥

在实际生产中，一般采取有机肥和无机肥相结合的方式施基肥，如 100m² 土壤施 1m³ 腐熟的猪粪或牛粪和 10kg NPK 复合肥（15-15-15），这些肥料在种植之前都要均匀撒到土壤上。

（三）土壤消毒

每 100m² 土壤均匀撒施 250g 五氯硝基苯和 500g 甲拌磷，这些药剂施用的方法是先用沙子混匀，然后在旋地之前均匀撒到土壤上。

（四）旋耕

用旋耕机将草炭土、沙子、肥料和药剂旋入土壤中，搅拌混匀，打碎土块，旋耕的深度至少保证 20cm，旋耕的次数至少保证 4 次（图 3-23）。

（五）平整土地

旋耕完土地之后，用耙子将土地整平，同时将杂物、大的土块清理干净。

（六）作床

栽植床一般采用高床，要求床面宽 1m，作业道宽 50cm，床的高度为 10cm。首先用皮尺量出第一个床的尺寸，用铁锹将作业道内的土均匀铲到作业道两边的床上，再用耙子将床面耧平，下一个床依此类推（图 3-24）。

图 3-23　旋耕土壤

图 3-24　整地作床

（七）滴灌安装

每个苗床上面铺两根滴灌带，间隔 30cm，滴头间距以 15~20cm 为好，滴灌安装结束后，必须立即检查滴水效果，如有问题立即纠正，确保苗床每一处滴水均匀（图 3-25）。

图 3-25　安装滴灌管

（八）润湿苗床

在正式定植前三天，打开滴灌对苗床进行浇水，使苗床的含水量达到饱和。

（九）覆膜

苗床润湿两天后，用地膜将苗床和垄沟全部覆盖（图3-26）。

图3-26 覆盖黑色塑料薄膜

（十）张网立桩

将规格为12cm×12cm的8孔铁网展开，平铺到苗床上，在苗床的四个角立上铁管，随着植株的生长要不断提高网的位置（图3-27）。

（十一）栽植

先用花铲在网格中央扎一个窟窿，刨穴，然后将种苗的根系伸展放至穴中，再用手培土，轻轻一按，再培土，至高出种苗原始土印1cm即可（图3-28）。

 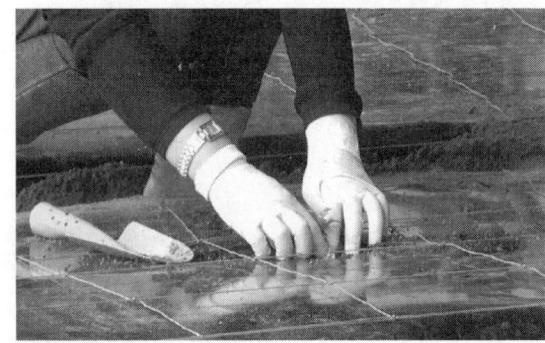

图3-27 张网立桩　　　　　　　　图3-28 栽植

【关键与要点】

① 覆地膜：苗床润湿两天后，用地膜将苗床和垄沟全部覆盖。地膜覆盖的要规整、与床面紧贴。

② 定植时将种苗的根系伸展放至穴中，保证根系与土壤紧密结合，培土高度要高出种苗根颈处原始土印1cm左右。

③ 基肥运用有机肥和无机肥相结合的方式施加，用量要适度，与肥料、消毒土壤药品在旋地之前均匀撒到土壤上。

子任务三　日常养护管理

（一）水分管理

在生产上，浇水通常采用滴灌。定植之后，要立即浇水。缓苗期，通常两天浇一次水，一周后适当控水；生长期，通常一周浇一次水；开花期，要减少浇水的次数。浇水的最好时间是早上，切忌在中午烈日、温度很高时浇水。

（二）光照与光周期调节

在定植和缓苗期，除冬季外，都必须用50%的遮阳网遮光。其他生长季节，只有在夏季才采取遮阳，遮光量为50%，遮阳的方式为外遮阳。

（三）温度管理

温室的温度最好控制在17～25℃，夜晚的温度不能低于13℃，花芽分化期间夜温最好保持在17℃以上，但绝不能低于15℃，白天的温度要尽量控制在30℃以下。

在温室中种植菊花，夏季应尽量采取一些降温的措施，如使用遮阳网、高压喷雾、水帘和风扇降温系统；冬季要采取加温和保温措施，如用暖气加温和用二层膜保温。

（四）湿度管理

温室的相对湿度要控制在60%～70%，主要通过通风来调节相对湿度，放风应从上午缓慢开始。

（五）施肥

从栽植一周后开始追肥，每7～10天施一次肥，切花采收之前两周停止施肥。在菊花生长前期，可采用有机肥与无机肥相结合的方式进行追肥，每两周施一次稀释的饼肥液和每周施一次硝酸钙、硝酸钾、尿素、硼砂混合液，用量一般是每100m² 施硝酸钙1kg、硝酸钾500g、尿素500g、硼砂5g；在菊花生长后期，进入花芽分化阶段，尤其在孕蕾期间，应增施磷钾肥，减少氮肥施用量。

【关键与要点】定植后马上浇水，用水量以花苗周围3cm、根下2cm土壤含水量达95%～99%为宜。定植后3～5天进行第二次浇水，一般第二次浇水与第一次间隔不超过5天，用水量为第一次的2/3，确保花苗安全度过缓苗期。

子任务四　田间管理

（一）清除杂草

清除杂草，防止杂草与菊花争夺养分。杂草应连根去尽，尤其不能拖过杂草结实成熟以后才除草，那样会留下后患（图3-29）。

（二）提网

当网上部分植株高度达到25cm左右时要及时提网，保持网上部分长度在15～25cm左右，网上部分过长，植株容易弯曲；相反网上部分过短，由于植株未完全木质化，也容易弯曲。提网最好在晴天的下午进行，因为这时叶子比较柔软，提网时不易受损伤。提网时把花网向外侧绷紧，同时向上提起，提网工作一定要及时。

图3-29　清理杂草

（三）打侧芽

及时打去叶腋里的腋芽，去侧芽的最佳时机是侧芽不超过 0.5cm 时，手指能够伸进叶腋，彻底将其掰去而又不伤叶时为最好。侧芽去得过晚，易造成伤口，降低商品质量，甚至失去观赏价值。也不能芽很小时进行抹芽工作，这样容易弄掉叶片而不能出口。该项工作贯穿整个菊花生长过程。打侧芽方法：用食指扶住花茎，大拇指在叶柄内侧，顺叶柄向下扣掉腋芽（图 3-30）。

图 3-30 打侧芽

（四）抹侧蕾

花芽开始分化后一个月左右，主蕾边上的侧蕾已长到绿豆粒大小，及时抹掉侧蕾。抹蕾原则以能抹掉侧蕾而不伤及主蕾为原则（图 3-31）。

图 3-31 打侧蕾

【关键与要点】打侧芽和抹侧蕾原则是以能操作而不伤害菊花叶片和主蕾为原则，注意抹蕾时也不能留橛。

子任务五 花期调控

（一）促成栽培

遮光栽培和补光栽培是相对应的，当自然光照高于栽培品种的临界日长时就应对栽培品种进行遮光处理。遮光处理必须使棚室内光照强度小于 5lx。不同的品种，不同的栽培时间遮光时植株的高度也不同，一般遮光后植株还会生长 50cm。

遮光材料是影响遮光成功与否的重要环节，选择遮光材料时，一般选择延伸性好、不透光、质轻的材料。遮光方式一般采用外遮和内遮两种，外遮即把遮光材料直接覆在温室的外膜上，内遮要在内部架设钢丝呈屋状结构，然后上遮光材料。遮光的关键是不能透光，如遮光效果不好（材料透光率大或有漏缺）可造成双层萼片、空蕾、花瓣过少等现象。如进行遮光时温度较高，夜间应把遮光物打开并强制通风，降低棚室温度，第二天天亮前再遮好。如果遮光期温度长时间高于25℃，则会造成花朵畸形、萼片肥厚、花瓣扭曲和花瓣过少等现象。

（二）抑制栽培

补光栽培是抑制切花菊花芽分化的一个重要手段。"神马"等秋菊品种是典型的短日照植物，当自然日照短于13h后就应进行电照补光。补光可用高压钠灯或白炽灯，补光灯的布置应根据灯的实际功率来确定，一般每100W可照射9m²，补光灯应架设在距地面1.7～1.8m的位置，该高度是光照面积和光照强度的最合理搭配。补光时间可根据日长的缩短而逐渐加长，一般从开始的2h到后期的4h。补光一般采取中间补光法，即在夜间11时到第二天凌晨2时进行补光，光照强度要求在50lx以上。当植株高度达到60cm时就应停止电照，使植株转入生殖生长，这时可以适当地控制水分。

【关键与要点】

① 秋菊花芽分化的必要条件：光照的时间短于12小时20分（生产上通常采用黑暗时间长于13h这一说法）。

② 花芽分化期间温度管理：在停止补光后即花芽分化期，夜温必须调高，秋菊一般要求15℃以上，夏菊一般要求18℃以上，最好不要高于25℃，温度过高则会出现花朵畸形现象。

③ 花芽分化期水肥管理：花芽分化前7天，开始控制水分，以偏旱为宜。人为地创造一种"逆境"条件，有利于菊花的营养生长向生殖生长的过渡。到花芽分化中后期应适量浇水，以保证顶部叶片的正常生长。此时期若水分不足，极易造成顶叶小而簇生，严重影响商品价值。视生长情况，追施1次钾肥。切花菊追肥不是必须施用，要看植株具体生长情况而定，如地力充足，植株长势健壮，茎干较粗，则不能追肥。

子任务六　病虫害防治

在菊花大面积生产中，要注意控制温室的温湿度，加强通风，必须加强温室内的空气流通，通常在温室中安装风扇，主要在夜间使用，尤其是在冬季和遮光期间的风扇的使用更重要。在防治虫害方面，主要采取在温室的窗户、门以及放风口安装防虫网。

一、病害防治

（一）菊花锈病防治

菊花锈病是菊花生产中最易感染的病害，也是在生产中重点防治的病害。其主要表现为发病后叶片的背面密生白色或橙黄色小斑点，并逐渐扩大，表皮破裂后散出橙黄色粉末，最终导致叶片枯黄脱落。防治方法是加强通风，降低湿度；每周喷施一次500倍三唑酮乳油溶液或800倍腈菌唑溶液（图3-32）；发现病叶要及时摘除并销毁，每3～5天喷施一次800倍多氧霉素溶液。

（二）菊花叶斑病防治

感病后叶片上出现规则或不规则病斑，呈黑褐色或黄褐色，叶面产生黑色小点，严重时叶片变黑、干枯，甚至脱落。其主要防治方法是加强通风，降低湿度；发现病叶要及时摘除并销毁，每 3~5 天喷施一次 800 倍好力克溶液或 600 倍甲基托布津溶液。

（三）菊花黑斑病防治

发病时叶片上出现不规则、圆形斑点，有时呈轮纹状，开始为黄色，逐渐凹陷转为黑褐色，后期病斑转为灰白色，最终导致叶片脱落。防治方法同叶斑病。

图 3-32　喷施药剂

二、虫害防治

（一）蚜虫防治

蚜虫对菊花的危害最为普遍，主要危害叶片和花蕾，幼叶被蚜虫危害后卷曲变形，花蕾受蚜虫侵害后，产生绿色斑点，花朵畸形。其主要的防治方法是要及时清除杂草；发现蚜虫时喷施吡虫啉 800 倍液或敌杀死 600 倍液。

（二）蛴螬防治

蛴螬主要危害菊花根颈，使植株萎蔫枯死。防治方法主要是种植菊花之前撒施甲拌磷；在生长过程中撒施敌百虫。

除此之外，危害菊花的还有潜叶蝇、蜗牛等害虫，可采用灭蝇胺、阿维菌素、敌杀死等杀虫剂进行防治。

子任务七　采收、加工与储藏

（一）采收

尽量在清晨或傍晚采收，根据花朵开放的程度将花朵从花瓣露出到外围花瓣张开分成 6 度，每一度代表花朵开放的一个阶段（图 3-33）。一般要求在 2~3 度时采收。早春及晚秋季节，花开四至五成时采收，夏季温度较高时，花开一至三成时采收；远程运输的在花开一成，即有 1 片舌状花外展时采收。采花的位置在距离枝条 10cm 以上的部位，采收的花朵要端正、无磨损、花朵呈现原品种固有色泽，采收长度 1m 左右、叶片分布均匀、无病虫害、花脖长 1.5~2.5cm、花茎下叶片与花蕾上平面平齐或略高的植株，采收时要轻拿轻放、花头对齐、避免挤压花头现象发生。

图 3-33　蕾期采收

（二）分级及加工

采收后，按照《国家菊花切花产品质量等级标准》通过机选和手选的方式对菊花切花进行分级和处理，使用菊花选别机可以根据长度、重量选别；花朵开放程度；茎干直立程度；花脖长短；叶片颜色均匀程度；商品外观性状归类放置。一般国际市场上常用的长度有

90cm、80cm、70cm 三种规格，国内市场上还有 60cm 和 50cm 两个规格；重量分级，2L 级 75~90g，L 级 65~74g，M 级 64g 以下或 100g 以上；根据花头大小分级，花瓣应无擦伤及污染，花托应占整个花头长度的 1/4 以上。1 扎内花头的大小差异不能大于 0.4cm。然后去掉枝条基部 10cm 的叶子和刺，并及时抹掉叶腋处落抹的侧芽。然后捆绑成束，花枝长度为 90cm、85cm，每 10 枝 1 捆，每扎保证是同一级别并且花头对齐的，在一个水平面上，下部用剪子剪齐茎基部，保证切口对齐（图 3-34）。

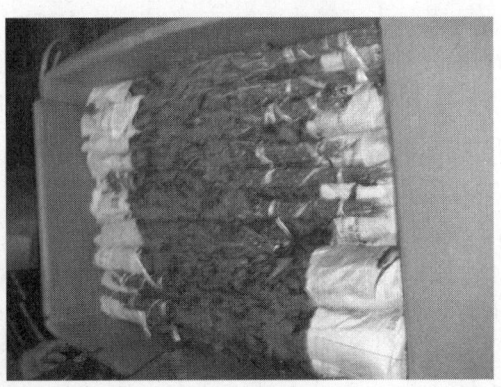

图 3-34 分级、包装

（三）储藏

加工完之后，应将菊花切花放入保鲜液中，再放进冷藏室。大规模生产上常用 25mg/L 硝酸银溶液作为保鲜液。将打好把的切花立刻垂直放入配制好的保鲜液中，一般保鲜液装在菊花专用吸水车内，要保证切花根部 5cm 在液面以下。吸水车装满后，马上推进 8~10℃ 预冷室内吸水，鲜切花吸水 6~8h 后马上捞出，垂直放置进行控水，待干后装箱。

【关键与要点】切花装箱时花朵不能置于箱子中间，而应靠近箱子两头。切花在箱内分层交替放置，层与层之间填放衬垫。

子任务八 种苗生产

（一）培养母株

种植技术与前面相同，只是母株种苗尽量采用经过春化处理的脚芽，并且在苗长至 6~8 片叶时摘心，待新梢发出后，留上部三个健壮嫩梢，在这三个枝条长至 4~6 片叶时进行二次摘心，以后再萌发的嫩梢就可以作为插穗。

（二）准备育苗床

在地面上用砖砌成宽 1~1.2m、高为 2 层砖的培养槽状，然后用筛过的河沙填满，在扦插的前一天喷透水。

（三）采穗

在母株上采集充实健壮、无病害的枝条，要求穗长 8~10cm，采集部位在枝条基部第 4 片叶上部 1cm 处。

（四）采后处理

采穗后，立即将穗放入水中浸泡 2h，然后取出，去叶，留 4~5 片叶，再将插穗上部对齐，按 50 株 1 捆，用橡皮套捆扎，最后用手将穗基部掰齐。

（五）扦插

先用竹签或钉子在苗床上按株行距 3cm×3cm 开洞，再将插穗放入配制好的 1000 倍萘乙酸溶液中速蘸其基部，然后将插穗插入沙中，插入的深度为 1.5~2cm，插入的同时将沙按实，使沙与插穗密切结合。

（六）温度、水分和光照管理

尽量保持温室的温度在 18~23℃；扦插后要立即用喷灌系统或喷壶浇透水，在生根之前视天气情况决定喷水次数，确保叶片不失水，通常在夏季要每隔 1h 喷一次水，在春秋季节要每隔 2~3h 喷一次水，在冬季通常每天上、下午分别喷一次水。生根后，浇水量要减少，保持土壤湿润即可；在夏季，采用遮光率为 70% 的遮阳网遮光，在春秋季节，采用遮光率为 50% 的遮阳网遮光，在冬季不用遮光。生根后，早晚可适当多接受些光照。在光照时间不足时，要采取人工补光法延长光照时间，方法同日常管理。

【关键与要点】

① 目前切花菊育苗技术主要有扦插育苗、组织培养快速繁殖育苗和分株育苗技术三种，生产上常用扦插育苗技术。

② 扦插后一周内要进行保湿和遮阴处理，长出愈伤组织时，只在中午强光时遮阴。温度在 28℃ 以下为宜。以天津地区为例，适于中国切花菊周年生产日程安排见表 3-15。

表 3-15 适于中国切花菊周年生产日程安排（天津）

类别	扦插日期	定植日期	摘心日期	采收日期
春菊	11月底~第二年1月上旬	1月中旬~2月上旬	12月下旬~第二年2月中旬	4月上旬~6月中旬
夏菊	2月下旬~3月下旬	3月下旬~4月上旬	3月下旬~5月上旬	6月上旬~8月上旬
秋菊	5月上旬~6月下旬	5月下旬~7月上旬	6月上旬~7月中旬	9月中旬~10月下旬
寒菊	6月下旬~7月下旬	7月上旬~8月上旬	7月中旬~8月下旬	11月上旬~12月中旬

【巩固训练任务三】 多头菊切花生产

多头菊（图 3-35）和独轮菊均为菊科植物，从观赏价值来说，两者有很大区别。但从生态习性、栽植方式、病虫害等方面都很相似。

1. 任务内容

以小组（5~6 人为 1 组）为单位，独立完成多头菊切花生产全过程，多头菊切花生产主要包括改良土壤、种植技术、日常养护、田间养护、花期调控、病虫害防治、采收、分级、包装等内容。通过任务的完成，使学生掌握该种多头菊的育苗方法和肥水

图 3-35 多头菊

管理技术,具备对其进行规模化生产的能力,最终生产出高品质的多头菊切花产品。

2. 任务要求

1) 学生根据课上对独轮菊切花的生产流程,结合本切花的生态特性,课后独立操作完成多头菊切花生产。通过对菊花育苗方法和肥水管理环节的反复练习,增强学生动手操作能力。

2) 制定多头菊切花周年生产方案、生产计划和资金预算方案,方案和计划应符合实际生产需要,方案应详细、合理、具有可操作性。

3) 各小组根据制定的方案进行任务实施。

4) 每次任务结束填写工作日志和成本记录表。

5) 巩固训练任务全部结束,各小组要根据成本记录和销售记录完成该品种效益分析报告。

6) 任务完成过程中要分工合作,各种药品按照使用说明进行正确使用;按照工具的正确使用规范进行操作,保证设备的完整以及人员的安全。

3. 主要技术要点

1) 完整的多头菊切花生产过程由以下三个步骤组成:母株养护、扦插繁殖、切花生产。具体包括留种、种苗培育、扦插、分栽、摘心、疏蕾、整形固定等一系列管理过程。

2) 多头菊标准:主枝明显,分枝分布均匀,株形较矮,植株生长健壮,株形完美,茎直立,节间分布均匀,粗细与高度适当,叶形正,叶色清新,叶片舒展,无病虫害,无药害,能充分表现出品种特性。

3) 定植:不同定植期对多头切花菊生育期和外观品质影响显著,5月初定植的多头切花菊开花最快;品种之间有差异,从定植到开花,"清露"在5月初定植只需85天,而"白蜂窝"在6月初定植需108天。4月初定植的切花品质最高,随定植期的推迟,株高降低、冠幅缩小、茎粗和节间长减少,但花径变化因品种不一:大花品种12cm×12cm,中花品种9cm×9cm,多花品种18cm×18cm,定植深度4~6cm。

4) 摘心:培养多头菊的技术关键在于掌握该品种的适宜摘心时间。摘心过早,易形成不能开花的冠芽;太迟则仍有顶端优势,侧花枝很短,不能形成理想的株形。通过摘心可培养2~4支切花,推迟2~3周采花期。摘心可于株高10cm时进行,留2~4片叶,以备日后培养成2~4支切花。

5) 抹芽:生长过程中,不断抹掉不需要的侧芽,利于花枝健壮生长。

6) 除蕾:对温度不够和光照不足时产生的花蕾及时剥除,以便生长新的花枝。

7) 采收:标准型6~7成开放便可采收;多花型主枝全开,侧枝有1/3开放时采收。剪切长度80~120cm,一批花长度相同后分级,剪下1/4~1/3叶片,每10~20支一束,保护好花头,保存温度0~4℃,湿度90%或用保鲜液。

任务四　唐菖蒲切花生产

【任务描述】

唐菖蒲切花生产主要包括育苗、定植、日常管理、病虫害防治、采收、包装和运输等内容。通过任务的完成,在掌握唐菖蒲切花生产技术的同时重点学会唐菖蒲在生产中常用的育苗技术及日常管理技术、采收保鲜技术,最终培育出合格的唐菖蒲切花产品。

【任务目标】

1. 能根据市场需求主持制订唐菖蒲切花周年生产计划。
2. 能根据企业实际情况、品种的生长习性，主持制定唐菖蒲切花生产管理方案。
3. 能按方案进行唐菖蒲繁殖、定植及养护管理，并能根据实际情况调整方案，使之更符合生产实际。
4. 能吃苦耐劳，并能与组内同学分工合作。
5. 能结合生产实际进行唐菖蒲切花生产效益分析。
6. 能根据任务要求和主要技术要点，独立完成并行项目——六出花切花生产过程。

【相关介绍】

1. 形态特征

唐菖蒲（图3-36），又名剑兰、菖兰，为鸢尾科唐菖蒲属多年生草本球根花卉。地下部分具球茎，扁球形，外被4~6层膜质鳞片，每一鳞片下有一腋芽，顶部芽最大。茎粗壮而直立，无分枝或稀有分枝。叶剑形，嵌迭为二列状，抱茎互生。蝎尾状聚伞花序直立，着花12~24朵，下部花朵先开，逐次向上开到顶，每花基部为叶状苞片所包，从花序基部向上，花冠逐渐变小，花被6片，花冠筒漏斗状，花瓣边缘有波状或皱折等变化，花色有白、黄、红、粉、橙、紫、蓝等深浅不一的单色或复色，雄蕊3枚，位于花冠筒基部，雌蕊1枚出自子房中间，柱头3裂，蒴果，种子黄褐色，扁平，有翼。

图3-36　唐菖蒲

2. 生态习性

唐菖蒲原产于非洲热带和地中海地区，北美、西欧、日本及中国各地都有广泛栽培，性喜温暖，并具有一定的耐寒性，不耐高温，尤忌闷热，以冬季温暖、夏季凉爽的气候为宜。怕积水。唐菖蒲生长适温白天为20~25℃，夜间为10~15℃，此温度下，唐菖蒲开花多，仔球发育好。唐菖蒲喜深厚肥沃而排水良好的沙质壤土，土壤pH以5.6~6.5为佳。长日照促进唐菖蒲花芽分化，而短日照则促进开花。栽培地要求阳光充足，因此，促成栽培时，要严格控制光照条件。

3. 生产现状

唐菖蒲被誉为鲜切花之王，是世界著名的球根花卉，福建省清流县引进种植示范推广已8年。江苏沿江地区农业科学研究所自1997年起探索其栽培要点，1998年产花率稳定在85%以上。

唐菖蒲原产于非洲，19世纪末引入中国，为世界花卉市场上的四大切花之一。近十年随着中国花卉业的发展，唐菖蒲的生产也发展迅速，基本可以满足国内夏季露地切花生产之用。

4. 主要品种

唐菖蒲栽培原种约有250个，现有栽培品种是经过漫长复杂的培育、选择、杂交的杂种唐菖蒲，约为1万个品种。并且每年都有新品种投放市场。

（1）参与杂交的重要亲本原种　忧郁唐菖蒲又名圆叶唐菖蒲、绯红唐菖蒲、鹦鹉唐菖蒲、多花唐菖蒲、报春花唐菖蒲。

（2）对现代唐菖蒲品种的形成发展起重要作用的杂种　柯氏唐菖蒲、甘德唐菖蒲、莱氏唐菖蒲、齐氏唐菖蒲。

（3）现代唐菖蒲的品种分类

1）依开花习性分类：①春花品种：植株较矮小，球茎也矮小，茎叶纤细，花轮小型。耐寒性强。②夏花种类：植株高大，花多数，大而美丽。

2）依花型大小分类：①巨花型：花冠直径14cm以上，如辽宁的"龙泉"、武汉的"银光"、吉林的"含娇"等。②大花型：花冠直径大于11cm、小于14cm，如甘肃临洮的"洮阳红"、荷兰的"苏格兰"。③中花型：花较小，花冠直径在8～11cm之间，如甘肃临洮的"蓝玉"等。④小花型：花冠直径小于7.9cm，一般春花类多属于此种类型。

3）依生长期分类：①早花类：生长60～65天，有6～7片叶时即可开花。②中花类：生长70～75天后即可开花。③晚花类：生长期较长，有80～90天，需8～9片叶时才能开花。

4）依花色分类：唐菖蒲品种的花色十分丰富又极富变化，大致可以分为十个色系，有白色系、粉色系、黄色系、橙色系、红色系、浅紫色系、蓝色系、紫色系、烟色系及复色系。

（4）现代优良品种

1）国内优良品种：目前我国培育的唐菖蒲品种已达450多个，重点分布在吉林、辽宁、甘肃、武汉、包头等，根据美国商业用唐菖蒲切花等级（四级小花数至少10个，花序长度不足81cm），在此仅列举几个切花品种（表3-16）。

表3-16　唐菖蒲切花常见品种

品　种	色　系	株高/cm	花穗长/cm	花冠直径/cm	小花数/朵	来　源
含娇	粉	170	90	16	20	吉林左家
大红袍	红	160	60	14	17	吉林左家
藕荷丹心	堇	145	60	14	17	吉林左家
鸳鸯锦	粉	150	89	15	20	吉林左家
紫英华	紫	129	58	11	16	吉林左家
玉人歌舞	白	133	68	12	16	吉林左家
烛光洞火	橙	142	70	14	20	吉林左家
黄金印	黄	122	51	10	13	吉林左家
琥珀生辉	橙	145	71	11	16	吉林左家
桃白	白	90	45-60	14	18	辽宁
金不换	黄	90	50	14	20	辽宁
冰罩红	石粉	100	60-70	14	20	辽宁
红婵娟	红	80-90	40-50	14	18	辽宁
赛明星	橙	80	50	14	20	辽宁
洮阳白	白	135	45	15	17	甘肃临洮
洮阳粉	粉	130	50	13	15	甘肃临洮
洮阳红	红	110	45	14	17	甘肃临洮
玫雪青	堇	115	45	13	17	甘肃临洮

2）国外引进品种：目前我国栽植的唐菖蒲种球绝大多数是进口的，主要来自荷兰、日本、美国等，品种主要有以下几种：

白色系：白友谊、白雪公主、白花女神、繁荣、佩基等。

粉色系：魅力、粉友谊、夏威夷人、玛什加尼、埃里沙维斯昆等。

黄色系：金色原野、金色杰克逊、荷兰黄、新星、豪华、彼德李、聚光、梅格、黄金等。

红色系：红美人、红光、奥斯卡、胜利、青骨红、玫瑰红、火焰商标、欢呼、尼克尔、芭蕾舞女演员、戴高乐、乐天、钻石红等。

紫色系：长尾玉、蓝色康凯拉、紫色施普里姆。

烟色系：巧克力。

复色系列：小丑。

5. 花语

幽会、用心、长寿、福禄、康宁、坚固。

【材料与工具】

1. 材料

唐菖蒲种苗、花泥、草炭土、沙子、多菌灵、代森锌、三氯杀螨醇、杀灭菊酯、阿维菌素、腈菌唑、高锰酸钾、生根剂、包装袋、胶带等。

2. 工具

铁锹、花铲、手锄、纸箱、喷雾器、量筒、天平、遮阳网等。

子任务一 品种选择

唐菖蒲为多种源多世代杂交种，至今尚无公认的统一种名。唐菖蒲的分类方法很多，以花期可分为春花类、夏花类；以花朵排列形式可分为规整类、不规整类；按花大小可分为巨花类、中花类、小花类；按花型可分为号角型、荷花型、飞燕型等。

根据预期开花时间和当地的气候环境条件，选择植株健壮、株形紧凑、抗病性强、耐寒、耐热性好、易于管理、适应性广、色彩鲜艳，适宜本地区气候栽培种植的品种。唐菖蒲生长期间的平均温度将决定其生长周期。

子任务二 种植前准备

（一）繁殖方法

以分球繁殖为主，杂交育种时用种子繁殖。

分球繁殖，以1个较大的球茎栽种后，能长成2个以上的新球，在新球的下面还能生出许多仔球，这些仔球均可作为繁殖材料。根据球茎的大小，可以分为四级：直径在6cm以上的为一级，称为大球；4cm左右的为二级，称为中球；2.5cm左右的为三级，称为小球；1cm以下的称为仔球，属于四级，用仔球进行繁殖，需经3~4年才能开花（图3-37）。

中球和大球采用开沟点种法，沟深为球直径的3倍左右，株距按球径大小灵活掌握。小球采用开沟撒播法，仔球多采用直接撒播法。下种前要施足基肥，但要注意肥料不能和球茎直接接触，播种后注意水分管理，出苗前不干不浇。为提高单位面积的鲜切花产量，在不影响采摘鲜花的原则下，行距应尽量缩小。

图 3-37　唐菖蒲分球繁殖

作切花用的球茎，最好是由仔球种植 1~2 年后所获得的新球。连年用开花球生长后获得的球茎栽培，会发生茎叶发黄、枯萎，穗状花序变短，花朵变小，花瓣色彩暗淡，切花质量与产量下降，这种现象称为退化。退化的原因是多方面的，一般认为是由于夏季高温干燥、生长不良或由于病毒病所引起，也有的认为是生育期不够长、营养积累不充分、球茎休眠期储藏条件不良等所致。

专门从事切花生产的种球，多数都是从气候、地理环境适合于唐菖蒲生长发育的地区购入。这种球茎质量好、品种正，但费用较高，所以应自己建立种球圃，以减少生产成本。

（二）土壤消毒

选择地势高燥、阳光充足、通风良好的地块，切忌低洼、阴冷的环境。要求土壤耕作层深厚，排水良好，pH 最好为 6.0~6.5。pH 低于 5 时，土壤易发生氟危害，可加石灰调整；pH 高于 7.5 时，土壤因缺铁而易发生黄叶病。唐菖蒲对土壤含盐量很敏感，盐分过高会阻碍根的生长和开花。严格避免连作，实行水旱轮作或进行土壤消毒。如果土壤的前茬种过唐菖蒲、鸢尾、小苍兰或其他鸢尾科植物，则在种植前必须对土壤彻底消毒，否则可能会造成土传病害的发生。当然，6 年未种过鸢尾科植物的土壤不用消毒，可以直接种植。如用蒸汽对土壤消毒，需在蒸汽温度 100~120℃下，持续 40~60min；如用化学药剂消毒，可使用氯化苦、溴甲烷、福尔马林（36%~40% 的甲醛溶液）等。消毒土层厚 30cm。

（三）种球消毒

种植前必须用千分之一的克菌丹、百菌清、多菌灵、高锰酸钾等水溶液浸泡 17min 进行种球消毒。

（四）种球储藏

种球到达后需立即打开包装，以避免菌类的滋生和种球生根、长芽。打开包装应尽快播种，如果不能及时种完，可以在通风良好的干燥处进行短期储存，1~5 月为 17~20℃，6~12 月为 5~9℃。

【关键与要点】

① 注意繁殖方法的选择。

② 种植前必须用千分之一的克菌丹、百菌清、多菌灵、高锰酸钾等水溶液浸泡 17min 进行种球消毒。

③ 使用基质之前要测 pH 及 EC 值，基质 pH 及 EC 值调节要符合唐菖蒲生长需要。

子任务三 种　　植

一、种植时期

露地栽培一般在 3～5 月种植。为延长切花的供应期，种球应该错开播种。自播种到采收切花的周期，与品种特性、种球大小、栽培时期的温度条件等因素有关。早花品种与晚花品种同时播种，花期可相隔 20～30 天；周径为 12～14cm 的大球比 8cm 左右球径可提早 2～3 周开花；栽培温度在 25℃条件下经 60～70 天开花的品种，在温度降低至 12～15℃时，开花期则要延长到 90～120 天。利用地膜与小拱棚栽培，播种期还可提前 1 个月左右。5 月后播种的种球因气温升高，在储藏期间容易发根，因此，后期种植的球茎应该在通风、干燥环境条件下储藏，或在 2～5℃低温下冷藏。

二、种植深度和密度

（一）种植密度

种植密度对植株的坚实度和花的品质有决定性影响。所以在种植密度的确定上须慎重。种植密度要依据品种、种球大小及栽培季节而定，一般情况下春季的栽培密度大于秋季（表 3-17）。

表 3-17　唐菖蒲不同种球大小与栽培密度

种球规格/cm	6～8	8～10	10～12	12～14	14 以上
每平方米种球数/个	60～80	50～70	50～70	30～60	30～60

（二）种植深度

球茎种植深度应根据土壤类型与播种时期而定。一般黏重土壤要比疏松土壤种浅些；春季栽植要比夏秋栽培浅些。通常春栽深度掌握在 5～10cm，夏秋栽植可加深到 10～15cm。夏秋栽植深，主要是利用较低气温减轻病害，当然，深栽也推迟花期。栽植后畦面覆盖稻草、麦壳、锯木屑，可以保持土壤湿度，对根的生长、芽的萌发和花的品质形成都有较好效果。

漫灌方式用平畦，喷灌方式用平畦或高畦（图 3-38）。

图 3-38　唐菖蒲种植方式

三、整地和施肥

种植唐菖蒲的土壤宜选用沙质壤土，土层要深厚、疏松、排水良好，切忌积水。做成高 20cm、宽 1～1.5m 的高畦。施肥应氮磷钾兼顾。由于唐菖蒲是浅根性植物，肥料应浅施。追肥分别在二片真叶期（花芽分化后）和吐穗期，施用稀薄粪水加尿素一次，中期重施一次钾肥，后期注意控氮，以免植株徒长，造成倒伏。对以种球生产为主的地块应以增施钾肥为主。

四、球茎选择与处理

在确定栽培品种后，要注意选择球茎，选择时注意品种不可混杂，选无病虫、芽点没有损伤的种球。在种植前要将分级球茎先浸水15min，再用0.1%的升汞或福尔马林80倍液浸泡30min消毒，取出后冲洗干净再下种。

【关键与要点】

① 一般情况下春季的栽培密度大于秋季。

② 一般黏重土壤要比疏松土壤种浅些；春季栽植要比夏秋栽植浅些。

子任务四　日常养护管理

（一）温度管理

唐菖蒲种植后两周内应保持夜温12～18℃，白天22℃，出芽后夜温可升至13～14℃，白天23～25℃。在第3片叶子刚看见到第6、7片叶子出现的这段时间是唐菖蒲的花芽分化期，此期间若温度偏低会引起盲花，使开花率降低；温度偏高，会发生消蕾现象。唐菖蒲生长期间的平均温度将决定其生长周期，详细见表3-18。

表3-18　唐菖蒲生长期间平均温度与生长周期的关系

平均温度/℃	12	15	20	25
生长周期/天	110～120	90～100	80～90	60～70

（二）湿度管理

种植前土壤需先浇一次水，以保证种植时土壤的湿润，种植后两周内无须浇水。在唐菖蒲的整个生长过程中，土壤始终要保持湿润，若土壤干燥，可选在晴天的上午浇水，有时还需要用覆盖物来保持土壤湿度。植株3～7片叶时水分供应要充足，否则会影响花芽形成。

（三）光照管理

唐菖蒲属于长日照花卉，尤其在生长过程中，需要较强的光照，特别是叶子萌发后，植株则通过光合作用制造养分来维持生长。3～7片叶时（花芽分化期）光照不足，会导致叶同化作用产生的养分不足，使开花受到影响，所以第三片叶出现至开花应尽可能增加光照。

（四）通风管理

通风过程中要特别注意温室的温度和相对湿度的波动幅度不能太剧烈。

（五）肥料管理

在唐菖蒲种植后的前几周，种球本身能够提供足够的养分，使植株很好地生长，而且新种植球茎的根对盐分很敏感，所以一般情况下在种植后几周（第3～4周）才开始施肥，当第3片叶子抽出时，每亩追施12～18kg的颗粒状硝酸钙，可分三次追入。在苗期还要进行追肥，尤其是磷钾肥，这样既可提高切花和球茎的质量，同时还可增加植株的抗病、抗倒伏能力，追肥一般在苗期、旺盛生长期、开花前后及养球期间进行，以少量多次为原则。

【关键与要点】

① 种植前土壤需先浇一次水，以保证种植时土壤的湿润，种植后两周内无须浇水。

② 在唐菖蒲种植后的前几周，种球本身能够提供足够的养分，使植株很好地生长，而且新种植球茎的根对盐分很敏感，所以一般情况下在种植后几周（第3～4周）才开始施肥。

子任务五　切花采收和储藏

一、采收

当花穗的第一朵花显色时，就可以采收。采收后捆扎放入10%STS（硫代硫酸银）和杀菌剂的水溶液中处理24h，包装于保湿箱中，在4～5℃下储存1～3周。

过早采收会使花开得不好，过晚则不利于采后的处理及运输。采收后的储藏及运输过程中，最好保持切花直立。储藏时要保持花朵干燥并尽量使冷库的温度保持在2～5℃。

二、分级

采收后，按照《国家唐菖蒲切花产品质量等级标准》，通过机选和手选的方式，从整体感、最小花直径、小花数、花形是否完整、基部第一朵花直径、花色是否鲜艳、花枝长度、叶片是否褪绿等方面对其进行分级和处理（图3-39）。

分级见附录A。

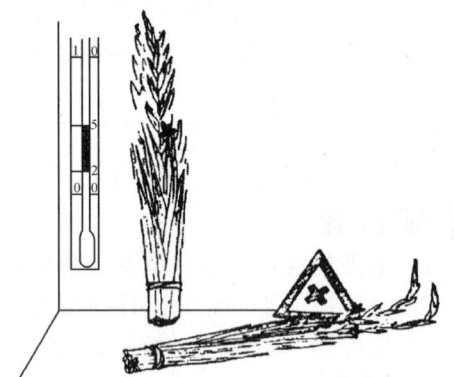

图3-39　唐菖蒲切花采收及包装

三、包装、标志、储藏和运输

（一）切花包装

各层切花反向叠放箱中，花朵朝外，离箱边5cm；小箱为10把，大箱为15把；装箱时，中间需捆绑固定；纸箱两侧需打孔，孔口距离箱口8cm；纸箱宽度为30cm或40cm。

（二）标志

必须注明切花种类、品种名、花色、级别、花梗长度、装箱容量、生产单位、采切时间。

（三）储藏条件

最好采用干藏方式。温度保持在7～10℃，相对湿度要求90%～95%。结束后，要求采用花期控制处理。

（四）运输条件

对于多数品种，温度要求在8～10℃；空气相对湿度保持在85%～95%。一般采用干运（即将切花的茎基不给予任何给水措施）。无论是储藏或是运输中，花茎必须直立放置，避免花穗向上弯曲。

（五）种球包装

用网袋把分好等级的种球按照一定的数量装袋，准备入库冷藏。

（六）储藏

2～5℃干储60天，即可打破休眠。

【关键与要点】

采收后的储藏及运输过程中，花茎最好保持直立状态放置，避免花穗向下弯曲。储藏时要保持花朵干燥并尽量使冷库的温度保持在2～5℃。

子任务六 病虫害防治

一、主要病害防治

（一）根腐病防治

这种病害是由唐菖蒲尖镰孢菌引起的，病菌主要侵染种球，在种球上呈现不规则的近圆形小斑，后期变成黑褐色，种球在储藏期感染此病会迅速腐烂。感染此病的种球定植发芽后则嫩叶弯曲、皱缩，叶簇弯黄干枯，导致整株死亡。感染此病的植株基本上在4～5片叶时就干枯死亡。因此针对这种病害的特征，应在储藏前就进行预防：剔除有伤、有病种球，在种植前将种球放在杀菌剂溶液中浸泡一天，以杀死病菌。另外要注意的是要不定期坚持轮作，以减少感染机会。

（二）病毒病防治

唐菖蒲病毒病主要是由黄瓜花叶病毒引起的，病毒发生后引起植株私有化，叶片变小，且在叶面上出现褪绿斑点，叶片呈黄绿色，球茎变扁变小，对病毒病的防治主要是切断其传染媒介，如蚜虫、蓟马等昆虫，定期喷洒杀虫剂；另一方面就是选用无病种球或脱毒组培苗作栽培材料，并且在发现病株后及时拔除销毁。

（三）立枯病、腐烂病防治

发病原因：水分过大、通风不好、温度太高。

防治方法：硫酸铜1kg加水500～1000kg，配成水溶液喷雾。

（四）干梢病防治

发病原因：土壤含水量低于30%，气温在29℃以上，空气湿度在60%以下。

防治方法：①用40万单位的青霉素，在靠地面处用注射针注射球茎，疗效达95%以上，用800倍的多菌灵药液喷施，也有一定预防治疗作用。②去除病叶，防止干旱，使土壤含水量在50%左右，空气湿度70%左右，温度20～25℃，避免施用未腐熟的有机肥料，氮、磷、钾肥合理搭配。

（五）锈病防治

气温在25℃、相对湿度85%以上时易发此病，地势低洼、排水不良、土壤黏重、种植密度过大、通风条件不好的条件下，发病严重。氮肥施用过多，也易致锈病的发生。

防治方法：①种植密度合理，使植株保持良好的通风、透光条件。②发病初期用15%粉锈宁可湿性粉剂1000～1200倍液或80%代森锌500倍液或20%萎锈灵乳油400倍液，每隔10～15天喷洒1次，共3次。

二、主要虫害防治

（一）地老虎防治

俗称土蚕，有昼伏夜出的习性，啃食唐菖蒲靠近于地面的部分，使植株倒伏。可利用其对糖醋敏感的特性进行诱杀。用红糖4份、醋1份、水4份、90%敌百虫原粉1份酿成药液，放入金属盘中，置于地面，可以起到很好的诱杀作用；另外也可用25%辛硫磷乳油1000倍液灌穴毒杀地老虎，在虫口少时可人工捕杀。

（二）夜蛾及尺蠖防治

会在叶片上留下大大小小的洞和缺口，严重时会吃光新叶，严重影响唐菖蒲生长，一般用除虫清、氯氰菊酯等杀虫剂来防治。

（三）螨类防治

可使叶片变白、生长缓慢、种球质量下降，可选用克螨特800~1000倍液，均匀喷洒叶片。

（四）蓟马防治

可使唐菖蒲生长缓慢和畸形，其症状和病毒病有些相似，也是传播病毒的主要途径，可选用30%吡虫啉2000倍液均匀喷洒叶片，具有很好的防治效果。

（五）线虫防治

危害根部，造成全株枯黄死亡。

防治方法：20%可湿性杀螨酯1kg、水800~1600kg溶液喷雾流至根部或在定植前用呋喃丹、威百亩、棉隆、杀线酯、二溴乙烯等施入土中。

【关键与要点】注意用药品种的选择和更换，不能重复使用一种药2年以上。

【巩固训练任务四】 六出花切花生产

六出花在我国还处于引种阶段，在切花市场还不多见，仅有少数企业进行小规模的试种。盆栽六出花仅在展览会上作展品，日常使用的以切花品种为主（图3-40）。

图3-40 六出花

1. 任务内容

以小组（5~6人为1组）为单位，独立完成六出花切花生产全过程，六出花切花生产主要包括育苗、日常养护、花期调控、病虫害防治、切花采收等内容。通过任务的完成，使学生重点掌握六出花的栽培技术和养护管理，最终生产出六出花切花产品。

2. 任务要求

1）通过课后巩固训练任务的反复练习，使学生能够更好地掌握田间养护技术要点等内容，强化学生对相关知识的掌握程度，并增强学生独立动手操作能力。

2）制定六出花切花周年生产方案、生产计划和资金预算方案，方案和计划应符合实际生产需要，方案应详细、合理、具有可操作性。

3）各小组根据制定的方案进行任务实施。

4）每次任务结束填写工作日志和成本记录表。

5）巩固训练任务全部结束，各小组要根据成本记录和销售记录完成该品种效益分析报告。

6）任务完成过程中要分工合作，各种药品按照使用说明进行正确使用；按照工具的正确使用规范进行操作，保证设备的完整以及人员的安全。

3. 主要技术要点

（1）形态特征　六出花为多年生草本。其根肥厚、肉质，呈块状茎，簇生，平卧。茎直立，不分枝。叶多数，互生，披针形，呈螺旋状排列。伞形花序，花小而多，喇叭形，花橙黄色，内轮具红褐色条纹斑点。

（2）生物学特性　六出花原产南美的智利、秘鲁、巴西、阿根廷和中美的墨西哥。喜温暖湿润和阳光充足的环境。夏季需凉爽，怕炎热，耐半阴，不耐寒。生长适温为15~25℃，最佳花芽分化温度为20~22℃，如果长期处于20℃下，将不断形成花芽，可周年开花。如气温超过25℃，则营养生长旺盛，而不进行花芽分化。

六出花属于长日照植物。生长期日照在60%~70%最佳，忌烈日直晒，可适当遮阴。如秋季因日照时间短，影响开花时，采用补光措施，每天日照时间在13~14h，可提高开花率。

六出花忌积水并具有一定的耐旱能力，土壤以疏松、肥沃和排水良好的沙质壤土为宜，pH在6.5左右为好。盆栽土用腐叶土或泥炭土、培养土和粗沙的混合土。

（3）繁殖方法

1）播种繁殖：杂种六出花种子千粒质量约16g，宜秋冬季播种。播种基质用草炭土与沙按1:1（体积比）的比例混合，经过高温消毒后，装于播种盆中。10月中旬至11月下旬播种，经过1个月0~5℃的自然低温，种子逐渐萌动；然后移至15~20℃的条件下，约2周，种子发芽率可达80%以上。种子发芽后温度维持在10~20℃，生长迅速。当幼苗长至4~5cm高时，应及时分植。移植时切勿损伤根系，移植时间以早春2~3月为佳.

2）分株繁殖：六出花有横卧地下的根茎，其上着生肉质根，以储存水分和养分。在横卧根茎上着生出许多隐芽，当外界条件适合时，横卧根茎在土壤中延伸，同时部分隐芽萌发，直到长成花枝。分株繁殖就是利用根茎上未萌发的隐芽，当根茎分段切开后，刺激隐芽萌发即可形成新的植株。分株繁殖时间为10月。植株分栽前，要使土壤疏松、不干不湿。分株时，先自距地面30cm处剪除植株上部，后将植株挖起（尽量避免碰伤根系），轻轻抖动周围土壤，使根茎清晰植在已准备好的苗床上。作切花栽培的植株株行距一般为40cm×50cm。

3）组培繁殖：常用顶芽作外植体，经常规消毒灭菌后，接种到添加6-苄氨基腺嘌呤5mg/L和萘乙酸1mg/L的MS培养基上，经两个月培养成不定芽，再转移到添加萘乙酸1mL的1/2MS培养基上，由不定芽形成块茎。

（4）日常养护管理　同唐菖蒲。

任务五　康乃馨切花生产

【任务描述】

康乃馨切花生产主要包括品种选择、定植、日常管理、病虫害防治、采收、分级、包装、加工、储藏和种苗生产等内容。通过任务的完成，能获得康乃馨切花产品及康乃馨种苗。

【任务目标】

1. 掌握康乃馨土壤改良、定植、日常养护管理的方法。
2. 了解康乃馨常见病虫害的种类及主要识别特点，掌握较常用的防治方法。
3. 掌握康乃馨切花采收、分级、包装、储藏的方法。
4. 掌握康乃馨种苗生产的方法。
5. 能根据市场需求、企业实际情况主持制订康乃馨切花周年生产计划和生产管理方案。
6. 能组织并实际参与康乃馨切花生产，能结合实际生产进行生产效益分析。
7. 能根据任务要求和主要技术要点，独立完成并行项目——勿忘我切花生产过程。

【相关介绍】

1. 形态特征

康乃馨（图3-41），又名香石竹，为石竹科石竹属多年生宿根花卉。株高50～100cm，多分枝，茎干硬而脆，节膨大；叶对生，呈披针形；花顶生，聚散状花序，花瓣先端多作细缺刻，花径为8cm。花色娇艳，又具芳香，花期长。露地栽培的主要花期在5～6月和9～10月；温室花卉精心养护，温度、湿度适宜，可达到全年开花。单花花期长，为15～20天。

2. 生态习性

康乃馨，原产于南欧，适于比较干燥和阳光充足的环境。其多为四季性开花，性喜冷凉气候，但不耐寒，在长江以南地区可露地越冬，但冬季不开花。适宜的生长温度为白天18～22℃，夜晚10～15℃。夏季温度超过30℃以上明显生育不良，冬季5℃以下生育迟缓。康乃馨喜保肥、通气和排水性好，腐殖质丰富的中性或微酸性黏壤土，土壤要求pH为6.0～6.5、低洼积水的湿地。

3. 生产现状

康乃馨为世界著名的四大切花之一，现世界各地广为栽培。国际上，康乃馨切花生产国主要有哥伦比亚、意大利、西班牙、日本、肯尼亚、荷兰、美国、以色列。进行康乃馨育种、繁种的公司也很多，如法国巴伯特布兰卡公司、德国希莱克公司、以色列谢米公司、荷兰彼克公司等。我国康乃馨大规模切花生产起步较晚，但发展非常迅速。目前国内主要在昆明、上海、广州等地区生产，尤以昆明为主。康乃馨切花种植如图3-42所示。

图3-41 康乃馨

图3-42 康乃馨切花种植

4. 主要品种

康乃馨的品种很丰富，目前进入中国市场的品种，影响较大的是以下几种：

(1) 大花品种

1) 红色系。各公司推出的红色系品种共 30 个，法国巴伯特布兰卡公司的海伦（Killer）、马斯特（Master）、多明哥（Domingo）和德国希莱克公司的大唐（Danton）、佛朗克（Francesec）等品种，以苞形大、色彩艳、长势健而占有优势。以色列谢米公司的红宝石（Ruby）和拿破仑（Napoleon），斯塔威公司的爱卡迪（Aicardi）、红贝壳（Camba）、迪斯欧（Desio）、的尔卡普罗（Acapulco）、印度红（Indios）等苞形略小，但产量高，花色纯，也有较好的市场位置。

2) 黄色系。各公司推出的黄色系品种共 22 个。黄色系品种多为中苞形，花瓣相对偏少，一般在 40~70 瓣之间。以抗性强、花色纯正、鲜艳，花形圆正的品种更受欢迎，如莱贝特（Liberty）、日出（Sunrise）、普莱托（Presto）、黄梅（Hermes）、金刷（Goldrush）。黄色带红丝的品种，苞形普遍较纯黄色品种大，如雅典娜（Pallas）、依沙贝尔（Isabel）、瞒那比（Manabi）等，但市场销量明显少于纯黄色品种。

3) 粉红色系。各公司推出的粉红色系品种共 36 个，以荷兰彼克公司推出的品种最多，花型大而美，颜色深浅系列全，抗性强，目前国内流行的品种有卡曼（Charmant）、鲁色娜（Lucena）、粉多娜（PinkDona）等。在国际花卉市场上粉色香石竹销售量最大，各公司推出的品种也很多。

4) 桃红色系。各公司推出的桃红色系品种共 15 个，以色列谢米公司和法国巴伯特布兰卡公司的品种占有明显优势。尤其是谢米公司的品种达拉斯（Dallas）表现出生长快、产量高、花苞大，抗性强、瓶插寿命长等优势，已成为生产中的主栽品种。

5) 紫色系。各公司推出的紫色系品种共 7 个。紫瑞德（PurpleRendez-vous）、紫帝（PurpleEmpero）、韦那热（Venessa）这 3 个品种较好，有一定市场，但市场容量十分有限。

6) 橙黄、橘红色系。各公司共推出橙黄、橘红色系品种共 19 个，此系列品种普遍表现出花型大、产量高、生长快等优势，以马里亚（Malaga）、佛卡那（ForcaLavifor）、托飞（Toffi）、那比夏（SolarLonbicia）、卡瑞欧（SolarChiaro）更好，但国内市场对此色系需求量较少。

7) 绿色系。目前仅荷兰彼克公司有 1 个品种。作为特殊类型，市场也有一定销量，但占比例极少。

8) 白色系。各公司共推出白色系列品种 21 个，多数白色品种的生长势、产量、抗性等表现较好。以洁白纯正的品种最受市场欢迎，如白达飞（WhiteDolphine）、卡多（Condor）等。但国内市场需求量很少。

9) 复色系。复色系以中苞为主，近年来品种增加很多，成为最流行的色系之一，各品种累计鲜花生产量，已接近红色系品种。

(2) 多头品种　多头石竹主要以香石竹中的小石竹（Miniature）为主。此种类有数百个切花品种，也有少量盆花品种，具有多种多样的复色花型。各种苗公司每年生产销售 30~50 个品种，以希维达、巴伯特布兰卡 2 个公司的品种最多而有特色。

5. 花语

康乃馨象征热情、魅力、使人柔弱的爱、真情、母亲我爱你、温馨的祝福、热爱着你、慈祥、不求代价的母爱、宽容、母亲之花、浓郁的亲情、亲情思念、清纯的爱慕之情、热恋、热心、伤心与懊悔、伟大、神圣、慰问、心灵的相通、真挚、走运、思念。

【材料与工具】

1. 材料

康乃馨植株、草炭土、沙子、粪肥、磷酸二铵、尿素、硝酸钙、硝酸钾、硫酸钾、百菌清、代森锰锌、福美双、波尔多液、粉锈宁乳油、三氯杀螨醇、氧化乐果、包装袋、皮套、纸箱、铁管、防倒伏网等。

2. 工具

旋耕机、铁锹、手推车、平耙、花铲、手锄、喷雾器、皮尺、量筒、天平、测绳、枝剪等。

子任务一 品种选择

（一）选择标准

康乃馨冬季开花的切花品种应具有生长快、抗病性强、耐寒、产量高的特性；康乃馨夏季开花的品种应具有在高温和长日照下抗病性强、分枝性好、裂苞少、茎挺直的特性。同时，生产栽培区要结合本地区的主要气候环境因子，选择适宜于当地生长的品种，并结合市场的需要按比例搭配花色。

（二）种苗标准

目前，生产上通常选择扦插苗。标准为：种苗 5~6 片叶，叶片油绿，根系新鲜、强健、色白，根长达 1~2cm，叶片无病斑、虫咬伤缺口和机械损伤。

子任务二 土壤改良

（一）改良土壤

康乃馨栽培土壤的 pH 为 5.6~6.5，EC 值为 0.6~1.2mS/cm，最高不能超过 2.5mS/cm。

改良土壤时一般在土壤中掺入大量的分解缓慢、氮素含量较少、多糖类含量较高的粗纤维有机质，如稻谷壳、大豆荚、花生壳、锯木屑、草炭及经过粉碎的玉米、麦秆、稻草等作物碎段，掺入量为土壤容积的 20%~30%。各种掺入的材料中，稻谷壳的效果最好。其有利于增加土壤孔隙度，保持土质疏松且具有良好的保水性能，能促进康乃馨植株的生长发育。

（二）施基肥

康乃馨喜肥，整地前应施足基肥，通常 100m² 施用菜籽饼 30kg（或豆饼 20kg，麻酱渣 20kg）、鸡粪 60kg、圈肥 500kg、过磷酸钙 19kg、草木灰 50kg（或骨粉 10kg）；或每平方米施用 8~11kg 腐熟的猪粪或牛粪，翻入畦面表土 10cm 以下；每平方米畦面施用 0.8~1.1kg 复合肥。基肥与追肥之比以 3∶1 为宜。

（三）土壤消毒

100m² 土壤均匀撒施 250g 五氯硝基苯和 500g 甲拌磷。

（四）整地

通常深翻 25~30cm，若土壤排水性不良，必须将土壤翻松至土层深度达 50~60cm。

子任务三 定 植

一、作床

平整土地后即可作床。一般种植床高 15~20cm，宽为 0.8~1m。条件允许时，可在种植床边用木板、水泥板或砖砌20cm高度的边框，床底铺设排水管或用碎石、稻谷壳等作排水层，便于土壤管理。

二、定植

（一）定植时间

康乃馨定植后到开花所需时间，会因光强、温度与光期长短而变化，一般为4~5个月。根据市场供花需求，可以适当调节定植时间。康乃馨的作型有春作型、冬作型和秋作型三种。春作型4~5月定植，10月以后出花，是目前栽培面积最广的作型；冬作型主要是12月定植，第二年6~7月出花；秋作型9月定植，3~4月出花。除此之外，还有多年作型，即一次定植，连续2~3年收获。

（二）定植方式

由于康乃馨品种习性、摘心次数等不同，在生产实践中有多种不同的定植方式。通常定植床宽90~120cm种6行，适宜的栽植密度为每平方米36~42株，栽植株行距为15cm×20cm、15cm×18cm、15cm×15cm、10cm×20cm等（图3-43）。

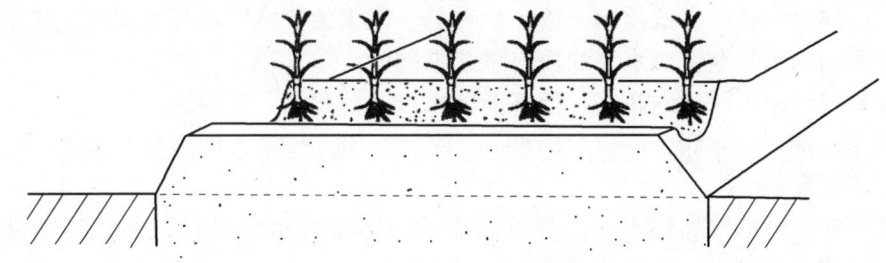

图3-43 康乃馨定植

插穗发根后直接定植，定植时根系的适宜长度在2cm以内。如定植时根系长于2cm，植株在从育苗床上取出时容易断根，从而影响幼苗缓根和初期生长。为促使小苗迅速发根，同时减少茎腐病的发生，康乃馨定植时要"浅"，通常为2~3cm，以扦插苗在原扦插介质中的表层部位稍露出土面为度。栽植时要保持苗壮直立，栽植位置整齐，不要弄掉幼苗所带的根土。同时，要防止幼苗暴晒而使根系干燥，栽后立即浇透水，使根系与土壤充分接触。幼苗缓苗期间要保持土壤湿度，最好用遮阳网等遮光处理3~4天。

【关键与要点】栽培时注意：根系入土且舒展不折，定植时，应特别注意将根颈部露在土外面1~1.5cm，用手将根部压实，并且不要怕第1次浇水有倒伏现象发生，如有倒伏，可在倒后3~4天扶正，日后就能正常生长了。如栽种深了，植株随生长向下沉，生长点埋入土中，植株易感染真菌病害，花蕾也长不出地面，影响开花，尤其是烂心现象的发生；种的太浅在最初收花时容易将植株拔起。

子任务四 日常养护管理

（一）温度管理

康乃馨性喜冬季温暖、夏季凉爽的气候条件。最适温度白天18~22℃，夜间10~15℃。开花时最适温度10~20℃。白天温度过高，康乃馨出现叶窄、花小、分枝不良等现象；夜间温度太高，则会出现茎弱、花小、而花色好的异常反应。在我国康乃馨切花生产区，处理

好康乃馨生产中的夏季降温与冬季保温是保证切花数量和质量的重要技术措施之一。10月中旬以后应覆盖薄膜，进行保温，白天应充分通风和换气，冬季寒冷地区可通过棚内设置2~3层膜进行保温，必要时进行加温，但应注意充分通风，以防止病害发生。夏季主要是通过遮阳与喷雾的方法降温。

（二）光照管理

强光有利于花芽分化，适合康乃馨健壮生长，但 $5 \times 10^4 lx$ 为光饱和点。高光强时会产生过热，但因热能伴随太阳光而来，故夏季遮阴也只能是轻度的，否则对植株生长不利。过度遮阴，光强仅 2000~4000lx 则引起生长缓慢、茎干软弱等现象。

光照时间方面，白天加长光照到16h，或晚上10点到凌晨2点用照光来打断黑夜，或通夜用低强度光照射，都会对康乃馨产生较好的效果。随着光照时间与强度的增加，光合作用加强，有利于加速营养生长，促进花芽分化，提早开花期，提高产花量。

（三）水分管理

康乃馨喜湿润，但不耐涝，生长过程中应避雨栽培。多选用滴灌方式浇水，不仅可以精确地控制肥水，满足康乃馨在不同的生长时期对肥水的要求，而且能使叶面保持干爽，减少病害的发生；同时，还能有效控制土壤中的养分，减少由于施肥不当引起的土壤盐分增高现象。康乃馨不同的生长期，对水分的需求量是不同的。

苗期根系较浅，虽然代谢旺盛，但不能浇水过多，要见干见湿。

缓苗期要保持土壤湿润，待成活后要适当控水，进行2~3次适度"蹲苗"，促使植株根系向土壤下层发展。

生长旺盛期，可以增加浇水量。夏季高温季节土壤含水量不宜过高，否则易发生茎腐病。浇水应做到清晨浇水，傍晚落干。

（四）养分管理

康乃馨的生育期较长，在施足基肥的基础上，还需施加追肥，遵循"薄肥勤施"原则。在不同生育期，要根据实际生长情况调整施肥次数和施肥量。一般在定植10~15天就需要进行追肥1次，可施加菜饼水或含氮、磷、钾、钙、镁的液肥；生长旺盛期应勤施肥，5~7天1次，可结合中耕施用菜籽饼、骨粉或速效性的复合肥；生长中后期应逐渐减少氮肥用量，而增加磷、钾肥用量；花蕾形成后可适当进行磷酸二氢钾的叶面追肥1~2次，提高茎干硬度，但次数不宜多。常用追肥量，100L水溶液中所用化学肥料为：硝酸钾411g，硝酸钙245g，硝酸钾82g，硫酸镁164g，磷酸82g，硼砂41g。施肥时间为每2~3周1次。冬季保护地栽植时，在温度适宜的情况下，养分需要量为夏季的2~3倍。定期对康乃馨叶片进行营养分析，调整追肥中各元素的比例。

子任务五　田间管理

一、摘心

康乃馨摘心后会促进侧芽生长，使植株多分枝，形成株丛。通过摘心控制开花枝数并能调节花期和生育状态。通常在定植后的4~6周可做第一次摘心，即幼苗在6~7节时进行，从基部向上第6节处用手摘去茎尖，下部叶的侧芽长约5cm为宜，第一次摘心保留3~4个侧芽。第二次摘心通常在第一次摘心后发生的侧枝长到5~6节时进行；最后一次摘心，称为"定头",是根据不同的品种和供花时期而定。一般从摘心至开花需要5~6个月时间,可利用这段时间调节花期。如需在12月至第二年1月开花的,一般在7月中旬"定头";如需"五一"开花的,摘心应在1月初结束。为保证切花品质,摘心一般不超过3次,一般每株康乃馨植株保留3~6个侧枝即可,将其余侧枝从基部剪除。摘心应尽可能在晴天进行,摘心后要及时喷药防病。

不同摘心方法对花的产量、质量及开花时间有不同的影响。生产中采用以下4种摘心方式(图3-44)。

(一)单摘心

仅摘去原栽植株的茎顶尖,可使4~5个营养枝延长生长、开花,从种植到开花的时间最短(图3-44a)。

(二)半单摘心

即原主茎单摘心后,侧枝延伸足够长时,每株上有一半侧枝再摘心,即后期每株上有2~3个侧枝摘心。这种方式使第一次收花数减少,但产花量稳定,避免出现采花的高峰与低潮问题(图3-44b)。

(三)双摘心

即主茎摘心后,当侧枝生长到足够长时,对全部侧枝(3~4个)再摘心。双摘心造成同一时间内形成较多数量的花枝(6~8个),初次收花数量集中,常常用于4~5月定植,11月进入收花高峰的冬季花为主的栽培方式(图3-44c)。

(四)单摘心加打梢

开始是正常的单摘心,当侧枝长到长于该正常摘心时,进行打梢。在长达2个月的时间内要经常进行枝条的打梢工作。这样做减少了大批早茬花,使之在1年内能保持不断有花(图3-44d)。

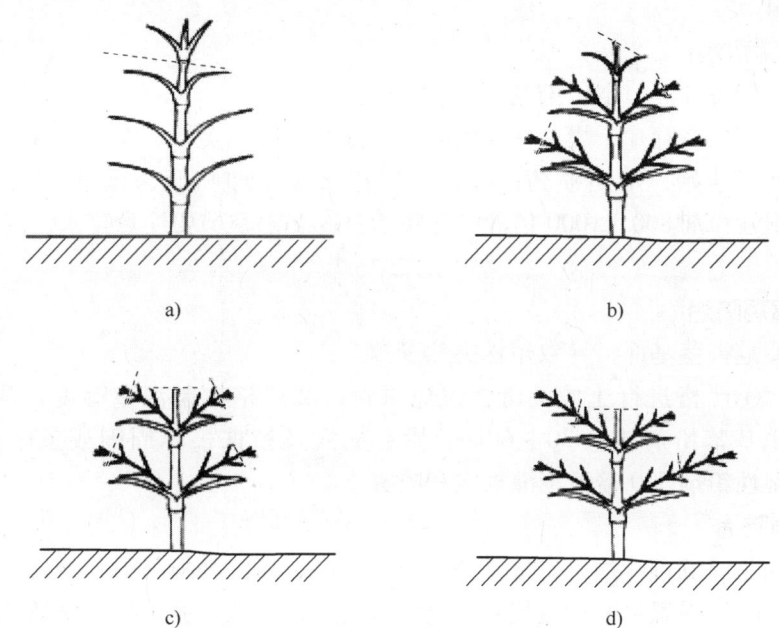

图3-44 康乃馨摘心方式
a)单摘心修剪 b)半单摘心修剪 c)双摘心修剪 d)单摘心加打梢

二、拉网

一般当苗高距离畦面约15cm开始张网，然后随着植株的生长，网格逐渐升高。张网要求拉正、拉直、拉平，以免生育的后半期整个植株的重量都落在下部的茎上，引发病虫害发生。

三、抹芽和摘蕾

康乃馨摘心后萌发的侧芽，一般每株留3~6个作为开花枝，除保留作为开花枝的分枝外，其余的应全部抹去。对于开花枝上的小侧芽，单花型品种和多花型品种处理方法不同。一般，单花型品种：除保留顶端主花蕾以外，其他的侧蕾和侧枝全部抹掉，从而保证养分集中供给顶花；多花型品种：当主花苞长到1cm左右时就可以抹去，保留主花苞以下5~6节内的花蕾，其余的侧枝、侧蕾应及时摘除。

子任务六　病虫害防治

一、主要病害防治

（一）叶枯病防治

症状：主要危害叶片，其次为茎；花蕾和花瓣也可受害。

防治措施：①避免土壤重茬；②注意通风；③每隔7~10天喷1次75%百菌清可湿性粉剂600倍液可以得到预防；或用75%代森锰锌可湿性粉剂500倍液喷雾，7~10天喷1次，连喷3~4次。

（二）叶斑病防治

症状：主要侵害叶片，也侵染茎。

防治措施：①保持叶片干燥，摘除病叶并销毁；②喷福美双、波尔多液，增强植株抗病力；③从发病初期开始，定期喷药；摘芽、切花后应立即喷洒杀菌剂予以保护；④可用75%百菌清可湿性粉剂800~1000倍液喷雾防治；⑤多雨季节要注意排水，温室栽培要保持通风透光。

（三）茎腐病防治

症状：主要危害茎基部，导致植株突然萎蔫。

防治措施：①严格进行土壤消毒，避免重茬；②严格控制温室湿度，及时拔除病株；③用40%五氯硝基苯粉剂拌土30~60kg，撒在病穴及植株根际周围或条施在畦上；④用50%福美双可湿性粉剂500倍液浇灌根穴和喷雾。

（四）锈病防治

症状：该病主要危害叶片，也危害茎和花萼。高温高湿环境易引起该病发生。

防治措施：①加强温室通风透气；②繁殖育苗时，应从无病植株上采插穗条；③避免同大戟属植物（如一品红等）邻近种植；④及时摘除病叶，并集中销毁；⑤用20%萎锈灵乳油400倍液喷雾或20%粉锈宁乳油2500倍液喷雾。

二、主要虫害防治

（一）红蜘蛛防治

可用40%三氯杀螨醇1000倍液，或40%氧化乐果1000倍液防治。

（二）蚜虫防治

可用3%的天然除虫菊酯、25%鱼藤酮、40%硫酸烟精800~1200倍液防治。

（三）蓟马防治

可用50%杀螟硫磷等内吸剂1000倍液，50%乙酰甲胺磷和25%西维因与水（1∶2∶1000）混合液喷杀。

【关键与要点】夏季温室内温度、湿度较高，易发生病虫害。日常养护中应注意通风、降温，多留意观察，仔细检查叶芽处、叶背、花蕾等幼嫩部位，如果发现病虫害，应及时对症下药。

子任务七 切花采收、包装与储藏

一、采收

康乃馨的花朵、花瓣呈较紧裹状态时最适宜采收。花瓣的露色部位长至1.2~2.5cm时，此时康乃馨花蕾在常温下2~4天后开放。多头型康乃馨的花枝，则宜当两朵花开放，其他花蕾现色时采收。

采收时，用尖锐刀或小修枝剪剪下花枝，剪口部位既要考虑到切花花枝的长度，又要考虑下一茬花枝有足够的发枝部位，保证下茬2~3个侧花枝长成品质好的花枝。通常第一茬花枝较短，是为冬季花枝留下较好的侧枝。

二、分级与包装

（一）分级

采收后，按照每支花的花色、花形、枝条的长度、枝条的硬度和枝条的粗细等，可参考《主要花卉产品等级第1部分：鲜切花》（GB/T 18247.1—2000）进行分级。也可根据客户或市场要求，对产品进行分级、包装。

（二）包装

有的企业根据客户要求，将每级花枝分别按25支绑成1束，通常绑束成扇形、圆形或每行5支，分列2层，下层3行，上层2行，该方法较适于装纸箱运输（图3-45）。

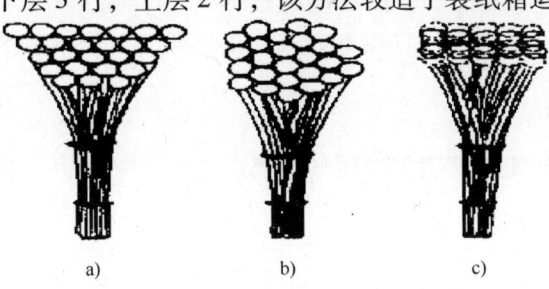

图3-45 25支康乃馨花束的3种绑扎方式
a）扇形 b）圆形 c）双层形

三、储藏

（一）冷藏

先将花枝切口更新，然后立即放入水或预处理液中，待吸足水后进行预冷，再置于 0 ~ 1℃ 的环境中储藏。

（二）化学保鲜

常用保鲜剂有：①300mL/L 8-羟基喹啉 + 50 ~ 100mL/L 硝酸银 + 5% ~ 7% 蔗糖；②5% 蔗糖 + 200mL/L 8-羟基喹啉 + 500mL/L 醋酸银；③3% 蔗糖 + 300mL/L 8-羟基喹啉 + 500mL/L B_9 + 20mL/L 5-苄基嘌呤 + 10mL/L 青鲜素；④4% 蔗糖 + 0.1% 明矾 + 0.02% 尿素 + 0.02% 氯化钠钾 + 0.02% 氯化钠。

（三）干藏

作长期储藏，最好采用干藏方式。温度保持在 0 ~ 0.5℃，相对湿度要求 90% ~ 95%。宜选用 0.04 ~ 0.06mm 的聚乙烯薄膜作保湿包装。储藏结束后，要求采用催花处理。

【关键与要点】整个包装过程中，去掉病枝、枯枝、老枝，注意避免弄伤植株，包装后应迅速储藏于预冷的清水中。并根据市场需求，及时运输到各大鲜切花市场。

子任务八　种苗生产

康乃馨切花用苗，可用扦插、压条、组织培养，通常以扦插为主。扦插除炎夏外，其他时间均可进行。

一、培养母株

选择生长健壮、品质优良的母株，培养其侧芽作插穗。母株的生产技术与前部分大致相同，在侧枝长至 6 ~ 8 片叶时摘心，待新梢发出后，再萌发的嫩梢就可以作为插穗（图3-46）。

二、准备育苗床

大多采用台式苗床，建床材料可根据各地的情况选用。床底必须有许多排水孔，苗床的宽度根据喷雾的范围及操作的方便来定。多采用全光照喷雾扦插。常用的扦插基质有珍珠岩、河沙、蛭石、炭化稻壳、锯末、泥炭土等。通常在地面上用砖砌成宽 1 ~ 1.2m、高为 2 层砖的培养槽状，然后用筛过的河沙填满，扦插基质的厚度以能稳定插穗为度，宜浅不宜深。在扦插前一天喷透水。

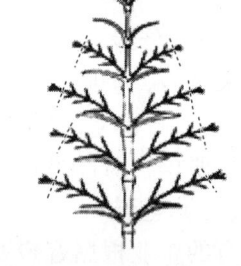

图3-46　采穗母株的修剪

三、采穗

在母株上采集充实健壮、无病害的枝条，要求穗长 8 ~ 10cm，采集部位在枝条基部第四片叶上部 1cm 处。

四、采后处理

采穗后，立即将插穗放入水中浸泡 2h，然后取出，去掉基部叶片，留 5 ~ 6 片叶，再将插穗上部对齐，按 50 株 1 捆，用橡皮套捆扎，最后用手将插穗基部掰齐。

插穗类型有两种，如图 3-47 所示。

五、扦插

先用竹签或钉子在苗床上按株行距 3cm×3cm 开洞，再将插穗放入配制好的 1000 倍萘乙酸溶液中速蘸其基部，然后将插穗插入沙中，插入的深度为 1.5～2cm，插入的同时将沙按实，使沙与插穗密切结合（图 3-48）。

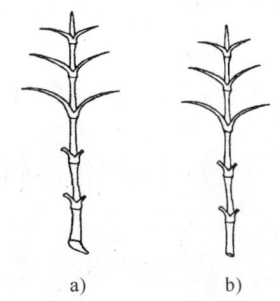

图 3-47　插穗类型
a) 带踵插穗　b) 不带踵插穗

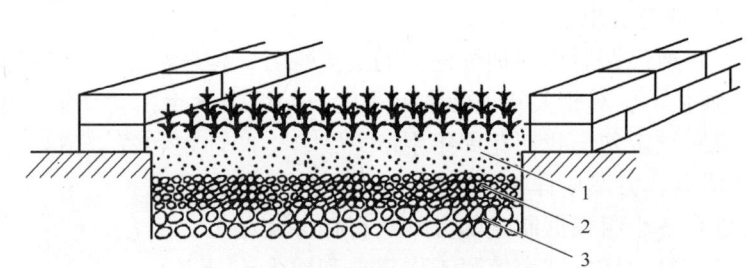

图 3-48　扦插
1—基质层　2—粗沙层　3—砾石层

六、插后管理

（一）水分管理

分枝扦插苗的培育时间，一般需 2.5 个月左右。尽量保持温室的温度为 18～22℃；扦插后要立即用喷灌系统或喷壶浇透水，在生根之前视天气情况决定喷水次数，确保叶片不失水，通常在夏季要每隔 1h 喷一次水，在春秋季节要每隔 2～3h 喷一次水，在冬季通常每天上、下午分别喷一次水。生根后，浇水量要减少，保持土壤湿润即可。

（二）光照管理

在夏季，采用遮光率为 70% 的遮阳网遮光；在春、秋季节，采用遮光率为 50% 的遮阳网遮光；在冬季不用遮光。生根后，早晚可适当多接受些光照。

（三）喷药和追肥

康乃馨扦插在高温高湿环境下易感染病菌。因此应定期喷药，通常每周 1 次，可喷多菌灵、百菌清、甲基托布津、代森锰锌等。扦插期间可适当追施 0.2% 尿素和 0.2% 磷酸二氢钾，以促进插穗生根和生长。

（四）起苗

插穗长出新根，经 1 周控水炼苗后，即可起苗。此时根系新鲜、强健、色白，根长达 1～2cm 为好。

【关键与要点】扦插密度可根据插穗的大小及气候进行适当调整，气温低时可插密一些，以降低成本，且保温、保湿；气温高时插稀一些，以利通风，防止病害发生。在插穗整理及扦插的全过程中，应注意洗手，注意塑料箱、薄膜等工具及环境的洁净，定期清洗和打扫生产区卫生。起苗时及时淘汰根系发育不良或有腐烂前兆的植株，以确保种苗质量。生根苗应及时起出，否则根系过长并开始老化，影响定植成活率、植株生产及鲜花质量。

【巩固训练任务五】 勿忘我切花生产

1. 任务内容

以小组（5~6人为1组）为单位，独立完成勿忘我切花生产全过程，勿忘我切花生产主要包括品种选择、播种育苗、土壤改良、定植、日常养护、病虫害防治、切花采收、分级、包装、储运等内容。通过任务的完成，使学生掌握勿忘我的播种育苗方法、温室栽培技术，最终生产出高品质的勿忘我切花产品，满足市场的需求。

2. 任务要求

1）通过课后巩固训练任务的反复练习，使学生能够更好地掌握播种育苗和扦插育苗方法，强化学生对相关知识的掌握程度，并增强学生独立动手的操作能力。

2）制定勿忘我切花周年生产方案、生产计划和资金预算方案，方案和计划应符合实际生产需要，方案应详细、合理、具有可操作性。

3）各小组根据制定的方案进行任务实施。

4）每次任务结束填写工作日志和成本记录表。

5）巩固训练任务全部结束，各小组要根据成本记录和销售记录完成该品种效益分析报告。

6）任务完成过程中要分工合作，各种药品按照使用说明进行正确使用；按照工具的正确使用规范进行操作，保证设备的完整以及人员的安全。

3. 主要技术要点

（1）形态特征　切花勿忘我（图4-49），为蓝雪科补血草属的多年生草本植物，可作一年生和二年生栽培。株高50~100cm，叶丛生于茎基部，呈莲座状。花冠钟形，半裂。花期3~11月。

（2）生态习性　勿忘我原产于地中海地区，适应力强，性喜干燥、凉爽气候，喜强光照，耐旱，忌高温高湿，生长适宜温度为20~25℃。适合在疏松、肥沃、排水良好的石灰质微碱性土壤中生长。

图3-49　勿忘我

（3）繁殖方法　勿忘我，有播种繁殖和组织培养育苗两种方式。播种一般在9月至第二年1月，种子具有嫌光性。在15~20℃适温条件下，经10~15天发芽。但播种苗由于纯度不高，导致开花不一致，颜色混杂较多。采用组培技术培育的组培苗，当有4~6片叶时定植。适龄优质组培苗应每株一个生长点，根系发达，叶色浓绿。组培苗栽培定植后成活率高，花色纯正，植株生长快，长势均匀，产量高，开花整齐一致。

（4）栽培技术　勿忘我要求疏松透气、土层深厚、略偏碱性的沙壤土。定植株行距为40cm×50cm，双行交错。栽植深度以根颈部和土壤表面平齐为宜，定植后及时浇透水。栽植后应有2个月的时间保持15℃以下温度，以利植株通过春化阶段，有利于植株正常生长

开花。

（5）日常养护管理　勿忘我喜干燥及排水良好的环境，忌水涝。整个生育期要适当控制浇水量，否则会导致开花质量及产量下降。生长期中施肥总用量，其中氮、钾等70%作为基肥施用，30%用作追肥，磷肥全部作基肥施用，追肥一般1季1次。温度白天保持不高于30℃，夜间不低于5℃，冬季应做好保温，白天通风换气，降低棚内空气湿度，防止诱发灰霉病。

（6）病虫害防治　勿忘我病害主要有灰霉病、白粉病、病毒病等；虫害主要有介壳虫、金龟子、袋蛾、蜗牛等。

（7）切花采收　当每个小花枝上花瓣展开达30%，全部花序显色时，即可采切。

任务六　非洲菊切花生产

【任务描述】

非洲菊切花生产主要包括品种选择、定植、日常管理、病虫害防治、采收、分级、包装和储藏等内容。通过任务的完成，能获得非洲菊切花产品。

【任务目标】

1. 掌握非洲菊土壤改良及定植的方法。
2. 掌握非洲菊生长发育不同时期对温度、光照、水分、肥料的要求。
3. 了解非洲菊常见病虫害的种类及主要识别特点，掌握较常用的防治方法。
4. 掌握非洲菊切花采收、包装、储藏的方法。
5. 能根据市场需求、企业实际情况主持制订非洲菊切花生产计划和生产管理方案。
6. 能组织并实际参与非洲菊切花生产，并结合实际对其进行生产效益分析。
7. 能根据任务要求和主要技术要点，独立完成并行项目——鹤望兰切花生产过程。

【相关介绍】

1. 形态特征

非洲菊（图3-50），又名扶郎花、灯盏花、嘉宝菊、大丁草，港台地区俗称太阳花，为菊科大丁草属多年生宿根草本植物。

图3-50　非洲菊

非洲菊的株高50～60cm。叶基生，叶丛莲座状，叶缘深裂或琴状羽裂，叶数因品种和栽种年份不同而异，一般具20～50枚。头状花序，单生于花葶顶端，花序外围为舌状花，

内部为管状花。花序外围舌状花1~2轮，也有多轮的重瓣品种。非洲菊花色极为丰富，花心部分小花的花色有绿色、黄色、黑色等变化。

2. 生态习性

非洲菊原产于非洲南部，喜温暖湿润、阳光充足和空气流通的环境，不耐寒，忌炎热，最适生长适温白天为20~25℃，夜间14~16℃。非洲菊每天日照时数应不少于12h，在我国北方地区冬季日照时间短的保护地栽培最好人为补充光照。自然条件下栽培，一般4~5月、9~10月为盛花期。

3. 生产现状

非洲菊花朵硕大、花枝挺拔、花色艳丽丰富、切花率高、装饰性强、切花供养期长，是世界五大切花之一。国际上主要产地有荷兰、意大利、德国、法国和美国等。荷兰非洲菊产值位列切花的第五位。西班牙非洲菊占据本国切花产量的第四位。另外韩国和马来西亚等东南亚国家也有较大的栽培面积。

近年来，我国非洲菊切花栽培面积明显增加，台湾、海南、云南、广州、上海、浙江、江苏、江西、甘肃、辽宁、河北等地区都开始大面积种植。与其他切花相比，用工少、成本低、产量高、价格稳定，保护地栽培可周年开花，供花期长，经济效益较高，是辽宁省发展最快的切花种类之一。

4. 主要品种

（1）根据花朵直径的大小分类　目前国外生产中通常以这种分类方法为主，将大花品种称为"标准型"或"普通品种"，将小花品种称为"迷你型"或"迷你品种"。

大花品种（standard）：指花朵直径大于9cm的非洲菊品种。该类品种花径大，观赏效果好，通常花梗也较小花品种略长。但切花瓶插时间略短于小花品种，每平方米年产花量为150~300支。因其商品性好，市场价格明显高于小花品种。

小花品种（mini）：指花朵直径小于9cm的非洲菊品种。该类品种虽然花径较小，但花色同样丰富，且瓶插寿命要较大花品种长2~7天，且每平方米产花量通常在350支以上，高的可达600支。

（2）根据花朵颜色分类　按照花朵的颜色，可将非洲菊分为红色系、深粉色系、粉色系、橙色系、黄色系、肉色系、白色系、复色系等。

根据花朵心部（花眼）的颜色不同，又可分为"黑眼"和"绿眼"品种等。

（3）根据非洲菊的花瓣分类

窄瓣型：舌状花瓣宽4~4.5mm，长约50mm，排成1~2轮，花序直径为12~13cm。

宽瓣型：舌状花瓣宽5~7.5mm，长41~48mm，花序直径为12~13cm，耐运输，是目前切花栽培的主要品种群。

重瓣型：舌状花多层，外层花瓣大，越靠近中央花瓣越短，形成一个丰满浓密的头状花序，花序直径10~14cm。

托桂型与半托桂型：花序中心部位的两性花，全部或部分发育成较发达的两唇小舌状花，呈托桂状。

近年来我国从国外引进的非洲菊优良品种很多，花瓣有红、橙、黄、粉、白色，花心有黄、黄绿、红褐等色。非洲菊主要切花品种见表3-19。

表 3-19 非洲菊主要切花品种

主要品种	主要性状
劳伦吐斯（Laurentius）	花瓣鲜黄，黑色花心，花柄较短，春秋两季出花率高
特拉尼罗（Terranero）	花瓣鲜黄，先端圆钝，鲜切花寿命长，分蘖较为容易，繁殖系数高
米切罗（Michelle）	花瓣橙色，花心黑色，色泽鲜亮，花茎较长
费哥（Feugo）	花红色，黑心，花瓣反面黄色，花美，叶短
上海（Shanghai）	花红色，黑心，花型大，花茎长，抗性强
爱斯特罗（Estella）	花粉红色，花心黑色，花型较大
特拉摩尔（Terramor）	花红色，花心黄色，花型中等，色彩明亮
特拉巴拉（Terrapana）	花黄色，花心红褐色，生长势、分枝力一般
特拉托巴（Terratuba）	花大红色，花心黄色，花径较大，分蘖力强，繁殖较易
特拉维撒（Terravisa）	花红色单瓣，分蘖力极强，生产性能好，周年有花

5. 花语

非洲菊象征神秘、互敬互爱，有毅力、不畏艰难、热情、永远快乐。它也代表着兴奋、清雅、隐逸、高洁。

【材料与工具】

1. 材料

非洲菊植株、草炭土、沙子、粪肥、磷酸二铵、尿素、硝酸钙、硝酸钾、硫酸钾、百菌清、多菌灵、甲基硫菌灵、腈菌唑、扑虱灵、天王星乳油、吡虫啉、敌敌畏、三氯杀螨醇、虫螨光、包装袋、皮套、纸箱、铁管、防倒伏网等。

2. 工具

旋耕机、铁锹、手推车、平耙、花铲、手锄、喷雾器、皮尺、量筒、天平、测绳、剪枝剪等。

子任务一　品种选择

（一）选择标准

非洲菊种类繁多，应根据气候类型、市场需要、设施状况、资金情况和种植规模等客观因素，慎重选择品种，以取得最佳的经济效益。切花生产时，通常选择花朵大，花色鲜艳，花枝挺拔，切花产量高，适应性及抗性强的品种。

（二）种苗标准

目前，生产上通常选择脱毒组培苗。要求种苗健壮，高 11~15cm，4~5 片真叶，叶片油绿、根系发达、须根多、色白、叶片无病斑、虫咬伤缺口和机械损伤。

子任务二　改良土壤

（一）选择土壤

非洲菊以疏松、肥沃、排水良好、富含腐殖质、土层深厚的中性偏酸沙质壤土为佳。pH 以 6~6.5 为好。整地时需深耕，以避免出现较为坚硬的土层，使排水不畅导致霉烂。

（二）施基肥

非洲菊的种植周期一般为2～3年，种植前应施基肥，但由于非洲菊忌土壤高盐，通常不宜大量施用基肥。一般可在土壤中拌入常见的家禽、家畜的粪便和秸秆等，但肥料要充分发酵，最好晒干后再均匀拌入土壤。施肥量以每$100m^2$施加腐熟的有机肥300kg（黏重土壤每$100m^2$施加450～700kg）、过磷酸钙7.5～12kg、复合肥7.5kg（20:20:20），均匀施于床面并与土混拌均匀。

（三）土壤消毒

整地时用40%甲醛50倍液喷于土壤上并拌匀，用塑料膜密闭2～3天后，揭开塑料膜风干2周后使用；或每$100m^2$均匀撒施250g五氯硝基苯和500g甲拌磷。

子任务三 定 植

（一）整地、作畦

非洲菊属于深根性植物，翻地深度至少应在35cm以上。由于非洲菊怕积水，一般用高畦栽培，畦高15cm左右，畦宽60cm，畦沟宽40cm。

（二）定植

非洲菊可周年开花，当温度在20℃左右环境条件下，定植后5～6个月即可开花，但在4～5月或9～10月最佳。选用具有5～6片叶、生长健壮的非洲菊种苗。根据不同品种、不同种植年限，选择不同种植密度。定植密度过高或过低都会影响切花的产量和质量。一般每畦上种2行，行距为30～40cm，株距为25～30cm，每平方米6～8株，每亩4000～4500株。如定植的土壤肥沃，栽培环境好，可以适当稀植；有些生长快、易发病的品种也应稀植（图3-51）。

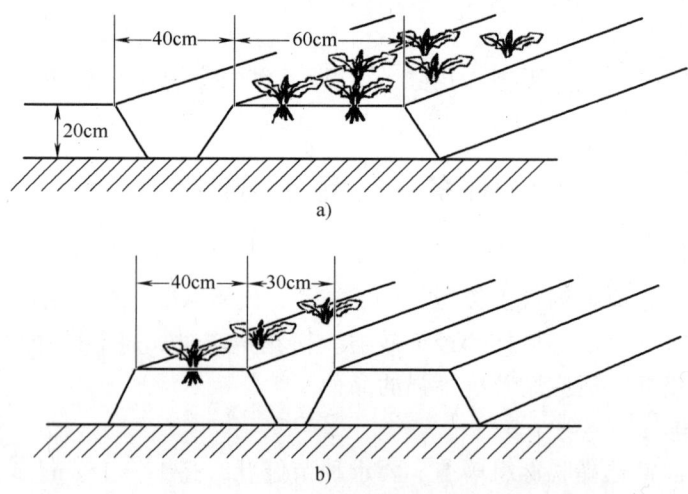

图3-51 非洲菊定植法
a) 床植双行（40cm×20cm） b) 大垄植单行（10cm）

种植前2～3天，给土壤浇透水。定植深度是根颈与土面持平或略高（图3-52）。定植后及时浇透定根水，再将埋入心叶的土壤拨开，栽得过浅的要培土。定植后一般用75%遮阳网遮光7～10天，待成活后再逐渐增加光照；同时，保持昼温在20～25℃，夜温20～22℃，不低于15℃，持续1个月，苗期温度不能低于15℃或超过30℃。

项目三 切花生产

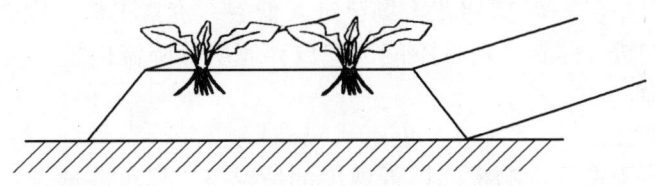

图 3-52 定植深度（根颈与土面平或略高）

【关键与要点】 栽培时注意：根系入土且舒展不折，定植时，应特别注意将根颈部露在土外面 1~1.5cm，用手将根部压实，并且不要怕第 1 次浇水有倒伏现象发生，如有倒伏，可在倒后 3~4 天扶正，日后就能正常生长了。如栽种深了，植株随生长向下沉，生长点埋入土中，植株易感染真菌病害，花蕾也长不出地面，影响开花，尤其是烂心现象的发生；种得太浅在最初收花时容易将植株拔起。

子任务四　日常养护管理

一、缓苗期管理

非洲菊移栽后，需要一段时间的缓苗期。缓苗期浇水不能太湿，也不能过于干燥，浇水频率要根据土壤结构、天气状况等具体来定，一般 5 天浇一次。空气相对湿度应控制在 70%~80%。同时，每天逐株检查，及时剔除带病植株，补上健壮小苗。一般两周即可成活，四周长出新叶，一旦成活，即可少施淡薄的营养液。缓苗期光照强度为 15000~20000lx。

二、成苗期管理

种植后 1 个月左右，非洲菊就进入旺盛生长期，一般 7~10 天长一片新叶。此期间，最适夜温 14~16℃，日温 20~25℃；每隔 1 周用 0.1% 的复合肥（N：P：K 比例为 5：3：2）浇 1 次，每 2 周用 0.1% 磷酸二氢钾 +0.1% 尿素喷施 1 次叶面肥；同时喷施广谱杀菌剂，如甲基托布津 800~1000 倍液 2~3 次防病。

当植株未达到 5 片以上的功能叶或叶片很小时，若发现花蕾应及时摘除，使它长足营养体，以免开花消耗过多的营养积累而影响秋季盛花期的产量和质量。

营养生长期光照强度控制在 25000~50000lx，日照时数最好不低于 12h。

三、花期管理

非洲菊定植 5~6 个月后即可开花，以后产量和品质会越来越高；产花能力在新苗栽后第 2 年最强，质量也好。3 年以后由于植株老化，产量和品质开始下降，因此生产上常 2~3 年换一次苗。在非洲菊进入产花期以后要加强各个环节的管理。

（一）温度管理

非洲菊最适宜的生长温度为 20~25℃。冬季可在 12~15℃下生长，但低于 10℃ 则停止生长，不能忍受 0℃ 以下的低温。北方的日光温室冬季应注意保温及加温，尤其应防止昼夜温差太大，以减少畸形花的产生。温度过高也会影响生长，30℃ 以上生长明显变慢，35℃ 以上则停止生长。夏季日光温室，特别是 7~8 月，这时用一般的降温手段（如遮阴等）很难

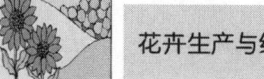

把温度降到30℃以下，这一时期切花市场已进入低谷，价格很低，综合考虑，可以让非洲菊在7月底到8月初进入休眠，但也不能彻底放弃遮阴等降温措施，否则40℃以上的高温会危及非洲菊的生命。

（二）光照管理

非洲菊喜光，冬季在不影响夜间最低温度的情况下，尽可能地延长温室接受光照的时间。塑料膜要保持清洁，有最好的透光性，冬季应该每天清扫膜外的浮尘和杂物。夏天光线强，应及时搭70%左右的遮阴网，达到减弱光照和降温的目的。冬季如果持续阴天7天以上，要考虑人工补光，但费用较高。

（三）水分管理

采用滴灌，浇水原则是"不干不浇，浇则浇透"，保持充足的水分，但要避免湿度过重，田间持水量以60%~70%为宜。花期灌水，切忌不要从叶丛中浇水。尤其不能积水。冬季水温最好较土温高出3~4℃；夏季高温切忌用很冷的水来灌溉，不然会引起大量病害，甚至死亡。棚内相对湿度保持在80%~85%，如果大于90%，花朵易产生畸形。

（四）养分管理

非洲菊的营养类型属于氮钾型，肥料以复合肥为主，一般每隔1周施用 N:P:K 比例为 15:8:25 水溶性肥料（浓度0.3%，$3L/m^2$，每亩用量4~6kg），并且每20天喷施一次 0.1%~0.2% $Ca(NO_3)_2 \cdot 4H_2O$，0.1%~0.2%的螯合铁加0.1%~0.2%的硼砂和0.001%的钼酸钠混合液叶面肥。

【关键与要点】种植非洲菊的土壤要求排水良好、地下水位相对较低且较稳定，水位过高或经常积水，常引起非洲菊肉质根腐烂，引发根腐病。

子任务五 田 间 管 理

（一）剥叶

为改善光照、通风条件，减少病虫害发生，并利于新叶和花芽的发育和生长，提高产量。在非洲菊的整个生育周期要经常不断地对其进行合理剥叶，以调整营养生长和生殖生长的平衡。及时剥去植株的病叶、老叶。同时，在生长旺盛期应适当除去部分相互重叠的叶片，避免隐蕾的出现及防止造成花枝弯曲。一年生的植株，单株叶片数可达30~40枚，二、三年生的植株叶片数可达50~60枚，每一植株，它的叶片、花蕾和花茎数，应有一个合理的比例。

正确的剥叶方法如下：

1）先剥除病叶、发黄的老叶和已剪去花的老叶。

2）剥叶要保持每个分枝的功能叶的基本数，绝不能对某一分枝的剥叶过多。

3）剥叶时注意留下的叶片应均匀分布，防止留下重叠生长的叶片。

4）在植株中间出现许多密集生长的小叶时，要适当摘除叶丛中间的小叶，保留功能叶，使花蕾暴露，以控制营养生长而促进花蕾发育。

5）剥叶时注意非洲菊留叶量问题，通常一年以上的植株，每株有3~4个分枝，剥叶量大体控制在每个分枝具有3~4片功能叶，每株大体具有12~14片叶。

（二）疏蕾

当同一时期植株上具有3个以上大小相当的花蕾时，为避免营养分散，应将多余的花蕾

除去，以保证主花蕾开好花。

子任务六　病虫害防治

一、主要病害防治

（一）立枯病防治
症状：苗期受害重，病菌主要侵染幼苗根颈部。

防治措施：①对土壤和基质灭菌和消毒。②栽培时，使非洲菊根颈部稍露出地面，适当浇灌，防止根颈过湿易被病菌侵染。③发病后，可喷施甲基托布津或代森锰锌等。

（二）斑点病防治
防治措施：①轮作；②增施P、K肥，使土壤保持微酸性；③发病初期喷施75%的百菌清或50%多菌灵。

（三）疫病防治
症状：发病初期植株叶片突然萎蔫，变为紫红色，整个植株易拔起。病株根系呈黑褐色，病根皮层剥离，露出变色的中柱，具霉腥味。

防治措施：①选用无病繁殖材料，使用消毒基质，适当浅植，采用滴灌方式；②及时拔除病株；③发病初期，喷洒或浇灌70%百菌清或50%扑海因。

（四）根腐病防治
防治措施：①使用腐熟有机肥，增施K肥；②在棚四周挖深沟，降低水位，种植床不进行中耕处理，防止损伤根系；③发病初期及时喷50%福美双和3%恶甲水剂。

（五）煤污病防治
防治措施：①加强通风换气，适当降温排湿，防止湿气滞留；②发病初期及时喷50%甲基硫菌灵或65%甲霜灵。

（六）白粉病防治
防治措施：①加强棚内通风透光。注意功能叶之间的搭配度，提高群体的光合利用率。②施肥合理，不要过量施用氮肥；③发病时喷施2.5%腈菌唑或15%粉锈宁。

二、主要虫害防治

（一）白粉虱防治
防治措施：用菊酯类的药物效果最好，也可选择25%扑虱灵或2.5%天王星乳油或10%吡虫啉并结合50%敌敌畏原液熏蒸。

（二）红蜘蛛防治
防治措施：可喷施三氯杀螨醇1000倍液，或1.8%阿维菌素2000~3000倍液，并加入少量洗衣粉以利喷布均匀。

（三）潜叶蝇防治
防治措施：在傍晚可喷施有机磷类杀虫剂如乐果、乙酰甲胺磷、杀螟松、辛硫磷、敌敌畏等，菊酯类杀虫剂如戊菊酯（中西除虫菊酯、多虫畏）、甲氰菊酯（灭扫利）、氰戊菊酯（速灭杀丁、中西杀灭菊酯、敌虫菊酯、异戊氰菊酯）等农药，交替使用。

（四）蛞蝓防治

防治措施：可用诱饵进行诱杀，如用灭旱螺拌土后撒施于苗床效果较好。

子任务七　切花采收、包装与储藏

一、采收

非洲菊采切时间直接影响到它的瓶插寿命。当外围舌状花瓣平展、中部花心外围的管状花有2~3轮开放，雄蕊出现花粉时是采收的最佳时期。采收非洲菊花朵可不用剪刀，直接用手捏住花茎中部，保持30°~40°的幅度左右摇摆数次，然后向上拔起。

二、采后处理

采后快速插入水中，并放在阴凉之处进行预冷处理，以2~3h为宜。然后将花梗浸入保鲜液中处理6~24h。保鲜液可采用2%蔗糖+300mg/L 8-羟基喹啉柠檬酸盐溶液或4%蔗糖+50mg/L 8-羟基喹啉硫酸盐+100mg/L 异抗坏血酸溶液或专用保鲜液。

采收后，由于非洲菊花的花梗细胞不具木质化，如果水分吸收不足，细胞失去膨压，花头会因无法支撑花朵的重量下垂，造成"垂头"现象。

三、分级与包装

（一）分级

采收后，按照每支花的花色、花形、外层舌状花整齐与平展度、枝条的长度、枝条的硬度和枝条的粗细等，可参照《主要花卉产品等级第1部分：鲜切花》（GB/T 18247.1—2000）进行分级。

（二）包装

非洲菊花盘大，花枝较长，采后处理不当易造成舌状花瓣受损伤。包装时一般采用支撑花枝的硬纸板。硬纸板长约60cm，宽约40cm，共50个孔眼，孔眼直径约2cm。切下的花枝经分级后，每支花茎分别插入一个孔眼中，使花盘固定在纸板的孔眼中，花茎在纸板下垂直悬挂，一板插满后，随即将纸板平端移到保鲜液中浸泡，保鲜处理后装盒。通常每盒中装100支花，2张纸板对放于盒中，花盘朝下，将纸板下的花茎整齐地向盒中间倾斜，然后盖上盒盖；或各层切花反向叠放箱中，花朵朝外，离箱边5cm；小箱为10扎或20扎，大箱为40扎；装箱时，中间需捆绑固定；纸箱两侧需打孔，孔口距离箱口8cm；纸箱宽度为30cm或40cm。

四、储藏

需要储藏两周以上时，最好干藏在保湿容器中，温度保持在2~5℃，相对湿度要求85%~95%。可选用0.04~0.06mm的聚乙烯薄膜包装，储藏结束后，要求采用花期控制处理。

【巩固训练任务六】　鹤望兰切花生产

鹤望兰是多年生常绿草本植物，叶青翠蓝，花色艳丽，姿态奇特，花期长久，观赏价值极佳，是一种优良的高档切花材料（图3-53）。

1. 任务内容

以小组（5~6人为1组）为单位，独立完成鹤望兰切花生产全过程，鹤望兰生产主要包括品种选择、播种育苗、土壤改良、定植、日常养护、病虫害防治、切花采收、分级、包装、储运等内容。通过任务的完成，使同学们掌握鹤望兰的温室栽培技术和病虫害防治技术，最终生产出高品质的鹤望兰切花产品。

图3-53 鹤望兰

2. 任务要求

1）通过课后巩固训练任务的反复练习，使学生能够更好地掌握温室环境因子的调控和常见病虫害的识别与防治，强化学生对相关知识的掌握程度，并增强学生独立动手操作能力。

2）制定鹤望兰切花周年生产方案、生产计划和资金预算方案，方案和计划应符合实际生产需要，方案应详细、合理、具有可操作性。

3）各小组根据制定的方案进行任务实施。

4）每次任务结束填写工作日志和成本记录表。

5）巩固训练任务全部结束，各小组要根据成本记录和销售记录完成该品种效益分析报告。

6）任务完成过程中要分工合作，各种药品按照使用说明进行正确使用；按照工具的正确使用规范进行操作，保证设备的完整以及人员的安全。

3. 主要技术要点

（1）形态特征 鹤望兰，又名天堂鸟花、极乐鸟花，属于旅人蕉科、鹤望兰属植物。植株高1~2m，宿根粗大、肉质。茎短缩不明显；叶基生，两侧排列，长约40cm，宽约15cm，形似美人蕉，具长柄，质地坚硬。花梗从植株中抽出。

（2）生态习性 喜温暖、湿润气候，不耐寒。性喜微潮偏干、土层深厚、富含有机质、排水良好的壤土，不宜在碱性、强酸性土壤中栽培。

（3）繁殖方法 主要有播种法和分株法。播种法，播种前，应去除种皮，并对种子进行浸泡处理，以促进萌发。发芽适温25~30℃，播后1个月开始萌发。分株法，适宜在5~6月进行，一般选择生长6年以上，具有4个以上侧芽，总叶片数不少于16片的植株。

（4）种植 定植前，要对其进行土壤改良，施足基肥，然后进行定植。种植时间以4月为佳。种植时采用"品"字形法，株行距为80cm×50cm；也可先密植，3~4年后再进行移栽。

（5）日常养护管理 鹤望兰生长适宜温度为15~25℃，年平均相对湿度70%左右。当气温高于32℃或降至13℃以下时，植株生长都会受到影响，最低越冬温度不能低于5℃。鹤望兰在炎夏需适当遮阴，防止日灼病，但遮阴时间不能太长，以免造成植株徒长，影响花的产量和质量。耐旱力很强。但夏季应供水充足，做到见干见湿；冬季尽量少浇；春秋适当浇灌。

(6) 栽培技术　生长期间，主要对其进行合理修剪，理论上鹤望兰为1叶1花，但实际生产上，不可能每片叶的花芽都分化好，并长出合格的花束。

(7) 病虫害防治　鹤望兰病虫害较少，病害主要有立枯病和赤霉病；虫害主要有介壳虫、金龟子、袋蛾、蜗牛等。

(8) 切花采收　当第一朵花露出苞片之外时即可剪取。

任务七　洋桔梗切花生产

【任务描述】

洋桔梗切花生产主要包括品种选择、育苗、移栽定植、日常养护管理、病虫害防治、采收、分级、包装和储藏等内容。通过任务的完成，能获得洋桔梗切花产品。

【任务目标】

1. 掌握洋桔梗育苗及定植方法。
2. 掌握洋桔梗生长发育不同时期对温度、光照、水分、肥料的要求。
3. 了解洋桔梗常见病虫害的种类及主要识别特点，掌握较常用的防治方法。
4. 掌握洋桔梗切花采收、包装、储藏的方法。
5. 能根据市场需求及企业实际情况主持制订洋桔梗切花周年生产计划及生产管理方案；能组织并实际参与洋桔梗切花生产，并对其进行生产效益分析。
6. 能根据任务要求和主要技术要点，独立完成并行项目——紫罗兰切花生产过程。

【相关介绍】

1. 形态特征

洋桔梗（图3-54）又名草原龙胆、大花桔梗、丽钵花、德州兰铃，是龙胆科草原龙胆属，一二年生草本植物。株高30~100cm，叶对生，阔椭圆形至披针形，几无柄，叶基略抱茎；叶表蓝绿色。雌雄蕊明显，苞片狭窄披针形，花瓣覆瓦状排列。花色丰富，有单色及复色，花瓣有单瓣与双瓣之分。

2. 生态习性

洋桔梗忌湿涝，喜温暖、光线充足的环境。要求疏松肥沃、排水良好的钙质土壤，土壤pH以6.5~7.0为宜。生长适温为15~28℃。

图3-54　洋桔梗

冬季温度在5℃以下，叶丛呈莲座状，不能开花。生长期温度超过30℃，花期明显缩短。洋桔梗开花前需经过一段时间的低温，通常于夏季开花。秋冬季育苗，2~3月定植，6~7月可开花；7月播种，秋季定植，第二年4~6月开花。

3. 生产现状

洋桔梗原产于北美，后被引种到欧洲和日本等国家，经过多年引种、繁育，培育出大量的栽培品种，已在欧洲、日本兴起，发展很快。其在市场的销售量剧增，每年全球洋桔梗销售量达到1.5亿支，销售额2.8亿美元，洋桔梗已成为荷兰鲜花拍卖市场十大切花之一。

中国最大的洋桔梗生产地为玉溪市通海县，江苏、浙江、辽宁等省区也有少量生产，随着云南花卉出口的日益增加，日本、韩国和中国香港等国家和地区已成为切花出口的主要目标市场，洋桔梗也与月季、百合一起日益显现出其市场潜力，呈现出了快速发展态势。

4. 主要品种

常见的品种有以下几种：

美人鱼（Mermaid）系列：株高15～20cm，花单瓣，径6～8cm，花色有粉红、紫、米色等，从播种至开花需120天。

蓝利萨（LisaBlue）：株高15～20cm，早生种，花单瓣，深蓝色，分株性强。

红镜子（RedGlass）：株高30～35cm，分株性好，花深红色，是洋桔梗红花之最。

重瓣伊格尔（DeubleEagle）：株高45～60cm，花径7cm，花色多样。

伊迪（Eeidi）系列：株高50～60cm，早花种，花径8cm，花色有深蓝、粉、玫瑰红、黄、白、蓝和双色等。

埃克奥（Echo）：株高55cm，花重瓣，花径8～9cm，花色有蓝、粉白、双色等。

玛丽艾基（Mariachi）：株高50～80cm（随季节变化），花径7～8cm，花色多样。

目前市场上出现很多洋桔梗新品种，如'露西塔''波浪''艺术''神话''圣剑''玛莉'等系列。大部分品种容易栽培、花瓣厚、耐运输、产量高、瓶插寿命长。'神话'系列是洋桔梗中最新的彩边品种，颜色比较亮丽，叶片厚、茎干硬、花型大，花边稳定是它的最大特点；'波浪'系列超大，多重瓣的花型极其夺目；'圣剑'系列是比较容易栽培的品种，目前在全世界广泛种植；'玛莉'系列花型好，颜色丰富，一直深受市场欢迎。

5. 花语

有"美丽的""漂亮的""富感情""感动"之意，是巨蟹座守护花。

【材料与工具】

1. 材料

洋桔梗种子、草炭土、沙子、粪肥、磷酸二铵、尿素、硝酸钙、磷酸二氢钾、五氯硝基苯、甲拌磷、扑海因、恶甲水剂、农用链霉素、多菌灵、百菌清、包装袋、皮套、纸箱、铁管、防倒伏网等。

2. 工具

旋耕机、铁锹、手推车、平耙、花铲、手锄、镰刀、喷雾器、皮尺、量筒、天平、测绳、剪枝剪等。

子任务一 品 种 选 择

应根据当地的生态环境条件和品种特性，选择最适宜生长的品种。不同季节也要选择不同品种，如夏季应选择中生、晚生等品种，冬季应选择早生、中早生等品种。除此之外，也要根据市场的需求，注意被选品种的产量、抗病性、花色、花形等。

子任务二 播 种 育 苗

（一）基质配制

一般以泥炭、蛭石、珍珠岩比例6∶3∶1为宜。建议最好使用进口泥炭播种。pH为

6.2~6.5，以促进 Ca 的吸收，EC 值小于 0.75mS/cm。装入育苗盘，用压板压平后，采用浸水的方法使土壤吸水充分，保持土壤湿润、土面平整。

（二）基质消毒

可使用 0.3% 甲醛或高锰酸钾消毒处理。

（三）种子处理

播种前预先将种子在水中浸泡，除去上层漂浮的不成熟种子，浸泡 48h 后将其捞出，稍晾干表面的水分即可播种。

（四）播种时间

洋桔梗最佳播种时间在 11~12 月，但不同月份进行播种，播种至开花的天数有很大的差异。对于同一品种，春天播种至开花仅需 4 个月，7~9 月播种要 8~10 个月才能开花。

不同品种间也有很大的差异，春季播种极早生品种在 100~120 天即可开花，而晚生品种则需 150~180 天才开花。一般来说，栽培时间越长，切花品质越高。因此根据品种不同的生产周期来调节收获时期是非常重要的。

（五）播种方法

洋桔梗的种子细小，千粒重 40~50mg，属于喜光种子，播种时先湿润基质，可以采用直播或拌种法播种，播后不需要覆土，但要注意保持表土湿润，避免种子落干。最后在育苗盘上盖上塑料薄膜，每天翻动两遍，抖掉上面蒸发的水汽。发芽期要保持土壤湿润。环境温度保持在 20~25℃，温度低于 15℃ 或高于 35℃ 都不利于种子发芽。光照保持在 5000lx 以上为佳。在适宜的环境条件下，种子在播种后 10~15 天就可萌发，发芽率为 80%~90%。

具体播种方法如下：

一是直播法，即播种时可将种子直接撒在土壤表面。

二是拌种法，即将种子和湿润的细沙充分混匀（细沙：种子 = 100:1），然后均匀撒播在育苗基质上。

（六）播后管理

洋桔梗幼苗生长很慢，从播种到 4 叶期夏天需 40~50 天、冬天则需 80~90 天。从播种至 4 叶期大致可分为四个阶段。

第一阶段：胚根萌发，需 10~12 天。此时基质应保持潮湿，但不要过湿。在育苗盘上铺一层无纺布，有助于保持基质的湿度，提高萌芽的整齐性。土温应保持在 22~25℃，气温白天 21~24℃，夜间 18~21℃。如果能补充 1000~3000lx 光照，效果更好（图 3-55）。

第二阶段：茎干和子叶出现，需 14~21 天。这一时期，关键是白天温度不要超过 25℃，夜间温度不低于 15℃，以防止莲座现象发生。土温保持在 20~22℃，胚根出现后降低土温。此时应补充光照，若冬季生产，补光 4500~7000lx，可缩短生长期。为了促进发芽及根系发育，在基质略干一点再浇水。通常早上浇水，天黑前使叶片干燥可以最大限度防止病害发生。施肥与浇水交替进行。待子叶完全展开后，开始施肥，采用 14:0:14 的肥料，每周 1~2 次，氮肥浓度 $(50~75) \times 10^{-6}$。但是必须保持铵态氮浓度低于 10×10^{-6}。

第三阶段：真叶生长和发育，需 28~35 天。土温最好控制在 18~20℃。避免温度太高或太低，同时还要防止低光照及湿度太大，以减少植株徒长及病虫害。为了促进根系发育，控制嫩叶生长，应等基质完全干了再浇水，前提是不能让植株枯死。将 20:10:20 和 14:0:14 的 N、P、K 肥料交替使用，氮的浓度为 $(100~150) \times 10^{-6}$。每浇 2~3 次水就施一次肥。

第四阶段：种苗长出 4~6 片展开真叶时可移植，大约 7 天。土温最好控制在 17~18℃。干透了再浇水，但不能让植株干死。若需要，用 14:0:14 的 N、P、K 肥料施肥，氮的浓度为 $(100\sim150)\times10^{-6}$（图3-56）。

图3-55 洋桔梗穴盘育苗

图3-56 洋桔梗4叶期幼苗

【关键与要点】洋桔梗的栽培中，根系最为关键，因此最好使用深一点的育苗盘进行播种，以促进根系生长。穴盘苗移栽应及时，以保证根系活力，不要保存太久使根系缠绕、老化，否则会造成茎干短、开花迟现象。移栽过程，应避免伤根。

莲座是洋桔梗为了避免不良条件及低光照产生的一种正常的生理反应，一般表现为主要的生长点停止发育，植株长成丛状，不能正常发枝开花。

子任务三　移栽定植

（一）清理地面
清除杂物、石块，确保土壤表面无异物。

（二）土壤改良
洋桔梗喜欢含钙较丰富并且含有适量磷的土壤，可适量施用含钙和磷的肥料作基肥。土壤 pH 保持在 6.3~7.0 之间，过酸易导致组织黄化和叶片、茎尖焦化以及根系发育不良。

比较黏重的土壤用草炭土和沙子改良比较好，如每 $100m^2$ 土壤均匀撒 $6m^3$ 草炭土和 $4m^3$ 沙子，这样可以保证栽植用土的需要。

（三）施基肥
实际生产中，一般采取有机肥和无机肥相结合的方式施基肥，以有机肥和磷肥作为基肥，如 $100m^2$ 土壤施 $1m^3$ 腐熟的牛粪和 5kg 磷酸二铵。

（四）翻地
在施有机肥和改良基质之后，即可翻地，深度至少 20cm 以上，将土壤、肥料和改良基质搅拌均匀。

（五）消毒土壤
目前，多采用化学消毒法。如 $100m^2$ 土壤均匀撒施 250g 五氯硝基苯和 500g 甲拌磷，施用的方法是先将药剂用沙子混匀，然后在旋地之前均匀撒到土壤上。

（六）平整土地

旋耕后，用耙子将土地整平，同时将杂物、大的土块清理干净。整地之后，检查土壤的湿度，要求土壤湿润，如果干燥，要喷水增加其湿度。

（七）作床

栽植床一般采用高床，以利于排水和增加土壤的通气性。床面宽1m，作业道宽50cm（图3-57），便于进行日常管理和通风。

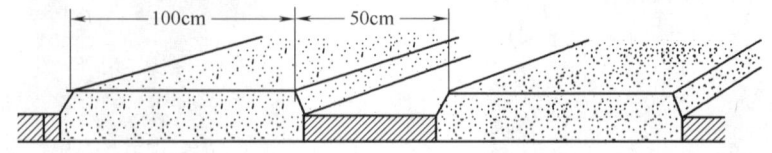

图3-57　洋桔梗种植床

（八）定植

定植时要选择生长健壮、根系发育良好、无病害、有4~6片真叶的种苗。定植的株行距为15cm×10cm或12cm×12cm，每亩3.5~4.0万株。栽培时不易栽太深，以避免茎腐病的发生。移栽后浇透水，通常定植后3天内每天喷水1~3次，保持栽培基质湿润。栽培时土壤温度保持在13~23℃，环境温度控制在25℃以下，夜温为15~20℃。定植至花芽分化期（约有5对已展开的叶片）应保持湿润状态但忌过湿；花蕾出现后减少灌水，以最低夜温17℃、白天最高温度不超过34℃的条件下生长可以获得高品质的切花。定植时如果光线过强，建议用50%~75%的遮阳网进行遮光，同时可有效降低温度。

【关键与要点】栽培时注意：根系入土且舒展不折，定植时，应特别注意将根颈部露在土外面1~1.5cm，用手将根部压实，并且不要怕第1次浇水有倒伏现象发生，如有倒伏，可在倒后3~4天扶正，日后就能正常生长了。如栽种深了，植株随生长向下沉，生长点埋入土中，植株易感染真菌病害，花蕾也长不出地面，影响开花，尤其是烂心现象的发生；种得太浅在最初收花时容易将植株拔起。

子任务四　日常养护管理

（一）温度管理

温度对于洋桔梗的生长发育非常重要，包括育苗期是否产生莲座现象、花芽分化的诱导及快慢、生育期节间拉长的程度、收获期的长短等。洋桔梗生长适温是白天20~24℃，夜间16~18℃；幼苗在日温20~23℃、夜温15~20℃下生长最好。秋冬至早春需加温，尤其是在夜间或寒流期如果能够加温则更好。一般来讲早生种对温度要求较低。温度过高会缩短生育期，使植株变矮，易产生莲座现象。莲座发生的临界温度为夜温20~23℃、日温28~30℃。一旦出现莲座现象，可以将莲座苗保存在10℃低温下5周，再于20℃夜温、27℃日温环境下培育即能改善。在出苗期，高温会导致花数减少，上位节间徒长，花梗软弱，质量低下；如果温度过低，生长就会迟缓甚至不开花。

（二）光照管理

洋桔梗对光照反应较敏感，长日照会促进其茎叶生长和花芽的形成，一般以每天16h长日照效果最好。生产中，可以通过间断加光或延长光照法来增加光照时间，通常前者效果较好。在冬季和早春期间，尤其要注意补光，通常在夜间加补 2~4h。光周期也影响植株开花。植株在 14~43 天或 43~79 天苗龄下进行长日处理，在 12℃ 或 28℃ 的土温下都能开花；而在 43~79 天苗龄进行短日处理，在 28℃ 的土温下不能开花。一般认为在 14~43 天苗龄下，光周期的影响可忽略。

（三）水分管理

洋桔梗苗期根系较浅，虽然代谢旺盛，但不能浇水过多，要见干再浇；定植后要立即浇透水；缓苗期间要保持土壤湿润，待成活后应适当控水，利于形成良好的根系；生长旺盛期，可增加浇水量，通常夏季 3~5 天浇一次水，冬季 7~10 天浇一次水；花芽分化期应逐渐减少浇水，以避免植株徒长，尽量避免高温高湿的环境，否则容易引起真菌性病害。适宜的空气相对湿度是 70%~80%，可利用遮阳、浇水和及时通风来避免相对湿度波动太大。

（四）养分管理

洋桔梗属于需肥量较高的植物，不仅要求有充足的大量元素，还要求土壤中保证有较多的钙，同时要保持适当高的土壤 pH，以利于钙、锌等元素的吸收。通常在生长期每半个月施肥 1 次，交替使用 14:0:14 和 20:10:20 肥料，浓度以（100~200）×10^{-6} 为宜。施肥时要注意硝态氮与铵态氮的比例，通常铵态氮会让茎叶的生长速率较快，叶片会较大较软，叶色较浓，但易造成徒长，尤其是在温度过低时不宜使用。可以补充硝酸钾及硝酸钙，但在花苞形成时期，则以补充硝酸钾为主。大约在移植后 6 周生长到第 7 节位时，必须特别补充磷、钾肥，可以用水溶液喷施于植株上，以使茎枝粗壮不致软垂。若再继续补充氮肥则除了茎细之外，节间长度也会伸长，造成上下节间长度不一致。

根追肥在生产上一般与灌溉结合起来，特别是有滴灌系统时，肥料可以配置到滴肥罐和蓄水池中，随水滴到种植洋桔梗的土壤中，既省时又省力，而且效果也非常好。

（五）其他

矮化处理洋桔梗适合生产切花，通常洋桔梗的高度为 50~80cm。据报道，嘧啶醇 0.13~0.16g/L 土浸施或 66mg/L 叶面喷施；或用 B_9 2500mg/L、5000mg/L、7500mg/L 喷施对植株高度的控制都能收到良好的效果。

播种期与开花调节，在自然环境下不同月份进行播种，播种至开花的天数有很大的差异。对于同一品种，在春播仅需 4 个月就开花，而在 5~9 月播种要 8~10 个月才开花。而不同品种间也有很大的差异，春季播种极早生品种在 100~120 天即可开花，而晚生品种则需 150~180 天才开花。

【关键与要点】

① 缺钙现象：夏季高温，植株新叶尖端会呈焦枯状，此时应加强通风，增加蒸散作用。钙离子通常是靠蒸散作用时产生的真空吸力而被带进叶中。应该在缺钙发生之前就做好通风才有效，通风的好处还可以降温，以免花色因高温而表现不出来。

② 缺硼现象：在生长中后期如出现茎容易折断，或者有茎纵裂的现象。使用硼酸的稀释溶液喷洒植株，可以改善这种现象。

子任务五　田间管理

（一）松土、除草

通常进行人工除草，尽量避免使用化学除草剂。在生长初期，除草时要注意不能损伤幼茎，除草不宜太深，防止伤及根系；当茎叶生长繁茂时，一般不需要进行松土除草，以免损伤花茎。

（二）张网立桩

洋桔梗切花的枝条高度能长到60cm以上，且花朵较多，冬季栽培时还表现较强的向光性。为了防止倒伏，株高15cm时拉网，随着植株的生长要不断提高网线位置。网眼根据植株密度调整，以15cm×15cm或15cm×20cm较适宜。株高80cm以下的拉一层网，80cm以上的拉二层网。

子任务六　病虫害防治

（一）立枯病防治

症状：主要危害叶片，其次为茎；花蕾和花瓣也可受害。多从下部叶片开始发病，最初为浅绿色水渍状小圆斑，以后扩大呈圆或椭圆形，边缘呈紫褐色，中心干枯呈灰白色。病斑可蔓延成片，致使整叶枯死，花瓣受害后则变褐腐烂。

防治措施：加强通风；每隔10天喷一次75%百菌清可湿性粉剂600倍液可以得到预防；50%扑海因悬浮剂500倍液喷雾，7天一次，连喷3~4次。

（二）茎枯病防治

症状：发病时，茎部皮层组织腐烂。高温高湿环境容易导致该病发生。

防治措施：发病初期喷施1%波尔多液，严重时可用50%甲基托布津可湿性粉剂500倍液和50%百菌清可湿性粉剂500~800倍液交替使用，每3~5天喷洒一次。另外注意加强通风透光；降低植株种植密度；合理施氮肥，适当增加磷钾肥，提高植株抗病能力。

（三）叶斑病防治

症状：初发病时，叶茎呈浅褐色近圆形病斑，带浅紫褐色边缘，叶尖枯死，病斑上产生黑色小粒点。

防治措施：及时摘除病叶并销毁；发病初期开始，定期喷药，可用25%咪鲜胺600倍液喷施；摘芽、切花后应立即喷洒广谱性杀菌剂予以保护；多雨季节要注意排水，温室栽培要保持通风透光。

（四）根腐病防治

症状：主要侵染根部及根颈部，发病时根颈部形成黑色坏死斑，严重时植株枯死。该真菌传播主要靠土壤、肥料、浇水等。

防治方法：施用腐熟的肥料；浇水适当，避免积水；发病初期可用50%多菌灵可湿性粉剂600倍液，每隔10天左右喷施一次，连续2~3次。

（五）蚜虫防治

症状：常集中在嫩芽、嫩叶、嫩枝上刺吸汁液，造成受害部位萎缩变形，并诱发煤污病等病害。

防治措施：可用40%氧化乐果1000~1500倍液或50%辛硫磷乳油800液或敌杀死600倍液或2.5%氯氰菊酯防治。

子任务七 切花采收、包装与储藏

（一）采收

洋桔梗最适宜的采收期为主要分枝有 2~3 朵花完全着色展开，采收时摘除过度开放的花朵及过小不会开放的花苞。采收应在晨间或下午温度较低时进行，一般均在清晨时剪花。采收时自基部剪取，可留从地上部分向上的 2~3 个新芽，将茎部 1/2 以下的叶片去除，再载到包装场整理。洋桔梗采收后应置于田间阴凉处以减缓其呼吸速率，避免老化或失水。

（二）采后处理

采收后应迅速移除田间，除了放置于阴凉处外，其置于户外的时间不宜过长。采取田间插水或含有硫酸铝及次氯酸钠预处理液外，应尽速送回包装场进行分级和包装，以确保切花品质和寿命。

（三）分级与包装

采收后，按照每枝花的花蕾数目、枝条的长度和坚硬度以及叶子与花蕾是否畸形来对洋桔梗切花进行分级。去掉枝条基部 10cm 的叶子，然后 10 枝 1 扎，捆绑成束。捆绑完之后，进行包装，用剪子剪齐茎基部，然后放至清水中，再放进储藏室中。注意加工的整个过程，最多只能持续 1h。处理得时间越长越影响切花的品质和瓶插寿命。

（四）储藏

洋桔梗吸水性极强，为延长切花寿命，加工完之后，应将洋桔梗切花直接放入清洁的、预先冷却的水中保鲜，也可用保鲜剂、低温冷藏（2~3℃）等方法处理。冷藏期间加 410lx（用冷光白炽灯）的光照有助于提高寒冷温度下苗的质量，冷藏处理不影响它的开花质量。

【巩固训练任务七】 紫罗兰切花生产

紫罗兰（图 3-58）是典型的切花材料，花朵娇艳、花色艳丽、具有淡淡清香。作为蓝紫色切花材料，在市场中非常受欢迎。紫罗兰与洋桔梗、康乃馨搭配较多。此外，紫罗兰还可以作为干花，应用十分广泛。紫罗兰和洋桔梗在繁殖方式、栽培养护等方面很相似。

1. 任务内容

以小组（5~6 人为 1 组）为单位，独立完成紫罗兰切花生产全过程，紫罗兰切花生产主要包括品种选择、播种育苗、土壤改良、定

图 3-58 紫罗兰

植、日常养护、病虫害防治、切花采收、分级、包装、储运等内容。通过任务的完成，使同学们掌握紫罗兰的繁育方法和温室栽培技术，最终生产出高品质的紫罗兰切花产品。

2. 任务要求

1）通过课后巩固训练任务的反复练习，使学生能够更好地掌握切花繁殖方法及采收、

分级等内容，强化学生对相关知识的掌握程度，并增强学生独立动手操作能力。

2) 制定紫罗兰切花周年生产方案、生产计划和资金预算方案，方案和计划应符合实际生产需要，方案应详细、合理、具有可操作性。

3) 各小组根据制定的方案进行任务实施。

4) 每次任务结束填写工作日志和成本记录表。

5) 巩固训练任务全部结束，各小组要根据成本记录和销售记录完成该品种效益分析报告。

6) 任务完成过程中要分工合作，各种药品按照使用说明进行正确使用；按照工具的正确使用规范进行操作，保证设备的完整以及人员的安全。

3. 主要技术要点

(1) 形态特征　紫罗兰（*Matthiola incana* R. Br），又名草紫罗兰、草桂花，十字花科紫罗兰属，为多年生或一二年生植物。现我国各地园林中广为栽培。紫罗兰花期较长，花朵丰盛，花序硕大，色彩丰富，有香味，可用作花坛、花境的布置材料和盆栽美化居室，也是很好的切花植物。

(2) 生态习性　紫罗兰原产于地中海沿岸，喜冬暖湿润、夏凉干爽的气候环境。较耐寒冷，能耐短期0℃左右低温，但不耐霜冻。忌暑热多湿气候，梅雨天气易发生病害。一般以冬季种植，春季开花为主。要求土壤肥沃、疏松、土层深厚。黏重土因其排水不良难以生长。

(3) 繁殖方法　紫罗兰以播种繁殖为主，也可扦插繁殖。播种后，在15~22℃条件下，7~10天发芽，再经30~40天，具有6~7片真叶时定植。

(4) 栽培技术　选择富含腐殖质的沙质壤土作栽培基质。切花多进行温室栽培，种植地忌积水。苗高8~10cm时可定植。栽种密度为每平方米30~40株，等间距穴栽。紫罗兰为直根性植物，不耐移植。因此为保证成活，移栽时要多带宿土，尽量不要伤根系。定植后浇透水。

(5) 日常养护管理　在生长前期应控水蹲苗，保持土壤处于微潮偏干状态，一般3~4天浇一次水。栽植时应施足基肥，生长前期视植株长势适当施肥。施肥要薄肥勤施，当植株孕蕾后，追施0.1%~0.2%磷酸二氢钾溶液，每周一次。紫罗兰喜光，需全日照。温度通过塑料大棚来调控，控制在10~30℃之间，越冬时温度不宜低于5℃。夏天，利用通风来降低环境温度。生长期间，尤其是花蕾期，易出现倒伏现象，应及时张网。此外，在适宜期进行中耕除草。

(6) 病虫害防治　紫罗兰主要病害有叶斑病、猝倒病、腐烂病、根结线虫病等；虫害主要是蚜虫等。

(7) 切花采收　当花枝上有1/2~2/3小花开放时采收。

任务八　肾蕨切叶生产

【任务描述】

肾蕨切叶生产主要包括育苗、定植、日常管理、病虫害防治、采收、包装和运输等内容。通过任务的完成，在掌握肾蕨切叶生产技术的同时重点学会肾蕨在生产中常用的育苗技术及日常管理技术、采收保鲜技术，最终培育出合格的肾蕨切叶产品。

【任务目标】

1. 能根据市场需求主持制订肾蕨切叶周年生产计划。

2. 能根据企业实际情况、品种的生长习性，主持制定肾蕨切叶生产管理方案。

3. 能按方案进行肾蕨的繁殖、定植及养护管理，并能根据实际情况调整方案，使之更符合生产实际。

4. 能吃苦耐劳，并能与组内同学分工合作。

5. 能结合生产实际进行肾蕨切叶生产效益分析。

6. 能根据任务要求和主要技术要点，独立完成并行项目——天门冬切叶生产过程。

【相关介绍】

1. 形态特征

肾蕨（图3-59）为中型地生或附生蕨，株高一般30～60cm。地下具根状茎，包括短而直立的茎、匍匐茎和球形块茎三种。直立茎的主轴向四周伸长形成匍匐茎，从匍匐茎的短枝上又形成许多块茎，小叶便从块茎上长出，形成小苗。肾蕨没有真正的根系，只有从主轴和根状茎上长出的不定根。地上部（即从根颈上长的叶）呈簇生披针形，叶长30～70cm、宽3～5cm，羽状复叶，羽片40～80对。初生的小复叶呈抱拳状，具有银白色的茸毛，展开后茸毛消失，成熟的叶片革质光滑。羽状复叶主脉明显而居中，侧脉对称地伸向两侧。孢子囊群生于小叶片各级侧脉的上侧小脉顶端，囊群肾形。

图3-59 肾蕨

2. 生态习性

肾蕨常地生和附生于溪边林下的石缝中和树干上。喜温暖潮润和半阴环境。生长适温3～9月为16～24℃，9月至第二年3月为13～16℃。冬季温度不低于8℃，但短时间能耐0℃低温、也能耐30℃以上高温。肾蕨喜湿润土壤和较高的空气湿度。春、秋季需充足浇水，保持盆土不干，但浇水不宜太多，否则叶片易枯黄脱落。夏季除浇水外，每天还需喷水数次，悬挂栽培需空气湿度更大些，否则空气干燥，羽状小叶易发生卷边、焦枯现象。肾蕨喜明亮的散射光，但也能耐较低的光照，切忌阳光直射。规模性栽培应设遮阳网，以50%～60%遮光率的为合适。

3. 生产现状

肾蕨是目前中国内外广泛应用的观赏蕨类。肾蕨的许多栽培种因其观赏性优良都得到人们认可，其中由高大肾蕨变异而来的波士顿肾蕨极适于盆栽及垂吊栽培，是室内装饰极理想的材料，流行于世界各地。

4. 主要品种

其主要品种是达菲、普卢莫萨。同属观赏种有碎叶肾蕨，又叫高大肾蕨，其栽培品种有亚特兰大、科迪塔斯、小琳达、马里萨、梅菲斯、波士顿肾蕨、密叶波士顿肾蕨、皱叶肾蕨、迷你皱叶肾蕨、佛罗里达皱叶肾蕨。还有尖叶肾蕨和长叶肾蕨。

国内常见的肾蕨有 8 种：波士顿、蓝色贝尔、珍珠、玛莎、少年特迪、德利卡、鱼尾、超人。

5. 花语

喜欢一点水气少许光，完全随性，非常温柔，十分写意与浪漫。殷实的朋友。

【材料与工具】

1. 材料

肾蕨种苗、草炭土、沙子、多菌灵、代森锌、三氯杀螨醇、杀灭菊酯、阿维菌素、腈菌唑、高锰酸钾、生根剂、包装袋、胶带等。

2. 工具

铁锹、花铲、手锄、纸箱、喷雾器、量筒、天平、遮阳网等。

子任务一 品种选择

根据预期上市时间和当地的气候环境条件，选择植株健壮、株形紧凑、抗病性强、耐寒、耐热性好、易于管理、适应性广、适宜本地区气候栽培种植的品种。

子任务二 种植前准备

（一）栽培基质

选择适当的栽培基质对肾蕨栽培十分重要，是栽培肾蕨成功的关键。通常要求基质应疏松、肥沃、透气、排水良好、适当的含肥量及容易操作调配等条件。一般用腐叶土或泥炭土加少量园土混合，也可加入细沙和蛭石以增加透水性。家庭盆栽时，为了保持土壤的湿润，可向培养土中混入一些水苔、泥炭藓等，这对肾蕨的生长是非常有利的。基质经消毒后方可进行种植，可用多菌灵或百菌清溶液对其进行消毒。

（二）定植时期

根据上市时间选择合适的品种进行生产，因生产不同规格的肾蕨其定植日期不同，应根据生产规格和计划上市时间确定定植时间。

【关键与要点】

① 土壤消毒是栽培成功与否的关键，所以一定要重视土壤的消毒与改良。

② 要掌握肾蕨的生长周期，再根据上市时间决定定植时期。

子任务三 种 植

选择适当的株行距进行定植。定植后应及时浇透定根水。适当遮阴，光照强度控制在

8000lx 左右，温度控制在 18~28℃ 之间，相对湿度控制在 60%~70% 之间。

【关键与要点】生产上多采取日光温室立体栽培方式。

子任务四　日常养护管理

一、栽培环境监控

在温室内有代表性的 3~5 个点放置温湿度计，每天定时记录温湿度和光照强度（用光照度计），作为光强和温湿度调控的依据。

（一）光照强度调控

肾蕨比较耐阴，栽培中当光照过强时，常会造成肾蕨叶片干枯、凋萎、脱落。但长期荫蔽不见光，也会导致生长柔弱、叶色变浅、叶片脱落，同时由于叶片伸长而改变其原有的姿态，造成生长不整齐，观赏性变差。生长期间要求光照强度为 15000~25000lx。如果温度在可控制的最适范围内，光照偏高一点为好。光照强度的强弱可通过开关活动遮阳网来调控。

（二）温湿度调控

肾蕨喜较高温度和湿润的气候，生长适宜温度范围为 18~32℃（白天 25~32℃，夜间 18~20℃）。春、秋季气温适宜，是肾蕨生长的旺盛时期，应注意通风，同时经常转盆，以防生长偏向一侧。温度过低会延缓生长；温度过高或光照不足，会引起叶片徒长，影响植株整体株形。夏季高温季节可通过打开遮阳网，开启天窗、侧窗，启动水帘、风扇等降温系统或雾化降温机等措施来降低室内温度。冬季栽培，可启动锅炉采暖系统来提升温度。

二、水分管理

（一）水质

水的酸碱度会影响栽培基质的酸碱度。水的酸碱度高或低于理想范围（pH 为 5.5~6.5），会造成一些营养成分无法被植株吸收利用或使某些营养元素吸收过多而引起毒害作用。

（二）水分调控

肾蕨喜潮湿的环境，栽培中应注意保持土壤湿润，同时还应经常向叶面喷水，保持空气湿润，适宜的环境可使肾蕨健壮生长、叶色青翠，提升其观赏价值。但肾蕨在不同生长时期的需水量不同，早期生长慢，需水量小；中后期生长快，需水量大，但忌积水，一般 1/3 基质表面干了就应浇水，要防止过度浇水引起植株生长不良，甚至产生病害。

不同季节浇水量也不同，夏季气温高，可每天向叶面喷洒清水 2~3 次。春、秋季气温适宜，肾蕨生长较旺盛，盆中不断有幼叶萌发，此时应充分浇水，以使幼叶能正常、迅速地生长。冬季应减少浇水，并停止喷水，以保持盆土不干为宜。

水分的监控除了依基质干湿的程度外，也需考虑整个栽培系统中，可溶性盐的含量、酸碱值或特定的元素含量。

三、养分管理

肾蕨对养分要求比较微薄，但应注意定期施肥。施肥以氮肥为主，在春、秋季生长旺盛期，每半月至 1 个月施 1 次稀薄饼肥水，或以氮为主的有机液肥或无机复合液肥，肥料一定要稀薄，不可过浓，否则极易造成肥害。

（一）营养生长期液肥配方

肾蕨从种苗长新根到长大出货，液肥中大量元素比例为 $N:P_2O_5:K_2O = 20:20:20$，在液肥中还应当添加适量 Mn、Zn、Mo、Co、Fe、B 等微量元素。

（二）液肥施用方法

先将各成分按比例配成 100~200 倍母液，配母液时要注意含 Ca^{2+} 盐要与含 HPO_4^{2-}、$H_2PO_4^-$、PO_4^{3-} 盐分开配制，施用时将液肥稀释至 EC 值为 0.6~1.0mS/cm，调节 pH 至 6.0~6.5，可作根际施肥或根外追肥施用。

在肥料施用前应保持各植株基质干湿度一致，否则应提前补充相应水分，才能让每株肾蕨能够获得均量的肥分，株形整齐。

【关键与要点】使用液肥时，必须严格掌握定期定量原则，根据植株大小、生长状况和盆的大小来确定施肥周期和施肥量，配制液肥时必须严格掌握母液的稀释浓度，必须专人操作，不能随意加大或减少用量，以避免在施肥过程中出现肥害等现象。

四、株形控制

由于太阳光线的斜射，如果使用日光温室种植，每月应调整摆放位置 2 次。

【关键与要点】
① 适当的遮光是光照管理里十分重要的内容。
② 水分和湿度一定要根据当地的环境条件来进行调节。
③ 营养液的配方要按照标准科学的配比。

子任务五　肾蕨的处理、采收和储藏

一、生产处理措施

（一）基质 pH 和 EC 值的测定

每两周对栽培基质的 pH 和 EC 值进行测定，每次测定应在施肥后 2~3 天；栽培基质的 pH 应在 5.5~6.5 之间，EC 值应在 0.8~1.0mS/cm 之间。

（二）除草

及时清除生长在肾蕨周围的杂草和青苔，以减少各种病虫害的发生。

二、检测方法

（一）抽样

抽样数量和测量方法按 GB 6000—1999 中第 4、5 章规定进行。

（二）检测

1）整体效果、花部状况、茎叶状况通过目测检验。
2）冠幅、株高、花径、盆径、盆高用直尺测量，单位 cm。
3）病虫害：检测植株上是否有销往地区或国家规定的危险性病虫害的病状，并进一步检查是否带有该病的病原菌或虫体和虫卵，必要时可作培养检查。
4）缺损：通过目测判定。

三、销售与运输

运输前应订做好适合相应规格肾蕨成品的包装袋和包装箱。由于肾蕨嫩叶较脆、易折断，故此包装过程中要特别小心，以减少对植株的机械损伤。装车时最好采用包装箱，以减少运输过程中受到的机械损伤。运输时车厢内的温度在 10~25℃ 之间，以确保肾蕨在运输途中免受低温或高温伤害。运到目的地后应及时打开包装，避免包装时间过长而将叶片捂烂。

四、产品标志

产品（包装）上须注明产品名称、质量等级、执行标准编号、生产单位、生产单位地址、电话等。

子任务六　病虫害防治

一、主要病害防治

（一）细菌性软腐病防治

细菌性软腐病主要发生在肾蕨刚定植的前两周和摆放过密高温潮湿的时期，从基部叶片开始腐烂。目前对这种病害尚未有特效的杀菌剂，若发现病株，应立即清除。预防措施是早期上盆时浇水不要太大，后期及时拉开距离，保持室内通风。

（二）根、茎腐病防治

根、茎腐病主要由丝核菌或腐霉引起，控制措施是及时清除受感染的植株，不要随意乱丢已感染的枝叶，用杀菌剂如瑞毒霉 800 倍液或雷多米尔 1500 倍进行根际灌施。预防措施是避免高温高湿环境的产生。

二、主要虫害防治

（一）红蜘蛛防治

可喷施 10% 虫螨杀 1000 倍液或中保杀螨 2000 倍液等。

（二）蓟马防治

可喷施菜喜 2000 倍液等。

（三）白粉虱防治

可用速扑杀、乐斯本等药剂 1000 倍液微雾喷施。

【关键与要点】注意用药安全和药剂的合理配置。

【巩固训练任务八】　天门冬切叶生产

天门冬（图 3-60）为点缀型切叶材料，其叶片狭小、茎干悬垂，极具观赏价值。其与肾蕨的繁殖方式、栽培管理等方面很相似。

1. 任务内容

以小组（5~6 人为 1 组）为单位，独立完成天门冬生产全过程，生产主要包括育苗、日常养护、病虫害防治、采收等内容。通过任务的完成，使同学们掌握天门冬的繁育方法、温室栽培技术，最终生产出高品质的天门冬切叶产品。

图 3-60　天门冬

2. 任务要求

1）通过课后巩固训练任务的反复练习，使学生能够更好地掌握切叶植物的繁殖方法、养护技术、病虫害防治，强化学生对相关知识的掌握程度，并增强学生独立动手操作能力。

2）制定天门冬切叶周年生产方案、生产计划和资金预算方案，方案和计划应符合实际生产需要，方案应详细、合理、具有可操作性。

3）各小组根据制定的方案进行任务实施。

4）每次任务结束填写工作日志和成本记录表。

5）巩固训练任务全部结束，各小组要根据成本记录和销售记录完成该品种效益分析报告。

6）任务完成过程中要分工合作，各种药品按照使用说明进行正确使用；按照工具的正确使用规范进行操作，保证设备的完整以及人员的安全。

3. 主要技术要点

天门冬为百合科植物，又名天冬草，亮绿色小叶有序地着生于散生悬垂的茎上，秋冬结红果，它既有文竹的秀丽，又有吊兰的飘逸，非常具有观赏性。天门冬喜阳光，也耐阴，在湿润气候下生长良好，冬季要保证不低于5℃，否则会生长不良。盆栽的天门冬适宜装饰家庭室内或厅堂，也可剪取茎叶用作插花的衬叶。

（1）生态习性　天门冬为多年生常绿、半蔓生草本，喜温暖湿润、半阴，耐干旱和瘠薄，不耐寒，冬季须保持6℃以上温度，茎基部木质化，多分枝丛生下垂，长80～120cm，叶式丛状扁形似松针，绿色有光泽，花多白色，花期6～8月，果实绿色，成熟后红色，球形种子黑色。块根肉质，簇生，长椭圆形或纺锤形，长4～10cm，灰黄色。茎细，长可达2m，有纵槽纹。叶状枝2～3枚束生叶腋，线形，扁平。叶退化为鳞片，主茎上的鳞状叶常变为下弯的短刺。

（2）选地整地　在海拔1000m以下的地方，最好选稀疏的混交林或阔叶林下种植，如林密要疏林。也可在农田与玉米、蚕豆等作物间以及两山间光照不长的地方种植。按生物学特性选择土壤，深翻30cm，去除杂树枝等，每亩施腐熟厩肥2500～3500kg、饼肥100kg、过磷酸钙50kg，整平耙细后，做成宽150cm、高20cm的高畦。

（3）繁殖方法　天门冬有种子繁殖和分株繁殖两种，大多采用分株繁殖，成活率会较高。其他同肾蕨。

（4）田间管理　同肾蕨。

草 花 生 产

【项目导言】

一二年生草花是指整个生长周期在一至两年内完成的草本花卉。近年来,一二年生草本花卉在园林造景中的应用越来越广泛,其色彩丰富、繁殖率高、造景容易,而且成景后对人的视觉冲击力、感染力也非常大,是其他绿化植物不能比拟的。随着社会经济的发展和人们文化水平的提高,人们对居住环境的要求也越来越高。居住环境不仅用树木、草坪装饰,还要用花卉来装饰,使人们在绿色中看到各种美丽的鲜花。草花的应用越来越多,形式也多种多样。除了花坛、花境的应用外还新增了很多组合装饰,如立体花柱、组合盆栽、快速造景等深受人们喜爱。本项目是花卉生产技术的重要组成部分,重点介绍了现在花卉生产企业和市场上主要流行的一二年生草花品种的生产技术,内容包括育苗技术,定植技术,温度、光照和水肥管理技术,病虫害防治技术,重点叙述了草花中应用较多的蓝花鼠尾草、彩叶草、孔雀草、金鱼草等的生产栽培技术,目的是使读者掌握重要草花生产技术,并能做到举一反三。

草花项目参照园林园艺行业职业岗位对人才的需要和花卉园艺师国家职业标准,实行"项目引导 + 任务驱动"教学模式,将草花生产应用的基本知识,如花卉种质资源的收集与保存、草花育苗知识及质量标准、主要花卉常见病虫害的诊断、花坛布置等理论及技能操作,实现教学内容分别与园艺师考试理论及技能两部分内容的对接,帮助学生熟练掌握花卉园艺师相关核心技能,最后获取国家花卉园艺师职业资格证书。

【知识目标】

1. 了解蓝花鼠尾草、角堇、孔雀草、彩叶草、薰衣草、美女樱、金鱼草等生长习性和生长发育规律。

2. 掌握蓝花鼠尾草、角堇、孔雀草、彩叶草、薰衣草、美女樱、金鱼草、比格海棠、垂吊矮牵牛等周年生产技术规程。

3. 掌握草花周年生产计划制定的方法。

4. 掌握草花周年生产管理方案制定的方法。

5. 掌握草花生产经济效益分析的方法。

6. 熟练掌握花卉园艺师所要求核心技能,如草花种质资源的收集与保存、草花育苗及质量标准、草花常见病虫害的诊断等,应对花卉园艺师理论知识考试。

【能力目标】

1. 能指导、组织和实际参与蓝花鼠尾草、角堇、孔雀草、彩叶草、薰衣草、美女樱、金鱼草、比格海棠、垂吊矮牵牛等草花产品周年生产。

2. 能根据市场需求主持制订花卉产品周年生产计划,能根据企业实际情况主持制定花卉生产管理方案，并能结合生产实际进行花卉生产效益分析。

3. 能根据所掌握草花生产相关知识，应对花卉园艺师技能操作考核。

【素质目标】

1. 通过实际花卉生产的项目教学，培养学生不怕脏、不怕苦、不怕累的品质。
2. 通过生产计划、方案的编制，培养学生独立学习、分析总结和提升完善的能力。
3. 通过分组完成任务，提高竞争意识，培养学生交流、互助、合作和组织能力。
4. 通过生产方案的实施，锻炼学生独立发现、分析和解决突发问题的能力。
5. 通过不同的生产方案实施，提高学生创新意识和创新能力。

【理论知识】

一、选择品种

（一）市场需求调查

一二年生花卉被广泛应用于园林绿化中的花境和花带，也是布置节日花坛的主要材料。由于其色彩丰富、品种众多，因而受到人们的喜爱。一二年生花卉品种更新很快，每年都会有新品种推出。因此，作为一个花卉生产者，必须时刻关注市场动态，了解市场目前最流行的品种，了解市场行情，在种植某个品种之前要作一个详细的市场调查，根据本地区的实际情况确定生产品种。

（二）实际分析

一二年生草花生产在花卉产业中利润率比较低，但是比较稳定、风险比较小。因此，生产者在一二年生草花生产进行品种选择时的难度相对比较容易。首先，生产者要对本地区的气候条件和生产条件进行调查，应该选择能够适合本地气候和自己具备生产条件的品种；其次，控制品种数量，可选择3~4种品种进行生产，这样有利于产品的销售；第三，尽可能选择正规生产厂家生产的品种，以保证生产的产品质量稳定；第四，要量力而行，要结合自身的实际生产情况，合理地运用资金，选择恰当的一二年生草花品种。以上四方面的因素都直接影响生产效益，我们应该进行综合分析，考虑到各方面的因素，只有这样才能正确地选择要生产的草花品种。

二、育苗

一二年生草花种苗生产可以采用播种、扦插、压条、分生等方法。目前在实际生产中多采用播种的方法进行育苗。

（一）育苗前准备

1. 种子准备

（1）种子选择　生产育苗时必须要采用专业生产的种子，一般不采用自己采收的种子，主要是因为许多花卉种子是杂交品种，循环利用会出现品种退化现象，降低品质。在购买种子时选择有一定规模、信誉好的种子公司或经营部门，由国家或地方品种审定委员会审定过的品种。包装上应该标有种子的生产单位、品种特性、栽培方式、适用范围、栽培适宜温度、抗病能力等说明，还应该有表明种子质量的标志，其中包括种子净度、发芽率、纯度、

含水量指标。购买种子时还要考虑是否适应大面积栽植，尽量考虑品种、花色及是否适合地栽或盆栽，避免品种的盲目多样化。

（2）种子消毒 将高锰酸钾配成浓度为2%的溶液，轻轻搅匀，待充分溶解后将种子放入，消毒液浸没种子，浸种时间不超过24h，取出稍阴干后播种，可使种子发芽整齐。浸种对象为发芽缓慢的种子，如一串红、矮牵牛、千日红等，包衣种子除外。

2. 基质准备

草花一般都喜欢肥沃、疏松、排水、透气性良好和微酸性的土壤。不同的草花对土壤的要求也不尽相同，因此，草花栽培者应学会根据花卉自身的习性进行土壤改良或培养土配制，以适应花卉的生长。

土壤的酸碱度对花卉影响很大，如果酸碱度不适合，就会生长不良甚至死亡。多数草本花卉的适宜环境为弱酸性至中性，pH为6~7。

（1）基质选择

1）壤土：介于沙土和黏土之间的土壤，土性良好，沙黏含量适宜。壤土既通气透水又保水保肥且肥力较高，宜种植各种植物，是栽培草花的常用基质。

2）蛭石：硅酸盐材料，在800~1100℃高温下膨胀而成，依大小分成不同的型号。较大的适宜作为植物扦插的基质，较小的可以添加到栽培的土壤中，可以使土壤疏松，增加土壤的透气性。蛭石是盆栽培养土的主要成分。

3）河沙：沙通常可作为盆栽混合基质的组成成分，沙粒不应该小于0.1mm或大于1.0mm，厚平均为0.2~0.5mm之间的较好。作盆栽混合基质时，用量不超过总体的26%。

4）腐叶土：为森林地带的表土，枯枝落叶经多年堆积、腐烂而成。含有大量的有机质，土质疏松，土壤透气性、透水性良好，保水、保肥能力强。腐叶土的土质较轻，可以作为黏壤土的疏松剂，为优质的栽培用土。

5）堆肥土：又称腐殖土，由各种植物的残枝落叶、农作物秸秆、易腐烂的垃圾废物等为原料堆积腐烂而成。堆肥土略次于腐叶土，但资源十分丰富，堆制较容易，被作为十分优良的盆栽用土。

6）泥炭土：又称草炭土，是有机物不断积累后在水淹、厌氧条件下形成的，为酸性土或中性土。有机质的含量由于土壤产地的不同而有较大的差异。透气、排水性好，能保水、保肥。泥炭土含有大量的纤维和腐殖酸，质地松软，是目前花卉栽培中主要的栽培基质。是盆栽草花培养土的基础原料，作盆栽混合基质时可用100%泥炭，通常只按体积用25%~75%的。

7）珍珠岩：珍珠岩是粉碎的岩浆岩加热至1000℃以上膨胀形成的，具封闭的多孔结构。珍珠岩雪白，基质通气好，无任何营养成分，最适宜扦插用基质。是盆栽培养土的主要成分。添加于栽培的土壤中，以改善土壤的物理状况，使土壤更加疏松、透气，并能降低土壤的比重。

（2）培养土配制 近年来容器育苗所用的培养土，逐渐趋向使用少土或是全部无土的基质。这是因为无土基质一般多具重量轻、质量均衡、易于操作及标准化等优点。无土栽培培育出来的小苗，出苗整齐，根系发达，种苗生长健壮。

良好配方基质的通透性和持水性都比较好，可以为种子萌发提供良好的氧气供应和稳定的湿度水平。一般常用的基质配制比例如下：

1）草炭土:沙 = (3~4):1。

2）草炭土:珍珠岩 = (3~4):1。

3）草炭土∶珍珠岩∶蛭石 = 5∶1∶1。

4）也可直接用腐叶土过筛后使用。

（3）基质消毒　播种用土必须消毒，避免苗期多种病害发生。方法有化学药剂消毒、高温消毒、日光消毒三种。

1）化学药剂消毒。生产中多采用化学药剂进行消毒，如用40%的甲醛稀释50～100倍喷洒基质，每立方米基质喷洒10～20g；或每立方米基质加50%福美双20～30g和70%五氯硝基苯20～50g，不宜过多，拌匀后使用。

2）高温消毒。盆土的加热消毒有蒸汽、炒土、高压加热等方法。只要加热到80℃，连续30min，就能杀死虫卵和杂草种子。如加热温度过高或时间过长，容易杀灭有益微生物，影响它的分解能力。

3）日光消毒。将配制好的培养土摊在清洁的水泥地面上，经过十余天的高温和烈日直射，利用紫外线杀菌、高温杀虫，从而达到消灭病虫的目的。这种消毒方法不严格，但有益的微生物和共生菌仍留在土壤中。

3. 容器准备

（1）容器选择　生产时育苗多采用穴盘、播种箱两种容器育苗，一般大粒、中粒种子采用穴盘点播的形式进行育苗。目前，国内常用的穴盘规格有50穴、72穴、128穴、200穴、288穴等，各种盘的容量不相同。在实际应用中一般根据所培育品种、计划培育成品苗大小等来选择穴盘的规格；小粒种子采用播种箱撒播的形式进行育苗，播种箱有长方形、正方形两种（图4-1、图4-2）。在育苗时尽量选择轻便、不易变形、易于清洗的容器。

图4-1　穴盘

正方形托盘尺寸：420mm×420mm×50mm
长方形托盘尺寸：540mm×270mm×60mm

图4-2　方盘

（2）容器消毒　育苗前的苗盘，不论是新穴盘，还是旧穴盘，都应该进行彻底清洗和消毒。特别是旧穴盘，育苗过程中会感染一些病菌，在播种前一天应该对其进行消毒，先用刷子将育苗盘刷洗冲净，然后用事先配制好的消毒液进行消毒。消毒液常用40%甲醛溶液100倍液密闭浸泡30min。也可用高锰酸钾500倍液浸泡10min。

【关键与要点】高锰酸钾杀菌效果较好，浸泡消毒后一定要用清水冲洗，防止日后烧伤幼苗根系，影响生长。

（二）育苗

1. 装基质（图4-3）

在装基质过程中，穴盘与播种箱略有不同，穴盘装基质时，先用略大于排水孔的小石子放入每个穴孔底部，将配制好的基质装入穴中，略压实，再把穴盘装满基质，用木板将穴盘上多余的基质刮平，将10个左右的穴盘垂直摆放稍加镇压，保证每穴空孔有2mm的穴口即可；播种箱装基质时，先要选用直径在5mm左右的粗粒基质做2~3cm厚的排水层，再将基质装入播种箱里用木板刮平，略压实，保证留2cm左右的盘口，播种前可用喷壶浇透水。

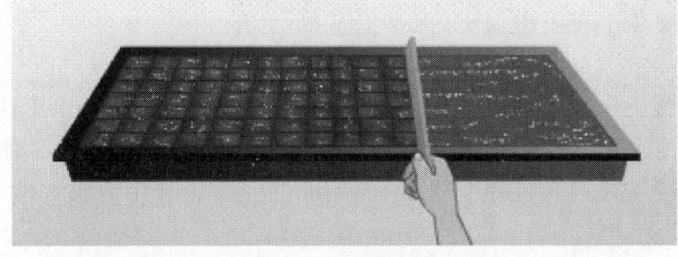

图4-3　装基质

【关键与要点】

① 在铺设排水层时，基质的直径一定要略大于排水口直径，防止基质从排水孔脱落。

② 在装基质时，基质稍加镇压即可，不能将基质压得过实，影响基质积水和萌芽后根系生长。

③ 经过压实的基质表面一定要平整，特别是播种箱不能有裂缝或凹凸起伏。如有裂缝在播种时种子容易掉入裂缝导致出苗不齐；如有凹凸起伏，浇水后容易积水，导致浇水量不均匀。

2. 播种

容器播种的方法一般有两种，一种是点播；一种是撒播。一般大粒、中粒种子采用穴盘点播的形式进行育苗，如一串红、万寿菊、孔雀草等；小粒种子采用方盘撒播的形式进行育苗，如矮牵牛、鸡冠花、四季海棠、彩叶草、三色堇等。

播种时有条件的还可以选择机械播种，全自动机械播种的作业程序包括装盘、压穴、播种、覆盖和喷水。播种之前要先调试好机器，使各工序运转正常。其一穴一粒的准确率达到95%以上，可获得较好的播种质量。

（1）点播　在实际生产中通常用点播的方式进行播种。一般要求穴盘点播，按每穴一粒，将种子播入穴孔中央（图4-4）。

【关键与要点】

① 避免出现重播或漏播现象，以免影响出苗率。

花卉生产与经营

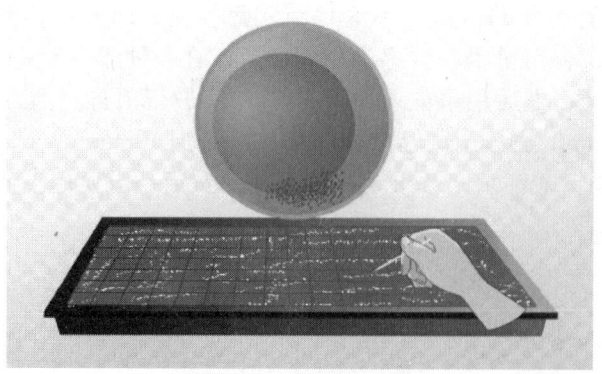

图 4-4 点播

② 播种后略用手压实，使其与土壤能够紧密接触，覆土时不宜散落。

（2）撒播　目前在实际生产中除矮牵牛、海棠类的种子较小的采用撒播，其他的多采用点播的方式进行播种。撒播的要求是：先将种子按 1∶10 的比例与沙子混合，然后均匀地撒播在方盘中，少覆盖土或不覆盖土。

3. 覆土（图 4-5）

播种后要进行覆土，覆土的薄厚要根据实际情况而定。种子较小可不覆盖；中型种覆土厚度，以不见种子为宜；大粒种子覆土的标准以种子短径的 2 倍为宜。对于种植经验不足的生产者推荐使用的覆盖材料为直径在 0.2~0.5cm 的蛭石。因为它保水性、透气性均好。

图 4-5 覆土

4. 浇水

播种后要立刻进行一次透水浇灌，浇水时一定要用细喷头喷水，防止将种子冲散。浇水的目的是让种子与基质紧密接触。判断是否浇透的依据是以穴盘下排水孔微微有水滴渗出为准。水量过大基质会随水从排水孔流走，也有可能将种子一同冲走；水量过小，不能保证基质湿度，抑制种子萌发。

5. 覆盖

播种后要进行覆盖，冬季多采用塑料膜，可以保持空气湿度，还可以保温增温。夏季可采用废旧报纸，能够起到遮阳、保湿的作用。光照太强、水分蒸发旺盛，都会影响种子萌发。

（三）播种记录

在品种繁多的情况下，要认真填写时间、品名、分类、种子数量等，将标志牌插在育苗盆盆沿，并作详细记录，以利观察不同品种的不同生长特性，减少混淆，同时详细记录幼苗的出苗时间、出苗率等。

（四）育苗后管理

1. 温度管理

大多数种子的发芽适温都在 20~25℃ 之间，有些品种温度可低些，如瓜叶菊发芽适温可控制在 15~20℃ 之间。冬季或春季发芽后，温度可稍低，但夜温不能过低，苗期受低温影响后则会生长不良。另外，白天的温度不宜忽高忽低，控制在 25℃。条件允许的可利用催芽室、铺设地热线等方式进行催芽。

生产中温度过高、过低都会影响种子的萌发。我们要根据实际情况和不同的品种给予合适的温度。

2. 湿度管理

播种后的水分管理也是非常重要的。一般育苗温室的空气相对湿度以 60%~80% 为宜，播种至发芽期的基质水分含量应保持在 85%~90%。育苗盆内湿度以塑料薄膜上密布水珠为宜，此期间不用浇水，若盆内表土微干，也可用喷雾器少量喷水，冬季播种时一周内出苗的可不必补水，一周以上出苗的视情况补水；夏季播种时一般一天浇一次，高温时一天浇几次，具体视情况而定，要灵活运用。

【关键与要点】

① 苗期供水不宜过干或过湿，以见干见湿为最佳。水分过少，出苗率低而且不整齐；水分过多，出苗率也会降低，且幼苗较嫩，易猝倒。

② 冬、春季傍晚时应保持盆土表面和叶片干燥，湿度过大易得茎腐病和猝倒病。

③ 幼苗期要尽量蹲苗，以防水分过大使幼苗徒长，影响质量。

④ 高温大风季节一定要看住苗床水分，防止幼苗脱水死亡。

3. 光照管理

多数种子在光照下有利于萌发。种子萌发后必须接受光照，否则会使幼苗徒长。一般夏季遮光 70%，春、秋两季遮光 50%，冬季可以不遮光。

经过一段时间的管理有 60% 的种子发芽后，要及时揭去覆盖物，以免幼苗徒长。此时，要注意保持基质的湿度，保证未发芽的种子能够继续萌发。

【关键与要点】苗期要保证良好的光照，以避免徒长。光线过强时要及时遮阳。

4. 肥料管理

子叶展开后可以施用稀薄的肥水，以氮肥为主，浓度为 50mg/kg，长出真叶后浓度为 100~200mg/kg，此时以氮、钾肥为主。每周喷一次广谱性的杀菌剂预防猝倒病。

三、上盆

将小苗从育苗器皿中取出移入花盆中的过程称上盆。

（一）容器准备

1. 选盆

一般生产用盆多选用 10~12cm 营养钵，根据植株的大小或根系的多少来选用花盆

(图 4-6)。应掌握小苗用小盆、大苗用大盆的原则。

图 4-6　不同规格的盆

2. 花盆消毒

上盆所用的花盆必须消毒，先将花盆用清水洗净，浸泡在多菌灵或高锰酸钾 500 倍液 20min。所放植物的台面要打扫干净，并施少量铁灭克、密达类药物，以防蛞蝓、蚂蚁等对种子及花苗危害。

（二）培养土配制

1. 培养土配制

上盆时的培养土配制方法与育苗培养土配制方法相同。改良酸性土壤可在土壤中适当掺入一些石灰粉或草木灰、炉灰、硝酸钙。上盆土可加入适量园土和有机肥，以降低生产成本。

2. 药物消毒

上盆用土要消毒，可以参照育苗基质的消毒方法。

（三）上盆

出苗后长出一片真叶时，草本花卉的长势较快，为了防止苗床拥挤，可以加强通光、透气，以免徒长形成弱苗或畸形苗。出苗后长出 2 片子叶或长出一片真叶时，就可以进行移栽。移栽不及时容易造成种苗徒长和生产延误。不同种苗移植的时间略有不同，需根据实际情况决定。移植前要保持基质湿润，适当浇水，移植多在雨后、阴天或晴天下午进行，移植后及时浇水，以免根系松动而死，同时，在移植过程中还可以除草、去劣。

移植时，先用花铲将小苗尽量带土球起出，要注意保护好幼苗根系，以防断根、伤根过重。尽量保持土球完整，勿散。然后将小苗移入准备好的 5～8cm 小盆中。一般盆底事先装入 1/2 配制好的培养土，小苗扶正，填满基质略压实，带土球移栽时，四周填土压力需均匀，勿压碎土球引起断根；裸根苗栽植，保证根系舒展、不能窝根。上盆后要留 1～2cm 的盆口。注意穴盘播种苗可不分苗。优质穴盘苗如图 4-7 所示。

不适宜大苗移植的花卉，可直接定植。

图 4-7　优质穴盘苗

当小苗长出2~4片真叶时可进行定植。定植前先将育有小苗的培养土淋透水，保证基质整团取出，不易伤根。上盆最好选在阴天进行。

上盆时将配制好的基质装入准备好的营养钵中（图4-8），装入基质的多少根据土球的大小而定，然后将花苗放在盆钵中央使苗株直立，加入培养土用手轻轻压实，保证根系与土壤能够紧密接触，上盆深度要求比原生土层略深1cm，上盆后要求留出1~2cm盆口，用于浇水施肥（图4-9）。

图4-8 装基质

图4-9 上盆

【关键与要点】

① 上盆过程中注意不要将土球压碎，以防止伤其苗根；裸根苗栽植，保证根系舒展、不能窝根。

② 要保证栽植深度，由于新配置的培养土非常疏松，浇水后基质会下沉，栽植过浅会使苗根外露小苗倒伏。

③ 适当遮阳有助缓苗。

四、日常管理

（一）光照管理

光照不仅能给育苗温室提供部分热量来源，同时也是幼苗进行光合作用的能源，是培育壮苗不可缺少的因素，应掌握好光照强度和光照时数对育苗的影响。在夏季高温季节避免阳光直射，幼苗和一些不耐热的花卉不能承受强光，要适当遮阴，在清晨和傍晚浇水时，往叶片上喷水可以降低叶片表面温度。冬季可以不遮阴；春秋季节在中午阳光强烈时可适当遮阴。

【关键与要点】保证足够的光照强度以及光照时数，使苗木健壮，而且病害少；如果光照不足，苗又黄又弱，最易染上猝倒等病害。

（二）温度管理

多数草本花卉的生长适温都在15~25℃之间，夜间不能低于15℃，昼夜温差对培育壮苗也有极其重要的作用。一般矮牵牛、鸡冠花、一串红等幼苗期的适宜日温为25~28℃，夜温为18~21℃；万寿菊幼苗期的适宜日温为20~23℃，夜温为15~18℃。成苗期的适宜

日温均为 16～21℃，夜温为 10～16℃。整个生长期温度比幼苗温度可略低，夏天如果室内温度较高时，主要通过外遮阳和高压喷雾来降温；在冬天，可以通过暖气加温来提高温度。

【关键与要点】温度过高，苗易徒长，影响质量；温度过低，生长缓慢或停止，造成不能如期开花，分枝少，株形较小等。

（三）水分管理

1. 水质

草花浇水可用自来水、井水、雨水、河（湖）水等，但一般选用自来水，有条件的可以选用井水、雨水、河（湖）水。不管选用什么水都要注意，所浇的水应事先贮于容器内，特别是自来水，含有漂白粉，必须经过晾晒 1～2 天后再用，否则长期使用会使土壤碱化、板结。不要使用水温与气温悬殊很大的水（10℃以上）浇灌盆花。

2. 浇水量

首先应根据土壤干湿度与花卉生长情况来定浇水量；其次要根据天气变化来浇水，气温高、日照强、空气干、刮风天气，花卉水分蒸腾快，应适当勤浇水；相反，气温低、阴天、无风时，花卉水分蒸腾较慢，应适当少浇。从季节来讲，春夏时花卉生长旺盛，应适当多浇，春季可 1～2 日一次，夏季每日 2 次；入秋后花卉生长逐渐缓慢，应适当少浇，每日 1 次；冬季浇水量应更少，每周 1～2 次。

3. 浇水原则

草花浇水要遵循"干透浇透"的原则，即干了就浇，浇必浇透。切不可以浇半截水，表土虽湿而底土仍干，根系吸收不到水；也不可浇水过于频繁，过湿会使土壤新鲜空气不足及植株根部被浸泡，易发生根腐。

（四）肥料管理

植物在生长发育和开花结果的过程中，需要从外界不断吸收约 20 种营养元素，这些元素对植物来说是同等重要的，缺少了其中任何 1 种，植物的生长都会受到影响。

1. 肥料的选用

（1）有机肥　有机肥以富含有机质的动物、植物为原料而积制的。常用的有机肥有猪粪、牛粪、鸡粪、骨粉、饼肥、草木灰、稻壳、植物秸秆等。这些肥料含的营养成分较多，但肥效释放较慢，肥力较低，一般用作基肥或追肥。

（2）无机肥　无机肥称为化学肥料，简称化肥。化肥有效成分高、肥效快，常用的无机肥有尿素、硫酸铵、过磷酸钙、磷酸二氢钾和复合肥等，但长期使用易使土壤板结，可与有机肥结合使用，并加强中耕松土，才能使植物生长良好。

2. 施肥时期及肥量

在花卉的生长过程中，掌握施肥的时间和肥量是很重要的。以下是草本花卉不同时期施肥应掌握的原则：

（1）幼苗期施肥　植株尚小，根系吸收能力有限，施肥宜淡，勤施、薄施。一般用 NPK 复合肥 15-15-15，浓度为 0.1%，每 7～10 天一次。

（2）生长期施肥　需要氮素营养较多，磷钾肥较少，施肥应以氮肥为主。营养生长期用复合肥和尿素 4∶1 混合溶液，浓度为 0.1%～0.3%，每周一次。

（3）开花期施肥　以施磷钾肥为主，氮肥减少。如果氮肥过多，会导致枝叶徒长和延迟开花。生殖生长期用复合肥和磷酸二氢钾 4∶1 混合溶液，浓度为 0.2%～0.3%，每周一次。

3. 施肥的方式

（1）基肥　基肥又叫底肥，是在播种或移植前施用的肥料。它主要是供给植物整个生长期中所需要的养分，为作物生长发育创造良好的土壤条件，也有改良土壤的作用。

作基肥施用的肥料大多是迟效性的肥料。厩肥、堆肥、家畜粪等是最常用的基肥。

1）饼肥：含氮、磷、钾较多，碾碎拌入培养土里使用。

2）骨粉：是一种长效有机肥，含磷多，常被作为有效的磷肥来施用。有很强的缓效性，对于多年生草花有比较好的效果。与培养土混拌后施用。

3）草木灰：含钾很多，拌入培养土中使用。碱性大，可存放2~3个月后再用。

（2）追肥　追肥是指在作物生长过程中加施的肥料。追肥的作用主要是供应作物某个时期对养分的大量需要，或者补充基肥的不足。生产上通常是基肥和追肥相结合，追肥施用的特点是比较灵活，要根据作物生长的不同时期所表现出来的元素缺乏症对症追肥，氮钾追肥是最常见的化肥品种。追肥分根际追肥和叶面追肥两种。

1）根际追肥。

① 鸡粪：肥料成分较高，肥力持久，效果好。注意不要使鸡粪与根接触，以免烂根。

② 复合肥：是一种合成的肥料，配有适当的氮磷钾和微量元素，用法简便，清洁卫生，见效较快。施用后，枝叶繁茂，花大色艳，花期长。

③ 化肥：有效成分高，肥效快，但长期使用易使土壤板结。常用的是尿素、硫酸铵、过磷酸钙等。

2）叶面追肥。叶面追肥是把肥料稀释后直接喷施到叶面上的一种方式，叶面施肥肥料直接喷施到叶面上，便于叶面迅速吸收运转到植株体内，可以避免肥料的流失和土壤的固定作用。

不同花卉对各种肥料的需求时期不同，要灵活掌握。喷洒的浓度一般低于花卉需求量，因此，需连续喷2~3次，间隔期5~7天。潮湿的天气里进行为好，保证叶片湿润30~60min。要在早晨10点前及下午5点后喷洒，无风的阴天可以全天喷施。一般情况下浓度不得随意加大，叶面追肥的适宜浓度为尿素0.1%~0.2%、磷酸二氢钾0.2%~0.3%、硫酸铵0.2%~0.3%、硼酸0.01%~0.1%、硫酸锌0.01%~0.1%等。如一二年生草花一串红、金鱼草等，喷施0.5%过磷酸钙和0.1%尿素溶液后，小苗叶色纯正，生长健壮；开花前再喷一次，则花艳而繁茂。

（五）常规修剪

1. 摘心

草花摘心是指在其生长季节，摘去花茎顶端嫩梢，使它产生侧枝。通过摘心，能够调节草花的生长和发育，使其株形矮化、丰满，花繁色艳，观赏价值提高。

草花的摘心一般在幼苗期进行。当幼苗长到3~4片叶时，摘去嫩枝顶端的1/3或1/2促其萌发侧芽，一般留3~4个侧芽，培养成丛生状。为达到理想的株形，摘心1次后等侧枝长到1~2节时，可再进行二次摘心，增加分枝级次。如一串红、万寿菊、百日草、千日红等，不但可以使花朵数量增多，还有延迟花期的作用。万寿菊一般不摘心。

2. 抹芽

在植株上常发生侧芽，如任其生长，不仅消耗养分、扰乱冠形，同时也影响植株的通风

透光,不利花芽的形成。有些品种为了促使植株的高生长,减少花朵的数量,使营养供给顶花,因此,必须及早抹除不需要的侧芽。

3. 摘除残花

对于多次抽枝开花的草花,如万寿菊、雏菊、百日草、三色堇、金鱼草、大丽花和美人蕉等,要随谢随剪,不使其结实,可促使其多抽花枝,延长花期。万寿菊在夏季花朵数量减少情况下摘残花,再追肥,秋季会再次开花;摘除枯枝烂叶,加上追肥,都可以让它二次开花。瓜叶菊还可以在花败后,把花茎从根部剪下,施肥后又可开花。

(六)转盆

结合挪盆,按植株大小确定摆放密度。

在光线强弱不均匀的室内生产盆栽花卉时,因花苗向光性的作用而偏方向生长,以至生长不良或降低观赏效果。所以在这时应经常转动花盆的方位,这个过程称为转盆。转盆可使植株生长均匀、株冠圆整。此外,经常转盆还可防止根系从盆孔中伸出长入土中。在旺盛生长季节,每周应转盆1次。

五、花期调控

花期调控俗称催延花期。根据植物开花习性与生长发育规律,人为地改变花卉生长环境条件并采取某些特殊技术措施,使之提早或推迟开花,这种技术措施称为花期调控。较自然花期提前开花的为促成栽培,较自然花期推迟开花的为抑制栽培。一二年生草花花期主要通过播种期、摘心次数、温度、光周期等来控制。

(一)影响草花开花因素

1. 栽培技术措施对草花开花的影响

(1)育苗时间对草花开花的影响 根据花卉市场对草花的需求,选择最佳的育苗时间来调控草花的花期。

(2)修剪、摘心对草花开花的影响 摘心一般用于易分枝的草本花卉,摘心后因季节不同,开花有迟有早。一般摘心后25~35天即可开花。

2. 光照对草花开花的影响

日照的长短会影响开花。多数的草花都有光周期反应,分为长、短、中日照植物。如大波斯菊和百日草在短日照条件下有利于促进开花,半边莲在长日照条件下有利于开花。

(1)补充光照对草花开花的影响 很多草花在生长期间补充光照会使花期提前。如"正补光反应"的花卉,矮牵牛在生长期间补充光照会促进开花;相反的"中补充光照"的花卉,半边莲在长日照条件下无助开花。

(2)光周期对草花开花的影响 很多草花不可能在种子发芽后马上形成花芽,通常需要生长到一定阶段后才开始形成花芽,在此之前进行补充光照和做光周期处理都不起作用。

(3)光反应处理对草花开花的影响 草花的光反应处理通常2~3周时间即可。大多数草花不需要在其整个生长期都做光反应处理,只要在关键时期即可。

3. 温度对草花开花的影响

一般情况下,温度越高草花生长得越快。过高或过低的温度也会阻碍草花生长,适宜温度为18～22℃，高于27℃时生长缓慢或停止，但有些草花如长春花在低于18℃时生长缓慢。温度在栽培中起主导作用。

4. 生长调节物质对草花开花的影响

应用植物激素和植物生长调节剂是控制观赏植物生长发育的一种有效方法。其优点是用量小、成本低、操作简便，缺点是应用效果不太稳定，需不断试验以确定使用浓度、时期和次数。

（二）花期调控技术

1. 调节育苗时间

（1）播种育苗　一年生草本花卉，一般情况下播种后经45～90天即可开始开花，可根据不同花卉的生长规律，计算其在不同季节气候条件下，自播种到开花所需时间，分批分期播种。如一串红的生育期较长，2～3月在温室育苗，可于6～7月开花；温室11～12月播种，上盆，可于第二年4～5月开花。

二年生花卉需在低温下形成花芽和开花。在温度适宜的季节或冬季在温室保护下，可调节播种期在不同时期开花。如紫罗兰，12月播种，5月开花；2～5月播种，则6～8月开花；7月播种，则2～3月开花。

（2）扦插育苗　扦插日期要根据不同花卉在扦插至开花所需气候条件、生根时间长短、当时的气候条件来确定。如一串红，在4月下旬至5月上旬开花，可于11月下旬至第二年1月上旬在温室内扦插，室内日温保持25℃，夜温20℃即可；若要其在9月下旬到10月上旬开花，则可于5月中旬至6月中旬扦插；美女樱、孔雀草于6月下旬至7月上旬扦插，也可于9月下旬至10月上旬开花。

（3）修剪、摘心

1）修剪：当营养生长达到一定程度时，只要环境因子适当，即可多次开花，可利用修剪的办法，使之萌发新枝不断开花。

2）摘心：摘心影响花期。如一串红，从播种至开花需要100天，在生育过程中每摘一次心，花期推迟10～15天，最后一次摘心到开花，在20～25℃、短日照条件下需要25天。

2. 光照调控

（1）增光处理　要求长日性花卉在秋冬季自然光照短的季节开花，应给予人工补光。可以在夜间给予3～4h光照，进行夜间光照间断的办法，也可于傍晚加光，延长光照时数。对短日性花卉除自然光照时数外，给予人工增加光照时数，则可推迟花期。

（2）遮光处理　在长日照季节里，要求短日性花卉开花，则可采取遮光办法，不同花卉需遮光时数与天数因植物种类与品种而异。一般多遮去傍晚和早上的光，遮光处理一定要严密，并连续进行不可中断，如果有光线透入或遮光间断，则前期处理失败。通常15℃下依不同品种需35～50天即可形成花蕾。

3. 温度调控

高温能促进生长，但不利于植株基部分枝。尽管可以提早开花，但花苗的株形不良。当草花在较高的温度环境生长时，应提供较多的水分和肥料。草花生长速度加快时，叶片等生理活动也加快，需要补充更多的养分和水分。如矮牵牛于3月9日的播种苗，在15.5℃条件下到5月21日有96%开花，而在10℃条件下的对应试验仅4%开花。

4. 药剂调控

为了保持植株良好的株形，可以使用矮壮素，控制茎干伸长。常用的矮壮素A-Rest

（嘧啶醇）常在移植后 2~4 周进行叶面喷洒，浓度为 30~130mg/kg；B_9 使用方法相同，浓度为 2500~5000mg/kg，其他的有多效唑、矮壮素、稀效唑。草花对不同的矮壮素反应不同，使用前必须了解其产品特性，并且矮壮素只能起到有限的调节，栽培过程当中还应注意肥水的有效控制，提供适宜的低温和光照，才是最根本的方法。吲哚丁酸、萘乙酸、2,4-D 等生长素类生长调节剂对开花有抑制作用，处理后可推迟一些观赏植物的花期。例如秋菊在花芽分化前，用 50mg/L NAA 每 3 天处理 1 次，一直延续至 50 天，即可推迟花期 10~14 天。

六、病虫害防治

温室内具有光照弱、分布不均匀，温度高、昼夜温差大，空气不够流通，有害气体浓度较高、二氧化碳浓度较低等特点，导致了温室花卉病虫害的发生具有类型多样、数量大、危害重、传播蔓延快、周年发生次数频繁等特点。防治病虫害的发生，除了要做好前期选择抗病性强品种、加强栽培管理及进行土壤消毒的准备工作外，还要在实际生产过程中随时根据花卉的长势、生育期，结合气象预报预测某种病虫害将要发生时，提早喷药预防，要做好监测，做到早发现、早防治，将其控制消灭在初发阶段，生产出更多更好的花卉产品。因此，病虫害防治要突出"预防为主"的原则。

在花卉生产过程中，生产者们已经认识到，要想生产出高品质的花卉产品，只注重种植管理是远远不够的，还要加强病虫害防治工作。

（一）病虫害综合防治措施

结合温室花卉病虫害的发生特点，在防治上应遵循病虫害防治的基本原理，实行"预防为主，综合治理"的方针，对温室花卉病虫害采取科学的防治方法。要点是购买无病的种苗；加强养护管理，注意通风、透光、浇水、施肥等工作，增强花卉自身的抵御能力；经常观察植株的生长情况，发现病虫害苗头（如虫卵、蛹等）及时处理。

1. 选用抗病虫害强品种

不同品种对病虫害的抵抗和忍耐能力不同，选用适合当地环境条件、具有较强抗性的花卉品种进行栽培。因地制宜地选用抗病虫的品种，是防治温室花卉病虫害最经济有效的方法。

2. 选用无病虫害优质壮苗

播种前对种子、插条、种球等繁殖材料严格检疫，及时采用药物拌种、浸种等方法消毒，确保种苗不带病虫害，从根本上杜绝病虫源。在实际应用中，这不仅保证了花卉的品质，也减少了后期病虫防治的投入。

3. 合理密度

根据不同品种，确定合理的密度，防止植株过密，影响通风透光，诱发病虫发生。

4. 推广配方施肥

施肥应该施有机肥、无机肥相结合，有机肥要充分腐熟后再施用，无机肥施用要氮、磷、钾合理搭配，不宜偏施氮肥，并要注意补施微肥，可结合喷药进行根外追施植物生长调节剂。

5. 严格控制温湿度

根据季节、各种花卉生长期的不同和病虫害发生情况，及时通风排湿，严格控制温室内的温湿度，使之有利于花卉的生长而不利于病虫的繁衍。温室内湿度越高，发生病害的危险性越大。这是因为高湿度条件下，大部分真菌病害容易繁殖蔓延，温室内相对湿度的上限为

85%。当相对湿度大于85%时,即使使用杀菌剂,病害仍然很难控制下来。过高的湿度可以通过加热、通风等手段降下来。要避免植株叶片上长时间附着水滴,在使用喷灌或喷头浇水时,最好在早上进行,以便使植株上的水滴在傍晚来临之前变干。要避免过度浇水,否则会促进根腐病的发生,要使用排水性好的栽培基质。除非知道自然的土壤不含病原菌,否则不要在无土栽培中将基质与土壤混合使用,因为大部分土壤含有引起植株根腐的病菌。若采用地床的形式栽培,要确保地下无隔离层,不会积水。

6. 增强光照

花卉生长期间,要经常清扫温室棚膜上的灰尘,保持棚膜清洁;同时要早揭晚盖草苫,延长光照时间,以减轻病害。

7. 要及时整枝

及时摘除花卉的病叶老叶,清除带有病虫的植株残体、杂草落叶等,并带出设施以外进行深埋或焚烧。通过科学修剪,增强植株中下部的通风透光性,阻隔病虫害的传播和蔓延途径,设法减少病菌、害虫的来源。

8. 注意温室清洁

在花卉生长期及时拔除病株,摘除病叶,及时清除温室内的枯枝烂叶、根茬及杂草等,可有效地减少病虫害的侵染来源。

(二)病虫害防治方法

1. 物理防治

在夏季高温季节,利用闲茬期间晴天中午封闭设施2h,使温度达到50℃以上,大量杀死设施内表面上的病菌、虫卵、线虫,可起到对设施内表面进行消毒的作用。以种子重量2~3倍的冷水预浸1h,再放入50~55℃以上的恒温水中浸种20~30min,并注意不断搅拌,然后用室温水冷却催芽或播种,可杀死附着在花卉种子上的多种病原菌。

在设施花卉育苗或生长过程中,设置防虫网阻止害虫迁入,可起到防虫及阻传病害的效果。对蚜虫、白粉虱等可采用黄板,挂在室内诱虫效果非常好;设置黑光灯诱杀菜粉蝶和地老虎成虫,也可用树枝、青草诱杀地老虎幼虫;室内悬挂频振式杀虫灯,对多种害虫有较强的诱杀作用。

2. 生物防治

由于温室栽培的花卉病虫害发生率较高,若只采取农药防治,不仅增加成本,同时也会造成花卉产品污染。为克服这种不足,可采用以虫治虫的生物防治技术。例如用丽蚜小蜂来防治温室主要害虫白粉虱,前者既能抑制后者的发生和危害,又不对花卉产生影响。又例如花卉生产中发生严重的红蜘蛛危害,则采用另一种天敌扑食螨来防治。有目的地保护天敌,可有效提高生物防治的效果。目前,生物防治法在温室花卉病虫害防治上应用较少,但这方面的工作具有无污染、无残留、效力长等优点,是未来防治病虫害的一个发展方向。

3. 化学药剂防治

在实际生产中常采用化学药剂进行病虫害防治。化学防治具有高效、速效、使用方便、经济效益高等优点,但也存在使用不当对花卉植物产生药害、杀伤天敌、长期使用会导致有害生物产生抗药性、污染环境等缺点。实施喷药防治时,做到科学、合理、安全用药,要根据病虫害发生种类、发生危害规律适时适量地选择正确的农药;根据天气变化灵活选用农药剂型和施药方法，尤其是阴雨天气病虫害发生时，可采用烟雾剂或粉尘剂防治，以降低温室内的湿度。

（三）常见病虫害防治

1. 病害防治

植物的病害可分为侵染性、非侵染性两类。侵染性病害主要是指受到周围环境中生长的微生物如真菌、细菌、病毒等的侵染而导致的病害。非侵染性病害多是由于土壤、水分、温度、光照等生活条件不适而引起的。病害的发生和发展要有一定的外界环境条件，因此，在防治中应注意改善栽培技术和环境条件，随时注意环境卫生，加强通风透光，避免潮湿积水，及时清除残枝落叶、有病的植株。植物栽培好、生长健壮，抵抗病害的能力就强。

病害主要有茎腐病、白粉病、立枯病等。常用杀菌药剂有多菌灵、百菌清、代森锌等。常见病害及防治方法见表4-1。

表4-1　常见病害及防治方法

病　　名		易感染花卉	症　　状	药　剂　防　治
幼苗猝倒病		蓝花鼠尾草、角堇、彩叶草、夏堇、非洲凤仙、百日草等	主要危害幼苗茎基部，发病初期，病部出现水渍状斑，以后逐渐凹陷缢缩，变为浅褐色至褐色。病斑迅速绕茎基部一周，使幼苗倒伏	严重时使用50%多菌灵、50%福美双、40%五氯硝基苯，每平方米用药6～8g，进行土壤消毒。当幼苗发病时，可使用25%甲霜灵800倍液，或40%疫霜灵200～400倍液，或75%百菌清600倍液喷施或灌溉病株
立枯病		蓝花鼠尾草、金鱼草等	多发生于扦插苗。初期，病株在接近地面的根颈部位呈现水渍状腐烂。根部变黑，枯死。叶片呈失水状态，萎蔫下垂，病株停止生长，逐渐枯死	定植后，喷施70%甲基托布津800～1000倍液，每隔10～15天喷1次，喷2～3次。或用50%福美双500倍液，或50%克菌丹500倍液浇施土壤
白粉病		夏堇、美女樱、非洲凤仙等	危害叶片，最初在叶片上出现褪绿黄斑，随后即长出白色粉状物，发病后白粉扩大到全叶片，至使叶片内卷，嫩梢弯曲停止生长，最后落叶时植株死亡	喷施15%粉锈宁800～1000倍液，或50%多菌灵1000倍液，或70%甲基托布津800～1000倍液，或50%代森铵水溶液1000倍液，或40%福美砷600～800倍液
叶斑病	炭疽病	非洲凤仙、夏堇等	由真菌与细菌引起。侵染叶片、枝条。初期多形成针头状小点，然后拓展为各种形状的斑点或斑块，呈白、褐、黑、灰、紫等颜色	选择排水良好的地种植，种植密度要适当。发病初期，喷施50%多菌灵1000倍液，或65%代森锌500～800倍液，或1:1:100波尔多液、或75%百菌清500倍液。每隔7～9天喷1次，连喷2～3次
	褐斑病	垂吊矮牵牛、非洲凤仙等		
	叶斑病	蓝花鼠尾草、彩叶草、夏堇、非洲凤仙等		
霜霉病		美女樱、垂吊矮牵牛等	危害叶片、嫩梢、花梗和花。发病初期，感病叶片正面产生褪绿斑点，以后逐渐发展为黄色病斑，叶背相应处产生灰绿色霉状物	发病前或发病初，可喷施80%乙膦铝800倍液，或65%代森锌500～800倍液，或80%代森锰锌1000倍液，或1:1:200波尔多液，每隔10天喷1次，连喷2～3次

2. 虫害防治

危害花卉的有害生物主要有昆虫、螨、蜗牛、蛞蝓等,食叶性害虫如棉铃虫、红腹灯蛾;刺吸性害虫如蚜虫、螨类。常用杀虫药剂有乐果、烟参碱、吡虫啉、克螨特等。有很多昆虫以花卉的叶片、花朵、茎干、枝条、果实、根系为食,使植株缺损、枯萎、畸形、腐烂,影响生长,降低观赏价值,甚至导致死亡。一旦发现害虫,要及时采用各种方法灭除。方法有物理防治,即利用简单的工具或光、电、热等手段引诱、杀灭害虫;有化学防治,即利用化学农药、杀虫剂防治;有生物防治,即利用有益的微生物、昆虫等来治虫。草花常见虫害及防治方法见表4-2。

表4-2 草花常见虫害及防治方法

病 名	易感染花卉	症 状	对 策
介壳虫类	彩叶草、垂吊矮牵牛等	常聚集于枝、花、叶、果上,吸食组织内的汁液,造成落叶、枯萎	可用50%氧化乐果2000倍液,每周喷1次,连续喷2~3次;也可用三氯杀螨醇1000倍液防治效果可达90%以上。另外,保护地内用10%虫螨净烟剂250g/667m² 熏蒸4~5h
白粉虱	蓝花鼠尾草、孔雀草、彩叶草、美女樱、非洲凤仙、垂吊矮牵牛等	成虫或若虫聚集于寄主幼嫩叶背处刺吸汁液,受害叶片褪色、变黄、萎蔫,甚至枯死。易诱发煤污病和病毒病	采用10%吡虫啉(蚜虱净)3000倍液防治,用25%扑虱灵可湿性粉剂1500倍液或2.5%天王星乳油5000倍液混用,乐斯本对防治白粉虱有特效。药剂应在早晨或傍晚喷施,连续防治2~3次,既可缓解白粉虱产生抗药性,又可提高防治效果
蚜虫	蓝花鼠尾草、角堇、孔雀草、夏堇、美女樱、金鱼草等	青黄色的小虫,密集在嫩枝或花苞上,吸食汁液,使嫩叶卷曲萎缩,影响生长、开花,导致植株枯萎	用毛笔蘸水刷掉。喷40%氧化乐果3000倍液或每盆施5~10g呋喃丹颗粒;用20%速灭杀丁3000倍液或用2.5%溴氯菊酯5000倍液防治,也可用22%敌敌畏烟剂0.3kg/667m²或10%灭蚜威烟剂密闭熏杀一夜,方法简便,对控制蚜虫有特效
红蜘蛛	孔雀草、彩叶草、夏堇等	破坏叶片组织,常使叶片失绿,呈斑点、斑块,或卷曲、皱缩,严重时整个叶子枯焦,似火烤。甚至整株叶脱光	喷90%敌百虫乳油、40%氧化乐果或三氯杀螨醇2000倍液;或20%哒螨灵乳油3000~4000倍液,并加入少量洗衣粉以利喷布均匀,每隔7~10天喷1次,连续喷3~4次
夜蛾	金鱼草、彩叶草等	幼虫群集在卵块附近食叶肉,留下叶脉和上表皮,成虫常将叶片蚕食光并危害花与花蕾。对黑光灯与糖醋味有强趋性	用50%辛硫磷乳剂1500倍液喷洒幼虫。用黑光灯与糖醋液加少量敌百虫诱杀成虫

【考核标准】

各考核标准见表4-3~表4-8。

表 4-3　草花生产方案制定考核标准

序号	质量要求	赋分	得分
1	方案编制规范	20 分	
2	相关项目齐全	10 分	
3	符合植物生态习性	20 分	
4	注意降低养护成本	10 分	
5	养护措施技术含量较高	10 分	
6	具有环保、植保内容	10 分	
7	专业术语运用恰当	10 分	
8	方案实用，便于操作	10 分	
总分		100 分	

部门：　　　　　　　　　　　　　部门经理：　　　　　　　　　　　生产副总：

表 4-4　草花生产品种选择考核标准

序号	项目	质量要求	分值	备注
1	品种选择	根据市场前景确定品种	40 分	
		生产成本在预算控制内	30 分	
		生长周期符合实际上市需求	30 分	
总分			100 分	

表 4-5　草花育苗技术考核标准

序号	项目	项目名称	质量要求	分值	备注
1	育苗	基质湿度	含水量是饱和持水量的 60%	10 分	
		基质配制比例	草炭、蛭石、珍珠岩 3:1:1	10 分	
		基质 pH 调节	5.5～5.8	10 分	
		基质消毒	多菌灵等拌土	10 分	
		容器选择	干净卫生育苗盘、穴盘	10 分	
2	日常养护管理	光照管理	光照适宜	10 分	
		温湿度管理	温湿度适宜	10 分	
		水分管理	水质及浇水量适宜	10 分	
		营养管理	肥料选择合理，用量适当	10 分	
		病虫害防治	农药的选择、使用方法正确	10 分	
总分				100 分	

表 4-6　草花上盆考核标准

序号	项目		质量要求	分值	备注
1	上盆前准备	基质配制	基质量和比例配制准确	10 分	
			所有基质完全拌匀	10 分	
2		基质消毒	药剂用量适宜	10 分	
			药剂与基质完全拌匀	10 分	
3		容器选择	大小适宜	5 分	

（续）

序号	项目		质量要求	分值	备注
4	上盆		栽植深度与原根颈部位相同	10分	
			幼苗位于盆正中间	10分	
			盆土基质轻轻压实	10分	
			基质距盆沿2~3cm	10分	
5	上盆后管理	水分管理	浇透水，盆底漏水。环境湿度适宜	10分	
		光照管理	放于遮阴处	5分	
总分				100分	

表4-7 草花日常养护管理考核标准

序号	项目	质量要求	分值	备注
1	光照管理	光照适宜	15分	
2	温度管理	温度适宜	10分	
3	水分管理	水质及浇水量适宜	15分	
4	营养管理	肥料选择合理，用量适当	20分	
5	摘心	方法正确	20分	
6	松土除草	除草干净，没伤害根系	20分	
总分			100分	

表4-8 草花病虫害防治考核标准

序号	项目	质量要求	分值	备注
1	病虫害识别	病虫害种类鉴定	10分	
		主要病虫害的形态描述及主要识别要点	10分	
		主要病虫害危害部位	10分	
2	病虫害防治	农药种类选择	10分	
		农药的稀释	10分	
		农药的使用方法	10分	
3	完成时间	在规定时间内完成病虫害防治任务	20分	
4	成本控制	成本控制没超过预算	20分	
总分			100分	

【任务实操】

任务一　蓝花鼠尾草生产

【任务描述】

蓝花鼠尾草生产主要包括品种选择、育苗技术、花苗移栽、成品苗运输等内容。通过任务的完成，在掌握蓝花鼠尾草生产技术的同时重点学会蓝花鼠尾草在生产中常用的播种繁殖、扦插繁殖技术及养护管理技术，最终培育出合格的产品。

【任务目标】

1. 能根据市场需求主持制订蓝花鼠尾草周年生产计划。
2. 能根据企业实际情况、品种的生长习性，主持制定蓝花鼠尾草生产管理方案。
3. 能按方案进行蓝花鼠尾草播种繁殖、扦插繁殖及养护管理，并能根据实际情况调整方案，使之更符合生产实际。
4. 能吃苦耐劳，并能与组内同学分工合作。
5. 能结合生产实际进行蓝花鼠尾草生产效益分析。
6. 通过巩固训练任务使同学们的知识目标、能力目标进一步得到加强。

【相关介绍】

学名：*Salvia farinacea*（图 4-10）

别名：一串蓝、鼠尾草、蓝丝线

科属：唇形科鼠尾草属

图 4-10　蓝花鼠尾草

1. 形态特征

草本或亚灌木植物，作一二年生栽培。茎直立，四棱形；全株被细毛，多分枝；叶为单叶对生，长椭圆形；轮伞花序总状或穗状，花萼矩圆状钟形，花冠唇形，较小，蓝色，夏季开花。

2. 生态习性

蓝花鼠尾草性喜温暖和阳光充足的环境，也耐半阴；有一定的耐寒性和耐热性，喜疏松、肥沃、排水良好的沙壤土。

3. 生产现状

蓝花鼠尾草原产于地中海沿岸及欧洲南部，现世界各地温带和热带地区均有栽培。目前生产上选种的品种主要特点为：株形紧凑，分枝力强，花色纯正，抗高温、低温能力强，适应范围广，更符合当代消费者审美需求和园林需要；同时经常有新品种被推出，更适合多种形式栽培。

4. 主要品种

常见同属栽培种类有白花鼠尾草、紫花鼠尾草、粉萼鼠尾草等。

5. 园林应用

矮型品种适用于花坛、街头绿地和园林景点的布置，也可盆栽摆放于建筑物前和小庭院。高型品种可作花境、背景花坛材料应用；将其成片大面积和其他植物配置成花海，更显浪漫、壮观。

【材料与工具】

1. 材料

蓝花鼠尾草种子、草炭土、沙子、多菌灵、代森锌、三氯杀螨醇、杀灭菊酯、腈菌唑、高锰酸钾、生根剂。

2. 工具

镊子、点播机、穴盘（128穴、200穴）、育苗钵、花盆、铁锹、花铲、手锄、纸箱、喷雾器、量筒、天平、遮阳网等。

子任务一　品种选择

根据预期开花时间和当地的气候环境条件，选择分枝强健、株形紧凑、抗病性强、耐寒、耐热性好、易于管理、适应性广、花期长、色彩艳丽，适宜本地区气候栽培种植的品种。蓝花鼠尾草的生产周期：从播种到育出开花大苗，北方冬季在温室育苗需120天左右。

【关键与要点】花卉生产应该选择多个品种进行生产，满足不同类型消费者需求，这样有利于产品的销售。

子任务二　育苗技术

一、播种育苗

（一）基质配制及消毒

好的栽培基质，应该基本具备质轻、多孔性、通气良好、排水良好、适当的含肥量及容易操作调配等条件。蓝花鼠尾草的栽培基质可用消毒过的腐殖质土或泥炭土加蛭石。常用的消毒方法有甲醛消毒、蒸汽消毒或加多菌灵消毒等，每 $1.5\sim2.0m^3$ 基质加入50%多菌灵粉剂500g拌匀消毒，期间2天翻动一次，一周后，气味挥发掉再用。

（二）育苗容器准备

生产上多用育苗盘或穴盘育苗，此方法搬动与灭菌方便，移栽带土团，不伤根系，利于培育优质苗。育苗容器用前应清洗消毒。

（三）播种技术与播后管理

1. 适时播种

北方地区"五一"用花多选择在温室里1~2月播种，其他时间用花可根据需要提前播种。

2. 播种方法

先将配制好的基质装在育苗容器中，用木板刮平，浇透水就可以进行播种了。若用穴盘

播种通常每穴1粒点播；用育苗盘播种，需要拌细沙土均匀撒播，种子喜光，播后种子上面覆盖细土以看不见种子为好，然后用塑料薄膜覆盖，保持基质湿润。

3. 播种后的管理

播种后发芽适宜温度为20～25℃，播后1周左右发芽，加强光照，水分应适中，空气湿度不能太高。

二、扦插育苗

春季或夏季选择枝顶端半木质化的茎梢作插穗，插穗长6～8cm，带2～5个节，保留上部叶片，在沙床上扦插，扦插深度2～3cm，插穗间的距离5～6cm，插入后浇透水，条件适宜时2周左右生根。

【关键与要点】

① 要注意施药前，基质的含水量要达饱和持水量的60%～70%。
② 选择容器要干净卫生，基质要疏松透气、排水保水性能好、不含病虫卵和杂草种子。
③ 使用基质之前要测pH及EC值，基质pH及EC值调节要符合蓝花鼠尾草生长需要。
④ 种子萌发期需要光照。

子任务三　花苗上盆及管理

一、穴盘移苗

穴盘移苗是将育苗盘播种的小苗移入穴盘格内，每格一苗。移苗过程要小心谨慎，可用细竹棒在穴盘的基质上扎孔，将小苗放入孔内后再填土，然后浇透水即可，或将生长在大小不同各种孔穴内的小苗、中苗移入更大穴孔内培养大苗。一般是先移入128孔穴盘，花苗生长拥挤时，再移入72穴孔或更大的穴盘培养成品大苗。蓝花鼠尾草播种苗长出3～4片真叶后定植。

二、塑料育苗钵移苗

将苗从128孔穴移入直径8～12cm塑料育苗钵，培育成大苗；或将育苗盘里的小苗移入塑料育苗钵里培养都被称为移植。方法是先在育苗钵里装少量基质，然后把苗放入，再填上土，浇透水即可。

三、移苗后管理

（一）光温管理

对日照要求高，否则易徒长，当第一对真叶展开时进行移苗，缓苗后温度保持在18～24℃。育苗容器内不能太湿，还要注意通风。

（二）肥水管理

蓝花鼠尾草喜肥，生长期可施用稀释1500倍的硫铵，以改变叶色，效果较好。低温下不要施用尿素。为使植株根系健壮和枝叶茂盛，生长期每半月可用含钙、镁的复合肥料100mg/kg喷施。

（三）株形整理

当幼苗长出4对真叶时留2对真叶摘心，促使萌发侧枝，形成丰满株态，多开花；花后要及时剪去开过花的枝条，促使其萌发新枝继续开花。

【关键与要点】

① 在日常管理中掌握在一般情况下，容器中 1/3 基质干了就应浇水，要防止过度浇水引起植株生长不良，甚至产生死苗。

② 夏季一定要采取降温措施控制温度，在温度高的条件下，花苗易徒长使商品价值大大降低，造成经济损失。

③ 育苗期需要摘心，开花后期需要剪枝整形。

子任务四　花期调控

为满足市场用花需求，除了进行恰当的品种选择和正常技术管理外，还可以采用摘心，分批播种，调控温度、光照以及化学药剂处理等措施适当调节花期。可于冬季在温室育苗，进行促成栽培，有望在"五一"开花；可通过分批播种或生长期降低温度进行抑制栽培，适当推迟花期。

【关键与要点】 此花主要是通过栽培措施并且配合环境管理来进行花期调控，草花对不同植物生长调节剂的使用浓度反应不同，只能起到有限的调控。

子任务五　病虫害防治

1）主要病害有立枯病、猝倒病、叶斑病等，当病害发生时可分别使用 70% 甲基托布津 800~1000 倍液和 25% 甲霜灵 800 倍液或 75% 百菌清 600 倍液喷施或灌溉病株。

2）常见虫害有粉虱、蚜虫等，当虫害发生时可采用 10% 吡虫啉（蚜虱净）3000 倍液或 25% 扑虱灵可湿性粉剂 1500 倍液和 40% 氧化乐果 3000 倍液喷杀。

【关键与要点】

① 病虫害种类鉴别要及时、准确。

② 农药种类选择要有针对性且合理安全用药。

③ 农药的使用方法要根据病虫害发生种类、发生危害规律正确选择，减少对环境的污染。

子任务六　成品苗运输

一、运输方式

国内花卉运输通常包括空运，公路、铁路运输等方式。空运的运费较高，铁路运输必须货量大，运输时间又长，因此只有灵活的公路运输才是首选。

二、运输要求

（一）温度

温度在 10~21℃ 最适合，否则叶片枯黄、植株萎蔫，降低移栽后成活率。

（二）水分

一般装车前应淋透水，基质中等湿润时装箱。

（三）其他

保持70%~75%车厢内湿度，防止风吹干燥；近距离也不宜裸露运输。

三、装车要求

最好使用封闭、控温湿、能分层摆放、空间利用率高的专用运输车辆，摆放时注意盆和盆之间、穴盘和穴盘之间，间隙应尽量小。空隙大的地方一定要用泡沫或其他材料塞紧。

四、到货处理

到达后须立即卸货，将植株放入半荫蔽处喷水，待缓苗后摆放或定植于相应地点，通常运输时间要尽可能缩短。

【巩固训练任务一】 一串红生产

1. 任务内容

以小组（5~6人为1组）为单位，独立完成一串红（图4-11）生产全过程，一串红生产主要包括育苗、上盆、日常养护、病虫害防治等主要内容。通过任务的完成，使学生掌握该种草花的主要繁殖方法和摘心整枝技术，具备对此种草花进行规模化生产的能力，最终生产出高质量的产品，满足多种用途需求。

2. 任务要求

1）根据课后对一串红的实际训练，要求学生完成课后任务，进一步对草花生产中的主要繁殖方法和摘心整枝技术等环节进行反复训练，使学生们的动手操作能力得到巩固和加强。

图4-11 一串红

2）制定一串红周年生产方案、生产计划和资金预算方案，方案和计划应符合实际生产需要，方案应详细、合理、具有可操作性。

3）各小组根据制定的方案进行任务实施。

4）每次任务结束填写工作日志和成本记录表。

5）巩固训练任务全部结束，各小组要根据成本记录和销售记录完成该品种效益分析报告。

6）任务完成过程中要分工合作，各种药品按照使用说明进行正确使用；按照工具的正确使用规范进行操作。

3. 主要技术要点

（1）育苗技术　温室内四季可播种，温度保持21~23℃，光照充足，一周左右出苗。若温度低于15℃发芽困难。苗期喷施200mg/kg矮壮素溶液能明显抑制穴盘苗的株高，使其株形紧凑。

（2）上盆　一串红幼苗生长缓慢，待幼苗发出3~5枚真叶，覆盖穴盘大部分空间时或

插条新根达 2～4cm 时，可移栽上盆。幼苗 6～8 片叶时进行第一次摘心，8～10 片叶时进行第二次摘心，每次摘心留 1～2 节为好。花期调控可通过摘心来进行。

（3）日常养护　一串红为阳性花卉，生长、开花均要求阳光充足；喜温暖怕寒冷，适宜生长温度为 20～25℃。平时不喜太多水，应控制浇水；对磷、钾肥的需求量较高。

（4）病虫害防治　病害主要有叶斑病、霜霉病和花叶病等，叶斑病、霜霉病可用 65% 代森锌可湿性粉剂 0.2% 的溶液喷洒；花叶病是病毒病，多为蚜虫传播引起，在防治中应采用杀蚜防病的方法，并及时将病株挖掉烧毁。常发生虫害有红蜘蛛、白粉虱和蚜虫等，害虫多时，可用 80% 敌敌畏、90% 敌百虫、80% 乐果乳剂 0.01% 的溶液喷杀。

任务二　角堇生产

【任务描述】

角堇生产主要包括品种选择、育苗技术、花苗移栽、成品苗运输等内容。通过任务的完成，在掌握角堇生产技术的同时重点学会角堇在生产中常用的播种繁殖、扦插繁殖技术及养护管理技术，最终培育出合格的产品。

【任务目标】

1. 能根据市场需求主持制订角堇周年生产计划。
2. 能根据企业实际情况、品种的生长习性，主持制定角堇生产管理方案。
3. 能按方案进行角堇播种繁殖、扦插繁殖及养护管理，并能根据实际情况调整方案，使之更符合生产实际。
4. 能吃苦耐劳，并能与组内同学分工合作。
5. 能结合生产实际进行角堇生产效益分析。
6. 通过巩固训练任务使学生的知识目标、能力目标进一步得到加强。

【相关介绍】

学名：*Viola cornuta*（图 4-12）

别名：香堇菜、小花猫

科属：堇菜科堇菜属

1. 形态特征

多年生草本，常作一年生栽培。株高 10～30cm，茎较短而直立，花径 2.5～4cm。叶为长卵形，叶缘有圆缺刻，从叶腋抽出花梗，花顶生，上面有两片圆瓣，下有三片花瓣，花色千变万化，有整朵花一个颜色，或者上瓣和下瓣分为两色，或者花心带有条纹，或有如猫脸变化，花期因栽培时间而异。

图 4-12　角堇

2. 生态习性

角堇耐寒，喜日光充足、通风凉爽的环境，花期 11 月至第二年 5～6 月。喜疏松、肥沃、排水良好的中性壤土。

3. 生产现状

角堇原产于欧洲，现世界各地均有栽培。目前生产上选种的品种主要特点为：株形紧凑，分枝力强，开花早且花色丰富，抗逆性强，适应范围广，更符合当代消费者审美需求和园林需要；同时经常有新品种被推出，更适合多种形式栽培。

4. 主要品种

常见有以下系列：

（1）果汁冰糕系列（Sorbet Series） 株高15~20cm，生长整齐，花色丰富，花量大。

（2）顶好系列（Skippy Series） 株高15~25cm，开花早，花期长，耐热、越冬能力强。

（3）小丑系列（Pierrot Series） 株高15~20cm，耐霜，株形非常紧凑，叶片小巧，花量大。

（4）微花系列（Microla Series） 株高15cm，株形紧凑，花瓣小巧，花期长。

5. 园林应用

开花早、花期长、色彩丰富，是布置早春花坛的优良材料，也可用于大面积地栽而形成独特的园林景观，家庭常用来盆栽观赏。

【材料与工具】

1. 材料

角堇种子、草炭土、沙子、多菌灵、代森锌、三氯杀螨醇、杀灭菊酯、腈菌唑、高锰酸钾、生根剂。

2. 工具

镊子、点播机、穴盘（128穴、200穴）、育苗钵、花盆、铁锹、花铲、手锄、纸箱、喷雾器、量筒、天平、遮阳网等。

子任务一 品种选择

根据预期开花时间和当地的气候环境条件，选择分枝强健、株形紧凑、抗病性强、耐寒、耐热性好、易于管理、适应性广、花期长、色彩艳丽，适宜本地区气候栽培种植的品种。角堇的生产周期：从播种到育出开花大苗，需80~90天。

【关键与要点】花卉生产应该选择丰富多样的品种来满足市场需求，利于配置出别致的景观。

子任务二 育苗技术

一、播种育苗

（一）基质配制及消毒

好的栽培基质，应该基本具备质轻、多孔性、通气良好、排水良好、适当的含肥量及容易操作调配等条件。角堇的栽培基质可用消毒过的腐殖质土或泥炭土加蛭石。常用的消毒方法有甲醛消毒、蒸汽消毒或加多菌灵消毒等，每1.5~2.0m³基质加入50%多菌灵粉剂500g拌匀消毒，期间2天翻动一次，一周后，气味挥发掉再用。

项目四 草花生产

（二）育苗容器准备

生产上多用育苗盘或穴盘育苗，此方法搬动与灭菌方便，移栽带土团，不伤根系，利于培育优质苗。育苗容器用前应清洗消毒。

（三）播种技术与播后管理

1. 适时播种

南方秋播，东北地区"五一"露地用花可1~3月在保护地播种。

2. 播种方法

先将配制好的基质装在育苗容器中，用木板刮平，浇透水就可以进行播种了。播种前将种子在30~40℃温水中浸泡24h，然后拌细沙土均匀撒播在育苗盘内，播后种子上面用粗蛭石略为覆盖。

3. 播种后的管理

播种后发芽适宜温度为17~24℃，播后7~10天出苗，加强光照，水分应适中。

二、扦插育苗

扦插繁殖多在5~6月进行，剪取植株基部萌发的枝条，插入草炭中，保持空气湿润，插后15~20天生根，成活率较高。

【关键与要点】

① 要注意施药前，基质的含水量要达饱和持水量的60%~70%。

② 选择容器要干净卫生，基质要疏松透气、排水保水性能好、不含病虫卵和杂草种子。

③ 使用基质之前要测pH及EC值，基质pH及EC值调节要符合角堇生长需要。

④ 北方播种要想发芽需要提高地温。

子任务三 花苗上盆及管理

一、穴盘移苗

穴盘移苗是将育苗盘播种的小苗移入穴盘格内，每格一苗。移苗过程要小心谨慎，可用细竹棒在穴盘的基质上扎孔，将小苗放入孔内后再填土，然后浇透水即可；或将生长在大小不同各种孔穴内的小苗、中苗移入更大穴孔内培养大苗。一般是先移入128孔穴盘，秧苗生长拥挤时，再移入72穴孔或更大的穴盘培养成品大苗。一般5~6片真叶后带土团定植。

二、塑料育苗钵移苗

将苗从128孔穴移入直径8~12cm塑料育苗钵，培育成大苗；或将育苗盘里的小苗移入塑料育苗钵里培养都被称为移植。方法是先在育苗钵里装少量基质，然后把苗放入，再填上土，浇透水即可。

三、移苗后管理

（一）光温管理

温室栽培幼苗适宜温度为7~20℃，温度过低会出现叶色变紫现象，春季、秋季温度降至20℃左右利于生长，高于15℃利于开花，15℃以下株形低矮紧凑。秋冬季节生长要求阳光充足，春夏开花季节略耐半阴。

（二）肥水管理

生长期每隔 20～30 天追肥一次，施复合肥最好。花期增施磷肥，促进开花；平时土壤保持充足的水分，利于花开不断，水分过多会造成植株徒长。

（三）株形整理

花谢后剪去残花，能促使再开花。

【关键与要点】

① 在日常管理中掌握在一般情况下，冬季容器中 1/3 基质干了就应浇水，夏季表土见干就要浇水，避免中午高温时浇水，要防止过度浇水引起植株生长不良，甚至产生死苗。

② 夏季一定要采取降温措施控制温度，在温度高的条件下，花苗易徒长使商品价值大大降低，造成经济损失。

子任务四　花期调控

为了满足市场用花需求，除了进行恰当的品种选择和正常技术管理外，还可以采取分批播种，调控温度、光照以及化学药剂处理等措施适当调节花期。可于冬季在温室育苗，进行促成栽培，在早春开花；可通过分批播种或生长期降低温度进行抑制栽培，适当推迟花期。

【关键与要点】 该草花主要是通过栽培措施并且配合环境管理来进行花期调控，草花对不同植物生长调节剂的使用浓度反应不同，只能起到有限的调控。

子任务五　病虫害防治

角堇抗性强，除了幼苗期管理不当会发生少量猝倒病之外，定植后病害很少。当幼苗发病时，可使用 75% 百菌清 600 倍液喷施或灌溉病株。虫害主要是蚜虫和地下害虫，蚜虫发生后可喷洒一遍 1500～2000 倍液的净杀蛹剂，地下害虫多发生在定植后，可灌施 1000 倍液的辛硫磷药液。

【关键与要点】

① 病虫害种类鉴别要及时、准确。

② 农药种类选择要有针对性且合理安全用药。

③ 农药的使用方法要根据病虫害发生种类、发生危害规律正确选择，减少环境污染。

子任务六　成品苗运输

一、运输方式

国内花卉运输通常包括空运，公路、铁路运输等方式。空运的运费较高，铁路运输必须货量大，运输时间又长，因此只有灵活的公路运输才是首选。

二、运输要求

（一）温度

温度在 10～18℃ 最适合，否则，叶片枯黄、植株萎蔫，降低移栽后成活率。

（二）水分

一般装车前一天应淋透水，基质中等湿润时装箱。

（三）其他

保持70%～75%车厢内湿度，防止风吹干燥；近距离也不宜裸露运输。

三、装车要求

最好使用封闭、控温湿、能分层摆放、空间利用率高的专用运输车辆，摆放时注意盆和盆之间、穴盘和穴盘之间，间隙应尽量小。空隙大的地方一定要用泡沫或其他材料塞紧。

四、到货处理

到达后须立即卸货，将植株放入半荫蔽处喷水，待缓苗后摆放或定植于相应地点，通常运输时间要尽可能缩短。

【巩固训练任务二】 三色堇生产

1. 任务内容

以小组（5～6人为1组）为单位，独立完成三色堇（图4-13）生产全过程，三色堇生产主要包括育苗、上盆、日常养护、病虫害防治等主要内容。通过任务的完成，使学生掌握该种草花的播种繁殖方法和移植技术，具备对此种草花进行规模化生产的能力，最终生产出高质量的产品，满足多种用途需求。

图4-13 三色堇

2. 任务要求

1）根据课后对三色堇的实际训练，要求学生完成课后任务，进一步对草花生产中的播种繁殖方法和移植技术等环节进行反复训练，使学生的动手操作能力得到巩固和加强。

2）制定三色堇周年生产方案、生产计划和资金预算方案，方案和计划应符合实际生产需要，方案应详细、合理、具有可操作性。

3）各小组根据制定的方案进行任务实施。

4）每次任务结束填写工作日志和成本记录表。

5）巩固训练任务全部结束，各小组要根据成本记录和销售记录完成该品种效益分析报告。

6）任务完成过程中要分工合作，各种药品按照使用说明进行正确使用；按照工具的正确使用规范进行操作。

3. 主要技术要点

（1）育苗技术　三色堇播种繁殖以秋播为好，但可根据用花需求和温室条件进行四季播种。播种前需用30~40℃温水浸种,播种后覆土要少,注意保湿。

(2) 上盆　当植株长至3~4片真叶后带土团移栽,裸根苗移栽成活率较低。

(3) 日常养护　三色堇喜凉爽气候和肥沃土壤,较耐寒,不耐夏季强光暴晒及高温,生长适宜温度为5~25℃。气温要低,光照要弱,浇水量要适中,开花期水分要充足。种植地多施复合肥,生长中会出现缺钙现象,主要表现为叶片畸形、起皱,可增施硝酸钙来改善。

(4) 病虫害防治　病害主要有炭疽病和灰霉病,危害叶片和花瓣,可用50%多菌灵可湿性粉剂500倍液防治;常见虫害有蚜虫、红蜘蛛等。

任务三　孔雀草生产

【任务描述】

孔雀草生产主要包括品种选择、育苗技术、花苗移栽、成品苗运输等内容。通过任务的完成,在掌握孔雀草生产技术的同时重点学会孔雀草在生产中常用的播种繁殖、扦插繁殖技术及养护管理技术,最终培育出合格的产品。

【任务目标】

1. 能根据市场需求主持制订孔雀草周年生产计划。
2. 能根据企业实际情况、品种的生长习性,主持制定孔雀草生产管理方案。
3. 能按方案进行孔雀草播种繁殖、扦插繁殖及养护管理,并能根据实际情况调整方案,使之更符合生产实际。
4. 能吃苦耐劳,并能与组内同学分工合作。
5. 能结合生产实际进行孔雀草生产效益分析。
6. 通过巩固训练任务使同学们的知识目标、能力目标进一步得到加强。

【相关介绍】

学名:*Tagetes patula*(图4-14)

别名:红黄草、小万寿菊

科属:菊科万寿菊属

1. 形态特征

一年生草本植物。茎光滑而粗壮,绿色,或有棕色晕。叶对生,羽状全裂,裂片披针形,具明显的油腺点。头状花序单生枝顶,舌状花有长爪,边缘常皱曲,花色丰富,最常见的有金色、橙色和黄色,还有红黄复色和各种过渡色。花期5~10月,种子千粒重2.56~3.50g。

图4-14　孔雀草

2. 生态习性

孔雀草性喜阳光充足和温暖的气候环境。不耐寒冷,怕湿热,稍耐阴,较耐寒,对土壤要求不严。耐移栽,管理容易。日照长短对开花有影响,属于短日照植物。

3. 生产现状

孔雀草原产于墨西哥,我国各地均有栽培。目前生产上选种的品种主要特点为:株形紧凑、优美、花型大、花色多变，长势强健，更符合当代消费者审美需求和园林需要；同时经常有新品种被推出，更适合多种形式栽培。

4. 主要品种

品种类型很多，有重瓣的"杰妮""小英雄""英雄""畔亭""鸿运""沙发瑞""金门"和单瓣的"迪斯科"等，其中开花最早的是"沙发瑞""小英雄"；花径最大的是"金门"。

5. 园林应用

孔雀草花色鲜艳，花期长，抗逆性强，广泛应用于花坛、花境、花带，也常盆栽摆放于街边、广场等处。

【材料与工具】

1. 材料

孔雀草种子、草炭土、蛭石、沙子、多菌灵、代森锌、三氯杀螨醇、杀灭菊酯、高锰酸钾、甲醛、多效唑溶液、生根剂、各种肥料等。

2. 工具

镊子、点播机、穴盘（128穴、200穴）、育苗钵、花盆、铁锹、花铲、手锄、纸箱、喷雾器、量筒、天平、遮阳网等。

子任务一　品种选择

根据园林用途和栽培类型结合当地的气候环境条件，选择分枝强健、株形紧凑、抗病性强、易于管理、适应性广、花期长、色彩艳丽，适宜本地区气候栽培种植的品种。孔雀草的生产周期：一般品种早春播种需要70～80天开花，多数杂交品种需要80～90天育出；夏季育苗供国庆节使用或冬季育苗供新年春节用花的（华南地区）需要提前50～60天播种即可。

【关键与要点】花卉生产应该选择长势强健、花期早、开花时间长等特色品种满足市场需求。

子任务二　育苗技术

一、播种育苗

（一）基质配制及消毒

好的栽培基质，应该基本具备质轻、多孔性、通气良好、排水良好、适当的含肥量及容易操作调配等条件。孔雀草的栽培基质用草炭、蛭石按2∶1的体积比例混合，调整基质pH至6.0～6.5。常用的消毒方法有甲醛消毒、蒸汽消毒或加多菌灵消毒等，每1.5～2.0m³基质加入50%多菌灵粉剂500g拌匀消毒，2天翻动一次，一周后，气味挥发掉再用。

（二）育苗容器准备

生产上多用育苗盘或穴盘育苗，此方法搬动与灭菌方便，移栽带土团，不伤根系，利于培育优质苗。育苗容器用前应清洗消毒。

（三）播种技术与播后管理

1. 适时播种

孔雀草为短日照植物，可采用调整播种和扦插时间来控制花期，因此什么时候用花，可根据本品种从播种到开花所需时间及生产条件、管理水平来推算播种期。

2. 播种方法

先将配制好的基质装在育苗容器中，用木板刮平，浇透水就可以进行播种了。用穴盘播种通常采用128孔或200孔穴盘，每穴1粒点播；在育苗盘里播种，可拌些细沙土均匀撒播，每平方米播种量为30g。播种后覆土1cm左右，不可太薄，然后用塑料地膜覆盖。

3. 播种后的管理

播种后注意控制土温在20~21℃，利于发芽，要求土壤水分适中，忌过湿，水过多容易使植株徒长或根系腐烂，正常管理3~5天出苗。

二、扦插育苗

5~6月选取发育充实的嫩枝作插穗进行扦插，插穗长6~8cm剪去下部叶片，在苗床上扦插，扦插深度1cm左右，然后浇透水，适当遮阴，生根后撤去遮阴物。当20天后移入容器中培育，40天左右能开花。

【关键与要点】

① 要注意施药前，基质的含水量要达饱和持水量的60%~70%。
② 选择容器要干净卫生，基质要疏松透气、排水保水性能好、不含病虫卵和杂草种子。
③ 使用基质之前要测pH及EC值，基质pH及EC值调节要符合孔雀草生长需要。

子任务三　花苗上盆及管理

一、穴盘移苗

穴盘移苗是将育苗盘播种的小苗移入穴盘格内，每格一苗。移苗过程要小心谨慎，可用细竹棒在穴盘的基质上扎孔，将小苗放入孔内后再填土，然后浇透水即可；或将生长在大小不同各种孔穴内的小苗、中苗移入更大穴孔内培养大苗。一般是先移入128孔穴盘，秧苗生长拥挤时，再移入72穴孔或更大的穴盘培养成品大苗。孔雀草播种苗长出2~3片真叶后移栽一次，苗高4~5cm时定植。

二、塑料育苗钵移苗

将苗从128孔穴移入直径13~15cm塑料育苗钵，减少移栽次数，培育成大苗，作盆花使用；或将育苗盘里的小苗移入塑料育苗钵里培养都被称为移植。方法是先在育苗钵里装少量基质，然后把苗放入，再填上土，浇透水即可。

三、移苗后管理

（一）光温管理

幼苗期生长适温，白天为21~24℃，晚间10~20℃。喜光、还要注意通风。

（二）肥水管理

生长期可每两周施用浓度为0.1%~0.2%的尿素或复合肥，注意浇水，保持湿润偏干，特别注意夏季水分不可过多，否则茎叶生长过于旺盛而影响株形和开花量。

（三）株形整理

孔雀草适应性强、花期较长，在管理过程中应及时剪去凋谢的花序，摘去基部发黄、干

枯的叶片，提高观赏性。生长后期易倒伏，需要及时剪去植株过于稠密的营养枝。

【关键与要点】

① 在日常管理中掌握在一般情况下，容器中 1/3 基质干了就应浇水，要防止过度浇水引起植株生长不良，甚至产生死苗。

② 夏季一定要采取降温措施控制温度，在温度高的条件下，花苗易徒长使商品价值大大降低，造成经济损失。冬季要提高温度防止叶片发黑。

子任务四 花期调控

为保证孔雀草能在全年重大节日准时开花，除了进行恰当的品种选择和正常技术管理外，还可以采用分批播种，调控温度、光照以及扦插繁殖等措施适当调节花期。可于冬季在温室育苗，进行促成栽培，满足"五一"之前用花需要；可通过分批播种或生长期降低温度进行抑制栽培，可适当推迟花期。

【关键与要点】此草花主要是通过控制播种期和扦插时间来进行花期调控。

子任务五 病虫害防治

其主要病害有茎腐病，可用 50% 多菌灵 1000 倍液或 70% 甲基托布津 1000 倍液喷雾；叶斑病发生时，及时用 50% 多菌灵 800 倍液喷施；红蜘蛛、蚜虫、白粉虱发生时可用 40% 氧化乐果 1000 倍液防治。

【关键与要点】

① 病虫害种类鉴别要及时、准确。

② 农药种类选择要有针对性且合理安全用药。

③ 农药的使用方法要根据病虫害发生种类、发生危害规律正确选择，减少环境污染。

子任务六 成品苗运输

一、运输方式

国内花卉运输通常包括空运，公路、铁路运输等方式。空运的运费较高，铁路运输必须货量大，运输时间又长，因此只有灵活的公路运输才是首选。

二、运输要求

（一）温度

温度在 10~21℃ 最适合，否则，植株萎蔫、降低移栽后成活率。

（二）水分

一般装车前一天应淋透水，基质中等湿润时装箱。

（三）其他

保持 70%~75% 车厢内湿度，防止风吹干燥；近距离也不宜裸露运输。

三、装车要求

最好使用封闭、控温湿、能分层摆放、空间利用率高的专用运输车辆，摆放时注意盆和盆之间、穴盘和穴盘之间，间隙应尽量小。空隙大的地方一定要用泡沫或其他材料塞紧。

四、到货处理

到达后须立即卸货，将植株放入半荫蔽处喷水，待缓苗后摆放或定植于相应地点，通常运输时间要尽可能缩短。

【巩固训练任务三】 万寿菊生产

1. 任务内容

以小组（5~6人为1组）为单位，独立完成万寿菊（图4-15）生产全过程，万寿菊生产主要包括育苗、上盆、日常养护、病虫害防治等主要内容。通过任务的完成，使学生掌握该种草花的育苗方法和肥水管理技术，具备对此种草花进行规模化生产的能力，最终生产出高质量的产品，满足多种用途需求。

2. 任务要求

1）根据课后对万寿菊的实际训练，要求学生完成课后任务，进一步对草花生产中的播种繁殖方法和移植技术等环节进行反复训练，使学生的动手操作能力得到巩固和加强。

图4-15 万寿菊

2）制定万寿菊周年生产方案、生产计划和资金预算方案，方案和计划应符合实际生产需要，方案应详细、合理、具有可操作性。

3）各小组根据制定的方案进行任务实施。

4）每次任务结束填写工作日志和成本记录表。

5）巩固训练任务全部结束，各小组要根据成本记录和销售记录完成该品种效益分析报告。

6）任务完成过程中要分工合作，各种药品按照使用说明进行正确使用；按照工具的正确使用规范进行操作。

3. 主要技术要点

（1）育苗 常采用种子繁殖，温室内四季均可播种，发芽温度15~25℃，播后1周出苗。苗期应有充足的阳光照射，要控水，防止徒长。

（2）上盆 当植株长至5~7片真叶后带土团移栽，可缩短缓苗时间。基质常用草炭、蛭石、田园土等混合基质。苗期不用摘心，定植前5~7天降温，大规模通风，适度控水炼苗。

（3）日常养护 万寿菊适应性较强，喜阳光充足环境，喜肥，但施肥不宜太勤，夏季30℃以上生长缓慢，水分过大，易徒长，影响开花。花后及时剪去凋谢的花序和枯叶，使株形美观。

（4）病虫害防治 防治方法与孔雀草相同。

项目四 草花生产

任务四 彩叶草生产

【任务描述】

彩叶草生产主要包括品种选择、育苗技术、花苗移栽、成品苗运输等内容。通过任务的完成,在掌握彩叶草生产技术的同时重点学会彩叶草在生产中常用的播种繁殖、扦插繁殖技术及养护管理技术,最终培育出合格的产品。

【任务目标】

1. 能根据市场需求主持制订彩叶草周年生产计划。
2. 能根据企业实际情况、品种的生长习性,主持制定彩叶草生产管理方案。
3. 能按方案进行彩叶草播种繁殖、扦插繁殖及养护管理,并能根据实际情况调整方案,使之更符合生产实际。
4. 能吃苦耐劳,并能与组内同学分工合作。
5. 能结合生产实际进行彩叶草生产效益分析。
6. 通过巩固训练任务的完成,使同学们的知识目标、能力目标进一步得到加强。

【相关介绍】

学名:*Coleus blumei*(图4-16)

别名:锦紫苏、五色草、老来少、五彩苏等

科属:唇形科锦紫苏属

图4-16 彩叶草

1. 形态特征

多年生草本,作一、二年生栽培。全株有毛,茎为四棱,基部木质化;单叶对生,卵圆形,先端长渐尖,缘具钝齿牙,叶可长至15cm,叶面颜色多变,色彩斑斓。顶生总状花序、花小、浅蓝色或浅紫色,小坚果平滑有光泽。彩叶草的变种、品种极多。

2. 生态习性

彩叶草喜凉爽气候,忌高温多湿,较耐寒;喜光,稍耐半阴;为典型的长日照植物,但有些品种不受日照长短的影响。喜疏松、肥沃、排水良好的中性或稍碱性土壤。

3. 生产现状

彩叶草原产于亚热带地区,现世界各地广泛栽培。目前生产上选种品种的主要特点为:株形低矮紧凑,叶色艳丽且变化多样,开花结实较晚,叶片不易破损,方便运输等,更符合当代消费者审美需求和园林需要;同时经常有新品种被推出,更适合多种形式栽培。

4. 主要品种

按照彩叶草的株高、叶片特征、繁殖方法等分为不同类型。

(1)按照株高分类 矮型品种,株高小于30cm;中型品种,株高30~45cm;高型品种,株高45cm以上。

(2)按照叶片特征分类 大叶型:叶片大,植株高大,分支少,叶面凸凹不平;彩叶型:叶小,叶面平滑,叶色有红、橙红、黄绿、白底绿斑等;皱边型:叶缘裂并且有波纹,

叶色有很多种；柳叶型：叶细长，柳叶状，叶缘具不规则的缺裂和锯齿；黄绿叶型：叶片小，黄绿色，抗日灼，植株矮，多分支。

（3）按照繁殖方法分类　种子繁殖和营养繁殖两种类型，多数用种子繁殖，部分用种子繁殖不易保持品种性状的类型采取营养繁殖。

5. 园林应用

色彩鲜艳、品种甚多、繁殖容易，为应用广泛的观叶花卉，除可作小型观叶花卉盆栽摆放外，还可配置图案式花坛或为植物镶边，还可将数盆彩叶草组成图案布置会场、广场，也可作为花篮、花束的配叶使用等。

【材料与工具】

1. 材料

彩叶草种子、草炭土、沙子、多菌灵、代森锌、三氯杀螨醇、杀灭菊酯、腈菌唑、高锰酸钾、生根剂。

2. 工具

镊子、点播机、穴盘（128 穴、200 穴）、育苗钵、花盆、铁锹、花铲、手锄、纸箱、喷雾器、量筒、天平、遮阳网等。

子任务一　品种选择

根据栽培目的和当地的气候环境条件，选择分枝强健、株形紧凑、抗病性强、耐寒、耐热性好、易于管理、适应性广、叶色艳丽，适宜本地区气候栽培种植的品种。彩叶草的生产周期：从播种出苗到可观赏植株需 120 天左右。

【关键与要点】此花生产应该选择多种叶色变化品种来满足消费者需求，以便于配置多样的园林景观。

子任务二　育苗技术

一、播种育苗

（一）基质配制及消毒

好的栽培基质，应该基本具备质轻、多孔性、通气良好、排水良好、适当的含肥量及容易操作调配等条件。彩叶草的栽培基质可用消毒过的腐殖质土或泥炭土加蛭石。常用的消毒方法有甲醛消毒、蒸汽消毒或加多菌灵消毒等，每 $1.5 \sim 2.0 m^3$ 基质加入 50% 多菌灵粉剂 500g 拌匀消毒，期间 2 天翻动一次，一周后，气味挥发掉再用。

（二）育苗容器准备

生产上多用育苗盘或穴盘育苗，此方法搬动与灭菌方便，移栽带土团，不伤根系，利于培育优质苗。育苗容器用前应清洗消毒。

（三）播种技术与播后管理

1. 适时播种

彩叶草是观叶植物，一般品种从播种到育出成型大苗需要 120 天左右，北方"五一"露地用花需要 12 月至第二年 1 月在保护地播种；其他时期用花，可根据本品种从播种到具有观赏性所需时间及生产条件、管理水平来推算播种期。

2. 播种方法

先将配制好的基质装在育苗容器中，用木板刮平，浇透水就可以进行播种了。用育苗盘播种，需要拌 30 倍细沙土均匀撒播，播后种子上面覆盖细土 0.2cm；若用穴盘播种通常每穴 1 粒直接点播在 200 孔的穴盘里，然后用塑料薄膜覆盖，保持基质湿润。

3. 播种后的管理

彩叶草的种子为好光性种子，如果保证基质湿润也可不覆土，播种后发芽适宜温度为 20～25℃，播后 8～10 天发芽，加强光照，水分应适中。

二、扦插育苗

保护地扦插从 1 月开始陆续进行，剪取发育健壮的嫩枝作插穗，插穗长 5～7cm，带 2～3 片叶子，剪好后插入素沙土中，遮光 70％ 左右，控制温度在 15～20℃，保持基质湿润。条件适宜的无性品种系列 7 天就可以生根，有性系列不超过 2 周。当根长 1cm 以上时就可移入容器里培育成苗。另外，还可以水插，水插的在 18～25℃、散射光的环境条件下，7 天就可以生根。

【关键与要点】

① 要注意施药前，基质的含水量要达饱和持水量的 60％～70％
② 选择容器要干净卫生，基质要疏松透气、排水保水性能好、不含病虫卵和杂草种子。
③ 彩叶草的种子萌发期间需要足够的光照，无须遮光。

子任务三　花苗上盆及管理

一、穴盘移苗

穴盘移苗是将育苗盘播种的小苗移入穴盘格内，每格一苗。移苗过程要小心谨慎，可用细竹棒在穴盘的基质上扎孔，将小苗放入孔内后再填土，然后浇透水即可；或将生长在大小不同各种孔穴内的小苗、中苗移入更大穴孔内培养大苗。一般是先移入 128 孔穴盘，秧苗生长拥挤时，再移入 72 孔穴盘或更大的穴盘培养成品大苗。最后移入直径 13～15cm 的花盆里培养。

二、塑料育苗钵移苗

将苗从 128 孔穴移入直径 8cm 左右塑料育苗钵，培育成大苗；或将育苗盘里的小苗移入塑料育苗钵里培养都被称为移植。方法是先在育苗钵里装少量基质，然后把苗放入，再填上土，浇透水即可。

三、移苗后管理

（一）光温管理

生长适宜温度 15～25℃，光线太强会使叶面粗糙，叶色失去光泽，在半荫蔽条件下，观赏性最佳。

（二）肥水管理

对肥料要求不高，生长期每月施一次氮肥即可。彩叶草叶大而薄，应保证充足的水分供给，浇水要及时，以免干旱落叶。

（三）株形整理

彩叶草在幼苗期可多次摘心，促萌发新枝，扩大株丛；平时管理应及时剪去无彩叶片和病虫枝，以增加观赏性。由于花的观赏性较小，花序出现后应及时剪除，减少养分消耗。

【关键与要点】

① 在日常管理中掌握在一般情况下，容器中1/3基质干了就应浇水，要防止过度浇水引起植株生长不良，甚至产生死苗。

② 夏季一定要采取降温措施控制温度，在温度高的条件下，花苗易徒长使商品价值大大降低，造成经济损失。

③ 彩叶草喜高温，冬季要保证温度15℃以上，日常管理注意保护叶片。

子任务四　病虫害防治

幼苗期易发生猝倒病，应注意播种土壤的消毒。生长期有叶斑病危害，用50%托布津可湿性粉剂500倍液喷洒。室内栽培时，易发生介壳虫、红蜘蛛和白粉虱危害，可用40%氧化乐果乳油1000倍液喷雾防治。

【关键与要点】

① 病虫害种类鉴别要及时、准确。

② 农药种类选择要有针对性且合理安全用药。

③ 农药的使用方法要根据病虫害发生种类、发生危害规律正确选择，减少环境污染。

子任务五　成品苗运输

一、运输方式

国内花卉运输通常包括空运，公路、铁路运输等方式。空运的运费较高，铁路运输必须货量大且运输时间也长，因此只有灵活的公路运输才是首选。

二、运输要求

（一）温度

温度在10～21℃最适合，否则，叶片枯黄、植株萎蔫，降低移栽后成活率。

（二）水分

一般装车前一天应淋透水。基质中等湿润时装车。

（三）其他

保持70%～75%车厢内湿度，防止风吹干燥；近距离也不宜裸露运输。

三、装车要求

最好使用封闭、控温湿、能分层摆放、空间利用率高的专用运输车辆，摆放时注意盆和盆之间、穴盘和穴盘之间，间隙应尽量小。空隙大的地方一定要用泡沫或其他材料塞紧。

四、到货处理

到达后须立即卸货，将植株放入半荫蔽处喷水，待缓苗后摆放或定植于相应地点，通常运输时间要尽可能缩短。

【巩固训练任务四】 银叶菊生产

1. 任务内容

以小组（5~6人为1组）为单位，独立完成银叶菊（图4-17）生产全过程，银叶菊生产主要包括育苗、上盆、日常养护、病虫害防治等主要内容。通过任务的完成，使学生掌握该种草花的苗期摘心、护叶和生长期抑制成花技术，具备对此种草花进行规模化生产的能力，最终生产出高质量的产品，满足多种用途需求。

图4-17 银叶菊

2. 任务要求

1）根据课后对银叶菊的实际训练，要求学生完成课后任务，进一步对草花生产中的苗期摘心、护叶和生长期抑制成花技术等环节进行反复训练，使学生的动手操作能力得到巩固和加强。

2）制定银叶菊周年生产方案、生产计划和资金预算方案，方案和计划应符合实际生产需要，方案应详细、合理、具有可操作性。

3）各小组根据制定的方案进行任务实施。

4）每次任务结束填写工作日志和成本记录表。

5）巩固训练任务全部结束，各小组要根据成本记录和销售记录完成该品种效益分析报告。

6）任务完成过程中要分工合作，各种药品按照使用说明进行正确使用；按照工具的正确使用规范进行操作。

3. 主要技术要点

1）育苗技术：春秋为适宜播种期，播种后覆土0.3~0.4cm，保持湿润。发芽适宜温度为15~25℃，2周左右出苗。幼苗生长慢，注意勤施肥水。

2）上盆：6~7片真叶时上盆定植，分苗时应剔除细弱苗、高脚苗，缓苗后全光照射，基质以疏松肥沃的沙质壤土为佳。

3）日常养护：定植两周后施以氮肥为主的肥料，薄肥勤施，不要污染叶片；银叶菊为阳性花卉，生长、开花均要求阳光充足；耐旱能力强，应控制浇水。由于花的观赏性较小，栽培中应促进营养生长抑制开花。银叶菊叶色银白、雅致、奇特，适合花坛、花境美化装饰或盆栽观赏，要特别注意保护叶片。

4）病虫害较少。

任务五　薰衣草生产

【任务描述】

薰衣草生产主要包括品种选择、育苗技术、花苗移栽、成品苗运输等内容。通过任务的完成，在掌握薰衣草生产技术的同时重点学会薰衣草在生产中常用的播种繁殖、扦插繁殖技术及养护管理技术，最终培育出合格的产品。

【任务目标】

1. 能根据市场需求主持制订薰衣草周年生产计划。
2. 能根据企业实际情况、品种的生长习性，主持制定薰衣草生产管理方案。
3. 能按方案进行薰衣草播种繁殖、扦插繁殖及养护管理，并能根据实际情况调整方案，使之更符合生产实际。
4. 能吃苦耐劳，并能与组内同学分工合作。
5. 能结合生产实际进行薰衣草生产效益分析。
6. 通过巩固训练任务的完成，使学生的知识目标、能力目标进一步得到加强。

【相关介绍】

学名：Lavandula angustifolia（图4-18）
别名：香水植物、灵香草、香草、黄香草
科属：唇形科薰衣草属

图4-18　薰衣草

1. 形态特征

薰衣草为多年生草本或小灌木，茎丛生，多分枝；叶丛生或对生，叶上有茸毛；穗状花序顶生，长15～25cm；花冠下部筒状，上部唇形，上唇2裂，下唇3裂，花冠有蓝、深紫、粉红、白等色，有香味，花期为5～8月。

2. 生态习性

薰衣草喜光照充足的环境，耐寒、耐旱、耐贫瘠，抗盐碱，不耐高温潮湿，在5～30℃均可生长，对土壤要求不严。

3. 生产现状

薰衣草原产于地中海地区，现世界各地均有栽培。目前生产上选种的品种主要特点为：株形紧凑，分枝力强，花穗大且花色纯正，耐寒越冬能力强，适应范围广，更符合当代消费者审美需求和园林需要；同时经常有新品种被推出，更适合多种形式栽培。

4. 主要品种

常见栽培的种类有狭叶薰衣草、西班牙薰衣草、齿叶薰衣草和蕨叶薰衣草等。

5. 园林应用

薰衣草适用于花坛、街头绿地和园林景点的布置，也可盆栽摆放于建筑物前和小庭院，也可作花境、背景花坛材料应用；成片大面积和其他植物配置成花海，更显浪漫、壮观。

【材料与工具】

1. 材料

薰衣草种子、草炭土、沙子、多菌灵、代森锌、三氯杀螨醇、杀灭菊酯、腈菌唑、高锰酸钾、生根剂。

2. 工具

镊子、点播机、穴盘（128穴、200穴）、育苗钵、花盆、铁锹、花铲、手锄、纸箱、喷雾器、量筒、天平、遮阳网等。

子任务一　品种选择

根据预期开花时间和当地的气候环境条件，选择分枝强健、株形紧凑、抗病性强、耐寒、耐热性好、易于管理、适应性广、花期长、色彩艳丽，适宜本地区气候栽培种植的品种。薰衣草的生产周期：从播种到育出开花大苗，北方冬季在温室育苗需120～140天。

【关键与要点】花卉生产应该选择分枝强健、株形紧凑，适宜本地区气候条件，能满足消费需求，具有市场竞争力的花卉品种。

子任务二　育苗技术

一、播种育苗

（一）基质配制及消毒

好的栽培基质，应该基本具备质轻、多孔性、通气良好、排水良好、适当的含肥量及容易操作调配等条件。薰衣草的栽培基质可用消毒过的腐殖质土或泥炭土加蛭石。常用的消毒方法有甲醛消毒、蒸汽消毒或加多菌灵消毒等，每1.5～2.0m³基质加入50%多菌灵粉剂500g拌匀消毒，期间2天翻动一次，一周后，气味挥发掉再用。

（二）育苗容器准备

生产上多用育苗盘或穴盘育苗，此方法搬动与灭菌方便，移栽带土团，不伤根系，利于培育优质苗。育苗容器用前应清洗消毒。

（三）播种技术与播后管理

1. 适时播种

北方地区"五一"之后用花，多选择在温室里2～3月播种，其他时间用花可根据需要提前播种。

2. 播种方法

播种前用30～40℃温水浸种12h，然后再用20～50mg/kg赤霉素浸种2h再播种。先将配制好的基质装在育苗容器中，用木板刮平，浇透水就可以进行播种了。若用穴盘播种通常每穴1粒点播；用育苗盘播种，需要拌细沙土均匀撒播，播后种子上面覆盖细土0.2cm，然后用塑料薄膜覆盖，保持基质湿润。

3. 播种后的管理

播种后发芽适宜温度为15～25℃，要求苗床湿润，约10天即出苗。

二、扦插育苗

生产上主要采用扦插法。扦插一般在春、秋季进行，夏季嫩枝扦插也可。选择发育健壮的良种植株，选取节距短、粗壮且未抽穗的一年生半木质化枝条带顶芽，于顶端8～10cm处截取插穗，剪去下部叶片，扦插深度4～5cm，地膜覆盖保持床温在20～24℃，约40天生根。

【关键与要点】

① 要注意施药前，基质的含水量要达饱和持水量的60%～70%。

② 选择容器要干净卫生，基质要疏松透气、排水保水性能好、不含病虫卵和杂草种子。

③ 使用基质之前要测 pH 及 EC 值，基质 pH 及 EC 值调节要符合薰衣草生长需要。
④ 播种繁殖要对种子进行处理。

子任务三　花苗上盆及管理

一、穴盘移苗

穴盘移苗是将育苗盘播种的小苗移入穴盘格内，每格一苗。移苗过程要小心谨慎，可用细竹棒在穴盘的基质上扎孔，将小苗放入孔内后再填土，然后浇透水即可；或将生长在大小不同各种孔穴内的小苗、中苗移入更大穴孔内培养大苗。一般是先移入128孔穴盘，秧苗生长拥挤时，再移入72穴孔或更大的穴盘培养成品大苗。薰衣草播种苗长出4~5片真叶后定植。

二、塑料育苗钵移苗

将苗从128孔穴移入直径8~12cm塑料育苗钵，培育成大苗；或将育苗盘里的小苗移入塑料育苗钵里培养都被称为移植。方法是先在育苗钵里装少量基质，然后把苗放入，再填上土，浇透水即可。

三、移苗后管理

（一）光温管理

薰衣草是全日照植物，需要充足的阳光，半阴可生长，但开花较稀少。生长适温15~25℃，在5~30℃均可生长。北方冬季长期在0℃以下即开始休眠，休眠时成苗可耐-25~-20℃的低温。

（二）肥水管理

薰衣草对肥料要求不高，在生长迅速季节，可追施NPK复合肥，过多N肥易徒长，K肥过多则香气减弱。薰衣草喜干燥，不喜根部常有水滞留，浇水要在早上，避开阳光，水不要溅在叶子及花上，否则易腐烂且滋生病虫害。

（三）株形整理

苗期进行1~2次摘心，促使萌发侧枝，形成丰满株形，多开花；开完一次花后必须进行修剪，将老的枝条剪掉，施肥，让植株重新生出新的枝条，再开花。

【关键与要点】
① 在日常管理中掌握在一般情况下，容器中1/3基质干了就应浇水，要防止过度浇水引起植株生长不良，甚至产生死苗。
② 夏季一定要采取降温措施控制温度，在温度高的条件下，花苗易徒长使商品价值大大降低，造成经济损失。
③ 生长全过程需要摘心、修剪。

子任务四　花期调控

为满足市场用花需求，除了进行恰当的品种选择和正常技术管理外，还可以采取分批播种，调控温度、光照以及扦插繁殖等措施适当调节花期。可于冬季在温室育苗，进行促成栽培，有望在"五一"之前开花；可通过分批播种或多次移栽进行抑制栽培，适当推迟花期。

【关键与要点】一二年生草花主要是通过栽培措施并且配合环境管理来进行花期调控，草花对不同植物生长调节剂的使用浓度反应不同，只能起到有限的调控。

子任务五　病虫害防治

薰衣草少有虫害。病害主要是根腐病，在高温和积水环境下发病率最高，可用多菌灵、百菌清800倍液灌根防治，每月1次，特别是6~10月，注意防止积水，保持空气干燥。

【关键与要点】
① 病虫害种类鉴别要及时、准确。
② 农药种类选择要有针对性且合理安全用药。
③ 农药的使用方法要根据病虫害发生种类、发生危害规律正确选择，减少环境污染。

子任务六　成品苗运输

一、运输方式

国内花卉运输通常包括空运、公路、铁路运输等方式。空运的运费较高，铁路运输必须货量大，运输时间又长，因此只有灵活的公路运输才是首选。

二、运输要求

（一）温度

温度在10~21℃最适合，否则，叶片枯黄、植株萎蔫，降低移栽后成活率。

（二）水分

一般装车前一天应淋透水，基质中等湿润时装箱。

（三）其他

保持70%~75%车厢内湿度，防止风吹干燥；近距离也不宜裸露运输。

三、装车要求

最好使用封闭、控温湿、能分层摆放、空间利用率高的专用运输车辆，摆放时注意盆和盆之间、穴盘和穴盘之间，间隙应尽量小。空隙大的地方一定要用泡沫或其他材料塞紧。

四、到货处理

到达后须立即卸货，将植株放入半荫蔽处喷水，待缓苗后摆放或定植于相应地点，通常运输时间要尽可能缩短。

【巩固训练任务五】　柳叶马鞭草生产

1. 任务内容

以小组（5~6人为1组）为单位，独立完成柳叶马鞭草（图4-19）生产全过程，柳叶马鞭草生产主要包括育苗、上盆、日常养护、病虫害防治等主要内容。通过任务的完成，使学生掌握该种草花的育苗技术和日常养护技术，具备对此种草花进行规模化生产的能力，最终生产出高质量的产品，满足多种用途需求。

图4-19　柳叶马鞭草

2. 任务要求

1）根据课后对柳叶马鞭草的实际训练，要求学生完成课后任务，进一步对草花生产中的育苗技术和日常养护技术等环节进行反复训练，使学生的动手操作能力得到巩固和加强。

2）制定柳叶马鞭草周年生产方案、生产计划和资金预算方案，方案和计划应符合实际生产需要，方案应详细、合理、具有可操作性。

3）各小组根据制定的方案进行任务实施。

4）每次任务结束填写工作日志和成本记录表。

5）巩固训练任务全部结束，各小组要根据成本记录和销售记录完成该品种效益分析报告。

6）任务完成过程中要分工合作，各种药品按照使用说明进行正确使用；按照工具的正确使用规范进行操作。

3. 主要技术要点

柳叶马鞭草在全日照环境下生长为佳，日照不足会生长不良；耐干旱，对土壤要求不严；喜温暖气候，生长适温为20~30℃，10℃以下生长迟缓，最低温度在5℃以上的地区可安全越冬。长江以北均作一年生栽培。

（1）育苗技术　播种繁殖：采用穴盘育苗，发芽适温为20~25℃，播后10~15天发芽，整个穴盘育苗周期为40~45天，1~5月播种为好，播种到开花需要的时间为4~5个月。也可扦插繁殖：扦插以春、夏两季为适期，以顶芽插为佳，扦插极易生根，扦插后约4周即可成苗。

（2）上盆　通常采用200孔穴盘育苗，这样便于移栽定植。当真叶有2~3对、根系成团时方可移栽。

（3）日常养护　穴盘苗通常需要移栽到9~12cm的营养钵内生长两个月之后再定植到种植场所。可以通过摘心方式促进分枝，使株形丰满、开花量大。生长过程喜阳光充足，适应性强，浇水适中。

（4）病虫防治　柳叶马鞭草根腐病：多在高湿多雨季节发病，根中下部出现黄褐色锈斑，以后逐渐干枯腐烂，使植株枯死。防治方法：发病初期用50%退菌特1000倍液，每15天喷1次，连续喷3~4次。或挖除病株，撒石灰粉消毒。

任务六　美女樱生产

【任务描述】

美女樱生产主要包括品种选择、育苗技术、花苗移栽、成品苗运输等内容。通过任务的完成，在掌握美女樱生产技术的同时重点学会美女樱在生产中常用的播种繁殖、扦插繁殖技

项目四 草花生产

术及养护管理技术,最终培育出合格的产品。

【任务目标】

1. 能根据市场需求主持制订美女樱周年生产计划。
2. 能根据企业实际情况、品种的生长习性,主持制定美女樱生产管理方案。
3. 能按方案进行美女樱播种繁殖、扦插繁殖及养护管理,并能根据实际情况调整方案,使之更符合生产实际。
4. 能吃苦耐劳,并能与组内同学分工合作。
5. 能结合生产实际进行美女樱生产效益分析。
6. 通过巩固训练任务的完成,使学生的知识目标、能力目标进一步得到加强。

【相关介绍】

学名:*Verbena hybrida*(图4-20）

别名:美人樱、草五色梅、铺地马鞭草等

科属:马鞭草科马鞭草属

1. 形态特征

美女樱为多年生草本植物,生产上多作一年生栽培。茎4棱,枝条横展,基部呈匍匐状,全株被灰色

图4-20 美女樱

柔毛。叶对生,长圆形,边缘有明显的锯齿。穗状花序顶生,多数小花密集排列呈伞房状,花冠筒状,花色有蓝、紫、粉红、大红、白、复色等,花期5～10月。

2. 生态习性

美女樱喜温暖、湿润和阳光充足环境;较耐寒,适应性较强;不耐干旱,对土壤要求不严,但以疏松肥沃、较湿润中性土壤生长最好。

3. 生产现状

美女樱原产于巴西、秘鲁等地,我国各地均有栽培。目前生产上选种的品种主要特点为:分枝性强,开花早且花序更大,花色艳丽,长势强健,更符合当代消费者审美需求和园林需要;同时经常有新品种被推出,更适合多种形式栽培。

4. 主要品种

常见栽培的种类有匍匐下垂型,如水晶、蔓雅,能形成花色丰富的瀑布般下垂的花枝;矮生直立型,株高仅15～20cm,如迷神、罗曼史等。

5. 园林应用

美女樱适合布置花坛、花境,在林缘、草坪成片栽培或作地被花卉;还适合盆栽和吊盆栽培成群摆放于公园入口处、广场花坛、街旁栽植槽等地。

【材料与工具】

1. 材料

美女樱种子、草炭土、沙子、多菌灵、代森锌、三氯杀螨醇、杀灭菊酯、腈菌唑、高锰酸钾、生根剂。

2. 工具

镊子、点播机、穴盘（128穴、200穴）、育苗钵、花盆、铁锹、花铲、手锄、纸箱、喷雾器、量筒、天平、遮阳网等。

花卉生产与经营

子任务一　品种选择

根据预期开花时间和当地的气候环境条件，选择分枝强健、株形紧凑、抗病性强、耐寒、耐热性好、易于管理、适应性广、花期长、色彩艳丽，适宜本地区气候栽培种植的品种。美女樱的生产周期：从播种到育出开花大苗，北方冬季在温室育苗需 90 天左右。

【关键与要点】花卉生产应该选择在市场有相当程度购买力或尚未满足消费需求具有潜在购买力以及竞争对手尚未控制市场的花卉品种。

子任务二　育苗技术

一、播种育苗

（一）基质配制及消毒

好的栽培基质，应该基本具备质轻、多孔性、通气良好、排水良好、适当的含肥量及容易操作调配等条件。美女樱的栽培基质可用消毒过的腐殖质土或泥炭土加蛭石。常用的消毒方法有甲醛消毒、蒸汽消毒或加多菌灵消毒等，每 $1.5\sim2.0m^3$ 基质加入 50% 多菌灵粉剂 500g 拌匀消毒，期间 2 天翻动一次，一周后，气味挥发掉再用。

（二）育苗容器准备

生产上多用育苗盘或穴盘育苗，此方法搬动与灭菌方便，移栽带土团，不伤根系，利于培育优质苗。育苗容器用前应清洗消毒。

（三）播种技术与播后管理

1. 适时播种

北方地区"五一"之后用花，多选择在温室里 2～3 月播种，其他时间用花可根据需要提前播种。

2. 播种方法

为了提高发芽率，播种前用 30～40℃温水浸种 8～12h，再用穴盘播种。通常每穴 1 粒点播，种子上面覆盖基质 0.5cm 左右，然后用塑料薄膜覆盖，保持基质湿润。

3. 播种后的管理

播种后发芽适宜温度为 20～22℃，要求苗床湿润，约 7 天出苗。

二、扦插育苗

通过扦插可获得纯色系的花苗。春季定植的应在定植前 50～60 天扦插，插穗长 8cm 左右，去掉下部叶片，扦插在沙床上，扦插深度 5cm 左右。遮阴，控制基质温度 18～25℃，一般 10～15 天生根。

【关键与要点】

① 要注意施药前，基质的含水量要达饱和持水量的 60%～70%。

② 选择容器要干净卫生，基质要疏松透气、排水保水性能好、不含病虫卵和杂草种子。

③ 使用基质之前要测 pH 及 EC 值，基质 pH 及 EC 值调节要符合美女樱生长需要。

④ 播种繁殖需要浸种处理。

项目四 草花生产

子任务三 花苗上盆及管理

一、穴盘移苗

穴盘移苗是将育苗盘播种的小苗移入穴盘格内,每格一苗。移苗过程要小心谨慎,可用细竹棒在穴盘的基质上扎孔,将小苗放入孔内后再填土,然后浇透水即可;或将生长在大小不同各种孔穴内的小苗、中苗移入更大穴孔内培养大苗。一般是先移入128孔穴盘,秧苗生长拥挤时,再移入72穴孔或更大的穴盘培养成品大苗。美女樱播种苗长出4~5片真叶后定植。

二、塑料育苗钵移苗

将苗从128孔穴移入直径8~12cm塑料育苗钵,培育成大苗;或将育苗盘里的小苗移入塑料育苗钵里培养都被称为移植。方法是先在育苗钵里装少量基质,然后把苗放入,再填上土,浇透水即可。

三、移苗后管理

(一)光温管理

春、夏、秋三季需要在遮阴条件下养护。气温超过25℃以上,如果被强光直射,叶片会明显变小,枝条节间缩短,脚叶黄化、脱落,生长十分缓慢或进入半休眠的状态。在夏季温度高于34℃时明显生长不良;最适宜的生长温度为15~25℃。

(二)肥水管理

生长期每月追施稀薄液肥一次,施肥不易太勤,否则植株不整齐,影响美观。浇水也不易太多,否则易徒长。

(三)株型整理

在开花之前一般要进行2次摘心,以促使萌发更多的开花枝条。当长出5~6片叶后,把顶梢摘掉,保留下部的3~4片叶,促使分枝;在第一次摘心3~5周后,或当侧枝长到6~8cm长时,进行第二次摘心,即把侧枝的顶梢摘掉,保留侧枝下面的4片叶。进行两次摘心后,株形会更加理想,开花数量也多。

【关键与要点】

① 在日常管理中掌握在一般情况下,容器中1/3基质干了就应浇水,要防止过度浇水引起植株生长不良,甚至产生死苗。

② 夏季一定要采取降温措施控制温度,在温度高的条件下,花苗易徒长使商品价值大大降低,造成经济损失。

③ 苗期需要2次摘心,以控水防止徒长。

子任务四 花期调控

为满足市场用花需求,除了进行恰当的品种选择和正常技术管理外,还可以采取分批播种,调控温度、光照以及扦插繁殖等措施适当调节花期。可于冬季在温室育苗,进行促成栽培,在"五一"之前开花;可通过分批播种或多次移栽进行抑制栽培,适当推迟花期。

【关键与要点】草花主要是通过栽培措施并且配合环境管理来进行花期调控,对不同植物生长调节剂的使用浓度反应不同,只能起到有限的调控。

子任务五　病虫害防治

美女樱相对病虫害较少,主要有白粉病和霜霉病危害,可用70%甲基托布津可湿性粉剂1000倍液喷洒。虫害有蚜虫和粉虱危害,用蚜虱净乳油喷杀。

【关键与要点】
① 病虫害种类鉴别要及时、准确。
② 农药种类选择要有针对性且合理安全用药。
③ 农药的使用方法要根据病虫害发生种类、发生危害规律正确选择,减少环境污染。

子任务六　成品苗运输

一、运输方式

国内花卉运输通常包括空运,公路、铁路运输等方式。空运的运费较高,铁路运输必须货量大,运输时间又长,因此只有灵活的公路运输才是首选。

二、运输要求

（一）温度

温度在10~21℃最适合,否则,叶片枯黄、植株萎蔫,降低移栽后成活率。

（二）水分

一般装车前一天应淋透水,基质中等湿润时装箱。

（三）其他

保持70%~75%车厢内湿度,防止风吹干燥;近距离也不宜裸露运输。

三、装车要求

最好使用封闭、控温湿、能分层摆放、空间利用率高的专用运输车辆,摆放时注意盆和盆之间、穴盘和穴盘之间,间隙应尽量小。空隙大的地方一定要用泡沫或其他材料塞紧。

四、到货处理

到达后须立即卸货,将植株放入半荫蔽处喷水,待缓苗后摆放或定植于相应地点,通常运输时间要尽可能缩短。

【巩固训练任务六】　繁星花生产

1. 任务内容

以小组(5~6人为1组)为单位,独立完成繁星花(图4-21)生产全过程,繁星花生产主要包括育苗、上盆、日常养护、病虫害防治等主要内容。通过任务的完成,使学生掌握该种草花的摘心整形技术和肥水管理技术,具备对此种草花进行规模化生产的能力,最终生产出高质量的产品，满足多种用途需要。

2. 任务要求

1）根据课后对繁星花的实际训练，要求学生完成课后任务，进一步对草花生产中的摘心整形和肥水管理技术等环节进行反复训练，使学生的动手操作能力得到巩固和加强。

2）制定繁星花周年生产方案、生产计划和资金预算方案，方案和计划应符合实际生产需要，方案应详细、合理、具有可操作性。

图4-21 繁星花

3）各小组根据制定的方案进行任务实施。

4）每次任务结束填写工作日志和成本记录表。

5）巩固训练任务全部结束，各小组要根据成本记录和销售记录完成该品种效益分析报告。

6）任务完成过程中要分工合作，各种药品按照使用说明进行正确使用；按照工具的正确使用规范进行操作。

3. 主要技术要点

（1）育苗技术　播种于穴盘，保持基质轻微湿润，适当遮阴。播种后6～9天开始发芽，适温为23～26℃，种子发芽需光，不可覆盖。从播种到开花约需120天。

（2）上盆　通常采用200孔穴盘育苗，这样便于移栽定植。当真叶有3～4对、根系成团时方可移栽。幼苗定植成活后需进行摘心，促使多发侧芽，可多开花。

（3）日常养护　喜日照充足的环境，略耐半阴。性喜高温，生育适温25～30℃，适合栽培于富含有机质的沙质土壤，pH为6.5～6.8。定植后1周开始施用"叶绿精"800～1000倍液，每7～10天浇1次。植株进入生长中期（即株高8～10cm）时，可改施用"开花精"800～1000倍溶液，每周一次，以促使花芽分化和生长良好。花谢后可将残花摘除并施肥，促使多发新芽，继续开花。生长过程喜阳光稍耐半阴，浇水适中。

（4）病虫防治　繁星花的主要病虫害有灰斑病、红蜘蛛、灰霉病、白粉虱和蚜虫等。预防方法包括保持栽培场所的清洁，使用无菌的土壤、栽培介质和盆钵等。

任务七　金鱼草生产

【任务描述】

金鱼草生产主要包括品种选择、育苗技术、花苗移栽、成品苗运输等内容。通过任务的完成，在掌握金鱼草生产技术的同时重点学会金鱼草在生产中常用的播种繁殖、扦插繁殖技术及养护管理技术，最终培育出合格的产品。

【任务目标】

1. 能根据市场需求主持制订金鱼草周年生产计划。

2. 能根据企业实际情况、品种的生长习性，主持制定金鱼草生产管理方案。

3. 能按方案进行金鱼草播种繁殖、扦插繁殖及养护管理，并能根据实际情况调整方案，使之更符合生产实际。

4. 能吃苦耐劳，并能与组内同学分工合作。

5. 能结合生产实际进行金鱼草生产效益分析。

6. 通过巩固训练任务的完成，使学生的知识目标、能力目标进一步得到加强。

【相关介绍】

学名：Antirrhinum majus（图4-22）

别名：龙头花、狮子花、龙口花、洋彩雀

科属：玄参科金鱼草属

1. 形态特征

金鱼草为多年生草本，作一二年生栽培。茎直立，基部有时木质化，茎中上部被腺毛。下部的叶对生，上部的叶互生，具短柄，叶片披针形至长圆状披针形，全缘。总状花序顶生，长20～60cm，密被腺毛。小花具短柄密生，筒状二唇形，上唇直立，宽大，2半裂，下唇3浅裂，在中部向上唇隆起；花冠颜色鲜艳丰富，有白、浅红、深红、紫色、深黄、浅黄、黄橙等色。

图4-22 金鱼草

2. 生态习性

金鱼草喜凉爽气候，忌高温多湿，较耐寒；喜光，稍耐半阴；为典型的长日照植物，但有些品种不受日照长短的影响。喜疏松肥沃、排水良好的中性或稍碱性土壤。

3. 生产现状

金鱼草原产于地中海沿岸及北非，北半球栽培较多。目前生产上选种的品种主要特点为：株形紧凑，花穗长且稠密、花色繁多，喜阴耐热，长势强健，更符合当代消费者审美需求和园林需要；同时经常有新品种被推出，更适合多种形式栽培。

4. 主要品种

品种类型很多，一般分为以下几种：

（1）大花高茎品种　株高90cm以上，花大枝少。

（2）中茎品种　株高40～60cm，分枝多，花型中等。

（3）矮茎品种　株高20～30cm，分枝多，花小。

（4）杂交四倍体品种　花型大，花冠重瓣。

5. 园林应用

金鱼草为优良的花坛和花境材料，高型品种可做切花和背景材料；矮型品种可盆栽观赏和作花坛镶边；中型品种则兼备高、矮型品种的用途。

【材料与工具】

1. 材料

金鱼草种子、草炭土、沙子、多菌灵、代森锌、三氯杀螨醇、杀灭菊酯、腈菌唑、高锰酸钾、生根剂。

2. 工具

镊子、点播机、穴盘（128穴、200穴）、育苗钵、花盆、铁锹、花铲、手锄、纸箱、喷雾器、量筒、天平、遮阳网等。

子任务一　品种选择

根据预期开花时间和当地的气候环境条件，选择分枝强健、株形紧凑、抗病性强、耐寒、耐热性好、易于管理、适应性广、花期长、色彩艳丽，适宜本地区气候栽培种植的品种。金鱼草的生产周期：从播种到育出开花大苗，早春需要90天左右，夏季需要80天左右，秋季播种冬季在室内栽培需120天左右。

【关键与要点】花卉生产应该选择分枝强健、株形紧凑、色彩艳丽的品种来满足消费者需求。

子任务二　育苗技术

一、播种育苗

（一）基质配制及消毒

好的栽培基质，应该基本具备质轻、多孔性、通气良好、排水良好、适当的含肥量及容易操作调配等条件。金鱼草的栽培基质可用消毒过的腐殖质土或泥炭土加蛭石。常用的消毒方法有甲醛消毒、蒸汽消毒或加多菌灵消毒等，每 $1.5 \sim 2.0 m^3$ 基质加入50%多菌灵粉剂500g拌匀消毒，期间2天翻动一次，一周后，气味挥发掉再用。

（二）育苗容器准备

生产上多用育苗盘或穴盘育苗，此方法搬动与灭菌方便，移栽带土团，不伤根系，利于培育优质苗。育苗容器用前应清洗消毒。

（三）播种技术与播后管理

1. 适时播种

为延长花期，气候适宜地区可分期播种。华北地区秋播后冷床越冬，第二年6~7月开花；华东地区秋播，露地越冬，4~5月开花。也可早春播于冷床，9~10月开花。若播种前将种子在2~5℃下处理几天，可提高发芽率。东北地区露地用花可1~3月在保护地播种。

2. 播种方法

先将配制好的基质装在育苗容器中，用木板刮平，浇透水就可以进行播种了。播种前用100mg/kg的赤霉素溶液浸种12h，对种子萌发有促进作用，若用穴盘播种通常每穴1粒点播；用育苗盘播种，需要拌细沙土均匀撒播，播种量为每平方米1g左右，播后种子上面覆盖细土0.2~0.3cm，然后用塑料薄膜覆盖，保持基质湿润。

3. 播种后的管理

播种后发芽适宜温度为15~20℃，播后1~2周发芽，加强光照，水分应适中，空气湿度不能太高。

二、扦插育苗

春季用摘心后萌发的侧枝作插穗，插穗长8cm左右，带2~5个节，仅保留上部1节的叶片，在沙床上扦插，扦插深度2~3cm，插穗间的距离5~6cm，条件适宜2周左右生根。

【关键与要点】

① 要注意施药前，基质的含水量要达饱和持水量的60%~70%。

② 选择容器要干净卫生，基质要疏松透气、排水保水性能好、不含病虫卵和杂草种子。
③ 使用基质之前要测 pH 及 EC 值，基质 pH 及 EC 值调节要符合金鱼草生长需要。
④ 播种繁殖需要对种子进行处理。

子任务三　花苗上盆及管理

一、穴盘移苗

穴盘移苗是将育苗盘播种的小苗移入穴盘格内，每格一苗。移苗过程要小心谨慎，可用细竹棒在穴盘的基质上扎孔，将小苗放入孔内后再填土，然后浇透水即可；或将生长在大小不同各种孔穴内的小苗、中苗移入更大穴孔内培养大苗。一般是先移入 128 孔穴盘，秧苗生长拥挤时，再移入 72 穴孔或更大的穴盘培养成品大苗。

二、塑料育苗钵移苗

将苗从 128 孔穴移入直径 8cm 左右塑料育苗钵，培育成大苗；或将育苗盘里的小苗移入塑料育苗钵里培养都被称为移植。方法是先在育苗钵里装少量基质，然后把苗放入，再填上土，浇透水即可。

三、移苗后管理

（一）光温管理

对日照要求高，否则易徒长、开花不良。温室栽培幼苗期昼温应保持 12～15℃，夜温 2～10℃，成苗中后期应保持昼温 12～18℃，夜温 7～10℃。金鱼草喜凉爽气候，但不能将温度降低到 0℃，否则容易产生不开花的枝条，还要注意通风。

（二）肥水管理

金鱼草喜肥，生长期每隔 7～10 天追肥一次，一般不施氮肥，适量增加磷钾肥，促进植株旺盛生长，开花茂盛。平时土壤保持湿润，若长期干旱缺水，会导致茎干扭曲，植株生长不良；长期积水会烂根。

（三）株形整理

当幼苗苗高为 10cm 时，摘心 1 次，促使萌发分枝，形成丰满株态，多开花；做切花栽培的要去掉侧枝，不用摘心。花后要及时剪去开过花的枝条，促使其萌发新枝继续开花。

【关键与要点】夏季一定要采取降温措施控制温度，在温度高的条件下，花苗易徒长使商品价值大大降低，造成经济损失。

子任务四　花期调控

为保证对金鱼草全年用花需要，除了进行恰当的品种选择和正常技术管理外，还可以采取分批播种，调控温度、光照以及摘心修剪等措施适当调节花期。可于冬季在温室育苗，进行促成栽培，有望在"五一"之前开花；可通过分批播种或多次摘心修剪进行抑制栽培，适当推迟花期。

【关键与要点】金鱼草主要是通过调控繁殖时间及摘心修剪并且配合环境管理来进行花期调控。

子任务五　病虫害防治

苗期发生立枯病，可用65%代森锌可湿性粉剂600倍液喷洒。生长期有叶枯病和炭疽病危害，可用50%退菌特可湿性粉剂800倍液喷洒。虫害有蚜虫夜蛾危害，用40%氧化乐果乳油1000倍液喷杀。

【关键与要点】
① 病虫害种类鉴别要及时、准确。
② 农药种类选择要有针对性且合理安全用药。
③ 农药的使用方法要根据病虫害发生种类、发生危害规律正确选择，减少环境污染。

子任务六　成品苗运输

一、运输方式

国内花卉运输通常包括空运，公路、铁路运输等方式。空运的运费较高，铁路运输必须货量大，运输时间又长，因此只有灵活的公路运输才是首选。

二、运输要求

（一）温度

温度在10~21℃最适合，否则，叶片枯黄、植株萎蔫，降低移栽后成活率。

（二）水分

一般装车前一天应淋透水，基质中等湿润时装箱。

（三）其他

保持70%~75%车厢内湿度，防止风吹干燥；近距离也不宜裸露运输。

三、装车要求

最好使用封闭、控温湿、能分层摆放、空间利用率高的专用运输车辆，摆放时注意盆和盆之间、穴盘和穴盘之间，间隙应尽量小。空隙大的地方一定要用泡沫或其他材料塞紧。

四、到货处理

到达后须立即卸货，将植株放入半荫蔽处喷水，待缓苗后摆放或定植于相应地点，通常运输时间要尽可能缩短。

【巩固训练任务七】　欧洲报春生产

1. 任务内容

以小组（5~6人为1组）为单位，独立完成欧洲报春（图4-23）生产全过程，欧洲报春生产主要包括育苗、上盆、日常养护、病虫害防治等主要内容。通过任务的完成，使学生掌握该种草花的夏季养护技术和病虫害防治技术，具备对此种草花进行规模化生产的能力，最终生产出高质量的产品，满足多种用途需要。

2. 任务要求

1) 根据课后对欧洲报春的实际训练，要求学生完成课后任务，进一步对草花生产中的夏季养护技术和病虫害防治技术等环节进行反复训练，使学生的动手操作能力得到巩固和加强。

2) 制定欧洲报春周年生产方案、生产计划和资金预算方案，方案和计划应符合实际生产需要，方案应详细、合理、具有可操作性。

图 4-23　欧洲报春

3) 各小组根据制定的方案进行任务实施。

4) 每次任务结束填写工作日志和成本记录表。

5) 巩固训练任务全部结束，各小组要根据成本记录和销售记录完成该品种效益分析报告。

6) 任务完成过程中要分工合作，各种药品按照使用说明进行正确使用；按照工具的正确使用规范进行操作。

3. 主要技术要点

（1）育苗技术　欧洲报春种子寿命短，随采随播。播种于穴盘，每穴播1粒，覆土0.3cm，适温为15～21℃，播种后5～6天开始发芽。

（2）上盆　当真叶有2～3片时方可移栽。

（3）日常养护　喜冷凉，多数品种较耐寒，但又不耐严寒，不耐暴晒及高温。白天气温15～20℃，夜间8～10℃最适宜生长。越夏困难，可放在阴凉处，注意通风，防止雨淋，减少浇水量。多数种类花芽分化需要10℃左右的低温和短日照条件，喜微酸性土壤。

（4）病虫害防治　病虫害主要有白叶病、露菌病、蚜虫等。白叶病主要由于气温过低、土壤过湿导致，主要措施是加强通风，控制湿度，并保证温度不要长期低于5℃；露菌病可用波尔多液及类似药剂防治；蚜虫可采取每10～15天喷1次2000倍敌杀死或1000倍敌敌畏来防治。

任务八　比格海棠生产

【任务描述】

比格海棠生产主要包括品种选择、育苗技术、花苗移栽、成品苗运输等内容。通过任务的完成，在掌握比格海棠生产技术的同时重点学会比格海棠在生产中常用的播种繁殖、分株繁殖技术及养护管理技术，最终培育出合格的产品。

【任务目标】

1. 能根据市场需求主持制订比格海棠周年生产计划。

2. 能根据企业实际情况、品种的生长习性，主持制定比格海棠生产管理方案。

3. 能按方案进行比格海棠播种繁殖、分株繁殖及养护管理，并能根据实际情况调整方案，使之更符合生产实际。

项目四 草花生产

4. 能吃苦耐劳，并能与组内同学分工合作。
5. 能结合生产实际进行比格海棠生产效益分析。
6. 通过巩固训练任务的完成，使学生的知识目标、能力目标进一步得到加强。

【相关介绍】

学名：*Begonia benariensis*（图4-24）

别名：大花海棠

科属：秋海棠科秋海棠属

1. 形态特征

比格海棠为多年生常绿草本植物，作一二年生栽培。冠幅较大，株形挺立，茎肉质，株高40~50cm，叶心形，边缘有锯齿，基部偏斜，叶色有光泽。花径达7~8cm，颜色鲜艳，花瓣直立展开，花期长。

图4-24 比格海棠

2. 生态习性

比格海棠喜光，耐半阴，耐高温高湿，不耐寒；对土壤适应性较强，耐干旱，但以湿润而排水良好的土壤为佳，能在多种气候和土壤条件下生长旺盛。

3. 生产现状

生产上出现的比格海棠主要特点为：株形大气，花叶并茂，长势强健，抗逆性强，更符合当代消费者审美需求和园林需要；同时经常有新品种被推出，更适合多种形式栽培。

4. 主要品种

它是F1代杂交品种，综合了数种海棠的优点，具有适应性广泛、花量多、花朵大、枝叶繁茂等特点，该系列有绿叶和铜叶两种叶色，常见有绿叶红花、铜叶红花、铜叶玫红花等品种。

5. 园林应用

植株强健，适合大容器栽培，同时也是花园及绿地大面积群植的优良品种，适合吊篮、混合容器和花境栽培。

【材料与工具】

1. 材料

比格海棠种子、草炭土、沙子、多菌灵、代森锌、三氯杀螨醇、杀灭菊酯、腈菌唑、高锰酸钾。

2. 工具

镊子、点播机、穴盘（128穴、200穴）、育苗钵、花盆、铁锹、花铲、手锄、纸箱、喷雾器、量筒、天平、遮阳网等。

子任务一 品种选择

根据预期开花时间和当地的气候环境条件，选择分枝强健、株形紧凑、抗病性强、耐热性好、易于管理、适应性广、花期长、色彩艳丽，适宜本地区气候栽培种植的品种。比格海棠的生产周期：从播种到育出开花大苗，需150~180天。

【关键与要点】花卉生产应该选择在市场有相当程度购买力或尚未满足消费需求具有潜

在购买力以及竞争对手尚未控制市场的花卉品种。

子任务二　育苗技术

一、穴盘育苗

（一）基质配制及消毒

好的栽培基质，应该基本具备质轻、多孔性、通气良好、排水良好、适当的含肥量及容易操作调配等条件。比格海棠的栽培基质可用消毒过的腐殖质土或泥炭土加蛭石。常用的消毒方法有甲醛消毒、蒸汽消毒或加多菌灵消毒等，每 $1.5 \sim 2.0 m^3$ 基质加入 50% 多菌灵粉剂 500g 拌匀消毒，期间 2 天翻动一次，一周后，气味挥发掉再用。

（二）育苗容器准备

生产上多用育苗盘或穴盘育苗，此方法搬动与灭菌方便，移栽带土团，不伤根系，利于培育优质苗。育苗容器用前应清洗消毒。

（三）播种技术与播后管理

1. 适时播种

北方地区"五一"之后用花，可选择在温室里 1～2 月播种。其他时期用花，可根据本品种从播种到开花所需时间及生产条件、管理水平来推算播种期。

2. 播种方法

比格海棠种子细小，目前生产上多使用进口的丸粒化种子直接在 288 孔穴盘点播，每孔 1 粒，播于穴盘中心，播种后不用覆土。

3. 播种后的管理

播种后发芽适宜温度为 22～23℃，播后 8～12 天出苗，种子萌芽需光，无须覆盖。保持土壤轻微湿润，但不能过于潮湿或过于干燥。

二、分株繁殖

秋季将地栽或盆栽的植株除去茎叶的大部，移入保护地内作繁殖用的母株。冬季温度不宜太低，让其生长。春季分株，用手将分蘖苗分开，每个新株丛有 2～3 株苗，成活率很高。

【关键与要点】

① 要注意施药前，基质的含水量要达饱和持水量的 60%～70%
② 选择容器要干净卫生，基质要疏松透气、排水保水性能好、不含病虫卵和杂草种子。
③ 使用基质之前要测 pH 及 EC 值，基质 pH 及 EC 值调节要符合比格海棠生长需要。
④ 种子细小不需要覆盖。

子任务三　花苗上盆及管理

一、穴盘移苗

播种后 6～7 周，将长出 2～3 对真叶的小苗移植到 12cm 的育苗钵或花盆中培育成大苗。方法是先在育苗钵里或花盆中装少量基质，然后把苗放入，再填上土压实，浇透水即可。

二、移苗后管理

（一）光温管理

生长适温为 17～19℃，栽培地点应阳光充足，高光条件会提高植株分枝能力且促进早开花；夏季过热应适当遮阴，栽培环境要求通风良好。

（二）肥水管理

需肥量中等，在幼苗期多施氮肥，每周喷施浓度为 150mg/kg 的氮肥一次促进枝叶生长；在现蕾开花期多施磷肥，促进多孕育花蕾，花多色艳。平时土壤保持适宜的水分，水分过多会造成植株徒长。

（三）株形整理

在生长期间要进行摘心，促使植株萌发侧枝，以达到株形丰满，还应及时去除过多的花蕾，以免造成养分的大量消耗而影响正常花朵的开放。

【关键与要点】

① 在日常管理中掌握在一般情况下，容器中 1/3 基质干了就应浇水，要防止过度浇水引起植株生长不良，甚至产生死苗。

② 夏季一定要采取降温措施控制温度，在温度高的条件下，花苗易徒长使商品价值大大降低，造成经济损失。

③ 通过摘心促进侧枝生长。

子任务四　花期调控

比格海棠花期长，除了进行恰当的品种选择和正常技术管理外，还可以通过调整播种期、调控光照以及修剪等措施适当调节花期。可于冬季在温室育苗，进行促成栽培；可通过分批播种或多次摘心修剪进行抑制栽培，适当推迟花期。

【关键与要点】该种花卉主要是通过栽培措施并且配合环境管理来进行花期调控。

子任务五　病虫害防治

该种长势强健，病虫害较少，但栽培环境过于潮湿，易滋生病害，通过扩大株行间距、通风等措施来预防。

子任务六　成品苗运输

一、运输方式

国内花卉运输通常包括空运，公路、铁路运输等方式。空运的运费较高，铁路运输必须货量大，运输时间又长，因此只有灵活的公路运输才是首选。

二、运输要求

（一）温度

温度在 10～18℃最适合，否则，叶片枯黄、植株萎蔫，降低移栽后成活率。

（二）水分

一般装车前一天应淋透水，基质中等湿润时装箱。

（三）其他

保持70%～75%车厢内湿度，防止风吹干燥；近距离也不宜裸露运输。

三、装车要求

最好使用封闭、控温湿、能分层摆放、空间利用率高的专用运输车辆，摆放时注意盆和盆之间、穴盘和穴盘之间，间隙应尽量小。空隙大的地方一定要用泡沫或其他材料塞紧。

四、到货处理

到达后须立即卸货，将植株放入半荫蔽处喷水，待缓苗后摆放或定植于相应地点，通常运输时间要尽可能缩短。

【巩固训练任务八】 四季海棠生产

1. 任务内容

以小组（5～6人为1组）为单位，独立完成四季海棠（图4-25）生产全过程，四季海棠生产主要包括育苗、上盆、日常养护、病虫害防治等主要内容。通过任务的完成，使学生掌握该种草花的育苗技术和养护管理技术，具备对此种草花进行规模化生产的能力，最终生产出高质量的产品，满足多种用途需求。

图4-25 四季海棠

2. 任务要求

1）根据课后对四季海棠的实际训练，要求学生完成课后任务，进一步对草花生产中的育苗技术和养护管理技术等环节进行反复训练，使学生的动手操作能力得到巩固和加强。

2）制定四季海棠周年生产方案、生产计划和资金预算方案，方案和计划应符合实际生产需要，方案应详细、合理、具有可操作性。

3）各小组根据制定的方案进行任务实施。

4）每次任务结束填写工作日志和成本记录表。

5）巩固训练任务全部结束，各小组要根据成本记录和销售记录完成该品种效益分析报告。

6）任务完成过程中要分工合作，各种药品按照使用说明进行正确使用；按照工具的正确使用规范进行操作。

3. 主要技术要点

（1）育苗技术　常采用种子繁殖，播种后不覆土，注意保湿，控制温度在 18~25℃，7 天左右出苗。四季海棠小苗生长十分缓慢，从播种到第 1 片真叶长出，条件适宜需 21 天以上。种子细小，工厂化育苗常选用丸粒化种子。

（2）上盆　通常有 1~2 片真叶时分苗，3~4 片叶时移出上盆，带土团移栽，否则成活率较低。幼苗生长慢，注意水肥控制。

（3）日常养护　四季海棠喜温暖、湿润和阳光充足环境。生长适温为 20℃ 左右，低于 10℃ 生长缓慢。栽培土壤为肥沃、疏松、排水良好的基质，不耐干燥，也忌积水。苗期要薄肥勤施，逐渐增加用量，以硝态氮为主，增加磷、钾肥比例，选晴天上午 9~10 时施肥。当叶片长大时，可用 50mg/kg 硝酸钾溶液和 50mg/kg 的过磷酸钙溶液向基质上喷洒，或施氮、磷、钾复合肥溶液，每周 1 次。对光照的适应性较强，既能在半阴环境下生长，又能在全光照条件下生长，开花不受日照长短影响。只要在适宜的温度条件下即可四季开花。

（4）病虫害防治　病害主要有立枯病、叶斑病，应采用立枯灵可湿性粉剂、托布津、百菌清防治；虫害主要有危害叶、茎的各类害虫，如蛞蝓、潜叶蝇等，应针对性用药。

任务九　垂吊矮牵牛生产

【任务描述】

垂吊矮牵牛生产主要包括品种选择、育苗技术、花苗移栽、成品苗运输等内容。通过任务的完成，在掌握垂吊矮牵牛生产技术的同时重点学会垂吊矮牵牛在生产中常用的播种繁殖、扦插繁殖技术及养护管理技术，最终培育出合格的产品。

【任务目标】

1. 能根据市场需求主持制订垂吊矮牵牛周年生产计划。
2. 能根据企业实际情况、品种的生长习性，主持制定垂吊矮牵牛生产管理方案。
3. 能按方案进行垂吊矮牵牛播种繁殖、扦插繁殖及养护管理，并能根据实际情况调整方案，使之更符合生产实际。
4. 能吃苦耐劳，并能与组内同学分工合作。
5. 能结合生产实际进行垂吊矮牵牛生产效益分析。
6. 通过巩固训练任务的完成，使学生的知识目标、能力目标进一步得到加强。

【相关介绍】

学名：*Petunia hybrida*（图 4-26）

别名：碧冬茄、灵芝牡丹、杂种撞羽朝颜

科属：茄科矮牵牛属

1. 形态特征

垂吊矮牵牛为多年生草本植物，作一年生栽培。茎匍匐，株高 15~55cm，多分枝，茎干绿色，全身被短毛。叶互生，卵圆形，全缘，先端尖。花单生枝顶或叶腋，花冠喇叭状，花径 5~6cm，花色丰富，花期长。种子细小，千粒重 0.16g 左右。

图 4-26　垂吊矮牵牛

2. 生态习性

垂吊矮牵牛性喜温暖，不耐寒，耐暑热，喜向阳和通风好的环境条件，在阴雨较多和气温低的条件下开花不良。要求排水良好、疏松的沙质壤土，怕雨涝。

3. 生产现状

垂吊矮牵牛原产于南美洲，现世界各地广为栽培。目前生产上选种的品种主要特点为：分枝旺盛，花色多，花期长、无须修剪，抗逆性强，更符合当代消费者审美需求和园林需要；同时经常有新品种被推出，更适合多种形式栽培。

4. 主要品种

常见有以下系列：

（1）清浪系列（Easy Wave Series）　株高 15～30cm，冠幅 75～90cm，栽培容易，单位面积可以产生更多的植株。

（2）潮波系列（Tidal Wave Series）　株高 40～55cm，冠幅 70～120cm，株形丰满，花量大，持续开花能力强。

（3）波浪系列（Wave Series）　株高 10～15cm，冠幅 90～120cm，是当今最好最畅销的垂吊矮牵牛系列。

（4）锦浪系列（Shock Wave Series）　株高 17～25cm，冠幅 75～90cm，花朵娇小精致，开花早，花量大。

5. 园林应用

盆栽适用于各处悬挂，如群体悬挂于广场、街道周围，装饰灯柱、走廊和厅堂。可制作花墙、花柱和花伞。种植于花槽、花台内，垂吊观赏效果更佳。

【材料与工具】

1. 材料

垂吊矮牵牛种子、草炭土、沙子、多菌灵、代森锌、三氯杀螨醇、杀灭菊酯、阿维菌素、腈菌唑、高锰酸钾、生根剂、包装袋、胶带等。

2. 工具

镊子、点播机、穴盘（128 穴、200 穴）、育苗钵、花盆、铁锹、花铲、手锄、纸箱、喷雾器、量筒、天平、遮阳网等。

子任务一　品种选择

根据预期开花时间和当地的气候环境条件，选择分枝强健、抗病性强、耐热性好、易于

管理、适应性广、花期长、色彩艳丽，适宜本地区气候栽培种植的品种。垂吊矮牵牛的生产周期：从播种到育出大苗需要 90～110 天。

【关键与要点】花卉生产应该选择适应性广、花期长、适宜本地区气候条件，能满足消费需求，具有广阔市场的花卉品种。

子任务二　育苗技术

常用播种和扦插繁殖。

一、播种育苗

（一）基质配制及消毒

好的栽培基质，应该基本具备质轻、多孔性、通气良好、排水良好、适当的含肥量及容易操作调配等条件。垂吊矮牵牛的栽培基质用草炭、蛭石等按 3∶1 的体积比例混合，调整基质 pH 至 5.8～6.5。常用的消毒方法有甲醛消毒、蒸汽消毒或加多菌灵消毒等，每 1.5～2.0m³ 基质加入 50% 多菌灵粉剂 500g 拌匀消毒，期间 2 天翻动一次，一周后，气味挥发掉再用。

（二）育苗容器准备

生产上多用育苗盘或穴盘育苗，此方法搬动与灭菌方便，移栽带土团，不伤根系，利于培育优质苗。育苗容器用前应清洗消毒。

（三）播种技术与播后管理

1. 适时播种

一般品种从播种至育出开花大苗需要 90～110 天，北方"五一"用花需要 1～2 月在保护地播种；"十一"用花，需要 7 月初播种。其他时期用花，可根据本品种从播种到开花所需时间及生产条件、管理水平来推算播种期。

2. 播种方法

先将配制好的基质装在育苗容器中，用木板刮平，浇透水就可以进行播种了。用穴盘播种，种子需要包衣处理，通常每穴 1 粒点播，无须盖土；在育苗盘里播种，需要与 30～50 倍细沙土拌匀，然后均匀撒播，播种量为每平方米 1.2g 左右，播后种子上面覆盖细土 0.2cm 左右，然后用塑料地膜覆盖保湿。

3. 播种后的管理

播种后注意控制土温在 22～24℃，利于发芽，土壤应保持湿润，但忌湿度过大，育苗容器应放在光线最好的地方，光照充足时叶片平展；在低温短日照条件下，茎叶生长繁茂，株形紧凑。

二、扦插育苗

全年可以进行，花后剪取顶端的嫩枝，长 10cm，插入沙床中，保持湿润，在气温 20～25℃，插后半月即可生根，30 天可移栽上盆。

【关键与要点】

① 要注意施药前，基质的含水量要达饱和持水量的 60%～70%。

② 选择容器要干净卫生，基质要疏松透气、排水保水性能好、不含病虫卵和杂草种子。

③ 使用基质之前要测 pH 及 EC 值，基质 pH 及 EC 值调节要符合垂吊矮牵牛生长需要。
④ 苗期充足的光照，利于培育壮苗。

子任务三　花苗上盆及管理

一、穴盘移苗

穴盘移苗是将育苗盘播种的小苗移入穴盘格内，每格一苗。移苗过程要小心谨慎，可用细竹棒在穴盘的基质上扎孔，将小苗放入孔内后再填土，然后浇透水即可；或将生长在大小不同各种孔穴内的小苗、中苗移入更大穴孔内培养大苗。一般是先将 2~4 片真叶小苗移入 128 孔穴盘，秧苗生长拥挤时，再移入 72 穴孔或更大的穴盘培养成品大苗。

二、塑料育苗钵移苗

将 6~8 片真叶苗从 128 孔穴移入直径 8cm 左右塑料育苗钵，直接培育成大苗；或将育苗盘里的 2~4 片真叶小苗移入塑料育苗钵里培养中等苗都被称为移植。方法是先在育苗钵里装少量基质，然后把苗放入，再填上土，浇透水即可。

三、移苗后管理

（一）光温管理

幼苗期白天生长适宜温度为 23℃，成苗期白天生长适宜温度为 27~28℃，夜间生长适宜温度 13~15℃；生长期需要阳光充足，在高温长日照条件下分枝少，仅利于枝顶形成花蕾。

（二）肥水管理

生长期施肥不易太多，以免徒长、开花少；生长旺盛时期，保证充足供水，但不能积水。多雨季节，雨水对其生长不利，易造成茎叶徒长、花朵褪色或腐烂。

（三）株形整理

苗高 10cm 时，摘心 1 次，促使萌发侧枝，多开花。如果分枝少，枝条生长快，会造成株形不丰满，因而要及时整形剪枝。长出 15~20 个分枝时，便可使其垂吊生长。对老化的枝条应及时修剪，使其再生。

【关键与要点】

① 在日常管理中掌握在一般情况下，容器中 1/3 基质干了就应浇水，要防止过度浇水引起植株生长不良，甚至产生死苗。
② 夏季一定要采取降温措施控制温度，在温度高的条件下，花苗易徒长使商品价值大大降低，造成经济损失。
③ 生长期间要摘心、修剪整形。

子任务四　花期调控

为保证垂吊矮牵牛能在全年重大节日准时开花，除了进行恰当的品种选择和正常技术管理外，还可以调整播种期，调控光照、温度以及修剪等措施适当调节花期。可于冬季在温室育苗，进行促成栽培，有望在"五一"之前开花；可通过分批播种或多次摘心修剪进行抑制栽培，适当推迟花期。

【关键与要点】一、二年生草花主要是通过栽培措施并且配合环境管理来进行花期调控，草花对不同植物生长调节剂的使用浓度反应不同，只能起到有限的调控。

子任务五　病虫害防治

常见病害有灰霉病、叶斑病和病毒病。发病初期喷洒75%百菌清600~800倍液、50%代森铵1000倍液。虫害有白粉虱和潜叶蝇，及时防治非常重要。潜叶蝇可用敌百虫800倍液等防除，白粉虱可以用蚜虱净1000倍液等防除。

【关键与要点】
① 病虫害种类鉴别要及时、准确。
② 农药种类选择要有针对性且合理安全用药。
③ 农药的使用方法要根据病虫害发生种类、发生危害规律正确选择，减少环境污染。

子任务六　成品苗运输

一、运输方式

国内花卉运输通常包括空运，公路、铁路运输等方式。空运的运费较高，铁路运输必须货量大，运输时间又长，因此只有灵活的公路运输才是首选。

二、运输要求

（一）温度

温度在10~21℃最适合，否则，植株萎蔫、降低移栽后成活率。

（二）水分

一般装车前一天应淋透水，基质中等湿润时装箱。

（三）其他

保持70%~75%车厢内湿度，防止风吹干燥；近距离也不宜裸露运输。

三、装车要求

最好使用封闭、控温湿、能分层摆放、空间利用率高的专用运输车辆，摆放时注意盆和盆之间、穴盘和穴盘之间，间隙应尽量小。空隙大的地方一定要用泡沫或其他材料塞紧。最好每盆单独包装。

四、到货处理

到达后须立即卸货，将植株放入半荫蔽处喷水，待缓苗后摆放或定植于相应地点，通常运输时间要尽可能缩短。

【巩固训练任务九】　金叶薯生产

1. 任务内容

以小组（5~6人为1组）为单位，独立完成金叶薯（图4-27）生产全过程，金叶薯生产主要包括育苗、上盆、日常养护、病虫害防治等主要内容。通过任务的完成，使学生掌握该种草花的扦插繁殖技术和摘心、修剪整形技术，具备对此种草花进行规模化生产的能力，最终生产出高质量的产品，满足多种用途需求。

2. 任务要求

1）根据课后对金叶薯的实际训练，要求学生完成课后任务，进一步对草花生产中的扦插繁殖技术和摘心、修剪整形技术环节进行反复训练，使学生们的动手操作能力得到巩固和加强。

图 4-27　金叶薯

2）制定金叶薯周年生产方案、生产计划和资金预算方案，方案和计划应符合实际生产需要，方案应详细、合理、具有可操作性。

3）各小组根据制定的方案进行任务实施。

4）每次任务结束填写工作日志和成本记录表。

5）巩固训练任务全部结束，各小组要根据成本记录和销售记录完成该品种效益分析报告。

6）任务完成过程中要分工合作，各种药品按照使用说明进行正确使用；按照工具的正确使用规范进行操作。

3. 主要技术要点

金叶薯（*Ipomoea batatas*）是旋花科甘薯属多年生蔓生草本，叶互生、心形、先端渐尖，叶缘不规则深裂或浅裂。叶色黄绿或金黄色，光照越强，叶色越金黄醒目。适合用于立体绿化装饰中，或攀援或垂吊，而且还是很好的地被材料。

（1）育苗技术　主要繁殖方法采用扦插法，在春、夏、秋三季，剪取茎枝每段长 15~20cm，斜插于沙质土壤，保持湿度，10~15 天即生根成苗；也可先整地，再将插穗直接斜插于土壤中，保持湿度，也能生根长成新植株。

（2）上盆　扦插生根后即可上盆，成活率高。

（3）日常养护　喜光，喜高温高湿，生长适温为 20~30℃。栽培土质以肥沃的壤土或沙质壤土最佳。施肥每 1~2 个月 1 次，多施氮肥，生长迅速。可通过摘心或修剪，促使多分侧枝，生长更茂密。

（4）病虫害防治　金叶薯性强健，管理粗放，很少感染病虫害。

花卉生产经营管理

【项目导言】

近年来,随着我国花卉产业的快速发展,花卉产品数量大幅增加。同时,随着人们物质文化水平的不断提高,人们对花卉产品的品质要求越来越高,这就对花卉生产企业的经营管理提出了更高的要求,花卉生产管理必须要规范化、标准化,这是我国花卉业步入调整期的必然。目前,花卉产业由原来的自产自销模式逐渐向现代的产销分离模式转变,这也是现代化大生产的必然趋势。因此,花卉产业在市场发展过程中要注意解决生产管理存在的问题。花卉业市场化生产管理的出现,为我国花卉产业的发展注入了新的现代化经营机制,对于扩大生产、引导消费、降低成本、完善有序的流通秩序都将起到积极的推动作用,同时,也将推动我国花卉产业向专业化、集约化发展。

花卉生产管理是花卉企业对生产作业、时间安排和资源配置的控制。它的内容主要包括年度生产计划、生产经营成本控制、生产计划实施、生产效益分析、生产经济核算。

【知识目标】
1. 掌握花卉生产计划的内容和制订的方法。
2. 掌握花卉生产管理的内容。
3. 掌握花卉生产经营成本内容及制定相关预算表格方法。
4. 掌握花卉生产效益分析的方法。
5. 掌握花卉生产经济核算的方法。

【能力目标】
1. 会制订花卉生产计划。
2. 会组织花卉生产管理。
3. 会控制花卉生产经营成本。
4. 会进行花卉生产效益分析。
5. 会进行花卉生产经济核算。

【素质目标】
1. 培养学生自主学习能力。
2. 提高学生创新意识和创新能力。
3. 通过分组完成任务,提高竞争意识,培养学生交流、互助、合作和组织能力。

任务一 制订生产计划

【任务描述】

生产计划是关于企业生产运作系统总体方面的计划,是企业在计划期应达到的产品品种、质量、产量和产值等生产任务的计划和对产品生产进度的安排。

花卉生产企业根据市场调研情况和企业实际情况，确定企业发展目标。生产部门根据企业发展目标，结合企业实际情况，负责制订企业年生产计划。生产计划还应包括生产预算和生产方案。

生产计划的制订有利于企业在资金使用、人员安排、资源利用等方面发挥最大作用，使企业能持续、健康发展。

通过任务的完成，能制订较完备的生产计划。

【任务目标】

1. 能根据生产实际制定生产方案。
2. 能根据企业发展战略制订生产计划。
3. 能根据企业生产实际和生产计划制订生产资金使用计划。

一、制定生产方案

生产方案是进行花卉生产管理的重要依据之一，同时也是生产的技术指导方案，对整个生产过程起着重要作用。生产方案主要包括育苗、定植（上盆）、日常管理、采收、加工、包装、储藏等内容。

（一）育苗

除采购的种球、种苗外，有些生产项目还需要育苗，比如一些草花生产、菊花切花生产，在这个环节主要阐述育苗前的准备工作、育苗的过程以及育苗后的管理等内容。

（二）定植（上盆）

切花生产中主要阐述土壤改良前的土质情况、整地、改良土壤所选用的基质和数量，基肥的种类和数量，土壤消毒的方法和要求，作床，定植的密度、深度以及浇水等内容；盆花（草花）生产中主要阐述上盆前的主要准备工作、营养土配制的方法、消毒的方法、基肥的种类和数量、上盆的深度和方法以及浇水等内容。

（三）日常管理

日常管理是整个生产过程中最漫长、最复杂的过程，在盆花生产中主要阐述上盆后对花卉进行的温度、光照、水分、肥料的要求和管理，还包括换盆、转盆、摘心、整形、修剪以及病虫害防治的措施；在切花生产中主要阐述定植后对花卉进行的温度、光照、水分、肥料的要求和管理，还包括松土、除草、摘心、整形、修剪以及病虫害防治的措施。

（四）采收、加工、包装、储藏和运输

在切花生产项目中需要阐述的内容包括采收的时间和方法、加工、包装的方法，以及储藏的方法。

二、制订生产计划

生产计划是指一方面为满足客户要求的三要素"交期、品质、成本"而计划；另一方面又使企业获得适当利益，而对生产的三要素"材料、人员、机器设备"的适当准备、分配及使用的计划。

生产计划对企业来说，包括长期生产计划、中期生产计划和短期生产计划。在这里只谈论年度生产计划，该计划是由生产部门负责编制的计划，确定生产的品种、数量、质量、完

成的部门以及出货的时间等。一个优化的生产计划必须具备以下三个特征：第一，有利于充分利用销售机会，满足市场需求；第二，有利于充分利用盈利机会，实现生产成本最低化；第三，有利于充分利用生产资源，最大限度地减少生产资源的闲置和浪费。

（一）调查研究，摸清企业内部情况

通过调查研究，主要摸清企业如下方面的情况：①企业的发展总体规划和长期的经济协议。②企业的生产面积、生产规模、设施和设备情况。③企业的技术水平和劳动力情况。④企业的原材料消耗和库存情况。

（二）初步确定各项生产计划指标

在充分对企业情况摸底的情况下，根据企业的总体发展部署，初步确定年度生产计划指标。生产计划指标主要包括：①产品品种、数量、质量和产值等指标。②设施的合理、充分利用，生产品种的合理搭配和生产进度的合理安排。③将生产指标分解为各个生产部门的生产指标等工作。

（三）初步安排产品生产进度

根据企业总体计划的安排以及生产部门的生产指标，生产部门为保障产品的数量和质量，初步安排各种产品的生产进度。

（四）讨论与修正，进行综合平衡，正式编制生产计划

初步确定各项生产计划指标后，在企业生产部门内部要进行广泛的讨论，征求意见，看生产计划指标是否符合实际。综合平衡的目的是使企业的生产能力和资源得到充分合理利用，使企业获得良好的经济效益。生产计划的综合平衡有以下几个方面：①生产任务和生产能力的平衡，测算企业的生产面积、设施、设备对生产任务的保证程度。②生产任务和劳动力的平衡，主要指劳动力的数量、劳动效率等对生产任务的保证情况。③生产任务和生产技术水平的平衡，测算现有的工艺、措施、设备维修等与生产任务的衔接。④生产任务与物资供应的平衡，测算原材料、工具、燃料等质量、数量、品种、规格、供应时间对生产任务的保证程度。

生产计划综合平衡以后，生产部门要正式编制生产计划和生产进度表。

三、生产资金预算的制定

（一）确定资金的使用时间

资金的使用时间是由产品上市的时间来确定的，一般根据产品上市的时间，再根据花卉产品的品质要求和生长周期，采用倒推的方法，就可以算出育苗、定植、生产管理、采收、包装等环节的时间，进而就可以确定资金使用的时间。比如在9月1日要上市一批植株的高度为90cm的切花菊（秋菊），这样品质的菊花生长周期一般为100天，采用倒推的方法，可以推算出定植的时间为5月20日左右，育苗的时间为5月12日左右，遮光的时间为6月5日左右，在这些时间之前保证好相应的物资就可以了，也就是做好相应的资金安排。

（二）分项列出预算

1. 种苗资金的预算

种苗的资金使用是花卉生产中资金使用较大的一项，同时也是最重要的一项，所以做好种苗的资金使用计划很关键。首先要确定种苗数量，种苗数量的确定可根据企业的总体计划

和生产场地来确定。根据企业的总体计划就是根据企业一年或一批要上市的数量来确定，比如某菊花出口企业，一年要出口菊花100万支，按产品合格率80%计算，就需要种苗125万株；如果是根据生产场地来确定，计算出现有的生产场地，如果是最大化地利用面积，再根据栽植密度就可以计算出需要的种苗数量。在这里强调一点的是如果是自己育苗，就需要计算出育苗的生产成本，这里不详细介绍。

2. 生产资料的预算

除种苗外，生产资料也是一笔较大的预算。盆花的生产资料主要包括基质、肥料、农药、花盆、穴盘、地膜、遮光膜、水管等，切花的生产资料主要包括基质、肥料、农药、地膜、遮光膜、防倒伏网等。这些生产资料在采购时为节省生产成本，一般采取就近的原则，所以，在预算时，要以当地或周边地区的生产资料价格为准。

3. 生产工具和生产设备的预算

花卉生产的工具和设备主要包括铁锹、耙子、打药机、旋耕机、花铲等，这些工具和设备一般都有较长的使用年限，一般在初次生产时需要大批量采购，以后生产时可以适量补充，在进行预算时也要采取就近定价的原则，同时要将设备的维护费计算出来。

4. 水、电、取暖费用的预算

进行花卉生产时需要用水、用电，冬天还涉及温室取暖的费用，这些费用都与花卉生产紧密联系，在进行预算时要充分考虑进去。

5. 人工费

人工费通常指的是与生产直接相关的人工成本，可以按月计算出平均人工费，也可以按批量计算人工费。

6. 包装费

包装费主要包括纸箱、包装袋、标签等相关费用。

（三）列表统计

1. 按项目统计

在表格中，列出各项预算，标明使用时间、数量、单价、金额、备注等，统计出各项和总计预算额度。

2. 按时间统计

根据上述表格，按时间段进行预算资金统计，列出每月需要投入的资金量，以便企业资金总体安排。

【关键与要点】

① 目前，很多种苗需要提前预订，有的需要提前一年。所以，种苗这笔预算，需要提前做出定金和提货时余款的预算。

② 在进行种苗预算时，一定要在全国范围内进行品种、规格、价格、质量、信誉、售后服务等方面对比，从中选出综合方面比较优秀的种苗公司的报价。

任务二　花卉生产经营的成本控制

【任务描述】

花卉生产经营的成本包括生产成本、经营成本、考察成本、风险成本四类。其四个环节

任何一个环节在计划中没有考虑在内，花卉的生产和销售就不能成为一个完整的整体，任何一个链条的脱节都会使产品的成本增加，造成浪费，使企业的市场竞争力缺乏。

花卉生产经营成本控制是贯穿花卉企业生产全过程的任务，控制的效果直接影响花卉企业的生产经营效益，为此，就需要从财务的角度实施全面预算管理以便有计划地控制企业的全部生产和营销。

【任务目标】
1. 掌握生产经营成本的构成及其内涵。
2. 通过掌握预算表格绘制方法，进行有关的成本控制。

一、生产成本

生产成本，指的是花卉产品在生产过程中由种子或者种苗生产到成品出圃之前所消耗的各项成本。其组成包括种子或者种苗成本、介质成本、育苗容器成本、水电成本、加温成本、夏季降温成本、肥料成本、药剂成本、材料成本、场地成本、人工成本等，众多的成本构成了产品生产成本的各个要素，其每个要素之间都是相互关联与相互制约的。例如种子种苗质量的好坏，直接关联产品损耗的多少，延长出圃时间直接影响到所有成本的增加。所以降低生产成本的关键问题是，在最短的时间内，用最合适的种苗生产出符合市场规范要求的产品。

二、经营成本

经营成本，指的是产品在销售经营过程中所消耗的成本，其主要包括营销人员的管理成本、产品包装成本、运输成本、差旅成本、业务招待成本、产品宣传广告成本等因素，以上经营成本构成了产品在销售环节所需要的成本组成，也可称为产品销售的各个基本要素。每一项产品的生命周期无论有多长都可以分成三个阶段，即产品的成长期、成熟期、衰退期。这三个阶段需要的成本要素不尽相同，产品的成长期，其管理成本、宣传成本都是最大的，而在产品的成熟期，各项成本随着产品产量的提高，相对都会达到最低，此阶段是企业整体利润最大化的阶段，也是企业迅速占领市场、扩大市场份额的阶段。经过不断发展，同类产品竞争将会越来越激烈，产品将进入衰退期，与此同时企业的经营成本也将增加，因为产品进入衰退期后，产品的单价会逐步降低，利润随之降低，这个时期面临企业的将有两个选择：其一，花卉产品品系的升级与调整；其二，产品本身的调整。企业进行花卉产品品系的升级与调整，这个方法会最大限度地减少不必要的成本，但是利润空间有限，只能延长产品的生命周期，让企业稳步缓慢发展。如果进行第二种产品本身的调整，如果考察确立，将会使企业进入另外一片蓝海，逐步更新旧产品，企业的利润将会再度扩大，企业发展将会不断快速推进，但同时企业的经营风险也将随之加大，风险与利润的并存是企业永远绕不开的话题。

三、考察成本

考察成本，指的是企业通过自身的生产条件、营销基础、市场基础、渠道基础、地域条件所设想的企业产品定位，根据设想的产品定位与营销市场部门所收集的市场信息汇总得出考察方向，而进行的市场考察与可行性研究所需要的一系列成本，其主要包括营销市场部门

的管理成本、温室改造成本、实地考察成本、学习成本、产品的试验生产成本、产品试销成本等，产品的考察在企业中是很重要的环节，同产品不同品系的升级所需要的考察费用相对较低，只需要进行产品的试验生产与产品的试销即可，而更改产品就需要以上各个环节共同改变，所有环节都需要成本付出，其所需要的市场部门、销售部门、生产部门的全力配合才能使考察过程尽量缩短、考察成本尽量降低。最快最大化达到产品的规模化与产业化，增大企业的利润规模。

举例：某企业是一个生产仙客来花卉产品的企业，该企业在仙客来花卉的市场已经经营了10年，其市场价格与客户渠道十分稳定，但是目前遇到如下一些问题：①产品品系10年来没有更高的调整；②生产设施相对老化，温室连年连作。于是，产生以下问题：①品系的没有改变导致市场的售价一直维持在3年前的水平，而由于成本的连年增加，导致利润越来越低；②由于设施的老化、连作影响，管理没有得到很好体现，病虫害的控制不利导致产品成品率下滑。企业面对如此局面将面临两种选择：①整改温室设施，加强管理，提升仙客来的产品品系，开发生产仙客来更新的品系以迎合市场的需求；②保持现有温室设施，加强管理，寻找适合现有温室条件，并且能给企业带来更大利润的产品。

以上两种解决方案就需要企业根据自身定位不断进行市场考察，目前该企业已经在第二个方面即新品种选择方面进行考察。

四、风险成本——全面预算管理

企业的经营中总是伴随着风险，特别是花卉企业，不仅面临着生产与经营的风险，受气候影响也很严重，另外也受花期控制的特点，由于其花卉产品的生长周期长，产品的市场上架期短，所以在生产与销售中规避风险是花卉企业很重要的课题。

全面预算管理概念的引入是花卉业从工业管理中吸纳的方法，在工业生产中全面预算管理不算一个新的课题，但是在花卉企业中，目前鲜有企业应用全面预算管理，全面预算管理是从财务管理的角度出发，以提前预算、过程控制、年终结算的进程，管理生产计划、生产运行、产品质量、产品营销的全过程，高效有计划地控制全部的生产与营销，最大化地规避运营风险的一种管理模式。

（一）全面预算管理中成本与费用的含义

成本是商品经济的价值范畴，是商品价值的组成部分。人们要进行生产经营活动或达到一定的目的，就必须耗费一定的资源（人力、物力和财力），其所费资源的货币表现及其对象化称为成本。并且，随着商品经济的不断发展，成本概念的内涵和外延都处于不断地变化发展之中。

费用是指企业在日常活动中发生的会导致所有者权益减少的、与向所有者分配利润无关的经济利益的总流出。我国《企业会计准则》中对费用的定义表述为：费用是企业生产经营过程中发生的各项耗费。

企业直接费用为生产商品和提供劳务等发生的直接材料、直接人工、其他直接费用，直接计入生产经营成本；企业为生产商品和提供劳务而发生的各项间接费用，应当按一定标准分配计入生产经营成本。企业行政管理部门为组织和管理生产经营活动而发生的管理费用和财务费用，为销售和提供劳务而发生的进货费用、销售费用等，应当作为期间费用，直接计入当期损益。

由此可以看出，广义的费用包括各种费用和损失，如其他业务成本等。

（二）成本与费用的控制

成本与费用都可以算作在产品生产与经营中必要的花费与消耗，销售费用、管理费用、财务费用三种费用的组成与互相作用是企业经营过程中所要面临的主要议题，如何能在各方面很好地控制减少不必要的费用产生是花卉生产企业最重要的目标。

这里引入一个概念——企业的产品定位，即企业需选择什么标准的产品，才能符合企业自身的发展，产品的质量越好售价就越高，但是其消耗的成本也是越来越高的，其三者之间需要一个完美的平衡，一味单一追求其任何一个要素就会出现很大的风险成本，将打破企业所追求的利润最大化的概念。

图 5-1 为成本、销售、产品质量关系。

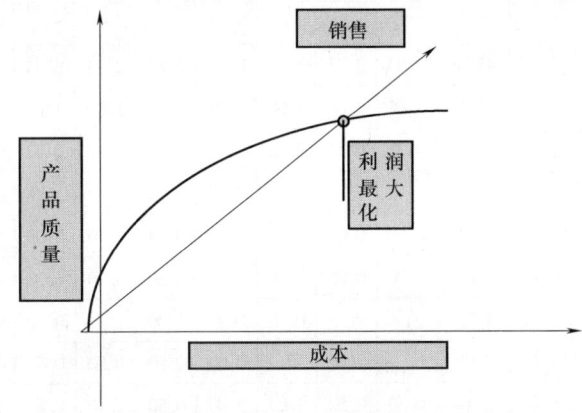

图 5-1　成本、销售、产品质量关系

（三）全面预算管理表格

以某花卉企业制定的全面预算管理表格来诠释全面预算管理中各项成本与费用的综合控制。

1. 收入预算表（表 5-1）

表 5-1　2013 年园艺产品收入预算表

编制单位：园艺产品贸易　　　　　　　　　　　　　　　　　　　　　单位：万元

项目	本年预算	一季度				二季度				三季度				四季度			
		1	2	3	小计	4	5	6	小计	7	8	9	小计	10	11	12	小计
园艺产品	3000.00	59.00	43.00	93.00	195.00	525.00	390.00	370.00	1285.00	215.00	300.00	220.00	735.00	205.00	175.00	405.00	785.00
合计	3000.00	59.00	43.00	93.00	195.00	525.00	390.00	370.00	1285.00	215.00	300.00	220.00	735.00	205.00	175.00	405.00	785.00

制表人：　　　　　　　　　　　审核人：　　　　　　　　　　　总经理：

2. 成本预算表（表 5-2）

表 5-2　2013 年园艺产品成本预算表

编制单位：园艺产品贸易　　　　　　　　　　　　　　　　　　　　　单位：万元

项目	本年预算	一季度				二季度				三季度				四季度			
		1	2	3	小计	4	5	6	小计	7	8	9	小计	10	11	12	小计
园艺产品	2022.00	47	138	19	204.00	340	160	150	650.00	215	115	245	575.00	40	213	340	593.00
合计	2022.00	47	138	19	204.00	340	160	150	650.00	215	115	245	575.00	40	213	340	593.00

制表人：　　　　　　　　　　　审核人：　　　　　　　　　　　总经理：

注：成本包括种子或者种苗成本、介质成本、育苗容器成本、水电成本、冬季取暖成本、夏季降温成本、肥料成本、药剂成本、场地成本、人员养护成本、人员管理成本等。

3. 销售费用预算表（表5-3）

表5-3 2013年园艺产品销售费用预算表

编制单位：园艺产品贸易　　　　　　　　　　　　　　　　　　　　　　　　　　　单位：万元

项目	本年预算	一季度				二季度				三季度				四季度			
		1	2	3	小计	4	5	6	小计	7	8	9	小计	10	11	12	小计
工资	45.96	3.83	3.83	3.83	11.49	3.83	3.83	3.83	11.49	3.83	3.83	3.83	11.49	3.83	3.83	3.83	11.49
统筹	12.96	1.08	1.08	1.08	3.24	1.08	1.08	1.08	3.24	1.08	1.08	1.08	3.24	1.08	1.08	1.08	3.24
公积金	3.84	0.32	0.32	0.32	0.96	0.32	0.32	0.32	0.96	0.32	0.32	0.32	0.96	0.32	0.32	0.32	0.96
销售提成	60.00				0.00			24.00	24.00				0.00			36.00	36.00
福利费	2.80	0.80	0.06	0.10	0.96	0.08	0.10	0.04	0.22	0.20	0.20	0.20	0.60	0.10	0.75	0.16	1.01
电话费	2.00	0.20	0.08	0.30	0.58	0.20	0.20	0.20	0.60	0.10	0.10	0.10	0.30	0.20	0.20	0.12	0.52
办公费	1.70		0.20	0.20		1.00		0.10	1.10		0.20		0.20			0.20	0.20
招待费	3.00				0.00	0.50	0.50	0.50	1.50	0.50	0.10	0.40	1.00		0.20	0.30	0.50
差旅费	10.00	0.50	0.50	1.00	2.00	0.80	1.30	0.80	2.90	0.60	0.60	1.00	2.20	1.20	0.80	0.90	2.90
广告费	15.00	9.00	2.00		11.00		1.00		1.00		1.00	1.00	1.00	1.00		2.00
展示会	20.00			8.00	8.00	2.00			2.00			8.00	8.00			2.00	2.00
运费	4.00	0.30	0.10	0.30	0.70	0.50	0.50	0.50	1.50	0.20	0.20	0.20	0.70	0.30	0.30	0.50	1.10
邮寄费	0.60	0.05	0.05	0.05	0.15	0.05	0.05	0.05	0.15	0.05	0.05	0.05	0.15	0.05	0.05	0.05	0.15
通勤费	1.20	0.10	0.10	0.10	0.30	0.10	0.10	0.10	0.30	0.10	0.10	0.10	0.30	0.10	0.10	0.10	0.30
税金	1.44	0.12	0.12	0.12	0.36	0.12	0.12	0.12	0.36	0.12	0.12	0.12	0.36	0.12	0.12	0.12	0.36
其他	2.00	0.20	0.10	0.10	0.40	0.20	0.10	0.10	0.40	0.20	0.20	0.10	0.50	0.20	0.10	0.40	0.70
合计	186.50	16.50	8.34	15.50	40.34	10.78	9.20	31.74	51.72	7.30	6.90	16.80	31.00	8.50	8.85	46.08	63.43

制表人：　　　　　　　　　　　　　　　　审核人：　　　　　　　　　　　　　　　总经理：

4. 税金预算表（表5-4）

表5-4 2013年园艺产品税金预算表

编制单位：园艺产品贸易　　　　　　　　　　　　　　　　　　　　　　　　　　　单位：万元

项目	本年预算	一季度				二季度				三季度				四季度			
		1	2	3	小计	4	5	6	小计	7	8	9	小计	10	11	12	小计
主营税金及附加	2.80	0.00	0.00	0.00	0.00	0.28	0.00	0.00	0.28	0.17	0.11	0.00	0.28	0.56	0.56	1.12	2.24
营业税	2.50	0.00	0.00	0.00	0.00	0.25	0.00	0.00	0.25	0.15	0.10	0.00	0.25	0.50	0.50	1.00	2.00
城建税	0.18	0.00	0.00	0.00	0.00	0.02	0.00	0.00	0.02	0.01	0.01	0.00	0.02	0.04	0.04	0.07	0.14
教育费	0.08	0.00	0.00	0.00	0.00	0.01	0.00	0.00	0.01	0.00	0.00	0.00	0.01	0.02	0.02	0.03	0.06
地方教育费	0.05	0.00	0.00	0.00	0.00	0.00	0.00	0.00	0.01	0.00	0.00	0.00	0.01	0.01	0.01	0.02	0.04
增值税	15.00	1.25	1.25	1.25	3.75	1.25	1.25	1.25	3.75	1.25	1.25	1.25	3.75	1.25	1.25	1.25	3.75
城建税	1.05	0.09	0.09	0.09	0.26	0.09	0.09	0.09	0.26	0.09	0.09	0.09	0.26	0.09	0.09	0.09	0.26
教育费	0.45	0.04	0.04	0.04	0.11	0.04	0.04	0.04	0.11	0.04	0.04	0.04	0.11	0.04	0.04	0.04	0.11

（续）

项目	本年预算	一季度				二季度				三季度				四季度			
		1	2	3	小计	4	5	6	小计	7	8	9	小计	10	11	12	小计
地方教育费	0.30	0.03	0.03	0.03	0.08	0.03	0.03	0.03	0.08	0.03	0.03	0.03	0.08	0.03	0.03	0.03	0.08
小计	19.60	1.40	1.40	1.40	4.20	1.68	1.40	1.40	4.48	1.57	1.51	1.40	4.48	1.96	1.96	2.52	6.44
印花税	0.31	0.03	0.03	0.03	0.08	0.03	0.03	0.03	0.08	0.03	0.03	0.03	0.08	0.03	0.03	0.03	0.08
合计	19.91	1.43	1.43	1.43	4.28	1.71	1.43	1.43	4.56	1.59	1.54	1.43	4.56	1.99	1.99	2.55	6.52

制表人：　　　　　　　　　　　审核人：　　　　　　　　　　　总经理：

5. 利润预算表（表5-5）

表5-5　2013年园艺产品利润预算表

编制单位：园艺产品贸易　　　　　　　　　　　　　　　　　　　　　　单位：万元

项目	本年预算	一季度				二季度				三季度				四季度			
		1	2	3	小计	4	5	6	小计	7	8	9	小计	10	11	12	小计
一、主营业务收入	3000.00	59.00	43.00	93.00	195.00	525.00	390.00	370.00	1285.00	215.00	300.00	220.00	735.00	205.00	175.00	405.00	785.00
园艺产品	2022.00	47.00	138.00	19.00	204.00	340.00	160.00	150.00	650.00	215.00	115.00	245.00	575.00	40.00	213.00	340.00	593.00
减：主营业务成本	4.60	0.15	0.15	0.15	0.45	0.43	0.15	0.15	0.73	0.32	0.26	0.15	0.73	0.71	0.71	1.27	2.69
园艺产品	15.00	1.25	1.25	1.25	3.75	1.25	1.25	1.25	3.75	1.25	1.25	1.25	3.75	1.25	1.25	1.25	3.75
主营业务税金及附加	958.40	10.60	-96.40	72.60	-13.20	183.32	228.60	218.60	630.52	-1.57	183.49	-26.40	155.52	163.04	-39.96	62.48	185.56
增值税	0.00				0.00				0.00				0.00				0.00
二、主营业务利润	0.00				0.00				0.00				0.00				0.00
加：其他业务利润	186.50	16.50	8.34	15.50	40.34	10.78	9.20	31.74	51.72	7.30	6.90	16.80	31.00	8.50	8.85	46.08	63.43
减：管理费用	0.00				0.00				0.00				0.00				0.00
减：销售费用	771.90	-5.90	-104.74	57.10	-53.54	172.54	219.40	186.86	578.80	-8.87	176.59	-43.20	124.52	154.54	-48.81	16.40	122.13
减：财务费用	0.00				0.00				0.00				0.00				0.00
三、营业利润	0.00				0.00				0.00				0.00				0.00
加：营业外收入	771.90	-5.90	-104.74	57.10	-53.54	172.54	219.40	186.86	578.80	-8.87	176.59	-43.20	124.52	154.54	-48.81	16.40	122.13
减：营业外支出	0.00				0.00				0.00				0.00				0.00
四、利润总额	771.90	-5.90	-104.74	57.10	-53.54	172.54	219.40	186.86	578.80	-8.87	176.59	-43.20	124.52	154.54	-48.81	16.40	122.13
减：所得税	3000.00	59.00	43.00	93.00	195.00	525.00	390.00	370.00	1285.00	215.00	300.00	220	735.00	205.00	175.00	405.00	785.00
五、净利润	2022.00	47.00	138.00	19.00	204.00	340.00	160.00	150.00	650.00	215.00	115.00	245.00	575.00	40.00	213.00	340.00	593.00

制表人：　　　　　　　　　　　审核人：　　　　　　　　　　　总经理：

6. 现金流量预算表（表5-6）

表5-6 2013年园艺产品现金流量预算表

编制单位：园艺贸易产品　　　　　　　　　　　　　　　　　　　　　　　　　　　　单位：万元

项目\月份	年初	1月	2月	3月	4月	5月	6月	7月	8月	9月	10月	11月	12月	合计
期初	0	140.00	134.10	29.36	86.46	259.00	478.40	665.26	656.39	832.98	789.78	944.31	895.51	0.00
本期流入		59	43	93	525	390	370	215	300	220	205	175	405	3000.00
园艺产品		40.00	20.00	20.00	70.00	100.00	80.00	40.00	40.00	65.00	70.00	70.00	85.00	700.00
本期流出		0.00	0.00	0.00	100.00	35.00	35.00	25.00	110.00	5.00	10.00	0.00	0.00	320.00
成本支出		64.90	147.74	35.90	352.46	170.60	183.14	223.87	123.41	263.20	50.46	223.81	388.60	2228.10
费用支出		47.00	138.00	19.00	340.00	160.00	150.00	215.00	115.00	245.00	40.00	213.00	340.00	2022.00
税金		16.50	8.34	15.50	10.78	9.20	31.74	7.30	6.90	16.80	8.50	8.85	46.08	186.50
期末		1.40	1.40	1.40	1.68	1.40	1.40	1.57	1.51	1.40	1.96	1.96	2.52	19.60

制表人：　　　　　　　　　　　　　审核人：　　　　　　　　　　　　　总经理：

从以上表格可以看出，表5-1～表5-4部分是每年年初的时候通过生产计划进行的销售收入、成本支出、费用支出、财务成本支出四个方面做的全年预算，通过全年预算可以预测出表5-5的盈利情况，同时预测出表5-6全年的资金流量，可以预测出每年的盈利是多少，同时也能预测出每年什么时间资金存在缺口又在什么时间资金得到补充。

通过全面预算管理的分析可以最大化地预测一年生产的所有环节，通过资金的流动水平与利润率的要求指导销售与生产部门合理地配合，是全面预算管理规避风险，同时对成本最合理化控制的重要任务所在。

任务三　生产计划实施

【任务描述】

生产计划实施是企业生产目标实现的关键步骤，生产计划实施的如何直接影响企业的生产成本、产品质量和经济效益。生产计划制订后，生产部门负责人组织本部门人员对生产计划进行不折不扣执行，在执行过程中，生产部门负责人要充分安排好本部门的人员、资源的利用、设备的维护和使用、原材料的节约和使用，尽最大努力创造效益和节约成本，确保生产计划能如期实现。

通过本任务的完成，使学生能够制定生产方案，并能组织花卉生产管理。

【任务目标】

1. 能根据企业实际，制定各种管理细则和管理目标。
2. 能根据生产实际，调查、检查计划执行情况。
3. 能根据生产实际状况，考核、总结生产计划完成情况，并提交总结报告。

（一）生产部负责人要召集生产部门所有相关人员，告知年度生产计划

生产计划的实现需要全体生产部门的人员共同努力才能够实现。让大家了解生产计划的内容，以便在以后的工作中有目标，能够做到有的放矢，使生产计划能够如期、保质、保量

项目五　花卉生产经营管理

实现，以确保公司发展目标能实现。

（二）落实措施，组织实施

生产计划目标能否保质保量、按时实现，保障计划的实施尤为重要，计划实施的措施和组织是一项系统、复杂的工程。在这里，简单列举一些措施如下：

1）制定相关的生产管理细则和措施。比如，可制定《生产奖惩办法》《安全生产规程》等。

2）具体任务要落实到人，按生产方案实施。在计划实施时，力争实现"人人都管事，事事都有人管"。花卉生产管理受温度、光照、水分等因素影响较大，同时花卉产品是一种观赏性的产品，对产品的质量要求较高，在平时的管理中稍有不慎，都会造成产品质量下降的后果。所以，花卉生产管理要求细致、认真，在平时的工作中不能出现一丝一毫的怠慢。只有这样，才能保证生产计划的稳步实施和实现，比如，现在有些花卉企业将生产项目具体落实到人，有些花卉企业将生产基地划分成几个区域，再将每个区域具体落实到人。这样，在生产管理的过程中就不会形成真空，从而保证计划目标的实现。

3）填写和整理生产档案。在生产实施过程中，要及时填写工作日志、成本记录表、温湿度记录表、产品质量表等，并要做好档案的整理工作，以便将来查档。

（三）检查、调查计划执行情况

生产部门负责人定期对各部门计划执行情况和各项目运行情况进行检查、督促，以利于问题早发现、早解决，确保计划目标的实现。

（四）考核、总结计划完成情况

当某个项目完成后，由生产部门负责人牵头，对各部门或各个项目计划完成情况进行考核、总结以及经济效益分析等。

任务四　生产效益分析

【任务描述】

这里的生产效益分析是指花卉企业采用统计的、数学的方法对企业的毛利率进行分析。生产效益分析的目的在于观察企业一定时期的收益及获利能力。

通过任务的完成，能测算出生产的成本和销售收入，进而能够测算出生产的毛利率，以便为企业下一步发展提供指导和参考。

【任务目标】

1. 根据生产记录，统计出生产成本。
2. 根据销售记录，统计出销售收入。
3. 根据生产成本和销售收入，测算出生产的毛利率。

（一）统计出某个项目或某个生产部门某个时间段的成本总和

成本主要包括人工费、种苗费、材料费、水电暖费、包装费、设备维修费、包装费、运输费、销售费等。这些费用的统计可以分类统计，也可按发生的时间顺序统计，以图表的形式表现出来。

（二）统计某个项目或某个生产部门某个时间段的销售收入总和

销售收入主要是指某个项目或某个生产部门某个时间段与市场产生的交易额，这项工作可以通过销售部门的销售记录进行统计。同样，销售收入统计可以分类统计，也可按发生的时间顺序统计，以图表的形式表现出来。

（三）计算销售毛利
销售毛利是指销售收入与成本的差值。

（四）计算毛利率
毛利率是指销售毛利与销售收入的比值。

任务五　生产经济核算

【任务描述】

生产经济核算，贯穿花卉商品生产经营的全过程，是检验花卉生产经营成果的不可或缺的重要经营手段。本任务是了解花卉生产经营过程中涉及的花卉成本核算、销售核算、经营成果指标核算。

【任务目标】

1. 掌握并会应用花卉成本核算。
2. 掌握并会应用花卉销售核算。
3. 掌握并会应用花卉经营成果指标核算。

【所用材料】

图书资料，花卉经济管理有关图书。

【工作内容】

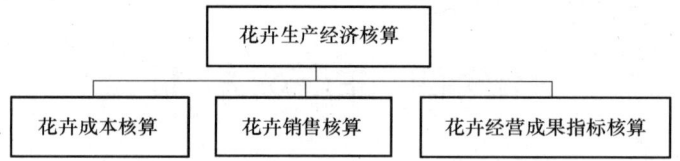

经济效益是检验生产经营成果的硬指标，也是从事生产经营活动的企业、花农最关心的问题，因此，对生产成本、销售价格、收入利润、投入产出之间的比值等都要进行财务核算、经济分析，以期经营成果获得最佳效益。

（一）花卉成本核算

花卉成本核算是衡量生产经营状况的综合性指标。因此，计算盈利、生产费用、确定产品价格、检验经营水平都需要通过成本核算来实现，由于花卉种类繁多，生产形式多样，核算成本的方式也不一样，一般在花卉成本核算中分为单株、单盆和大面积种植核算。

1. 单株、单盆花卉的成本核算

通常采用单件成本法核算，就是以计算单件的形式将单株、单盆的花卉生产所消耗的一切费用，一般包括种苗费，培育养护耗用的设备费及基质肥料、农药、栽培容器费用，培育养护的人工费及其他管理费用等，全部归集到一起，就可以算出该项单株、单盆的成本。

2. 大面积种植花卉的成本核算

可先根据生产管理的原始记录核算各种费用，然后再结合花卉品种种植的面积或产量计算产品成本。

（1）成本费用项目　成本费用项目是指产品生产过程所耗费的各种费用，主要包括以下几点：

1）人工费用，即生产和管理人员的工资及附加费用。

2）原材料费用，即购买种子、种苗及耗用的肥料、农药、基质等费用。

3）燃料动力费用，即生产中耗用的固体、液体燃料费和水电费用。

4）设备折旧费用，生产过程中使用的各种机具设备，按一定使用年限所提取的费用。

5）废品损失费用，指生产过程中未达到产量、质量要求的，应由成品花卉负担的费用。

6）其他费用，即管理中耗费的其他支出。如土地开发费、办公费、差旅费、邮电通信费、技术资料费及新产品开发、广告宣传、运输、保险、利息支出等费用。

7）税金，包括土地使用税、营业税、教育附加税、城建税等。

以上费用概括分为两类，一是人工费用，二是物质资料费。

（2）产品成本计算　各项费用计算出来后，结合花卉的面积或产量，就可以计算产品成本，详见表5-7：

表5-7　产品成本计算

序　号	产品成本类别	计　算　公　式
1	产品总成本	产品总成本 = 人工费用 + 物质资料费用
2	产品单位面积成本	产品单位面积成本 = $\dfrac{产品总成本}{产品种植面积}$
3	多年生花卉产品成本 一次性收获的多年生花卉产品的成本 = $\dfrac{往年费用 + 收获年份的全部费用}{产品种植总面积}$ 多次性收获的多年生花卉产品成本 = $\dfrac{往年费用本年摊销额 + 本年全部费用}{产品种植总面积}$	
4	间作、套种、混种花卉产品成本，可根据种植面积比例进行成本分离 某花卉产品总成本 = $\dfrac{各种花卉总成本之和}{各种花卉种植面积之和}$ × 某种花卉种植面积	

（二）花卉的销售核算

花卉产品的销售过程是花卉生产企业、花农将产品投放市场，并从消费者中收回资金，取得销售利润，使花卉商品价值得到实现的过程。花卉的销售价格是由产品成本、销售税金和销售利润三部分组成。销售税金是花卉生产企业、花农向税务部门缴纳的产品税和营业税，一般情况下只需缴纳其中的一种税。销售利润是销售收入中扣除成本、税金以后的余额。花卉销售核算计算公式见表5-8：

表5-8　花卉销售核算

项　　目	计　算　公　式
花卉价格	花卉价格 = $\dfrac{花卉生产成本 + 目标利润}{1 - 税率}$
税金	本单位应缴纳税金金额 = 销售收入总额 × 适应税率
利润	利润 = 产品销售收入 − 产品成本 − 税金

花卉生产与经营

（三）花卉的经营成果指标核算

经营成果是指花卉企业、花农在一定时期（一般可按日历年度），经营活动所取得的各种花卉产品总量或以货币形式表示的总额。其用实物量或价值量指标来衡量，具体有总收入、净收入、纯收入和利润4种计算方法。详见表5-9：

表5-9 花卉经营成果指标核算

序号	类别	计算公式	备注
1	总收入	总收入 = 产品销售收入 + 非产品销售收入 产品销售收入 = 产品销售数量 × 销售单价	总收入指企业、花农当年实际经营总成果。非产品销售收入是可能发生的其他劳务收入，材料销售、固定资产出租、无形资产转让等收入
2	净收入	净收入 = 总收入 − 物质资料费用	净收入是指企业、花农总收入减去生产过程中消耗的物质资料费用的实际收入
3	纯收入	纯收入 = 总收入 − 产品成本 纯收入 = 净收入 − 人工费用	纯收入是从总收入中扣除当年生产经营中各种费用支出后的余额，也是当年生产经营的收益
4	利润	利润 = 销售收入 −（产品成本 + 税金）	利润是指销售收入扣除产品成本和税金后的余额

任务六 企业生产管理实例学习

沈阳某花卉公司（以下简称公司）注册资金300万元，公司成立于2008年7月，现有员工8人，主要从事花卉种植、种苗生产及花卉产品销售。公司基地占地面积30亩，其中包括1栋1000m^2的现代化玻璃温室、6栋500m^2的高效日光温室和3栋500m^2的冷棚。现代化玻璃温室内部配置移动苗床、湿帘风机降温系统、内外遮阳系统、地热加温系统、融雪系统、内保温系统等。高效日光温室内部配置滴灌系统、外遮阳系统、水暖加温系统、卷帘系统等。公司的产品主要有蝴蝶兰盆花、百合切花、菊花切花等，产品主要销往沈阳、长春、哈尔滨、大连等东北大型城市。

1. 计划书编制背景

公司成立于2008年7月，基地建立于2008年9月，当年竣工，第二年4月正式投产。公司发展初期的市场定位是"生产精品，立足于东北市场"。公司成立伊始，通过广泛的市场调研，结合当地气候条件和市场，以及公司的实际情况，最后确定把生产蝴蝶兰盆花、百合切花、菊花切花作为公司的拳头产品。通过近两年的市场情况反映来看，公司的产品受到了业内人士和客户的一致好评，公司在业内和市场树立了良好的形象，美誉度和信誉度得到了大幅提升。这些良好的市场反映和市场态势，大大增加了公司加快发展的信心。2011年初，公司又经过广泛市场调查和研究，决定调整公司发展战略："继续生产蝴蝶兰盆花、百合切花精品，立足于北方市场，从2011年开始，生产对日出口菊花切花产品"。2011年2月，公司确定了2011年发展目标：生产蝴蝶兰盆花20000盆，百合切花5.5万支，出口菊花12万支，力争销售额达到120万元，实现利润20万元。公司的生产部门根据公司2011年发展目标，结合公司实际情况，负责制订公司的生产计划。

2. 编制前情况调查

（1）生产面积调查　百合切花的生产面积为3000m²，能够实际定植百合种球60000粒；蝴蝶兰盆花生产面积为960m²，能够实际摆放蝴蝶兰盆花25000盆；菊花切花的生产面积为4500m²，能够实际定植菊花种苗18万支。这些生产面积能够满足公司实现2011年发展目标的需要。

（2）用工情况调查　公司位于沈阳市苏家屯区，周边40～50岁劳动力资源较丰富，每月人工费为900元/月，唯一不足是在农忙时会出现劳动力供不应求的情况，人工费在这段时间比平时要提高30%，这一点在制订生产计划时要充分考虑。另外，这其中很多人为该公司工作的时间较早，工作的熟练程度和技巧能够满足该公司的需要。

（3）生产设施设备情况调查　公司现有两台打药机、一台旋耕机、一台拖拉机，这些机械设备情况良好，需定时保养。现代化温室、日光温室的各项系统、供暖系统目前运行情况良好，需要例行检查和保养。基地生产设施设备能够满足生产的需要。

（4）管理队伍情况调查　公司现有8人，全部为大专以上学历，其中2人具10年以上行业和企业经历，剩余6人均为高职院校毕业生，都具两年以上生产经验。这支队伍目前的管理水平和技术水平能够完全满足公司发展目标的实现。

（5）主要生产资料购买情况调查　公司地处沈阳市苏家屯区，该地区农业生产较发达，农药、化肥、棚膜、工具等生产物资品种繁多、价格合理，这些生产资料的资源基本可以满足基地生产的需要，将来可就近购买。

（6）交通情况调查　公司地处沈阳市苏家屯区，该地区交通四通八达。距高速公路出口8km，距苏家屯火车站7km，距沈阳富莱美花卉市场17km，距东北花卉大世界12km，无论是购买大宗物资，还是往外运输花卉产品，交通都极为便捷。便捷的交通为公司发展目标的实现提供了强有力的保障。

3. 编制生产计划

（1）生产计划（表5-10）

表5-10　2011年生产计划

品　种	栽植数量	生产区域	产品数量	质量等级	出货时间	备　注
蝴蝶兰	25000盆	现代化温室	20000盆	特级40% A级40% B级20%	2012年1月中旬	
小计	25000盆		20000盆			
菊花	80000株	5、6号日光温室，3个冷棚	70000株	2L 40% L 40% M 20%	2011年8月中旬	
	100000株	1、2、3、4号日光温室	55000株	2L 40% L 40% M 20%	2011年8月下旬	
小计	180000株		125000株			

(续)

品　种	栽植数量	生产区域	产品数量	质量等级	出货时间	备　注
百合（sorbonne）	10000 粒	5 号日光温室	9500 支	一级 70% 二级 30%	12 月下旬~ 1 月上旬	
	20000 粒	1、2 号日光温室	19000 支	一级 70% 二级 30%	1 月中、下旬	
小计	30000 粒		28500 支			
百合 （siberia）	10000 粒	6 号日光温室	9500 支	一级 70% 二级 30%	12 月下旬~ 1 月上旬	
	20000 粒	3、4 号日光温室	19000 支	一级 70% 二级 30%	1 月中、下旬	
小计	30000 粒		28500 支			
合计	60000 粒		57000 支			

（2）生产进度（表 5-11 和表 5-12）

表 5-11　各区域生产进度表

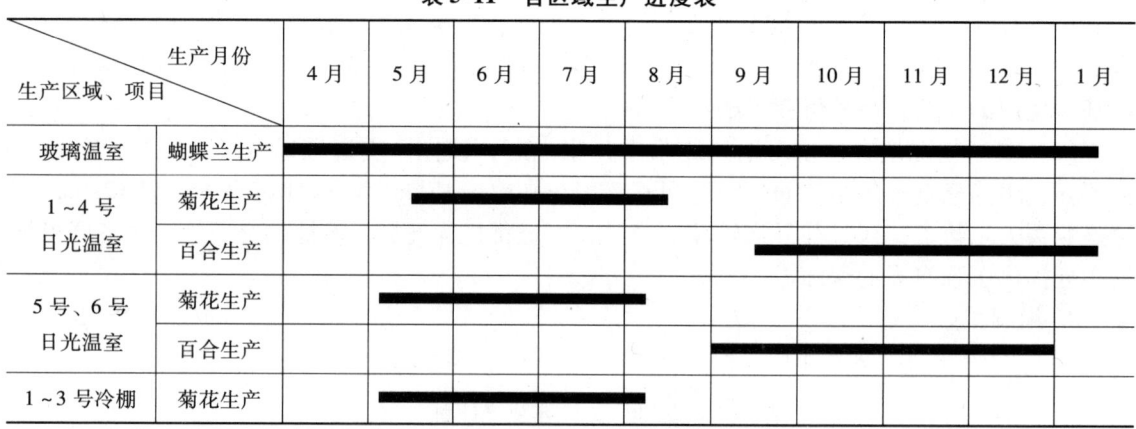

表 5-12　项目生产进度表

4. 生产预算及资金使用计划

（1）生产预算（表 5-13）

（2）资金使用计划（表 5-14）

表5-13　年度生产预算

项　目		数　量	规　格	单　价	金额/元	备　注
种苗	蝴蝶兰	25000盆	3.5寸	11元/盆	275000	4月
	菊花种苗	18万株	插穗	0.15元/株	27000	4月
	百合种球（sorbonne）	30000粒	16/18	3.2元/粒	96000	3月30% 9月70%
	百合种球（siberia）	30000粒	16/18	2.9元/粒	87000	3月30% 9月70%
改良基质	草炭土	240m³		80元/m³	19200	3月
	沙子	180m³		50元/m³	9000	3月
	猪粪	90m³		60元/m³	5400	
	农药				5000	每月
	化肥				4000	每月
	棚膜	6000m²	0.12mm	2.5元/m²	15000	9月
	遮阳网	4000m²	70%	1.5元/m²	6000	5月
	托架	2000个	3.5寸，12孔	3元/个	6000	4月
	纸箱	400个		15元/个	6000	12月
	包装袋	60包	100个/包	18元/包	1080	12月
	胶带	50卷		10元/卷	500	11月
	燃油费				700	每月
	设备保养费				3500	每月
	水电费	45000kW		0.7元/kW	31500	每月
	煤	100t	大同块	1400元/t	140000	10月
	运费				15000	每月
	人工费				200000	每月
	其他				10000	每月
	不可预见费				28600	每月
	总计				991480	

表5-14　资金使用计划表

时间（月份）		品　名	金额/元	备　注
3月	种苗生产	百合种球（sorbonne）	28800	定金
		百合种球（siberia）	26100	定金
	改良基质	草炭土	19200	
		沙子	9000	
		猪粪	5400	
		农药	500	
		化肥	400	
		燃油费	70	
		设备保养费	350	
		水电费	3150	
		运费	1500	
		人工费	15000	
		其他	1000	
		不可预见费	2860	
		合计	113330	

（续）

时间（月份）	品　　名		金额/元	备　　注
4月	种苗生产	蝴蝶兰	275000	
		菊花种苗	21000	
		托架	6000	
		农药	500	
		化肥	400	
		燃油费	70	
		设备保养费	350	
		水电费	3150	
		运费	1500	
		人工费	17000	
		其他	1000	
		不可预见费	2860	
	合计		328830	
5月		遮阳网	6000	
		农药	500	
		化肥	400	
		燃油费	70	
		设备保养费	350	
		水电费	3150	
		运费	1500	
		人工费	20000	
		其他	1000	
		不可预见费	2860	
	合计		35830	
6月		农药	500	
		化肥	400	
		燃油费	70	
		设备保养费	350	
		水电费	3150	
		运费	1500	
		人工费	20000	
		其他	1000	
		不可预见费	2860	
	合计		29830	
7月		农药	500	
		化肥	400	
		燃油费	70	
		设备保养费	350	
		水电费	3150	
		运费	1500	
		人工费	20000	
		其他	1000	
		不可预见费	2860	
	合计		29830	
8月		农药	500	
		化肥	400	
		燃油费	70	
		设备保养费	350	

（续）

时间（月份）	品名	金额/元	备注
8月	水电费	3150	
	运费	1500	
	人工费	23000	
	其他	1000	
	不可预见费	2860	
	总计	29830	
9月	百合（sorbonne）	67200	余款
	百合（siberia）	60900	
	棚膜	15000	
	农药	500	
	化肥	400	
	燃油费	70	
	设备保养费	350	
	水电费	3150	
	运费	1500	
	人工费	25000	
	其他	1000	
	不可预见费	2860	
	总计	177930	
10月	煤	140000	
	农药	500	
	化肥	400	
	燃油费	70	
	设备保养费	350	
	水电费	3150	
	运费	1500	
	人工费	23000	
	其他	1000	
	不可预见费	2860	
	合计	172830	
11月	胶带	500	
	农药	500	
	化肥	400	
	燃油费	70	
	设备保养费	350	
	水电费	3150	
	运费	1500	
	人工费	17000	
	其他	1000	
	不可预见费	2860	
	合计	27330	
12月	纸箱	6000	
	包装费	1080	
	农药	500	
	化肥	400	
	燃油费	70	
	设备保养费	350	
	水电费	3150	

花卉生产与经营

(续)

时间（月份）	品　名	金额/元	备　注
12月	运费	1500	
	人工费	20000	
	其他	1000	
	不可预见费	2860	
	合计	36910	
	总计	982480	

5. 生产方案

（1）蝴蝶兰盆花生产方案

1）摆放：摆放时要求品种分开，密度为36盆/m^2，叶片的方向为东西向，每个托架6盆，均匀摆放。

2）温度管理：温室的温度白天控制在25～28℃，夜间18～20℃。夏季采用外遮阳网和湿帘加风机来降低温室的温度；冬季采用保温被、保温膜保温，采用暖气加温提高温室的温度，二者结合使用。

3）湿度管理：温室的相对湿度要控制在60%以上，最好控制在70%～80%。采用的办法是喷雾和往地面上喷水。

4）水分管理：在整个生长阶段，要经常检查基质的湿度，通常在盆中的基质干到2/3时要浇水，以此为标准，夏季一周浇两次水，冬季7～10天浇1次水。浇水前要将水储存2天，采用水管逐盆浇水。出梗后，要避免将水浇到花梗上。

5）光照管理：5月至8月中旬，光照强度要控制在15000～25000lx，在催芽至花蕾全部着生阶段，光照强度要控制在25000lx，现蕾后至开花前要控制在20000lx，开花后要控制在15000lx。控制光照强度要通过内、外遮阳网来控制。

6）施肥管理：催花前采用花多多1号肥，每次浇水追一次肥，肥的浓度为2500倍，每天上午喷一次叶面肥，肥的浓度为2500倍；催花至出蕾阶段，采用花多多2号肥，施肥的方式、肥的浓度同上；出蕾后，采用花多多15号肥，施肥的方式、肥的浓度同上。

7）虫害防治：平时要加强温室通风，加强栽培管理。每7天喷1次600倍3%恶甲水剂溶液进行预防，药剂喷施要结合喷肥时进行。蝴蝶兰易得炭疽病、软腐病和褐斑病。炭疽病的防治方法是用800倍25%咪鲜胺溶液或800倍75%百菌清溶液，每隔5天喷施1次，连续2～3次；软腐病的防治方法是用3000倍72%农用链霉素溶液喷施，每2周喷施1次；褐斑病的防治方法是用800倍43%戊唑醇溶液或800倍10%苯醚甲环唑溶液，5天喷施1次，连续2～3次。另外，红蜘蛛防治的主要方法是喷施600倍1.8%倍阿维菌素溶液或800倍20%三氯杀螨醇溶液；蚜虫的防治方法是喷施3%啶虫脒800倍液或2.5%溴氰菊酯600倍液。

（2）菊花切花生产方案

1）育苗。

① 准备育苗床。在地面上用砖砌成宽1～1.2m、高为2层砖的培养槽状，然后用筛过的河沙填满，在扦插的前一天喷透水。

② 插穗处理。将穗放入水中浸泡2h，然后取出，去叶，留4～5片叶，再将插穗上部对

齐，按50株1捆，用橡皮套捆扎，最后用手将穗基部掰齐。

③ 扦插。先用竹签或钉子在苗床上按株行距3cm×3cm开洞，再将插穗放入配制好的1000倍萘乙酸溶液中速蘸其基部，然后将插穗插入沙中，插入的深度为1.5~2cm，插入的同时将沙按实，使沙与插穗密切结合。

④ 育苗管理。保持温室的温度在18~23℃；扦插后要立即用喷灌系统或喷壶浇透水，在生根之前视天气情况决定喷水次数，确保叶片不失水，要每隔2~3h喷1次水。生根后，浇水量要减少，保持土壤湿润即可，采用遮光率为50%的遮阳网遮光。生根后，早晚可适当多接受些光照。

2）定植。

① 改良土壤。用草炭土与沙子混合来改良，具体用量为每100m^2土壤用5m^3沙子或6m^3草炭土。

② 施基肥。100m^2土壤施1m^3腐熟的猪粪或牛粪和10kgN、P、K复合肥（15-15-15），这些肥料在种植之前都要均匀撒到土壤上。

③ 土壤消毒。每100m^2均匀撒施250g五氯硝基苯和500g甲拌磷，这些药剂施用的方法是先用沙子混匀，然后在旋地之前均匀撒到土壤上。

④ 旋耕土壤。用旋耕机将草炭土、沙子、肥料和药剂旋入土壤中，搅拌混匀，打碎土块，旋耕的深度至少保证20cm，旋耕的次数至少保证3次。

⑤ 平整土地。旋耕完土地之后，用耙子将土地整平，同时将杂物、大的土块清理干净。

⑥ 作床。栽植床一般采用高床，要求床面宽1m，作业道宽50cm，床的高度为10cm。首先用皮尺量出第一个床的尺寸，用铁锹将作业道内的土均匀铲到作业道两边的床上，再用耙子将床面耧平，下一个床依此类推。

⑦ 润湿苗床及覆膜。在正式定植前3天，用喷灌系统或水管对苗床进行喷水，使苗床的含水量达到饱和。苗床润湿两天后，用地膜将苗床和垄沟全部覆盖。

⑧ 张网立桩。将规格为12cm×12cm的8孔铁网展开，平铺到苗床上，在苗床的四个角立上铁管，随着植株的生长要不断提高网的位置。

⑨ 栽植。先用花铲在网格中央扎一个窟窿，刨穴，然后将种苗的根系伸展放至穴中，深度为1.5~2cm。

3）日常管理。

① 水分管理。定植之后，要立即浇水。缓苗期，两天浇一次水，一周后适当控水；生长期，通常一周浇一次水；开花期，要减少浇水的次数。浇水的时间是早上，切忌在中午烈日、温度很高时浇水。

② 光照管理。在定植期间用50%的遮阳网遮光，遮阳的方式为外遮阳。定植45天后，开始遮光，遮光时间为晚上5点至第二天早上6点，直至采收结束。

③ 温湿度管理。温室的温度最好控制在17~25℃，炎热时要控制在32℃以下。温室的相对湿度要控制在60%~70%。

④ 养分管理。从栽植一周后开始追肥，每7~10天施一次肥，切花采收之前两周停止施肥。在菊花生长前期，可采用有机肥与无机肥相结合的方式进行追肥，每两周施一次稀释的饼肥液和每周施一次硝酸钙、硝酸钾、尿素、硼砂混合液，用量一般是每100m^2施硝酸钙1kg、硝酸钾500g、尿素500g、硼砂5g；在菊花生长后期，进入花芽分化阶段，尤其在

孕蕾期间，应增施磷钾肥，减少氮肥施用量，除施用两次饼肥外，还要施液态无机肥，通常使用硝酸钾和磷酸二氢钾的混合液，用量是每 $100m^2$ 施硝酸钾 1kg、磷酸二氢钾 1kg、硼砂 5g。施肥在生产上一般与灌溉结合起来，特别是有滴灌系统时，肥料可以配置到滴肥罐和蓄水池中，随水滴到种植土壤中。

⑤ 抹芽、抹蕾。发现侧芽、侧蕾要及时抹掉，尽量不要留有芽痕。

⑥ 病虫害防治。要注意控制温室的温湿度，加强通风。必须加强温室内的空气流通，要安装好温室的窗户、门以及放风口的防虫网。

锈病是在生产中重点防治的病害。防治方法是加强通风，降低湿度；每周喷施 1 次 500 倍 15% 粉锈宁溶液或 800 倍 12.5% 腈菌唑溶液；发现病叶要及时摘除并销毁，每 3~5 天喷施 1 次 800 倍宝丽安溶液，连续喷施两次。叶斑病出现后，每 3~5 天喷施 1 次 800 倍 43% 戊菌唑溶液。

蚜虫主要的防治方法是要及时清除杂草，发现蚜虫时喷施 10% 吡虫啉 1500 倍液或 25% 溴氰菊酯 600 倍液。蛴螬防治方法主要是种植菊花之前撒施甲拌磷；在生长过程中撒施敌百虫。除此之外，危害菊花的还有潜叶蝇、蜗牛等害虫，可采用灭蝇胺、阿维菌素、敌杀死等一类杀虫剂进行防治。

⑦ 采收、加工与储藏。在清晨或傍晚采收。花开至以花瓣不翘起时采收，采花的位置在距离基部 10cm 以上的部位。采收后，按照一定的标准对菊花切花进行分级和处理（表5-15），去掉枝条基部 10cm 的叶子，然后捆绑成束，用剪子剪齐茎基部。

表 5-15 对日出口切花菊产品质量分级标准

评价项目		等 级		
		一 级	二 级	三 级
1	花形	花形完整优美，花朵饱满，外层花瓣整齐	花形完整，花朵饱满，外层花瓣整齐	花形完整，花朵饱满，外层花瓣整齐
2	花色	鲜艳，纯正，带有光泽	鲜艳，纯正	鲜艳，纯正
3	花枝	① 坚硬、挺直，花颈长 1.5cm 以内，花头端正 ② 长度 90cm ③ 粗度 0.7cm	① 坚硬、挺直，花颈 1.5cm 以内，花头端正 ② 长度 90cm ③ 粗度 0.5cm	① 坚硬、弯曲度不超过 5°，花颈 1.5cm 以内，花头端正 ② 长度 90cm ③ 粗度 0.5cm
4	叶	① 厚实，分布匀称 ② 叶色鲜绿有光泽 ③ 顶端 20cm 以内有 16 片叶 ④ 花头以下 20cm 以内叶片无缺损	① 厚实，分布匀称 ② 叶色鲜绿 ③ 顶端 20cm 以内有 16 片叶 ④ 花头以下 20cm 以内 1~2 片叶缺损	① 叶长厚实，分布稍欠匀称 ② 叶色绿 ③ 顶端 20cm 以内有 16 片叶 ④ 花头以下 20cm 以内 1~2 片叶缺损
5	病虫害	无购入国家或地区检疫的病虫害	无购入国家或地区检疫的病虫害	无购入国家或地区检疫的病虫害
6	重量	70~100g	60~69g	50~59g

加工完之后，将菊花切花直接放入清洁的、预先冷却的水中，再放进冷藏室，水和冷藏室的温度最好为 2~3℃，在 0~4℃ 也可以，储藏的时间不超过 2 周。

(3) 百合切花生产方案

1) 栽培基质准备。

① 土壤理化性状分析。对土壤的理化性状分析，测定土壤的 pH、营养含量、含盐量等。要求土壤 pH 为 5.5~6.5，含盐量不应超过 1.5mS/cm^2，含氯量不应超过 1.5mmol/L。

② 基质准备。每 100m^2 土壤均匀撒 6m^3 草炭土和 4m^3 沙子，这样可以保证栽植百合用土的需要。同时，充足的基肥是十分重要的，它不仅能提供百合生长发育时所需营养，而且能使土壤疏松，改变团类结构，更有利于百合根部吸收营养。采取有机肥和无机肥相结合的方式施基肥，要求每 100m^2 土壤施 1m^3 腐熟的牛粪和 5kg 磷酸二铵。

③ 翻地。在施有机肥和改良基质之前，先清理地面，清除杂物、石块，确保土壤无异物，深翻土壤至少 20cm，然后将有机肥和改良基质按一定的比例均匀撒上，再将土壤、肥料和改良基质搅拌均匀。

④ 土壤消毒。土壤消毒工作，对于防治病虫害的发生，保证百合切花的正常生长是十分必要的。每 100m^2 均匀撒施 250g 五氯硝基苯和 500g 甲拌磷，这些药剂施用的方法是先用沙子混匀，然后在旋地之前均匀撒到土壤上。

⑤ 平整土地。旋耕完土地之后，用耙子将土地整平，同时将杂物、大的土块清理干净。整地之后，检查土壤的湿度，要求土壤湿润，如果干燥，要喷水增加其湿度，这有利于保证百合种球不失水分。

2) 种球准备。

① 种球挑选。计算某个时间段计划栽植多少百合种球，计划栽多少百合种球，就取多少百合种球，将百合种球从储藏室取出之后，在阴凉地方缓慢充分解冻，待全部解冻之后，将百合种球小心挑选出来，发现腐烂或感染病害的鳞片要去掉。

② 种球消毒。将挑选好的种球放至配制好的消毒溶液中消毒 3~5min。消毒溶液的配方为 500 倍 3% 恶甲水剂（500 倍 15% 恶霉灵水剂）、500 倍 50% 异菌脲可湿性粉剂、1000 倍 72% 农用硫酸链霉素混合溶液。

3) 定植。

① 定植密度。种植的密度为 36 粒/m^2。

② 覆土。定植好后进行覆土，覆土的厚度根据季节的不同而有所不同，球根上方土层的厚度为 6~8cm。栽植床一般采用高床，床面宽 1m，作业道宽 30cm，便于进行日常管理和通风。

③ 覆盖。因百合生长的前三周需要较低的温度，百合种球种植后立即用适当的物体覆盖土壤，采用稻草覆盖，厚度为 2~3cm。

4) 定植后管理。

① 水分管理。在种植前几天使土壤湿润，以便种植后种球能直接开始生根。在定植之后立即进行几次大量的浇水，以保土壤的肥力，同时也能使球根的根系与土壤结合更紧密。浇水量和浇水的次数取决于土壤的类型、温室的气温、植株生长情况、栽培品种和土壤的含盐量。检测土壤湿度是否达到标准的好方法是用手紧握一把土，若几乎能挤压出水滴来则表明湿度可以。浇水的最好时间是早上，这样到傍晚温室的湿度就可以降低，切忌在中午烈日、温度很高时浇水。浇水的方式选择滴灌，还要经常对盐分含量和氯分含量进行检测，若用超过这些标准的水来灌溉的话，则土壤就应该保持湿润，以防盐浓度过高，若土壤太干

燥，则会发生盐浓度过高现象。

要求适宜的空气相对湿度是 80%~90%，相对湿度应避免太大波动，变化应缓慢进行，利用遮阴、浇水和及时通风可以阻止。当室外的相对湿度非常低时，不宜在非常冷或非常热的白天突然通风，最好在室外湿度较高的早晨进行缓慢通风。

② 光照管理。在前期，采用 50% 的遮阳网遮光，进入 10 月后，撤掉遮阳网。

③ 温度管理。在生长的前 1/3 生长周期内或至少在茎生根长出之前，初始的温度应低，最适在 12~13℃。在余下的生长期的日常温度应最好保持在 15~17℃，通常白天在 20~25℃ 也可以，夜温在 14℃ 以上就可以。

④ 养分管理。在种植之前施足基肥以外，在种植之后三周开始追肥，切花采收之前两周停止追肥。

在生长前期，可采用有机肥与无机肥相结合的方式进行追肥，每两周施一次稀释的饼肥液和一周一次硝酸钙、硝酸钾、尿素混合液，用量一般是每 $100m^2$ 施硝酸钙 1kg、硝酸钾 300g、尿素 200g；在现蕾至采收这段时期，除施用两次饼肥外，还要施液态无机肥，但要降低氮肥的施用量，施用硝酸钾和磷酸二氢钾的混合液，用量是每 $100m^2$ 施硝酸钾 1kg、磷酸二氢钾 500g。在施肥的过程中，还要注意微量元素的补充。另外，还要经常对植株施硼砂和硫酸亚铁这两种肥料，以确保植株对铁元素和硼元素的需要，硼砂一般在施肥过程中每次都追加进去，用量是每 $5g/100m^2$；植株如果出现黄化病时，要及时喷施硫酸亚铁，浓度为 600 倍。

根外追肥在生产上一般与灌溉结合起来，特别是有滴灌系统时，肥料可以配置到滴肥罐和蓄水池中，随水滴到种植百合的土壤中，既省时又省力，而且效果也非常好。

⑤ 松土、除草。要必须及时松土除草。在百合生长初期，除草时要注意不能损伤幼茎，除草时不宜太深，防止伤及鳞片和根系；当百合茎叶生长繁茂时，一般不需要进行松土除草，以免损伤花茎。化学除草剂尽量不要使用，如果要使用，同一土壤一年最多用两次，最好是在种植前除草。

⑥ 拉网。在百合植株长到 30cm 时开始张网，以苗床为单位，在苗床的四个角立上桩，再在苗床面上拉支撑网，使植株全在网格内，随着植株的生长要不断提高网的位置。

5）病虫害防治。

① 病害防治。

a. 灰霉病是百合病害中危害最严重、分布最普遍的一种病害，主要发生在叶、茎和花蕾上。常危害幼嫩茎叶的顶端部，使生长点变软、腐烂，在叶上则形成黄色或褐色圆形斑点，在花蕾发病则产生逐渐扩大的褐色斑点，腐烂成粘连状，湿度大时病斑上产生灰色的霉。

防治方法：注意加强温室的通风，保证适宜百合生长的温度和湿度；一旦发现产生灰霉的病叶，应立即剪除病叶，并加以焚烧，以防止蔓延。并及时喷洒药剂，可采用 50% 异菌脲可湿性粉剂 600 倍液或 50% 百菌清 800 倍液，三天喷施一次，连续 2~3 次，可达到治愈的效果。

b. 茎腐病这是百合经常发生的一种病害，这种病害发病首先从地下部分开始，在地下，褐色的斑点首先出现在鳞片顶部、侧面或鳞片与基盘连接处，这些斑点将逐渐开始腐烂，如果基盘和鳞片在基部被侵染，那么鳞片就会腐烂。在茎地下部分，出现橙色到黑褐色的斑点，以后病斑扩大，然后扩展到茎内部，以后继续腐烂，最后植株未成年就死亡。染病植株在地上部分表现为基部叶片在未成年就变黄，然后变成褐色而脱落。

防治方法：种植之前要做好种球消毒和土壤消毒；种植前后要保证适宜的土壤湿度；在植株长到20cm高时要经常检查地下茎部分是否有橙色或黄褐色斑点，若有，要及时用药剂灌根，灌根的药物一般有3%恶甲水剂500倍液或50%多菌灵400倍液。

c. 炭疽病主要危害叶片、花和球根，在叶片上发病会产生椭圆形浅黄色而周围黑褐色稍下凹的斑点。花瓣发病产生椭圆形的病斑，花蕾发病则产生几个至十几个卵圆形或不整齐形、周围黑褐色中间浅黄色下凹的病斑，成熟后病斑中央稍透明。遇雨茎叶上产生黑色小点，最后全部落叶。

防治方法：种植之前要进行种球消毒和土壤消毒；加强通风，加强栽培管理；发病之后要进行药剂喷施，常用的药剂是50%异菌脲可湿性粉剂600倍液或50%百菌清800倍液或50%甲基托布津600倍液，三天喷施一次，连续2~3次，可达到治愈的效果。

d. 叶片焦枯在未见到花芽时发生，首先幼叶稍向内卷曲，数天之后，焦枯的叶片上出现绿黄色到白色的斑点。若叶片焦枯较轻，植株还可继续正常生长，若植株叶片焦枯很严重，白色斑点可转变成褐色，伤害发生处，叶片弯曲，发生腐烂。出现叶片焦枯的主要原因是吸水和蒸发之间的平衡被破坏，引起幼叶细胞缺钙的结果，细胞被损伤并死亡。也与根系差、土壤盐含量高、根系相对生长过快和温室中相对湿度急剧变化等有关。叶片焦枯因品种和鳞茎大小有很大差异，较大鳞茎比小鳞茎更敏感。

防治方法：种植之前应让土壤湿润；最好不要用易受感染的品种，若只能采用此类品种，也应尽量不用大鳞茎，因大鳞茎对叶焦枯更敏感；种植的深度要适宜；避免温室中的温度和相对湿度差异过大；防止植株过速地生长；确保植株能够保持稳定的蒸腾，可以通过遮阴和喷水加以解决。

e. 黄化病是缺素症，幼叶叶脉间的叶肉组织呈黄绿色，尤其是生长迅速的植株，植株越缺铁，叶片就越黄。在含钙丰富的土壤和淤泥土壤以及含水过多的土中易出现这种缺素症。如果土壤温度过低也易发生。这种缺素症主要由于缺乏植株可吸收的铁而引起的。

防治方法：首先应确保土壤排水良好，pH要低，良好的根系可大大减少发生缺铁症的可能性。应根据土壤pH的情况使用好螯合态铁。种植前pH高于6.5的土壤应施一次螯合态铁$2~3g/m^2$，若植株颜色仍不满意，可在大约2周后再施一次。pH为5~6.5的土壤，根据植株的颜色，对缺铁敏感的品种，可在种植后施用1~2次螯合态铁。螯合态铁可以通过灌溉施用，也可把它与干沙混合后施用。

② 虫害防治。蚜虫对百合的危害最为普遍，主要危害叶片和花蕾，幼叶被蚜虫危害后卷曲变形，花蕾受蚜虫侵害后，产生绿色斑点，开花时绿色斑点仍保持绿色，花多畸形。

防治方法：要及时清除杂草；发现蚜虫时喷洒辛硫磷乳油800倍液或敌杀死600倍液。蝼蛄主要危害百合鳞茎，咬食根系，使植株萎蔫枯死。

种植百合之前撒施甲拌磷；及时清除杂草，保持温室清洁；在百合生长过程中发生可以撒施敌百虫；要及时清除杂草，保持温室清洁。

6）采收、加工、储藏。

① 采收。若有4个以下花蕾，有1个花蕾着色即可采收；若有5~10个花蕾，有2个花蕾着色即可采收。过早采收，花开放时的色泽不好，显得苍白，一些花不能开放；过晚采

收，又会给采收后的处理和销售带来困难，主要包括花瓣被花粉碰脏，以及已经开放的花释放的乙烯对其他植株有催熟的影响。采收最好在早上采收比较好，这样可以避免百合脱水，所以，采收完之后应立即送到加工车间进行包装。

② 加工。采收后，按照每支花的花蕾数目、枝条的长度和坚硬度以及叶子与花蕾是否畸形来对百合切花进行分级，去掉枝条基部10cm的叶子，然后10支1扎，捆绑成束。捆绑完之后，进行包装，包装的目的是保护花蕾与叶片。包装后，用剪子剪齐茎基部，然后放至清水中，再放进储藏室中。注意加工的整个过程，最多只能持续1h。

③ 储藏。加工完之后，应将百合切花直接放入清洁的、预先冷却的水中，再放进冷藏室，水和冷藏室的温度最好为2～3℃，储藏时间不能超过一周，处理得时间越长越影响切花的品质和瓶插寿命。

6. 生产方案实施

（1）制定生产月历表（表5-16）

表5-16　2011年生产月历表

月　份	主要工作要点	备　注
3月	1. 订购百合种球，其中siberia 30000粒，sorbonne 35000粒 2. 订购菊花插穗，优香品种14万株 3. 订购25000盆蝴蝶兰种苗	
4月	1. 中旬开始准备育苗床，规格为1m×7m，数量为1个 2. 下旬扦插育苗，扦插数量为8万株 3. 育苗期管理，在此期间重点要做好保水工作，避免出现"小老苗" 4. 下旬开始对3、4、5、6号日光温室进行整地、改良土壤、作床等定植前准备工作	
5月	1. 上旬开始对3、4、5、6号日光温室进行菊花种苗定植 2. 定植之后，继续进行扦插育苗，扦插数量为6万株 3. 进行定植后和育苗期管理 4. 中旬开始对1、2号日光温室和1、2、3号冷棚进行整地、改良土壤、作床等定植前准备工作 5. 中旬完成菊花种苗定植工作 6. 中旬完成蝴蝶兰种苗摆放，并对其进行日常管理	
6月	1. 对菊花种苗进行抹侧芽、浇水、施肥、喷施赤霉素等日常管理 2. 对蝴蝶兰种苗进行日常管理，在此期间重点要做好光照强度的调节 3. 中旬和下旬，分别对菊花进行遮光处理2周	
7月	1. 对菊花种苗进行喷施赤霉素、抹侧芽、浇水、施肥、抹侧蕾等日常管理 2. 对蝴蝶兰种苗进行日常管理，在此期间重点要做好光照强度的调节	
8月	1. 对刚现蕾的菊花喷施矮壮素、抹侧蕾、浇水等日常管理 2. 对蝴蝶兰种苗进行日常管理，从中旬开始，开始催花，调整肥料和光照强度 3. 从中旬开始，对菊花进行采收、加工、包装和储藏 4. 下旬开始，进行百合种球定植前的准备工作，并完成3、4、5、6号温室的土壤改良	
9月	1. 从上旬开始，陆续定植第一批百合种球 2. 定植之后，对剩余温室进行土壤改良 3. 中旬，对剩余百合种球进行定植 4. 对百合进行日常管理	

项目五　花卉生产经营管理

（续）

月　份	主要工作要点	备　注
10月	1. 从上旬开始上棚膜 2. 对百合进行松土、除草、上倒伏网、病虫害防治、施肥等日常管理 3. 从中旬开始，陆续覆盖保温被 4. 对蝴蝶兰种苗进行日常管理	
11月	1. 对百合进行松土、除草、病虫害防治、施肥等日常管理 2. 中旬之前，完成对供暖系统的检修 3. 从中旬开始供暖 4. 对蝴蝶兰种苗进行日常管理	
12月	1. 对百合进行松土、除草、病虫害防治、施肥等日常管理 2. 从中下旬开始，对百合切花进行采收、加工、包装和储藏 3. 对蝴蝶兰进行后期日常管理	
第二年1月	1. 对百合切花进行采收、加工、包装和储藏 2. 对蝴蝶兰进行后期日常管理	

（2）组织实施

1）制定相关制度。为确保公司生产任务能保质、保量、按期完成，要制定相关制度和措施，以加强生产管理，同时采取一定的措施激励员工。相关制度和措施主要有"生产管理规章制度""休息制度""奖惩制度"等。

2）责任落实。

① 生产岗位责任落实（表5-17）。

表5-17　生产岗位责任表

生产区域	责任人	工作要点
1号、2号日光温室 及1号冷棚		1. 负责该区域的菊花种苗生产 2. 负责该区域的菊花和百合切花生产 3. 负责该区域的生产安全 4. 负责该区域的室内外环境 5. 负责该区域的各项工作记录
3号、4号日光温室 及2号冷棚		1. 负责该区域的菊花切花生产 2. 负责该区域的百合切花生产 3. 负责该区域的生产安全 4. 负责该区域的室内外环境 5. 负责该区域的各项工作记录
5号、6号日光温室 及3号冷棚		1. 负责该区域的菊花切花生产 2. 负责该区域的百合切花生产 3. 负责该区域的生产安全 4. 负责该区域的室内外环境 5. 负责该区域的各项工作记录
现代化温室		1. 负责该区域的蝴蝶兰盆花生产 2. 负责该区域的生产安全 3. 负责该区域的室内外环境 4. 负责该区域的各项工作记录

（续）

生产区域	责任人	工作要点
设施、设备		1. 负责温室设施和设备维护、保养，为生产做好服务保障 2. 负责设施、设备的使用安全 3. 负责设施、设备运行的记录

② 其他岗位责任落实（表5-18）。

表5-18 其他岗位责任表

岗 位	责 任 人	责任要点
仓库保管		1. 负责各种生产资料、设施、设备出入库验收和登记 2. 负责各种花卉种苗、花卉产品出入库验收和登记 3. 负责各种物资出入库统计工作 4. 负责统计各种物资库存情况
司炉工		1. 负责锅炉的使用，保障温室供暖的需要 2. 负责锅炉系统使用安全 3. 负责锅炉房内外的环境保护 4. 负责供暖期间温室温度的记录 5. 负责锅炉出进水的温度记录

（3）生产档案管理

1）填写工作日志（表5-19）。

表5-19 工作日志

执行人： 　　　　　　　　　　　　　　　　　　　　　　　　生产区域：

日 期	任 务	要 求	完成情况	室外天气	温度湿度	备 注

2）填写成本记录表（表5-20）。

表5-20 成本记录表

品 名	数 量	单价/元	金额/元	备 注
合计				

项目： 　　　　　　　　　　　　　　执行人： 　　　　　　　　　　部门经理：

年　月　日

3）填写出、入库单（表 5-21 和表 5-22）。

表 5-21 出库单

品　名	数　量	规　格	单　价	金　额	备　注
合计					

经手人：　　　　　　　库管：　　　　　　　部门经理：　　　　　　　总经理：

表 5-22 入库单

品　名	数　量	规　格	单　价	金　额	备　注
合计					

经手人：　　　　　　　库管：　　　　　　　部门经理：　　　　　　　总经理：

4）填写产品质量表（表 5-23）。

表 5-23 产品质量表

生产区域	品　名	等　级	数　量	备　注

负责人：　　　　　　　检验员：　　　　　　　部门经理：　　　　　　　副总经理：

（4）计划执行监督与检查　生产计划执行情况由公司主管生产的副总经理负责监督与检查，各区域负责人或各岗位负责人对生产副总经理负责。副总经理检查与监督的可以采取定期检查、抽查、随机检查等方式，主要检查计划执行的进度、完成的质量、是否存在隐患等，发现问题及时处理，若有重大问题需向总经理汇报，以便及时解决，确保计划能够保质、保量、按时完成（表 5-24）。

表 5-24 工作监督检查记录表

日　期	生产区域	生长状态	存在问题	各种记录完成情况	备　注

（5）计划完成情况考核　各项目或各区域的计划完成情况考核主要通过最后的生产效益来评价，对于能够完成或超额完成生产指标的负责人给予适当奖励，对于不能够完成计划指标的负责人将给予一定的处罚。当然，花卉行业是一个高风险的行业，市场的价格波动比较大，有时受市场因素的影响，不能够完成公司既定的指标，这时，要通过对完成产品质量和数量的统计来考核，还要对各项目的生产成本进行考核。对于能够超额完成生产数量的并且成本低于生产预算的给予一定的奖励。

1）产品数量和质量统计（表5-25、表5-26、表5-27）。

表5-25　菊花产品数量和质量统计表

生产区域	等级	数量/支	合计/支	备注
	2L			
	L			
	M			
总计				

统计结论：

负责人：　　　　　检验员：　　　　　副总经理：

年　月　日

表5-26　蝴蝶兰产品数量和质量统计表

生产区域	等级	数量/盆	合计/盆	备注
	特级			
	A			
	B			
总计				

统计结论：

负责人：　　　　　检验员：　　　　　副总经理：

年　月　日

表5-27　百合产品数量和质量统计表

生产区域	等级	数量/支	合计/支	备注
	一级			
	二级			
	三级			
总计				

统计结论：

负责人：　　　　　检验员：　　　　　副总经理：

年　月　日

2）生产成本统计（表5-28）。

表 5-28 生产成本汇总表

品　名	数　量	单价/元	金额/元	备　注
合计				

统计员：　　　　　　　　　　　负责人：　　　　　　　　　　　副总经理：
　　　　　　　　　　　　　　　　　　　　　　　　　　　　　　　年　月　日

7. 生产效益分析

按每人负责区域进行销售收入统计（表 5-29）。

表 5-29 销售收入统计表

品　名	等　级	数　量	金额/元	备　注
菊花切花				
百合切花				
蝴蝶兰盆花				
合计				

统计员：　　　　　　　　　　　负责人：　　　　　　　　　　　副总经理：
　　　　　　　　　　　　　　　　　　　　　　　　　　　　　　　年　月　日

8. 计算销售毛利

$$毛利 = 销售收入 - 生产成本$$

9. 计算毛利率

$$毛利率 = 销售毛利 / 销售收入$$

花卉产品营销

【项目导言】

花卉产品营销是花卉生产经营过程中的重要环节，主要内容包括花卉产品分类及商业特点、花卉交易市场、花卉产品销售。

花卉产品分类及商业特点是花卉商品生产和产品销售应掌握的应知、应会。

花卉交易市场梗概介绍了目前我国花卉产业、生产基地和花卉市场分布及建设情况。

花卉产品销售通过市场调查，选择销售渠道，运用相关的销售策略、推销技巧，提高花卉产品的市场竞争能力。

产品营销效果的好坏与花卉企业兴衰息息相关。因此，在项目实施过程中，要结合实际，调查分析，科学地总结营销经验。

【知识目标】

1. 了解花卉的产品知识，掌握分类的方法。
2. 熟悉花卉产品销售知识，掌握销售策略和技巧。
3. 了解花卉市场行情，熟悉花卉市场营销流程。

【能力目标】

1. 能结合实际选择适宜花卉产品销售的渠道，并能细分市场。
2. 能根据实际情况制定营销策略，并能组织实施。

任务一　花卉产品分类及商品特点

【任务描述】

花卉分布广泛，品种繁杂，分类方法也较多，本任务是从商品角度的分类了解花卉产品。

【任务目标】

1. 能掌握花卉产品的商业分类方法和产品的商业特点。
2. 会应用商业分类方法进行花卉产品分类。

【所用材料】

植物材料：相关的花卉产品。

图书资料：花卉产品分类的图书、文献。

（一）花卉产品的分类方法

花卉具有种类繁多、分布范围极广、性状多样、栽培方法及商品用途也不尽相同的特点，具有多种分类方法。下面仅从商业角度介绍以下三种分类方法。

1) 按花卉商品用途分类，可将花卉分为以下十类，见表6-1。

表6-1 按花卉商品用途分类

序号	类型	类型特征
1	切花类	高投入、高效益、高风险的产业，是花卉产业中最具活力的一类，一年四季均可生产，种类较多，可分批上市
2	盆花类	花卉产业中投入较大，又是目前销售量最多的一类，包括木本花卉、一二年生草本花卉和部分球根花卉，可周年上市，效益相对较高
3	干花类	生产投资中等，一般为工厂化生产，需一定设备，不受时间季节限制，风险小，干花可长期保存，无须特别管理，但工艺复杂，技术要求高
4	盆景类	生产周期长，见效慢，但其品位高，园艺要求水平高。盆景单盆售价高，但其总体销量较少
5	球根类	主要是球根花卉种球生产，包括的植物种类多，价格也较昂贵，是切花生产不可缺少的重要植物材料
6	苗木类	城市绿化苗木，可用种子、嫁接扦插、压条分株进行繁殖，乔木生产周期长，效益高；灌木生产周期短，投资少，见效快，风险不大
7	草坪类	生产周期短，见效快，效益高，前些年在绿化中处于使用高峰，近年因管理中出现问题，使用已有所降温，转而使用地被植物
8	种苗类	许多草本和木本花卉都是用种子、种球和种苗生产繁殖的，多年来都靠进口，现在已受到重视，许多科研机构和企业已在研究和应用
9	食用类	观赏与食用相结合的花卉。包括食根、食茎、食叶、食花、食果、食种子、食全株，其用途可菜用、饮用、果用、制作风味食品等
10	药用类	该类植物在我国开发利用较早，全国各地都有种植中药材场地，栽培比较广泛，早已形成产销应用体系，前景十分看好

2) 按花卉商业交易习惯可分为以下五类，见表6-2。

表6-2 按花卉交易习惯分类

序号	类型	代表性花卉产品
1	切花类	菊花、满天星、香石竹、唐菖蒲等
2	盆花类	各种盆花，各种室内观叶、观果植物，盆栽树木
3	盆景类	各种山水盆景、树木盆景
4	球根类	大丽花、仙客来、小苍兰、百合
5	香料花卉类	茉莉、栀子花、白兰、代代、香叶天竺葵等

3) 按市场导向的应用可分为以下四类，见表6-3。

表6-3 按市场导向的应用分类

序号	类型	特征
1	工程应用花卉	主要是花坛、花境布置用，以1~2年生草本植物为主力，一般为株型整齐、具多花性、耐干旱、抗病虫害和矮生品种

(续)

序号	类　型	特　征
2	租摆礼品应用花卉	租摆花卉以耐阴植物为主，礼品花卉多为传统名花和高档盆栽组合，年宵花卉主要以高档盆花为主
3	家庭园艺应用花卉	以能满足赏花、闻香、茗味，并能家庭微观布置的安全、有机、环保型花卉
4	个性消费应用花卉	主要是指部分有专业水准花卉爱好者喜欢养殖的名、新、优花卉

（二）花卉产品的商品特点

1）种类繁多，品种丰富，规格多样，月季品种达2万多个，兰花品种有3万多个，花卉可称为众多植物商品中的佼佼者。

2）具有地域性和季节性，花卉受生态环境和地理环境影响很大，如品牌的杜鹃、牡丹、君子兰等名花都有适宜的产区。花卉的生产季节性强，常常旺季供大于求，淡季却供不应求。市场依赖性大，往往要受市场的左右。

3）花卉产品是有生命力并具有观赏价值的草本和木本植物，是鲜活的商品，但是易萎蔫，储藏保鲜困难，一旦失去"鲜"字就会严重影响商业利益。

任务二　花卉交易市场

【任务描述】

花卉市场是花卉产品销售的集散地，是连接花卉生产与消费的纽带，花卉生产离不开市场的导向和调节。本任务是了解我国花卉产业分布、花卉基地及花卉市场现状及花卉市场类型。

【任务目标】

1. 能掌握我国花卉交易市场类型及其特点。
2. 能运用所学知识在实践中对花卉市场分类。

【所用材料】

图书资料：有关交易市场的各类图书、文献。

一、我国花卉产业分布

我国幅员辽阔，纵跨北纬40多个纬度，具有热带、亚热带、暖温带、温带等多个气候带。我国又是园林植物资源和野生花卉资源最为丰富的国家，花卉栽培历史悠久，曾向世界许多国家提供过美丽的花卉，是世界园林古国和大国，在世界上享有"世界园林之母"的美誉。我国的花卉产业自20世纪80年代以来得到迅速发展并形成了我国花卉产业五大产区，即广东、福建、海南的南方花卉生产区，上海为华东地区主产区，昆明是鲜切花与大花蕙兰的产区，河北与山东成为北方花卉主要产区，西部地区的花卉生产区主要集中在山西、甘肃与陕西地区。

二、花卉基地与花卉市场建设

"十一五"期间，国家建成一批专业化水平高、管理手段先进、产品质量达到国家级或接近国际标准的示范性骨干生产基地。其中在四川、上海、辽宁、陕西、甘肃等地，建设种球、种苗繁育中心；在北京、山东、福建、湖北等地建立名、特、优、新花卉生产基地；在江苏、浙江、广东等地建立商品盆景基地。

花卉产业的逐步成熟和花卉生产基地跨越式发展也催生了我国花卉交易市场的快速发展，北京、广州、昆明、成都、深圳等地都建有设备比较完善及多功能的花卉交易中心。全国主要花卉消费城市及周边县城都有规模适度、综合花卉批发市场，花卉生产的传统产区和集中产区都分别建有盆花、切花、盆景、苗木等专业市场。

三、花卉市场分类

我国的花卉交易市场大致可分为花卉批发市场与花卉零售市场两大类。

（一）花卉批发市场

花卉批发市场是指花卉产品的集散地，其主要客户群是各地的花卉零售商，目前的花卉批发市场主要分为以下几种形式：

（1）大型集散地批发市场

1）盆栽花卉集散地批发市场。花卉产业的地域分布，同时也标志花卉市场分布，中国大型的盆栽花卉集散地批发市场也分布于这些花卉产区，北京、上海、广东、福建、昆明这5处可以说是中国最大的盆栽花卉集散地，另外，郑州、山东的青州、西安等地也占据着重要的批发市场份额。

2）鲜切花大型拍卖市场。目前国内鲜切花拍卖最大的集散地在昆明的斗南，承担着中国鲜切花产业的70%的市场吞吐量，主要采取现场竞拍模式，其完备的产品标准化分级管理、科学的竞拍系统，完善的市场管理、流畅的物流体系都堪称一流。

（2）二级批发市场　二级批发市场指的是中国各个城市的中小型花卉集散地，其主要客户群是各城市的终端零售店，二级批发业户从国内大型花卉集散地进货，作为中转渠道进入各城市的终端零售点。

（二）花卉零售市场

花卉零售市场是指花卉产品的销售终端，其主要的客户群是终端用户，即花卉产品的直接使用者。花卉零售市场存在于中国每一个城市，大到较具规模的综合市场，小到小区、街道的小型花卉摊位，面对着广大的花卉需求客户。

中国的花卉零售市场主要分为以下几种形式。

1. 传统零售市场

传统的零售市场存在于各级城市的传统的花卉档口、鲜花零售店、综合市场里的花卉摊位等。

2. 个体网店市场

个体网店市场，是从2004年开始的一个新兴的网络零售渠道。其主要的销售平台是随着阿里巴巴的淘宝店起始的，起初只是个别的尝试，随着网络购物的普及，网上的园艺淘宝店也越来越多，目前中国的个体园艺淘宝网店数以万计，日后规模将会更加壮大。

3. 花卉园艺超市

近几年国内陆续建起来一些大型的花卉园艺超市，这些花卉园艺超市的特点是货品陈列超市化、销售模式正规化、产业结构多样化、销售产品高端化。

花卉园艺超市一般有两种主导类型：一是以植物材料装饰为主，辅以非植物材料装饰所需的各种造景或制作、养护用品，这类园艺超市配有相应的植物应用示范区。另一种是以非植物装饰材料、园艺景观工艺品为主，辅有盆栽植物。无论哪种类型，它们的共同特点是到此购物的顾客，一般购物量比较大，相对高端；同时园艺超市能系统性地满足客户提出的相应技术支持、配套服务及配送安装。

目前国内大品牌的园艺超市见表6-4。

表6-4 国内大品牌的园艺超市

公司	企业类型	主营业务与产品定位	连锁模式	市场分布与规模	客户定位
上海益柯	背景是日本外资企业	以庭院设计与庭院工程为主要业务，配合庭院工程需要的一系列户外休闲产品，（户外家具、户外照明、户外水系、户外草本植物等）	大型自营连锁模式	上海地区高端的商场内，每个连锁的产地营业面积3000m²以上，目前有5家连锁店	拥有庭院与会所的高端客户群
上海沃施	园艺工具的生产加工企业，背景是出口业务支持	以家庭园艺工具为主营产品	加盟连锁模式	国内各区域花卉市场内部业户加盟模式，每个经营面积100m²左右，目前有50家加盟店	园艺爱好者中的中、高端客户群
浙江虹越	贸易型企业，背景是专业园艺领域贸易企业	以室外应用的进口园艺植材与花卉为主，辅以少量国内的高端植材与季节型花卉	自营与加盟联合的连锁模式	其自身有两家大型旗舰店，经营面积在3000m²以上，地理位置主要在旅游观光区内，其他主要是江浙一带的花卉市场内部加盟店，经营面积在100m²左右，目前有23家连锁店	园艺爱好者中有园艺爱好的中高端客户群，对园艺要求高的政府部门
广东友家	背景是上市绿化公司下属的企业	以室内园艺花卉为主，辅以国内高端的园艺植材	小型自营连锁模式	在广东超级市场内有小型100m²以内的自营连锁店。目前连锁店有10家左右	有园艺爱好的中高端客户群

4. 大型超市的连锁市场

目前在国内的大型超市内，如宜家超市、乐购超市、乐华梅芝超市等都已经有了一个自己的园艺角，在中国的上海、北京、广州等一线城市大型超市内的园艺角已经颇具规模。

5. 花园中心

花园中心（GardenCenter）是欧美从20世纪80年代初开始兴起的一种新型园艺商业形式。

尤其是伴随社会生活水平提高、居住环境提升、社会消费倾向于健康生态、个人及家庭休闲时间增多的情况下成长起来的，国内花园中心属于刚刚起步阶段，发展水平尚属于较低端层次。今后的发展任重道远，尚需要不断探索前进。

任务三　花卉产品销售

【任务描述】

花卉产品销售直接关系到企业的生存与发展，往往要受到宏观环境、经济体制、国家政策、市场竞争、科技进步、人力资源、制度管理及多种因素影响和制约。通过任务完成能够运用现代营销基本理论，分析营销环境，选择营销渠道，灵活运用营销策略。

【任务目标】

1. 能进行花卉市场调查。
2. 能针对企业现状，采用适宜的销售渠道。
3. 能结合本企业营销实际，选择并实施相应的营销策略。

【所用材料】

各种表格、计算机。

植物材料：用于市场出售的绿化、美化花卉。

图书资料：花卉营销各类图书、文献。

产品销售是指花卉生产者和经营者，通过商品交换的形式，使产品经过流通领域，进入消费领域的一切经济活动。产品的主要销售渠道是通过花卉市场和各类花店进行批发和零售的。

主要内容：包括市场调查、销售渠道、销售策略等。

一、市场调查

主要是以花卉经销商、代理商、展会展销商，大、中型企业单位，城建系统的相关部门，花卉协会市场管理部门等为调查对象，通过人员走访、电话询问、问卷调查和到花卉市场现场观察等形式展开四个方面的调查。一是进行花卉需求调查，了解现实需求量、潜在需求量和变化趋势、消费需求结构等情况；二是市场供应调查，了解市场花卉资源情况，包括花卉资源总量、花卉质量、价格等；三是消费者（用户）状况调查，了解消费类型（团体、个人）购买花卉用途、档次、购买时间等；四是竞争对手的调查，了解竞争对手数量、竞争对手产品价格和特征、产品销售量与市场占有率及覆盖面，了解能采取的销售方式及策略，尤其要注重了解竞争的主要焦点和主要竞争对手情况，以便采取相应的对策。同时要将市场调查搜集到的信息进行整理、分析，得出准确结论，并对市场的未来发展趋势作出判断，及时调整花卉生产计划。

二、销售渠道

花卉产品从生产者手中到最终消费者手中所经过的途径称为销售渠道，一般情况下需要有中间商介入。由于中间商是介于生产者和消费者之间并独立于生产者之外的商业环节，在间接渠道中是不可或缺的。中间商按其在流通过程中所起的作用又分为批发商、零售商。按其是否拥有商品所有权可分为经销商、代理商。经销商是指将商品直接供应给最终消费者的中间商；代理商是指不具有商品所有权，仅接受生产者委托，从事商品交易业务的中间商。经纪人（又称经纪商）是为买卖双方洽谈购销业务起媒介作用的中间商。

（一）产品销售渠道类型

1. 以销售渠道中是否有中间商划分

1）直接渠道，是指生产者不通过中间商直接将产品销售给消费者。即生产者→消费者，这是一种古老的销售方式，其优点是生产者与消费者直接见面，生产者能及时了解市场行情，控制商品价格，不经过中间环节，既节省流通费用，又能及时将花卉等鲜活产品销售出去。其缺点是生产者将承担繁重的销售任务，如经营不善，会造成产销之间失衡。

2）间接渠道，是指生产者利用中间商将产品销售给消费者，中间商介入交换活动。典型形式：生产者→批发商→零售商→消费者。其优点是运用众多中间商，能促进产品销售；生产者不从事产品经销，能集中人力、物力和财力组织产品生产。其缺点是间接销售将生产者与消费者分开，不利于沟通，环节多，流通费用增加；需求信息反馈较慢，易造成产销脱节。

2. 以销售渠道中经过环节多少划分

1）长渠道，是指经过两个或两个以上中间商环节的渠道。典型形式：生产者→批发商（代理商）→零售商→消费者。其优点是：能有效覆盖市场，扩大产品销售，生产者能把流通风险转嫁给销售商承担，集中精力搞产品生产。其缺点是：渠道长、环节多，使销售费用增加，降低竞争能力，还会因运输距离远、时间长增加产品变质、损毁的可能性。因此，长渠道一般只适用于大批量生产的、需求面广的、需求量多的商品销售。

2）短渠道，是指没有经过或只经过一个中间商环节的，一般有以下两种形式：生产者→消费者；生产者→零售商（代理商）→消费者。其优点是：中间环节少，商品流程时间短，能节约流通费用。其缺点是：由于渠道短，生产者承担的商业职能多，不利于集中精力搞生产。适于销售小批量生产的产品，也较适宜销售花卉等鲜活商品。

3. 以销售渠道每个环节中使用同类型中间商数目的多少划分

1）宽渠道，是指生产者通过两个或两个以上中间商来销售产品。销售模式：一是使用多个零售商；二是使用多个批发商。其优点是：有利于扩大商品销售；有利于选择销售业绩高的中间商，有利于提高营销效益。其缺点是：生产者与中间商之间关系松散，不够稳定。

2）窄渠道，是指生产者只选用一个中间商销售产品。销售模式：一是使用一两个零售商；二是使用一两个批发商。其优点是：双方相依，共求发展，正常情况双方产销关系稳定。缺点是：一旦有一方变故，双方都受损失。适用于技术性强、价格高、小批量生产的产品。

因上述几种渠道都存在优缺点，在应用中要本着扬长避短的原则，视具体情况选择。

（二）花卉产品常用的销售渠道

1）生产者 本花场 消费者。

2）生产者 批发市场、一般市场消费者。

3）生产者 在本花场或批发市场 批发商或零售商→消费者。

4）生产者→经销商→消费者。

5）生产者→经销商→批发商或零售商→消费者。

（三）常用的直接销售方式

直接销售虽然会牵涉生产者较多的人力、物力和财力，但因其生产者与消费者直接见面，利于沟通，方便议价，双方成交速度快，而在花卉产品销售中被经常使用。常用的直接销售方式如下：

1. 人员推销

花卉企业、花农派出推销人员上门与用户、消费者直接面谈业务，向购买者推介花卉产品、解答异议，成交后签订购销协议。

2. 花卉展销

参加有关部门组织的花卉展销会、花卉节，树立本企业形象，发放介绍本企业及花卉产品的相关资料，为花卉业务联系提供方便。

3. 网络销售

当前在网络普及的情况下，可充分利用电子销售平台，建立专业的产品信息网站或在专业网站上发布花卉产品信息，构建花卉购销的快速联系通道。

三、销售策略

销售策略是指在市场经济条件下，实现销售目标与任务而采取的一种销售行动方案。主要是针对市场变化和竞争对手，调整变动销售方案的具体内容，以最少的销售费用占领市场，取得较好的经济效益。销售策略主要包括产品策略、市场策略、价格策略、人员推销策略等。

（一）产品策略

在市场上企业商的竞争不仅表现在产品价格、促销手段方面，还表现在产品质量、包装等方面。花卉产品外观质量好、观赏价值高、观赏寿命长等花卉产品的质量问题都是消费者关注的。生产出新、奇、特品种和反季节花卉产品也更具竞争力。此外，在花卉产品包装上也应适应消费者的实用型、礼品型、高消费型等多种需求。组合盆花，以及高档花配上文雅的盆具尽管售价较高，但却会受到讲究品位的消费者欢迎。

（二）市场策略

包括市场细分策略、市场占有策略、市场竞争策略、进入市场策略四类。

1. 市场细分策略

花卉企业和花农根据消费者需求、购买目的、习惯、爱好，把整个市场划分成多个细分市场，再选择其中一个作为自己的目标市场。例如，以家庭养花为例，在消费者中，有的喜欢购买容易管理的；有的喜欢能净化居室空气的；有的要求价格便宜的；有的喜欢高档名贵的等。依此就可将其划分为多个细分市场，再结合本企业的实际，从中选择一个作为目标市场，进行市场定位后就要想方设法去占领所定位的目标市场。

2. 市场占有策略

市场占有策略是指花卉生产企业和花农占有目标市场的途径、方式、方法和所采取措施等工作的总称。就是企业和花农在保持原来拥有的用户及消费者的同时，通过采取市场渗透策略、市场开拓策略和经营多元化策略，并通过实行新的销售方式、进一步提高产品质量、开发新项目等措施，开拓新市场，争取新的用户和消费者，以致占领更多的新市场。

3. 市场竞争策略

市场竞争策略是指花卉企业和花农在市场竞争中筹划如何战胜竞争对手的策略。具体可概括为："新、优、快、廉"四个字。

1）新：市场摆放新产品，用新的销售方式或新包装，给消费者新的感觉。

2）优：提供优质产品、优质服务，在市场竞争中扬长避短发挥自身优势。

3）快：应对市场变化反应灵敏，及时抓住商机，快速开发新产品，以最短渠道进入，抢占市场。

4）廉：为使产品靠质优价廉取胜，花卉企业和花农应尽可能降低花卉生产成本和销售费用。

4. 进入市场策略

由于不少花卉产品在市场销售都有旺季、淡季之分，因此不失时机地选择上市时间就显得尤为重要。

（三）价格策略

产品价格是市场营销组合中的一个重要组成部分。企业和花农要在激烈的竞争中取得成功，就要在营销活动中按照价值规律和供求规律灵活运用价格策略，合理制定产品价格，以取得较大的经济效益。

常用的有以下几种定价策略。

1. 高额定价策略

高额定价策略是以获取最大利润为目标，将价格定得较高一些，但随着产品和销量增加，成本逐渐降价。适用于市场短缺花卉或培育的新、奇、特品种。

2. 低额定价策略

低额定价策略是以追求市场占有率为目标，将产品价定得较低，薄利多销让产品迅速占领市场。如在购买力较低的市场上，名贵花卉、盆景等较为适宜。

3. 平价销售策略

平价销售策略是考虑市场购买力的情况及参照竞争对手的产品价格确定的高低适当的价格。一般适用于常规生产的花卉产品。

4. 随行就市价格策略

随行就市价格策略是根据生产季节、货源供应及产品质量等状况，随行就市定价。如生产旺季花卉产品大量上市价格就低一些；淡季时因产量减少，价格就适当高一些。

5. 前期高后期低定价策略

在春节花市，销售年宵花卉较为常见。节前采取高额定价，到除夕，或花市即将结束时，价格就开始大幅下降。这种赚头蚀尾的方法，销售者仍然可获得丰厚的利润。

（四）人员推销策略

人员推销是指花卉生产企业、花农、个体花店经销户，通过销售人员与可能购买者直接洽谈、定价、介绍产品，以促进销售的活动过程。人员推销是促销中普遍采用的一种形式，包含人员推销技巧与人员推销策略两个方面内容。

1. 人员推销技巧

主要包括：与客户见面的技巧；交换名片的技巧；交谈气氛融洽的技巧；产品介绍的技巧等。

2. 人员推销策略

要视交谈对象确定。一般有以下几种：

1）对批发商推销，要针对他们主要关心的是产品差价与利润问题，应尽力满足他们市场利润较高的要求。

2）对代理商、经纪商推销，由于他们最关心的是产品市场前景。所以应重点向他们介绍产品质量、货架寿命、观赏寿命发展前景。

3）对超市、连锁店推销，由于顾客最关心的是花卉产品的质量问题及是否好养护等问题。所以推销时要有针对性的做好相应准备，组织交谈内容，还可提供有关养护知识的小册子等售后服务，使其放心采购进货，让顾客也买的放心。

4）对单位团体推销，因购买都是绿化、美化、装饰用，并且购买的都是成批量的。因此，在推销时除批发价对待外，还可在售后服务方面做些承诺，如免费技术咨询和定期派专人技术指导等。

参 考 文 献

[1] 李志强. 设施园艺 [M]. 北京：高等教育出版社，2006.
[2] 陈杏禹，李立申. 园艺设施 [M]. 北京：化学工业出版社，2011.
[3] 胡繁荣. 设施园艺 [M]. 2版. 上海：上海交通大学出版社，2008.
[4] 陈俊愉，王意成，王翔，等. 仙人掌类 [M]. 北京：中国林业出版社，2004.
[5] 农民科技教育培训中心，中央农业广播电视学校. 年宵盆花生产技术 [M]. 北京：中国农业科学技术出版社，2007.
[6] 贾金城. 发财树的栽培与养护 [J]. 河南林业科技，2010，30（2）：71-72.
[7] 江泽慧. 中国杜鹃花园艺品种及应用 [M]. 北京：中国林业出版社，2008.
[8] 康黎芳，王云山. 仙客来 [M]. 北京：中国农业出版社，2002.
[9] 毛洪玉，孙晓梅. 杜鹃花 [M]. 北京：中国林业出版社，2004.
[10] 潘远智. 一品红 [M]. 北京：中国林业出版社，2004.
[11] 王意成. 室内垂吊花卉 [M]. 南京：江苏科学技术出版社，2006.
[12] 王意成. 仙人掌及多浆植物养护与欣赏 [M]. 南京：江苏科学技术出版社，2001.
[13] 夏春森，刘忠阳. 细说名新盆花194种 [M]. 北京：中国农业出版社，2001.
[14] 夏春森. 名新花卉标准化栽培 [M]. 北京：中国农业出版社，2005.
[15] 杨清照，刘付峤，邓振权，杨亦邦. 金橘引种及优质丰产栽培技术 [J]. 中国热带农业，2011（6）：79-80.
[16] 杨先芬. 工厂化花卉生产 [M]. 北京：中国农业出版社. 2002.
[17] 杨永舜. 杜鹃的四季管理 [J]. 花木盆景：花卉园艺，1997（1）：12.
[18] 郑志兴，文艺. 仙客来 [M]. 北京：中国林业出版社. 2004.
[19] 张彩燕. 发财树的栽培管理技术研究 [J]. 农业科技与信息：现代园林，2010（5）：1.
[20] 白忠，白靖舒. 现代花卉园艺学原理与切花百合生产技术 [M]. 北京：金盾出版社，2007.
[21] 董伟，李技林，殷小冬，等. 非洲菊商品切花生产技术规程 [J]. 云南农业科技，2004（2）：40-42.
[22] 董永辉，高宇瑶，孟金祥. 南天竹的栽培技术及应用 [J]. 陕西农业科学. 2011（2）：261-262.
[23] 方爱云. 南天竹育苗技术 [J]. 安徽林业. 2008（1）：39.
[24] 于洋，王顺. 唐菖蒲栽培技术要点 [J]. 吉林农业，2004（7）：20.
[25] 郭素娟，侯竞薇，李玲莉，等. 柔枝松容器苗基质筛选 [J]. 西南林学院学报，2010（2）：28-32.
[26] 韩慧君，黄善武. 商品月季生产技术 [M]. 北京：中国林业出版社，2002.
[27] 胡一民，华标. 南天竹后熟催芽育苗 [J]. 植物杂志，1997（5）：20.
[28] 金波，方芳，文胜，等. 切花月季生产技术图解 [M]. 沈阳：辽宁科学技术出版社，2000.
[29] 金笑龙，肖正东，陈素传，等. 不同基质对油茶胚芽嫁接容器苗生长的影响 [J]. 经济林研究，2010（3）：51-55.
[30] 雷家军，毕晓颖. 北方鲜切花温室栽培 [M]. 沈阳：沈阳出版社，2008.
[31] 雷颖. 花卉新品种与配套栽培技术 [M]. 兰州：甘肃科学技术出版社，2004.
[32] 李南仁，兰小春. 散尾葵切叶生产技术 [M]. 热带农业工程，2009（2）：49-52.
[33] 李晓青，张晓申，王慧瑜. 四倍体刺槐组织培养与快速繁殖 [J]. 陕西农业科学，2008（2）：

57-58.

[34] 李枝林. 鲜切花栽培学［M］. 北京：中国农业出版社，2009.

[35] 刘金海. 观赏植物栽培［M］. 北京：高等教育出版社，2005.

[36] 龙雅宜. 几种主要切花的生产技术 第四讲 非洲菊［J］. 西南园艺，2002（3）：46-48.

[37] 龙雅宜. 几种主要切花的生产技术 第三讲 香石竹［J］. 西南园艺，2002（4）：53-55.

[38] 楼枝春. 肾蕨的切叶生产［J］. 浙江林业，2005（10）：31.

[39] 罗凤霞，周广柱. 切花设施生产技术［M］. 北京：中国林业出版社，2001.

[40] 裘文达. 康乃馨生产技术［M］. 北京：中国农业出版社，2004.

[41] 叶剑秋. 花卉园艺工（中级）［M］. 北京：中国劳动社会保障出版社，2007.

[42] 王春荣，毕君，曹书敏. 蓝果树茎段组织培养和快速繁殖［J］. 北方园艺，2011（1）：139-143.

[43] 王立贵. 南天竹繁育与利用［J］. 安徽林业，2009（3）：36-37.

[44] 魏岩. 园林植物栽培与养护［M］. 北京：中国林业出版社，2008.

[45] 吴亚芹，赵东升，陈秀莉. 花卉栽培生产技术［M］. 北京：化学工业出版社，2008.

[46] 吴志华. 花卉生产技术［M］. 北京：中国林业出版社，2002.

[47] 郁萌萌，施国新，吕群丹，等. 光叶楮叶片和叶柄再生体系的建立［J］. 林业科学研究 2006（2）：253-256.

[48] 张国华，廖朝林，郭汉玖，等. 唐菖蒲的生物学特性及高产栽培技术［J］. 现代农业科技，2007（20）：35.

[49] 赵梁军，刘国光. 我国唐菖蒲生产及科研现状［J］. 北京园林，1999（3）：45.

[50] 赵祥云. 鲜切花百合生产原理及实用技术［M］. 北京：中国林业出版社，2005.

[51] 周峰，胡水华. 南天竹夏插育苗技术［J］. 林业科技开发，2002（4）：57-58.

[52] 曹春英. 花卉栽培［M］. 北京：中国农业出版社，2010.

[53] 陈志萍，刘慧兰. 盆花生产配套技术手册［M］. 北京：中国农业出版社，2013.

[54] 郭玲，桂松龄. 花卉生产与应用［M］. 北京：中国轻工业出版社，2011.

[55] 韩继龙. 薰衣草栽培技术［J］. 现代园艺，2010（6）：38-39.

[56] 胡惠蓉. 120种花卉的花期调控［M］. 北京：化学工业出版社，2008.

[57] 刘方农，彭世逞. 草本花卉生产技术［M］. 北京：金盾出版社，2010.

[58] 刘燕. 园林花卉学［M］. 北京：中国林业出版社，2003.

[59] 鲁涤非. 花卉学［M］. 北京：中国农业出版社，1997.

[60] 王意成. 最新图解草本花卉栽培指南［M］. 南京：江苏科学技术出版社，2007.

[61] 张建新，徐桂芳. 园林花卉［M］. 北京：科学出版社，2011.

[62] 赵庚义，车力华. 花卉商品苗育苗技术［M］. 北京：化学工业出版社，2008.

[63] 罗镪. 花卉生产技术［M］. 北京：高等教育出版社，2005.

[64] 张树宝. 花卉生产技术［M］. 重庆：重庆大学出版社，2006.

[65] 陈亚慧. 健康花草大全集［M］. 北京：高等教育出版社，2010.